普通高等教育农业农村部"十四五"规划教材（NY-1-0143）

河南省"十四五"普通高等教育规划教材

计算思维与信息技术

张　慧　郑　光　主编

中国农业出版社

北　京

内 容 简 介

计算思维与信息技术是学生进入大学的第一门计算机课程。针对课程学习对象的特点和课程学习的要求，本书从知识和技能、素养和能力等方面，对计算思维与信息技术所涉及的基本概念、基本知识与基本能力进行了较为详尽地梳理、介绍、讨论和分析。本教材主要内容包括计算思维的基本概念及问题求解、网络与网络通信、物联网技术、云计算与大数据基础、人工智能与智能计算等。

通过本书的学习，学生能够了解利用计算思维求解自然问题的基本思维模式，理解网络的原理与构建方法，从而形成网络化思维，了解抽象复杂系统或复杂问题的基本思维模式，了解由问题到算法的问题求解思维模式，理解云计算、大数据和人工智能等技术的应用。

本书内容全面系统、构思新颖，具有基础性、融合性、趣味性、实践性和前沿性等特点，适用面广。不仅可作为高等院校各专业，特别是作为非计算机专业学生开设"计算机基础"等相关课程的教材或教学参考书使用，同时也可供社会各领域工作者了解和学习计算思维与信息技术等相关知识参考使用。

编写人员名单

主 编 张 慧（河南农业大学）

郑 光（河南农业大学）

副主编 高 瑞（河南农业大学）

夏 斌（河南农业大学）

郭玉峰（河南农业大学）

参 编 车银超（河南农业大学）

许 鑫（河南农业大学）

刘亮亮（河南农业大学）

孙 彤（河南农业大学）

李严明（河南开放大学）

路玲玲（郑州工业应用技术学院）

秦小立（海南大学）

随着科学技术的不断进步，信息技术在社会各领域被广泛应用、集成和融合，特别是互联网的普及，以及世界各国云计算、大数据、移动互联网、物联网和人工智能等战略规划目标的实施，人类社会已经进入智慧时代。

当前，创新已成为智慧时代经济社会发展的重要驱动力，知识创新则是国家竞争力的核心要素。这些都离不开复合型和创新型卓越人才的培养，而这类人才的培养，其基础和关键在于人才的"科学思维"培养。因为"科学思维不仅是一切科学研究和技术发展的起点，而且贯穿于科学研究和技术发展的全过程，是创新的灵魂"。一般认为，科学方法分为理论、实验、计算三大类。与三大科学方法相对应的是三大科学思维，即理论思维、实验思维和计算思维。理论思维以数学为基础，实验思维以物理等学科为基础，计算思维则以计算机科学为基础。三大科学思维构成了科技创新的三大支柱。作为科学思维三大支柱之一，具有鲜明时代特征的计算思维，尤其应当引起人们的高度重视，特别是在智慧时代，培养人们的计算思维并作为其基本的认知能力、提升人们的信息技术技能并作为其基本的信息素养，具有重要意义。

计算思维（computational thinking）是人类求解问题的一条有效途径，是一种分析求解问题的过程和思想。人类需要利用计算机强大的计算能力去解决各类问题，这需要数学和工程思维的互补与融合。计算机在本质上源自数学思维和工程思维，它的形式化解析基础是数学，但是又受到计算设备的限制。所以计算思维是一种三元思维，即人、机、物的综合考量，彼此互补而又相互制约。

为主动应对新一轮科技革命与产业变革，支撑服务创新驱动发展、"中国制造2025"等一系列国家战略，2017年2月以来，教育部积极推进新工科建设，先后形成了"复旦共识""天大行动"和"北京指南"。2018年9月，卓越工程师教育培养计划强调以加入工程教育华盛顿协议组织为契机，以新工科建设为重要抓手，持续深化工程教育改革。由此衍生出新文科、新医科、新农科，形成了

"四新"专业建设生态体系。21 世纪是一个信息化的时代，以计算机为代表的信息技术已经逐渐渗透到社会的各个领域，计算机技术的发展推动和促进了社会文明的进步与发展。高校各个专业尤其"四新"专业迫切需要新一代信息技术赋能专业建设。

计算思维与信息技术是学生进入大学的第一门计算机课程。针对课程学习对象的特点和课程学习的要求，本书设计了 3 篇共 9 个章节，上篇是基础理论篇，包含 4 个章节，分别是信息与数据、计算机系统、计算思维、计算机网络；中篇是技术探索篇，包含 3 个章节，分别是物联网、云计算与大数据、人工智能基础；下篇是实践应用篇，包含 2 个章节，分为 Windows 10 系统基本操作和 WPS。

本教材注重以计算思维为导向的大学计算机基础知识体系的构建。按照"宽专业、厚基础"的原则，将计算思维融入学生知识架构中，融合新一代信息技术（物联网、云计算、大数据、人工智能），重构大学计算机基础课程体系和知识结构，强化大学生的"计算思维"能力培养，采用"基础理论 + 知识提升 + 实践应用"的层次化结构来组织教学内容。基础理论篇以培养学生计算思维能力为目标，从认识问题、存储问题、解决问题的角度组织内容；技术探索篇主要以培养学生计算思维进阶能力为目标，从了解计算机新技术角度组织内容；实践应用篇主要以理解计算思维为目标，培养学生利用计算机解决实际问题的能力，结合相关专业给出实际案例，引导学生利用计算思维解决本专业问题，基于计算思维自主学习和适应发展，使学生由计算机知识层面向计算思维能力、素质层面递进。为他们拥有走向工作岗位应具备的技能提供有力保障。

全书由张慧和郑光任主编，负责拟定编写大纲并进行统稿；高瑞、夏斌和郭玉峰任副主编。

本书撰写人员的分工如下（以撰写章节为序）。

第 1 章：高瑞；

第 2 章：郭玉峰、路玲玲；

第 3 章：张慧、李严明；

第 4 章：车银超；

第 5 章：郑光、李严明；

第 6 章：许鑫；

第 7 章：孙彤、路玲玲；

第 8 章：夏斌、秦小立；

第 9 章：刘亮亮。

　　本书在撰写过程中，作为通识教育核心课程建设项目的成果之一，得到了河南农业大学、海南大学、郑州工业应用技术学院和河南开放大学等参编人员所在单位或部门领导的关心、帮助和大力支持，在此表示衷心感谢！同时，本书的撰写还参考引用了相关学者的资料或研究成果，但难免挂一漏万，在此，也一并表示衷心感谢！

　　由于时间紧迫以及作者水平所限，书中不足和错误在所难免，恳请专家和广大读者不吝指正。

编　者

2022 年 5 月

目录 CONTENTS

技术探索篇

实践应用篇

基础理论篇

第1章　信息与数据

本章学习目标

- 理解信息的概念，知晓新一代信息技术的主要内容，了解信息革命的发展阶段。
- 理解信息系统中信息的表示方法，如数制表示、进制转换和编码方法。
- 能够将十进制数转换为二进制数、八进制数和十六进制数。
- 能够将二进制数转换为八进制数、十进制数和十六进制数。
- 讨论并了解信息的各种编码方式。
- 了解多媒体领域的关键技术和相关应用。
- 理解数字图像的分类及应用。
- 理解声音信息的数字化和音频处理的相关技术。
- 了解视频文件的类型和数字视频的应用。

本章学习内容

　　生产生活中充斥着各种物理量和化学量，如温度、湿度、速度、流量、语音、图像、视频等，要用计算机来处理这些信息，就需要对这些信息和数据进行数字化处理，以方便信息的存储、检索和使用。本章讲解信息与新一代信息技术，字符编码和字形编码，数字图形、图像的应用，音、视频处理的关键技术及应用领域。

1.1 信息与信息革命

数字农场里,"阳光玫瑰"葡萄种植大棚中配备了一套智能水肥一体化系统,它可以通过传感器收集作物土壤环境、气象环境、种植和水肥管理等数据。当大棚土壤湿度低于70%时,系统会向手机发送预警信息。通过手机应用,就能打开棚里的滴灌系统,为土壤补充水分,当土壤湿度数据恢复正常时,滴灌系统自动停止运行。此外,大棚外每20亩*葡萄田就有一套物联网数据采集终端,这些设备把收集的数据反馈到数字农业平台上,系统分析后,可对阳光玫瑰葡萄的种植情况实时打分。农户可根据打分情况对得分较低项进行调整。数字农业平台不仅使葡萄种植有了科学的依据和精确的操作方法,还降低了种植成本,此外消费者还可以通过产品上的二维码进行溯源。这一案例就是物理世界与信息世界无缝连接的真实应用,它告诉我们,将物理世界与信息世界高效联通是非常重要的。

1.1.1 什么是信息?

信息通常是指音讯或消息,即通信系统传输和处理的对象,泛指人类社会传播的一切内容。在网络通信和工业应用系统中,信息是一种普遍存在的对象,人们通过传感器获得来自自然界和社会的不同信息并以此识别不同事物,从而认识和改造世界。

"信息"一词在英语、法语、德语、西班牙语中均是"information",在日文中为"情报",在我国台湾地区被称为"资讯",在我国古代用的则是"音信、消息"。比如宋代诗人陈亮在《梅花》中写道"欲传春信息,不怕雪埋藏。"

1948年,美国数学家香农在《通信的数学理论》一文中指出:信息是事物运动状态或存在方式的不确定性的描述。信息用来消除随机不确定性的东西。即消息发生的概率越大,信息量越小;反之,消息发生的概率越小,信息量就越大。由此可见,信息量与消息发生的概率成负相关关系。例如,当消息发生的概率为1时,就是指百分百会发生的事情,信息量就是0。也就是说,全世界人人都知道的事情,就没有任何信息量。香农还应用概率论和逻辑方法定量描述了信息量的多少。他开创性地引入了信息量的概念,从而把传送信息所需要的比特数与信号源本身的统计特性联系起来。他认为一切信号源发出的消息或者信号都可以用0和1的组合来描述,信息从一种形式转换为另一种形式的过程称为编码。香农的工作开创了信息论这门伟大的学科。

随着计算机技术的快速发展,电子学家、计算机科学家认为:信息是电子线路中传输的以信号为载体的内容。我国著名的信息学专家钟义信教授认为:信息是事物的存在方式或运动状态,以这种方式或状态直接或间接地表述数据。美国信息管理专家霍顿(F. W. Horton)认为:信息是为了满足用户决策需要而经过加工处理的数据。简单地说,信息是经过加工的数据,或者说,信息是数据处理的结果。而经济管理学家则认为:信息是提供决策的有效数据。显然,信息总是和数据关联。那么,信息是从何而来的呢?

信息的来源方式有两种,直接方式和间接方式。通过自身实践经验直接获得的信息,称为直接信息;通过学习他人总结的知识而间接获得的信息,称为间接信息。也就是说,直接

---

* 亩为非法定计量单位,1亩≈666.67m²。

信息是人通过自身的感官或者借助现代信息技术手段与方法，从客观物理世界所获取的资源；间接信息是通过信息再生的方式从已有信息中获得的新资源，它是通过对已有的源信息进行加工、处理，并与自身现有信息进行关联后而产生的新信息。

1.1.2 信息的特点

信息的特点是指信息区别于其他事物的本质属性，主要表现在 8 个方面：

①信息的普遍性、无限性和客观性。

②信息的可共享性。

③信息的可存储性。

④信息的可传输性。

⑤信息的可扩散性。

⑥信息的可转换性。

⑦信息的可度量性。

⑧信息的可压缩性。

信息是人类认识客观世界及其发展规律的基础。信息是客观世界和人类社会发展进程中不可缺少的资源要素。信息是科学技术转化为生产力的桥梁和工具。信息是管理和决策的主要参考依据。信息是国民经济建设和发展的保证。

1.1.3 什么是信息革命?

信息革命是指由于信息生产、处理手段的高度发展而导致的社会生产力、生产关系的变革，有时也被称为第三次工业革命。信息革命的主要标志是计算机的出现、互联网的全球化普及与应用。

信息技术自人类社会形成以来就存在，并随着科学技术的进步而不断变革。语言、文字是人类传达信息的初步方式，烽火台则是远距离传达信息的最简单手段。纸张和印刷术使信息流通范围大大扩增。自 19 世纪中期人类学会利用电和电磁波以后，信息技术的变革大大加快。电报、电话、收音机、电视机的发明使人类的信息交流与传递快速而有效。特别是第二次世界大战以后，半导体、集成电路、计算机的发明，数字通信、卫星通信的发展促使新兴的电子信息技术形成，使人类利用信息的手段发生了质的飞跃。

如今，人类不仅能在全球任何两个有相应设施的地点之间准确地交换信息，还可以利用计算机收集、加工、处理、控制、存储信息。计算机开始取代了人的部分脑力劳动，扩大和延伸了人的思维、神经和感官的功能，使人们可以从事更富有创造性的劳动，人类开始进入信息革命时代。

信息革命可以分为以下 3 个阶段。

1. 以计算机为标志的第一次信息革命

1946 年，第一台通用电子计算机的产生，标志着全世界进入了第一次信息革命，人类开始迈向信息社会。计算机的出现，使以前需要大量人力才能完成的计算、统计工作，可以交由计算机来完成，劳动生产率得以大幅提高。

2. 以互联网为标志的第二次信息革命

20 世纪 90 年代初，世界各国纷纷提出建立"信息高速公路"，用数字化大容量光纤把政府机构、企业、大学、科研机构和家庭的计算机进行互连，此时全世界兴起了第二次信息革命。

第二次信息革命的标志是互联网，其特征是网络化、多媒体化，其功能开始涉及数据、图像、声音等复杂信息的传输，其服务范围包括教育、卫生、娱乐、商业、金融和科研等。

3. 以物联网为标志的第三次信息革命

1998 年，美国麻省理工学院（Massachusetts Institute of Technology，MIT）提出了基于射频识别（radio frequency identification，RFID）的产品电子编码（electronic productcode，EPC）方案。1999 年，美国自动识别技术实验室提出了"物联网"的概念。研究人员利用 EPC 技术对物品进行编码标识，再通过互联网把 RFID 装置和激光扫描器等各种信息传感设备连接起来，实现物品的智能化识别和管理。

第三次信息革命的标志是物联网，其特征是感知、传输与处理一体化，其功能开始涉及环境感知、物体标识和空间定位等复杂信息的处理。

在物联网中，一把牙刷、一个轮胎、一座房屋，甚至是一张纸巾，都可以作为网络的终端，即世界上的任何物品都能连入网络。物与物之间可实现无缝、自主、智能的交付。物联网以互联网为基础，主要解决人与人、人与物、物与物之间的互连和通信。

1.1.4 新一代信息技术

信息技术主要研究信息的产生、获取、存储、传输、处理及其应用。信息技术也是扩展人类信息器官功能的技术。

信息主体技术包括传感技术、通信技术、计算机技术和控制技术。传感技术是信息的采集技术，对应于人的感觉器官。通信技术是信息的传递技术，对应于人的神经系统。计算机技术是信息的处理和存储技术，对应于人的思维器官。控制技术是信息的使用技术，对应于人的效应器官。

发展战略性新兴产业已成为世界各国抢占新一轮经济和科技发展制高点的重大战略，也是引导未来经济社会发展的重要力量。早在 2010 年，新一代信息技术就已经被明确列入我国七大战略性新兴产业体系，《国务院关于加快培育和发展战略性新兴产业的决定》（国发〔2010〕32 号）指出：加快建设宽带、泛在、融合、安全的信息网络基础设施，推动新一代移动通信、下一代互联网核心设备和智能终端的研发及产业化，加快推进三网融合，促进物联网、云计算的研发和示范应用；着力发展集成电路、新型显示、高端软件、高端服务器等核心基础产业；提升软件服务、网络增值服务等信息服务能力；加快重要基础设施智能化改造；大力发展数字虚拟等技术，促进文化创意产业发展。

此后，在物联网、云计算发展的基础上，国家又陆续将大数据、人工智能、区块链等技术纳入新一代战略性新兴产业中。

新一代移动通信是指融合物联网、云计算等多种技术的新型宽带移动通信，如 5G、6G 等。

下一代互联网是指建立在 IPv6 技术基础上的新型公共网络。该网络能够容纳各种形式的信息，在统一的管理平台下，实现音频、视频、数据信号的传输与管理，提供各种宽带应用和传统电信业务，是一个真正能实现宽带窄带一体化、有线无线一体化、有源无源一体化、传输接入一体化的综合业务网络。

高端集成电路是指制造工艺为 10nm 级的通用集成电路芯片，如多核微处理器、数字信号处理器，以及模数、数模转换芯片等。

新型显示器件是指电子管之后出现的有机发光二极管（organic light-emitting diode，OLED）等，其应用范围涵盖彩电、计算机、广告显示屏、游戏机、手机和掌上电脑等。

高端软件范畴非常广泛，既包括桌面操作系统和手机操作系统，也包括各类行业应用软件等。

高端服务器主要指面向关键领域（如银行、气象、军事等）应用的高性能容错服务器和高性能计算服务器等。

数字虚拟技术主要包括虚拟现实（virtual reality，VR）技术和增强现实（augmented reality，AR）技术。其中 VR 利用计算机模拟产生三维虚拟世界，提供视、听、触等感官模拟，让使用者身临其境地即时观看三维空间内的事物，并与之互动；AR 是一种将虚拟信息和实际联系在一起的技术，将虚拟信息或场景叠加到现实场景中，让人享受到超越实际的感官体验。

物联网是指通过使用 RFID、传感器、红外感应器、全球定位系统、激光扫描器等信息采集设备，按约定的协议，把各类物品与互联网连接起来，进行信息交换和通信，以实现智能化识别、定位、跟踪、监控和管理的一种网络或系统。

云计算是一种面向服务的计算模式，它将计算任务分布在由大规模数据中心或计算机集群构成的资源池中，使各种应用系统能够根据需要获取计算能力、存储空间和各种软件服务，并通过互联网将计算资源免费或采用租用方式提供给使用者。

最近几年，随着物联网的快速发展和广泛应用，数据量呈爆发式增长，大数据技术应运而生。高度自动化的设备和各类机器人的不断出现，使人工智能理论研究进入应用时代。

首先，物联网通过各种感知设备（如 RFID 和传感器等）感知物理世界的信息，这些信息通过互联网传输到云端存储设备中，为后续分析和利用提供支撑。其次，物联网感知的数据具有异构、多源和时间序列等特征，海量的感知数据具有典型的大数据特点，需要采用大数据分析技术、人工智能技术进行深度分析、挖掘、训练和学习，为用户提供高效的数据应用服务，为人、机、物共融提供理论和技术支撑。

由此可见，物联网、云计算、大数据和人工智能是一脉相承的。其中，物联网是数据获取的基础，云计算是数据存储的核心，大数据技术是数据分析的"利器"，人工智能是反馈控制的关键。物联网、云计算、大数据和人工智能构成了一个完整的闭环控制系统，将物理世界和信息世界有机融合在一起。

1.1.5 信息技术与各学科的关系

信息技术与各学科交叉融合，正在引发新一轮科技革命和工业革命，推动传统科学不断转型升级，并给相关学科的发展带来了新的挑战和机遇。

1. 信息技术与农林

信息技术与农林专业有机融合，出现了诸如智慧农业、智慧林业等新的农科专业模式。

智慧农业是现代农业发展的高级阶段，是由精准农业不断发展而来的，指充分利用现代信息技术成果实现智能化的农业生产，具体包括物联网技术、计算机技术、互联网技术、人工智能技术、地理信息技术、遥感技术等，通过传感设备感知环境参数，并利用无线通信等技术实现农业生产的智能感知、分析和预警功能，使农业生产更"智慧"。

智慧林业通过感知化、物联化、智能化的手段，形成林业立体感知、管理协同高效、生态价值凸显、服务内外一体的林业发展新模式。智慧林业的目的是促进林业资源管理、生态系统构建、绿色产业发展等协同化推进，实现生态、经济、社会综合效益最大化。

2. 信息技术与机械工程

信息技术与机械工程专业有机融合，出现了诸如智能制造、网络协同制造等新的工科专业模式。

智能制造是一种由智能机器和专家系统共同组成的人机一体化智能系统，它在制造过程中能进行智能活动，如分析、推理、判断、构思和决策等。通过人与智能机器的合作共事，可以扩大、延伸和部分取代人类专家在制造过程中的脑力劳动。

网络协同制造充分利用网络与信息技术，将串行工作变为并行工程，实现供应链内及供应链间的企业产品设计、制造和管理等合作生产模式，最终通过改变业务经营模式与方式达到资源充分利用的目的。

3. 信息技术与经济金融

信息技术与经济金融专业有机融合，出现了诸如商务智能、数字金融、电子商务等新的专业模式。

商务智能又称商业智能，是指利用现代数据仓库技术、线上分析处理技术、数据挖掘技术和数据可视化技术进行数据分析，以实现商业价值的一种综合技术。

数字金融是通过大数据技术搜集客户交易信息、网络社区交流行为、资金流向等数据，了解客户的消费习惯，从而针对不同的客户采用不同的营销手段、投放不同的广告。

电子商务是指在互联网环境下，买卖双方根据自身偏好进行各种商贸活动。电子商务不仅可以实现消费者的网上购物、商户之间的网上交易和在线电子支付等商务活动、交易活动、金融活动，而且可以获取交易过程的各种信息，为商品推荐提供信息支撑。

4. 信息技术与社会科学

信息技术与社会科学专业有机融合，出现了诸如数字新媒体、数字媒体艺术设计等新的文科专业模式。

数字新媒体是以信息科学和数字技术为主导，以大众传播理论为依据，融合文化与艺术，将信息技术应用到文化、艺术、娱乐、教育等高度融合的综合交叉学科。

数字媒体艺术设计研究数字媒体与艺术设计领域的基础理论与方法，培养学生具备艺术数字媒体制作、传输与处理的专业知识和技能，具有美术鉴赏能力和美术设计能力，熟练掌握各种数字媒体制作软件的应用，能利用计算机新的媒体设计工具进行艺术作品的设计和创作。

5. 信息技术与能源科学

信息技术与能源科学专业有机融合，出现了诸如智能电网、数字能源等新的工科专业模式。

智能电网就是电网的智能化，也被称为"电网2.0"，是建立在集成的、高速双向通信网络的基础上，通过先进的传感和测量技术、设备技术、控制方法及决策支持技术，以实现电网的可靠、安全、经济、高效的一种电网管理模式。

数字能源是指通过能源设施的接入，依托大数据及人工智能，实现能源品类的跨越和边界的突破，放大能源设施效用和品类协同优化，实现现代能源体系的高效建设的一种有效方式。

6. 信息技术与医科

物联网技术可帮助医院实现对人的智能化医疗和对物的智能化管理工作，如医院物资管理可视化、医疗信息数字化、医疗过程数字化、医疗流程科学化、服务沟通人性化等。

智慧医疗打通患者与医务人员、医疗机构、医疗设备的关联，建立健康档案区域医疗信息平台，利用物联网技术，逐步达到信息化。从技术角度分析，智慧医疗主要包括：建设公共卫生专网，实现与政府信息网的互联互通；建设卫生数据中心，为卫生基础数据和各种应用系统提供安全保障；建立药品目录、居民健康、医学检验与影像、医疗人员、医疗设备等基础数据库，以支持智慧医院系统、区域卫生平台和家庭健康系统三大类综合应用。

1.1.6　信息产业

1. 信息产业的含义

日本学者认为信息产业是指一切与各种信息的生产、采集、加工、存储、流通、传播和服务等有关的产业。美国信息产业协会（AIIA）认为信息产业是指依靠新的信息技术和信息处理的手段，制造和提供信息产品与信息服务的生产活动组合。欧洲信息提供者协会（EURIPA）认为信息产业是指提供信息产品和服务的电子信息工业。我国有些学者认为信息产业是与信息的收集、传播、处理、存储、流通、服务等相关的产业的总称。还有人认为信息产业是指信息技术的研究、开发与应用，信息设备与器件的制造，以及为公共社会需求提供信息服务的综合性生产活动和基础结构。

一般进行信息的收集、整理、存储、传输、处理及其应用服务的产业称为信息产业。

2. 信息产业的特征

信息产业是具有战略性的新兴主导产业。信息产业是高渗透型、高催化型产业。信息产业是知识、智力密集型产业。信息产业是更新快、受科技影响大的变动型产业。信息产业是需要大量智力和资金投入的高投入型产业。信息产业是效益高的高增值型产业。信息产业是增长快、需求广的新型产业。信息产业是就业面广、对劳动者的文化层次要求高的新职业供给型产业。信息产业是新兴的、有资源无公害、高效益与高增长型产业。

信息技术革命正迅猛改变人们所生存的社会，人类开始从工业社会进入信息时代。信息技术在世界新技术革命中，不仅作为一项独立的技术而存在，而且还广泛渗透于各个高技术领域及其生产、经营、管理等过程，成为它们发展的基本依据和重要手段。信息科学与技术的特色可以概括为：发展迅猛、影响深远、需求紧迫、淘汰迅速。目前信息产业已成为全世界第一大产业。

1.2　数据表示

信息（information）是人们表示一定意义的符号的集合，即信号。信息本身并不是实体，必须通过载体才能体现，且不随载体物理形式的变化而变化。报刊上刊载的文字、图片是信息的载体，电视中播放的声音、图像也是信息的载体。

数据（data）是指人们看到的影像和听到的声音，是信息的具体表现形式，是各种各样的物理符号及其组合，它反映了信息的内容。数据的形式可以随着物理设备的改变而改变。

在计算机中，各种信息都是以数据的形式出现的，对数据进行处理后产生的结果为信息，因此数据是计算机中信息的载体。数据本身没有意义，只有经过处理和描述，才能赋予其实际意义，如单独的一个数据"32℃"并没有什么实际意义，但如果表示为"今天的气温是32℃"时，这条信息就有意义了。

计算机的基本功能是对数据、文字、声音、图形、图像和视频等信息进行加工处理。计算机中能直接表示和使用的数据有数值数据与字符数据（非数值数据）两大类。数值数据用来表示数量的多少，通常都带有表示数值正、负的符号位，如 +287、−368、490 等。非数值数据包括字母、图片和符号等。无论是数值数据还是非数值数据，在计算机中都需要先进行二进制编码，然后才能进行存储、传输和加工等处理。因此，学习大学计算机基础课程，首先必须掌握计算机的数制及其处理方法。数制是指用一组固定的数字和一套统一的规则来计数的方法。按进位的方式计数的数制，称为进位计数制，简称进位制，如数学上常用的十进制，钟表计时中使用的六十进制，计算机内部使用的二进制等。

1.2.1 数字的存储与显示

数字是客观事物最常见的抽象表示。数字有大小和正负之分，还有不同的进位计数制。

1. 计数制

（1）计数制的概念。所谓计数制，是指用一组固定的数字和一套统一的规则来表示数目的方法。可从以下几个方面理解计数制的概念：

①计数制是一种计数策略，计数制的种类包括很多，除了十进制，还有六十进制、二十四进制、十六进制、八进制、二进制等。

②在一种计数制中，只能使用一组固定的数字来表示数的大小。

③在一种计数制中，有一套统一的规则。N 进制的规则是逢 N 进一，借一当 N。

任何一种计数制都有其存在的必然理由。由于人们在日常生活中一般都采用十进制计数，因此对十进制数比较熟悉，但其他计数制仍有应用的领域。例如，十二进制（商业中仍使用包装计量单位"一打"）、十六进制（如中药、金器的计量单位）仍在使用。

（2）基数。在一种计数制中，单个位上可使用的基本数字的个数称为该计数制的基数。例如，十进制数的基数是 10，使用 0 ~ 9 十个数字；二进制数的基数是 2，使用 0 和 1 两个数字。

（3）位权。在任何计数制中，一个基本数字处在不同位置上，所代表的基本值也不同，这个基本值就是该位的位权。例如，在十进制数中，数字 6 在十位数上表示 6 个 10，在百位数上表示 6 个 100，而在小数点后 1 位上则表示 6 个 0.1。可见，每个基本数字所表示的数字等于该基本数字乘以位权。位权的大小是以基数为底、基本数字所在位置的序号为指数的整数次幂。十进制数个位的位权是 10^0，十位的位权是 10^1，小数点后 1 位的位权是 10^{-1}，以此类推。

任何一种数制的数都可以写成按位权展开的多项式之和的形式：

$$(N)_b = d_{n-1}b^{n-1} + d_{n-2}b^{n-2} + d_{n-3}b^{n-3} + \cdots + d_1b^1 + d_0b^0 + d_{-1}b^{-1} + \cdots + d_{-m}b^{-m}$$

式中：n——整数部分的总位数；

m——小数部分的总位数；

$d_{下标}$——该位的数码；

b——基数，十进制 $b=10$，二进制 $b=2$，八进制 $b=8$，十六进制 $b=16$；

$b^{上标}$——位权。

（4）中国古代常见的度、量、衡关系如表 $1-2-1$ 所示。

表 $1-2-1$　中国古代常见的度、量、衡关系

类型	单位	进位关系
度	分、寸、尺、丈、引	十进制关系：1 引 = 10 丈 = 100 尺 = 1000 寸 = 10000 分
量	合、升、斗、斛	十进制关系：1 斛 = 10 斗 = 100 升 = 1000 合
衡	铢、两、斤、钧、石	非十进制关系：1 石 = 4 钧，1 钧 = 30 斤，1 斤 = 16 两，1 两 = 24 铢

2. 常见的计数制

（1）十进制。人类计算采用十进制，可能跟人类有 10 根手指有关。从现已发现的商代陶文和甲文中，可以看到中国古代人已能够用一、二、三、四、五、六、七、八、九、十、百、千、万等记录 10 万以内的任何自然数。

十进制的基数为 10，10 个基本数字为 0、1、2、3、…、9。它的进位规则是逢十进一；借位规则是借一当十。因此，对于一个十进制数而言，各位的位权是以 10 为底的幂。十进制用 D 表示。

例如，十进制数（8896.58）$_{10}$ 的按位权展开式为：

$$(8896.58)_{10} = 8 \times 10^3 + 8 \times 10^2 + 9 \times 10^1 + 6 \times 10^0 + 5 \times 10^{-1} + 8 \times 10^{-2}$$

（2）二进制。德国数学家莱布尼茨是世界上第一个提出二进制计数法的人，只使用了 0 和 1 两个数码。莱布尼茨在记录下他的二进制体系的同时，还设计了一台可以完成数码计算的机器。如今的科技将此设想变为了现实，这在莱布尼茨的时代是超乎人的想象的。

二进制由数码 0 和 1 组成，基数是 2，用 B 表示，进位规则是逢二进一。

在计算机中采用二进制数具有如下优点：

①二进制数只需要使用两个不同的数字符号，任何具有两种不同状态的物理器件都可以用二进制表示。例如，电容器的充电、放电等，电信号的两种状态表现为电位的高低电平，制造两种状态的电子器件比制造多种状态的电子器件要简单、便宜。

②采用二进制数，用逻辑上的"1"和"0"表示电信号的高低电平，既适应了数字电路的性质，又使用了逻辑代数作为数学工具，为计算机的设计提供了方便。

③从运算操作的简便性上考虑，二进制也是最方便的一种计数制。二进制只有两个数码（0 和 1），在进行运算时非常简便，相应的计算机的电路也就简单了。

例如，二进制数（101.101）$_2$ 可以表示为：

$$(101.101)_2 = 1 \times 2^2 + 0 \times 2^1 + 1 \times 2^0 + 1 \times 2^{-1} + 0 \times 2^{-2} + 1 \times 2^{-3} = (5.625)_{10}$$

上式称为（101.101）$_2$ 的按位权展开式。

用二进制表达一个数时，位数太长，不易识别和记忆，书写较麻烦，而二进制数与八进制数和十六进制数具有特殊的关系，因此，为了方便书写和阅读，在编写计算机程序时，经常将二进制数写成等价的十六进制数或八进制数。

（3）八进制和十六进制。八进制是一种以 8 为基数的记数法，由 0、1、2、3、4、5、6、7 这 8 个数码组成，常用大写字母 O 或 Q 表示，采用逢八进一的进位方式，如 353.72O 或 353.72Q。

八进制在计算机系统中不是很常见，但还是有一些早期的类 UNIX 操作系统的应用在使用八进制，所以有一些程序设计语言提供了使用八进制符号来表示数字的功能。

例如，八进制数 $(11.2)_8$ 的按位权展开式为：

$$(11.2)_8 = 1 \times 8^1 + 1 \times 8^0 + 2 \times 8^{-1} = (9.25)_{10}$$

十六进制是一种以 16 为基数的记数法，由数码 0~9 和字母 A~F 组成（其中，A~F 分别表示 10~15），常用字母 H 或 h 标识，采用逢十六进一的进位方式，如 8A.E8H。

在历史上，中国在质量单位上使用过十六进制，比如，规定 16 两为 1 斤。如今，十六进制普遍应用在计算机领域。但是，不同计算机系统和编程语言对于十六进制数值的表示方式有所不同。

在 C、C++、Shell、Python、Java 中，使用字首 "0x" 表示十六进制，如 0x5A39。其中，"x" 可以大写，也可以小写。

在 Intel 微处理器的汇编语言中，使用字尾 "h" 来表示十六进制，若数字以字母起首，则在前面会增加一个 "0"，如 5A39h、0A3C8h 等。

在 HTML 网页设计语言中，使用前缀 "#" 来表示十六进制。例如，用 "#RRGGBB" 的格式来表示字符颜色。其中，RR 是颜色中红色成分的数值，GG 是颜色中绿色成分的数值，BB 是颜色中蓝色成分的数值。

例如，十六进制数 $(5A.8)_{16}$ 的按位权展开式为：

$$(5A.8)_{16} = 5 \times 16^1 + A \times 16^0 + 8 \times 16^{-1} = (90.5)_{10}$$

在编写程序时，根据需要，可以用二进制、十进制、八进制或十六进制来表示数据，但在计算机内部，只能以二进制形式表示和存储数据。所以计算机在运行程序时，经常需要先把其他进制转换成二进制再进行处理，处理结果在输出前再转换成其他进制，以方便用户阅读和使用。表 1-2-2 给出了常用计数制的基数和所需要的数码，表 1-2-3 给出了常用计数制的表示方法。

表 1-2-2　常用计数制的基数和数码

数制	基数	数码
二进制	2	0　1
八进制	8	0　1　2　3　4　5　6　7
十进制	10	0　1　2　3　4　5　6　7　8　9
十六进制	16	0　1　2　3　4　5　6　7　8　9　A　B　C　D　E　F

表 1-2-3　常用计数制的表示方法

十进制数	二进制数	八进制数	十六进制数
0	0	0	0
1	1	1	1

（续）

十进制数	二进制数	八进制数	十六进制数
2	10	2	2
3	11	3	3
4	100	4	4
5	101	5	5
6	110	6	6
7	111	7	7
8	1000	10	8
9	1001	11	9
10	1010	12	A
11	1011	13	B
12	1100	14	C
13	1101	15	D
14	1110	16	E
15	1111	17	F
16	10000	20	10

注意：扩展到一般形式，对于一个 R 进制数，基数为 R，用 0、1、…、$R-1$ 共 R 个基本的数码来表示。R 进制数的进位规则是逢 R 进一；借位规则是借一当 R。因此，其各位的位权是以 R 为底的幂。

一个 R 进制数的按位权展开式为：

$$(N)_R = k_n \times R^n + k_{n-1} \times R^{n-1} + \cdots + k_0 \times R^0 + k_{-1} \times R^{-1} + k_{-2} \times R^{-2} + \cdots + k_{-m} \times R^{-m}$$

3. 不同计数制间的转换

在计算机内部，数据和程序都用二进制数来表示与处理，但计算机常见的输入/输出是用十进制数表示的，这就需要进行计数制间的转换，转换过程虽然是通过机器完成的，但读者应懂得计数制转换的原理。

（1）将 R 进制数转换为十进制数。根据 R 进制数的按位权展开式，可以很方便地将 R 进制转换为十进制数。例如：

$(1011)_2 = 1 \times 2^3 + 0 \times 2^2 + 1 \times 2^1 + 1 \times 2^0 = (11)_{10}$

$(50.2)_8 = 5 \times 8^1 + 0 \times 8^0 + 2 \times 8^{-1} = (40.25)_{10}$

$(AF.4)_{16} = A \times 16^1 + F \times 16^0 + 4 \times 16^{-1} = (175.25)_{10}$

（2）将十进制数转换为 R 进制数。要将十进制数转换为 R 进制数，整数部分和小数部分需要分别遵守不同的转换规则。

①整数部分：除 R 取余。整数部分不断除以 R 取余数，直到商为 0 为止，最先得到的余数为最低位，最后得到的余数为最高位。

②小数部分：乘 R 取整。小数部分不断乘以 R 取整数，直到小数为 0 或达到有效精度为止，最先得到的整数为最高位，最后得到的整数为最低位。

【例1.1】将十进制数转换为二进制数。例如，将 $(26.6875)_{10}$ 转换为二进制数。其转换过程如图 $1-2-1$ 所示，结果为 $(26.6875)_{10} = (11010.1011)_2$。

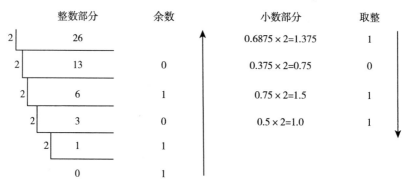

图 $1-2-1$　十进制数到二进制数的转换过程

将十进制数转换为二进制数，基数为2，所以对整数部分除2取余，对小数部分乘2取整。

注意：一个十进制小数不一定能够完全准确地转换成二进制小数，这时可以根据精度要求只转换到小数点后某一位即可。

【例1.2】将十进制数转换为八进制数。例如，将 $(370.725)_{10}$ 转换为八进制数（转换结果取3位小数）。其转换过程如图 $1-2-2$ 所示，结果为 $(370.725)_{10} = (562.563)_8$。

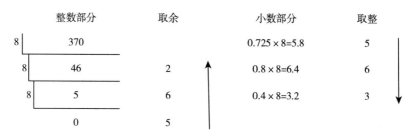

图 $1-2-2$　十进制数到八进制数的转换过程

【例1.3】将十进制数转换为十六进制数。例如，将 $(3700.65)_{10}$ 转换为十六进制数（转换结果取3位小数）。其转换过程如图 $1-2-3$ 所示，结果为 $(3700.65)_{10} = (E74.A66)_{16}$。

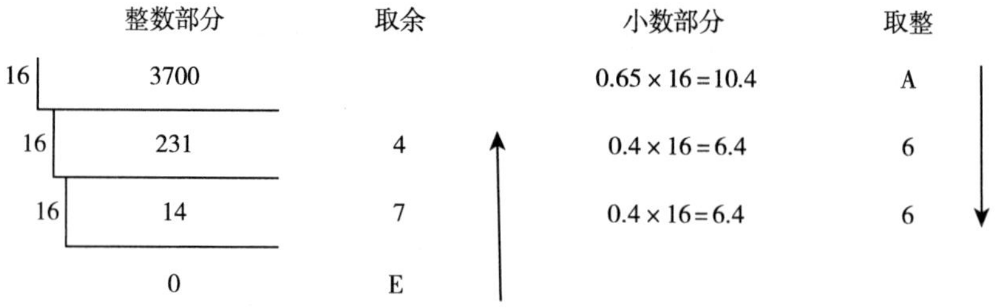

	整数部分	取余		小数部分	取整	
16	3700			$0.65 \times 16 = 10.4$	A	
16	231	4		$0.4 \times 16 = 6.4$	6	
16	14	7		$0.4 \times 16 = 6.4$	6	
	0	E				

图 $1-2-3$　十进制数到十六进制数的转换过程

（3）二进制与八进制、十六进制之间的转换。8 和 16 都是 2 的整数次幂，即 $8 = 2^3$、$16 = 2^4$，由数学原理可严格证明 3 位二进制数相当于 1 位八进制数，4 位二进制数相当于 1 位十六进制数。

①将二进制数转换为八进制数的基本思想是"三位归并"，即将二进制数以小数点为中

心分别向两边按每 3 位为一组进行分组。整数部分向左分组，不足位数左边补 0；小数部分向右分组，不足部分右边补 0，然后将每组二进制数转化为一个八进制数即可。

②将二进制数转换为十六进制数的基本思想是"四位归并"，即将二进制数以小数点为中心分别向两边按每 4 位为一组进行分组。整数部分向左分组，不足位数左边补 0；小数部分向右分组，不足部分右边补 0，然后将每组二进制数转化为一个十六进制数即可。

【例1.4】将二进制数 110101110.0010101 分别转换为八进制数、十六进制数。转换过程如下：

$$(\underset{6}{110}\ \underset{5}{101}\ \underset{6}{110}.\underset{1}{001}\ \underset{2}{010}\ \underset{4}{100})_2=(656.124)_8$$

$$(\underset{1}{0001}\ \underset{A}{1010}\ \underset{E}{1110}.\underset{2}{0010}\ \underset{A}{1010})_2=(1AE.2A)_{16}$$

③将八进制数转换为二进制数的基本思想是"一位分三位"，将十六进制数转换为二进制数的基本思想是"一位分四位"。

【例1.5】将八进制数 625.621_8 转换为二进制数。转换过程如下：

$$625.621_8=(\underset{6}{110}\ \underset{2}{010}\ \underset{5}{101}.\underset{6}{110}\ \underset{2}{010}\ \underset{1}{001})_2$$

【例1.6】将十六进制数 $A3D.A2_{16}$ 转换为二进制数。转换过程如下：

$$A3D.A2_{16}=(\underset{A}{1010}\ \underset{3}{0011}\ \underset{D}{1101}.\underset{A}{1010}\ \underset{2}{0010})_2$$

④八进制数与十六进制数之间的转换。将八进制数转换为十六进制数，可分两个步骤：首先将八进制数转换为二进制，然后将二进制转换为十六进制。例如：

$$712_8=(111001010)_2=(000111001010)_2=(1CA)_{16}$$

同理，将十六进制数转换成八进制数，也可以分成两个步骤：首先将十六进制转换成二进制，然后将二进制转换成八进制。

4. 计算机中数值型数据的表示方法

在计算机中，数值型的数据有两种表示方法：一种称为定点数，另一种称为浮点数。所谓定点数，是指在计算机中所有数的小数点位置固定不变。定点数有两种：定点小数和定点整数。定点小数将小数点固定在最高数据位的左边，因此，它只能表示小于 1 的纯小数。定点整数将小数点固定在最低数据位的右边，因此，定点整数表示的只是纯整数。定点数在计算机中可用不同的码制表示，常用的码制有原码、反码和补码 3 种。无论用什么码制表示，数据本身的值并不会发生变化。数据本身所代表的值称为真值。下面以 8 位二进制数为例来说明这 3 种码制的表示方法。

（1）原码。原码的表示方法为，如果真值是正数，则最高位为 0，其他位保持不变；如果真值是负数，则最高位为 1，其他位保持不变。其基本格式如图 1-2-4 所示。

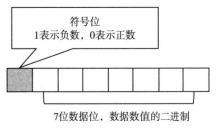

符号位
1表示负数，0表示正数

7位数据位，数据数值的二进制

图 1-2-4 原码表示方法的基本格式

【例1.7】 写出37和 -37 的原码表示。

37 的原码为 00100101，其中高位 **0** 表示正数。

-37 的原码为 10100101，其中，高位 **1** 表示负数。

说明：100101 是 37 的二进制值，不够 7 位，前面补 0。

原码表示的优点是转换非常简单，只要根据正负号将最高位补 0 或 1 即可，但用原码表示加减运算时，符号位不能参与运算。

（2）反码。反码的引入是为了解决减法问题，希望能够通过加法规则去计算减法。正数的反码就是其原码；负数的反码是符号位不变，其他位按位求反。

【例1.8】 写出37和 -37 的反码表示。

37 的原码为 00100101，37 的反码为 00100101。

-37 的原码为 10100101， -37 的反码为 11011010。

反码与原码相比，符号位虽然可以作为数字参与运算，但计算完成后，仍需要根据符号位进行调整。为了克服反码的这一缺点，人们又引入了补码表示法。补码的作用在于能把减法运算转化为加法运算。在现代计算机中，一般采用补码来表示定点数。

（3）补码。补码与反码一样，正数的补码就是其原码，但负数的补码是反码加 1。

【例1.9】 写出37和 -37 的补码表示。

37 的原码为 00100101，37 的反码为 00100101，37 的补码为 00100101。 -37 的原码为 10100101， -37 的反码为 11011010， -37 的补码为 11011011。

补码的符号可以作为数字参与运算，且计算完成后，不需要根据符号位进行调整。

注意：整数在计算机中以补码形式存储。

5. 计算机中的基本运算

计算机解决现实问题的过程就是对存储在计算机中的现实问题进行抽象表示的一系列运算过程。无论运算过程有多复杂，运算步骤有多麻烦，其都基于计算机提供的两种基本运算：算术运算和逻辑运算。

（1）算术运算。算术运算包括加、减、乘、除 4 类运算。需要注意的是，引入数字的补码表示之后，两个数字的减法运算是通过它们的补码相加来实现的。

二进制数的算术运算与十进制数的算术运算类似，但二进制数的运算规则更为简单，如表 1-2-4 所示。

表 1-2-4 二进制数的运算规则

加	减	乘	除
0 + 0 = 0	0 - 0 = 0	0 × 0 = 0	0 ÷ 1 = 0
0 + 1 = 1	1 - 0 = 1	0 × 1 = 0	1 ÷ 0 = （没有意义）
1 + 0 = 1	1 - 1 = 0	1 × 0 = 0	1 ÷ 1 = 1
1 + 1 = 0（向高位进位 1）	0 - 1 = 1（高位借 1 当 2）	1 × 1 = 1	

【例1.10】 以 8 位二进制数为例，计算 19 + 27 的值。

系统将通过计算 19 的补码与 27 的补码的和来完成计算。

19 的补码和其原码相同，是 00010011。

27 的补码和其原码相同，是 **00011011**。

两个补码相加：**00010011 + 00011011 = 00101110**，数字在计算机中以补码形式存在，所以 **00101110** 是补码形式。高位为 0，说明是正数，其原码、反码、补码相同，对应的原码是 **00101110**，即结果是十进制数 46。

【例 1.11】 以 8 位二进制数为例，计算 37 – 38 的值。

37 的补码和其原码相同，是 **00100101**。

38 的原码是 **10100110**，反码是 **11011001**，补码是 **11011010**。

两个补码相加：**00100101 + 11011010 = 11111111**

数字在计算机中以补码形式存在，所以 **11111111** 是补码形式，高位为 1，说明是负数，其对应的反码是 **11111110**，对应的原码是 **10000001**，即结果是十进制数 – 1。

（2）逻辑运算。在现实中，除数值型问题外就是判断型问题。这类问题往往要求用户根据多个条件进行判断。逻辑运算就是针对这类问题而出现的。

计算机中的逻辑关系是一种二值逻辑，逻辑运算的结果只有"真"或"假"两个值。参与运算的条件值也无外乎"真"或"假"两个值。

例如，打开窗户，让空气流通。条件是"打开窗户"，若打开，则为"真"，若没打开，则为"假"。结果是"空气流通"，它会随条件的变化而不同，打开一扇窗户，结果为"真"；打开两扇窗户，结果为"真"；打开所有窗户，结果为"真"；一扇都没打开，结果为"假"。

数字在参与逻辑运算时，系统规定，非 0 为真，0 为假。在计算机中，"真"一般用 1 表示，"假"用 0 表示。逻辑运算有"与""或"和"非" 3 种。

当两个多位的二进制信息进行逻辑运算时，将数据中每个二进制位上的"0"或"1"看成逻辑值，逐位进行逻辑运算。按对应位进行运算，每位之间互相独立，不存在进位和借位关系，运算结果也是逻辑值。逻辑位运算有"与""或""非"和"异或" 4 种，运算规则如表 1 - 2 - 5 所示。

表 1 - 2 - 5 逻辑运算的运算规则

运算	规则
与	对应位都为 1，结果才为 1
或	对应位只要有一位为 1，结果就为 1
非	取反，非 1 即 0，非 0 即 1
异或	同值为 0，异值为 1

【例 1.12】 给出十进制数 73、83，计算两个数的与、或、异或的结果和 73 的非运算结果。

73 与 83，结果为十进制数 65。

73 或 83，结果为十进制数 91。

73 异或 83，结果为十进制数 26。

非 73，结果为十进制数 – 74。

下面以 16 位二进制数为例来说明计算过程。

73 对应的二进制数为 0000000001001001，83 对应的二进制数为 0000000001010011。

73 与 83 的运算过程如下：

```
        0000000001001001      （73 的二进制数）
  与    0000000001010011      （83 的二进制数）
        0000000001000001      （与的结果为十进制数 65）
```

73 或 83 的运算过程如下：

```
        0000000001001001      （73 的二进制数）
  或    0000000001010011      （83 的二进制数）
        0000000001011011      （或的结果为十进制数 91）
```

73 异或 83 的运算过程如下：

```
        0000000001001001      （73 的二进制数）
  异或  0000000001010011      （83 的二进制数）
        0000000000011010      （异或的结果为十进制数 26）
```

非 73 的运算过程如下：

```
        0000000001001001      （73 的二进制数）
  非    1111111110110110      （非的运算结果为十进制数 −74）
```

【例 1.13】假设现在有一个手机号码 18082286080 需要进行加密传送，请设计一个简单的加密算法。

解题思路为设计一个 4 位二进制数的加密密码（假设为 1011），然后将电话号码的每位数字转换为 4 位二进制数，并和加密密码进行异或运算，运算结果对应的十六进制数为加密后的一位电话号码。运算过程如下：

```
       1     8     0     8     2     2     8     6     0     8     0    （电话号码）
      0001  1000  0000  1000  0010  0010  1000  0110  0000  1000  0000 （二进制序列）
异或  1011  1011  1011  1011  1011  1011  1011  1011  1011  1011  1011 （加密密码）
      1010  0011  1011  0011  1001  1001  0011  1101  1011  0011  1011 （二进制序列）
       A     3     B     3     9     9     3     D     B     3     B
```

得到的密文为 A3B3993DB3B。

接收方得到密文后，用同样的方法进行解密，解密过程如下：

```
       A     3     B     3     9     9     3     D     B     3     B    （电话号码）
      1010  0011  1011  0011  1001  1001  0011  1101  1011  0011  1011 （二进制序列）
异或  1011  1011  1011  1011  1011  1011  1011  1011  1011  1011  1011 （加密密码）
      0001  1000  0000  1000  0010  0010  1000  0110  0000  1000  0000 （二进制序列）
```

解密后得到的号码为 18082286080。该方法的特点是加密、解密速度快，但要注意对加密密码的保护，防止泄露。

1.2.2　字符型数据的编码表示

计算机不仅能处理数值型数据，还能处理字符型数据，如英文字母、标点符号等。对于数值型数据，可以按照一定的转换规则转换成二进制数在计算机内部表示，但对于字符型数据，没有相应的转换规则可以使用。人们可以规定每个字符对应的二进制编码形式，但这种规定要科学、合理，才能得到多数人的认可和使用。当输入一个字符时，系统自动将输入的字符按照编码的类型转换为相应的二进制形式存入计算机存储单元中。在输出过程中，再由系统自动将二进制编码数据转换成用户可以识别的数据格式输出。

常用的字符型数据编码方式主要有 ASCII、EBCDIC 等，前者主要用于小型计算机和微型计算机，后者主要用于超级计算机和大型计算机。

1. ASCII 码

所谓字符，是数字、字母以及其他一些符号的总称，所谓字符编码实际上就是为每个字符确定一个对应的整数值（以及它对应的二进制编码）。由于这是一个涉及世界范围内有关信息表示、交换、处理、存储的基本问题，因此，都以国家标准或国际标准的形式施行。

ASCII（American Standard Code for Information Interchange）是美国标准信息交换代码的简称，用于给西文字符编码。ASCII 有 7 位码和 8 位码两种形式。7 位 ASCII 为标准 ASCII。国际通用的 7 位 ASCII 对应于国际 ISO 646 标准，用 7 位二进制数 $b_6b_5b_4b_3b_2b_1b_0$ 表示一个字符的编码，其编码范围为 0000000B ~ 1111111B，共有 2^7 = 128 个编码值，可以表示 128 个不同字符。计算机内部用一个字节（8 位二进制位）存放一个 7 位 ASCII，在正常情况下，最高位 b_7 为 "0"，在需要奇偶校验时，b_7 可用于存储奇偶校验的值，此时称这一位为校验位。7 位 ASCII 编码表其中的 95 个编码，对应键盘上能敲入并且可以显示和打印的 95 个字符。例如，编码 1000001，表示字母 "A"，对应的十进制数是 65。编码 1100111，表示字母 "g"，对应的十进制数是 103。编码 0110010，表示数字 "2"，对应的十进制数是 50。

95 个字符可分为以下几类：

大写、小写各 26 个英文字母，0 ~ 9 共 10 个数字，通用的运算符和标点符号共 33 个，包括 +、-、<、/、>、=、! 等。其中的 33 个字符，其编码值为 0 ~ 31 和 127，即 0000000 ~ 0011111 和 1111111，不对应任何一个可显示或打印的实际字符，它们被用作控制码，在计算机中起各种控制作用，如光标的退格、换行等，基本 ASCII 编码如表 1-2-6 所示。

表 1-2-6　基本 ASCII 编码表

字符	十进制码	十六进制码	字符	十进制码	十六进制码	字符	十进制码	十六进制码
空格	32	20	@	64	40	`	96	60
!	33	21	A	65	41	a	97	61
"	34	22	B	66	42	b	98	62
#	35	23	C	67	43	c	99	63
$	36	24	D	68	44	d	100	64
%	37	25	E	69	45	e	101	65
&	38	26	F	70	46	f	102	66
,	39	27	G	71	47	g	103	67
(	40	28	H	72	48	h	104	68
)	41	29	I	73	49	i	105	69
*	42	2A	J	74	4A	j	106	6A
+	43	2B	K	75	4B	k	107	6B

（续）

字符	十进制码	十六进制码	字符	十进制码	十六进制码	字符	十进制码	十六进制码
.	46	2C	L	76	4C	l	108	6C
/	47	2D	M	77	4D	m	109	6D
–	45	2E	N	78	4E	n	110	6E
,	44	2F	O	79	4F	o	111	6F
0	48	30	P	80	50	p	112	70
1	49	31	Q	81	51	q	113	71
2	50	32	R	82	52	r	114	72
3	51	33	S	83	53	s	115	73
4	52	34	T	84	54	t	116	74
5	53	35	U	85	55	u	117	75
6	54	36	V	86	56	v	118	76
7	55	37	W	87	57	w	119	77
8	56	38	X	88	58	x	120	78
9	57	39	Y	89	59	y	121	79
:	58	3A	Z	90	5A	z	122	7A
;	59	3B	[	91	5B	{	123	7B
<	60	3C	\	92	5C	|	124	7C
=	61	3D	]	93	5D	}	125	7D
>	62	3E	'	94	5E	~	126	7E
?	63	3F	—	95	5F	DEL	127	7F

计算机字符处理实际上是对字符的内部码进行处理。例如，比较字符 A 和 F 的大小，实际上是对 A 和 F 的内部码 65 与 70 进行比较。字符输入时，按一下相应的键，该键所对应的 ASCII 即存入计算机。例如把一篇英文文章中的所有字符录入计算机中，计算机中存放的实际上是一大串 ASCII。

【例 1.14】英文单词 Computer 的二进制书写形式的 ASCII 编码为 01000011 01101111 01101101 01110000 01110101 01110100 01100101 01110010，在计算机内存中占用 8 字节，即 1 个字符占用 1 字节。写成十六进制形式为 43 6F 6D 70 75 74 65 72。

显然标准 ASCII 字符集字符数目有限，在实际应用中往往无法满足要求。为此，国际标准化组织（ISO）联合国际电工委员会（IEC）又制定了 ISO/IEC 2022:1994 标准，它规定了在保持与 ISO/IEC 646 兼容的前提下将标准 ASCII 字符集扩充为 8 位代码的统一方法。通过将最高位设置为 1，ISO 陆续制定了一批适用于不同地区的扩充 ASCII 字符集，这些扩充字符的编码均为十进制数的 128 ~ 255，统称为扩展 ASCII。由于各国文字特征不同，因此，每个国家可以使用不同的扩展 ASCII。在中国，汉字编码也利用了这一规则。

2. 十进制的 BCD 码

BCD 又称为二进制编码的十进制（binary coded decimal），即用二进制数符书写的十进制数符。尽管计算机内部数据的表示和运算均采用二进制数，但由于二进制数不直观，故在计算机输入和输出时，通常还是采用十进制数。不过，这种十进制数仍然需要用二进制编码来表示，常见的表示方法为：用 4 位二进制编码表示 1 位十进制数。这种用二进制编码的十进制数叫 BCD 码。BCD 码的编码方法很多，有 8421 码、2421 码和 5211 码等。最常用的是 8421 码，其方法是用 4 位二进制数表示一位十进制数，自左至右每一位对应的位权分别是 8、4、2、1。4 位二进制数有 0000～1111 共 16 种状态，而十进制数只有 0～9 共 10 个数码，BCD 码只取 0000～1001 共 10 种状态。8421 码如表 1－2－7 所示。由于 BCD 码中的 8421 码应用最广泛，所以一般说 BCD 码时默认指 8421 码。

表 1－2－7　8421 码表

十进制数	8421 码	十进制数	8421 码
0	0000	7	0111
1	0001	8	1000
2	0010	9	1001
3	0011	10	0001 0000
4	0100	11	0001 0001
5	0101	12	0001 0010
6	0110	13	0001 0011

对于 BCD 编码，需要注意以下事项：

（1）BCD 码不同于二进制数。首先，BCD 码必须是 4 个二进制位为一组，而二进制数没有这种限制。其次，4 个二进制位可组成 0000～1111 共 16 种编码状态，BCD 码只用了其中的前 10 种，即 0000～1001，余下的 6 种状态 1010～1111 被视为非法码。若在 BCD 码运算中出现了非法码，则需要按修正原则和方法进行修正，才能得到正确结果。

（2）BCD 码和二进制数之间不能直接转换，例如，将 BCD 码转换成二进制数，必须先将 BCD 码转换成十进制数，然后再转换成二进制数；反之，应先将二进制数转换成十进制数，然后再转换成 BCD 码。

【例 1.15】写出十进制数 7852 的 8421 编码。

十进制数 7852 的 8421 码为 0111 1000 0101 0010B，实际存储时可以占用 4 字节的内存空间（每个字节的高 4 位补成 0000B），称为非压缩 BCD 码，也可以用 2 字节存储，称为压缩 BCD 码。

IBM 公司于 1963—1964 年推出了 EBCDIC 编码，除了原有的 10 个数字之外，又增加了一些特殊符号、大小写英文字母和某些控制字符的表示。所以，EBCDIC 也是一种字符编码，主要用于超级计算机和大型计算机。

1.2.3　汉字的编码表示

汉字与英文字母类似，也没有可用的转换规则直接转换成二进制形式，也需要规定出每个汉字对应的二进制编码，用于汉字在计算机中的表示与存储。汉字是世界上使用人数最多的文字，是联合国的工作语言之一。汉字处理的研究对计算机在我国的推广应用和加强国际交流是十分重要的。西文是拼音文字，基本符号比较少，编码容易，在一个计算机系统中，输入、内部处理、存储和输出都可以使用统一代码。但汉字属于图形符号，结构复杂，多音字和多义字比例较大，总体数量太多（字形各异的汉字有 50000 个左右，常用的也有 7000 个左右）。常用汉字的字数较多，不能直接对应到键盘上（一个英文字母对应一个按键），所以还要设计汉字的输入编码，即每个汉字通过哪几个按键输入。经过多年的努力，我国在汉字信息处理技术的研究和开发方面取得了很多重要成果，形成了一套比较完整的汉字信息处理技术。有用于汉字输入的输入码，用于规范汉字表示的国标码，用于存储的机内码和用于输出的字形码。

1. 汉字输入码

在计算机系统处理汉字时，首先遇到的问题是如何输入汉字。汉字输入码是指从键盘输入汉字时采用的编码，又称为外码，主要有数字码、拼音码、字形码和音形混合码等。

（1）数字码。常用的是国标区位码，用数字串代表一个汉字的输入码。区位码是将国家标准化管理委员会公布的 6763 个常用汉字分为 94 个区，每个区再分为 94 位，实际上把汉字组织在一个二维数组中，汉字在数组中的下标就是区位码。区码和位码各用两位十进制数字表示，因此输入一个汉字需按键 4 次。例如，"徐"字位于第 48 区 76 位，区位码为 4876。

（2）拼音码。拼音码是按照拼音规则来输入汉字的，不需要特殊记忆，符合人们的思维习惯。常用的有搜狗拼音输入法、全拼输入法、微软拼音输入法、紫光输入法和智能 ABC 输入法等。其主要问题在于，一是同音字太多，重码率高，输入效率低；二是对不认识的字难以处理；三是对用户的发音要求高。

（3）字形码。字形码是根据汉字的形状形成的输入码。汉字个数虽多，但组成汉字的基本笔画和基本结构并不多。因此，把汉字拆分成基本笔画和基本结构，按笔画或基本结构的顺序依次输入，就能表示一个汉字。五笔字型编码是最有影响的一种字形码。

数字码记忆量太大（每个汉字有一个唯一的数字编码），一般人难以掌握。拼音码易于学习和掌握，凡熟悉汉语拼音的人，不需训练和记忆，即可使用，但打字速度不容易提高。字形码的拆字规则（把一个字拆成基本笔画或基本结构，再对应到键盘的按键上）较复杂，学习起来较为困难，一旦学会并熟练掌握，能有比较快的输入速度。专业打字人员使用字形码（五笔字型）的比较多，一般人员使用拼音码的比较多。

为了提高汉字输入速度，在上述方法的基础上，发展了词组输入、联想输入等多种快速输入方法。另外的输入方式是利用语音或图像识别技术自动将文字输入计算机中，这种技术已经在一定程度上实现了，但键盘输入仍是最基本的输入方式。键盘输入、语音输入和基于图像识别技术的扫描输入各有其特点及适用场合。

2. 汉字国标码

为了便于计算机系统、设备之间准确无误地交换汉字信息，规定了一种用于汉字信息交换的统一编码，这种编码称为汉字国标码。1981 年我国公布了《通用汉字字符集（基本集）及其交换码标准》（GB 2312—1980），简称国标码，其中规定每个汉字编码由两个字节构成，定义了 6763 个常用汉字和 682 个图形符号。为了进一步满足信息处理的需要，在国标码的基础上，2000 年 3 月我国又推出了《信息技术信息交换用汉字编码字符集基本集的扩充》（GB 18030—2000），此标准共收录了 27000 多个汉字。GB 18030 的最新版本是 GB 18030—2005，其以汉字为主并包含多种我国少数民族文字，收入汉字 70000 多个。

3. 汉字机内码

汉字机内码是指计算机内部存储和处理汉字时所用的编码，它与 ASCII 兼容但又不相同，以便实现汉字和英文的混合存储与处理。输入码经过键盘被计算机接收后就由有汉字处理功能的操作系统的"输入码转换模块"转换为机内码。一般要求机内码与国标码之间有较简单的转换规则，通常将国标码每个字节的最高位置 1 作为汉字的机内码，国标码由两个字节表示一个汉字。由于英文符号的 ASCII 的最高位为 0，而汉字符号的机内码的每个字节的最高位都为 1，因此易于区分出某个字节数据表示的是一个英文字符，还是汉字字符的组成部分。汉字的机内码 = 汉字的国标码 + 8080H。例如，汉字"子"的国标码为 5753H，则其汉字机内码为 D7D3H。

GBK 汉字机内码扩展规范是对 GB/T 2312—1980 的扩展，其共收录汉字 21003 个、符号 883 个，并提供 1894 个造字码位，简、繁字融于一库。

Big5 是在我国台湾、香港与澳门地区使用的繁体中文字符集。Big5 是 1984 年由五大厂商（宏碁、神通、佳佳、零壹及大众）一同制定的一种繁体中文编码方案，因其来源于五大厂而被称为五大码，英文写作 Big5，也被称为大五码。

4. 多语种的混合编码

如今，人类使用了接近 6800 种不同的语言。为了扩充 ASCII 编码，以用于显示本国的语言，不同的国家和地区制定了不同的标准，由此产生了 GB/T 2312—1980、Big5 等不同的编码标准。这些使用 2 个字节来代表 1 个字符的汉字延伸编码方式，称为 ANSI 编码，又称为多字节字符集（multibyte character set，MBCS）。

在简体中文系统下，ANSI 编码代表 GB/T 2312—1980 编码；在日文操作系统下，ANSI 编码代表 JIS 编码。所以，在中文 Windows 环境下，要转码成 GB/T 2312—1980，只需要把文本保存为 ANSI 编码即可。

由于不同国家或地区的 ANSI 编码互不兼容，因此在国际交流中，无法将属于两种语言的文字存储在同一段 ANSI 编码的文本中。同一个编码值，在不同的编码体系里代表不同的字。这样就容易造成混乱，出现乱码。比如，使用英文浏览器浏览中文网站，就无法显示正确的中文。解决这个问题的最佳方案是设计一种全新的编码方法，而这种方法必须有足够的能力来容纳各种语言的所有符号，这就是统一码 Unicode。

Unicode 为每种语言中的每个字符设定了统一并且唯一的二进制编码，以满足跨语言、跨平台进行文本转换、处理的要求。

目前实际应用的 Unicode 对应于两字节通用字符集 UCS-2，每个字符占用 2 个字节，使用 16 位的编码空间，理论上允许表示 2^{16} = 65536 个字符，可以基本满足各种语言的使用需要。实际上，目前版本的 Unicode 尚未填充满 16 位编码空间，从而为特殊的应用和将来的扩展保留了大量的编码空间。

虽然这个编码空间已经非常大了，但设计者考虑到将来某一天它可能也会不够用，所以又定义了 UCS-4 编码，即每个字符占用 4 字节（实际上只用了 31 位，最高位必须为 0），理论上可以表示 2^{31} = 2147483648 个字符。

在个人计算机中，若使用扩展 ASCII、Unicode 的 UCS-2 字符集和 UCS-4 字符集分别表示一个字符，则三者之间的差别为：扩展 ASCII 用 8 位表示，Unicode 的 UCS-2 用 16 位表示，Unicode 的 UCS-4 用 32 位表示。

Unicode 虽然统一了编码方式，但是它的编码效率不高。比如，UCS-4 规定用 4 个字节存储一个符号，那么每个英文字母的编码中前 3 个字节都是 0，这对存储和传输来说都很浪费资源。

Unicode 在很长一段时间内无法推广，直到互联网的出现。为解决 Unicode 在网络上传输的问题，面向网络传输的多种通用字符集传输格式（UCS transfer format，UTF）标准出现了［UCS 是 universal character set（通用字符集）的缩写形式］。UTF-8 是在互联网上使用最为广泛的一种 Unicode 的实现方式，它每次可以传输 8 个数据位。变长编码方式是 UTF-8 的最大特点，它可以使用 1 ~ 4 字节表示一个符号，根据不同的符号改变字节长度。当字符在 ASCII 的编码范围时，就用 1 字节表示，保留了 ASCII 字符 1 字节的编码作为它的一部分。UTF-8 的一个中文字符占 3 字节。从 Unicode 到 UTF-8 并不是直接对应的，而需要经过一些算法和规则的转换。

5. 汉字字形码

ASCII、汉字机内码和 Unicode 都是一种文字编码，不能直接在屏幕上进行文字显示。汉字字形码又称汉字字模，用于汉字的显示或打印机输出。不管是中文汉字还是英文字母或数字，都需要为其构建对应的字库。汉字字形码有两种主要表示方式：点阵方式和矢量方式。汉字在计算机内部以机内码的形式存储和处理，当需要显示或打印这些汉字时，必须通过字形码将其转换为人们能看懂且能表示为各种字形字体的图形格式，然后通过输出设备输出。

字形码通常采用点阵形式，无论一个字的笔画有多少，都可以用一组点阵表示。每个点即进制的一位，由 0 和 1 表示不同状态，如黑白颜色等。一种字形码的全部汉字编码就构成了字模库，简称字库。根据输出字符要求的不同，每个字符点阵中点的个数也不同。点阵越大，点数越多，输出的字形也就越清晰美观，占用的存储空间也就越大。汉字字形有 16×16、24×24、32×32、48×48、72×72、128×128 点阵等，图 1-2-5 是汉字"田"的点阵结构图，不同字体的汉字需要不同的字库。点阵字库存储在文字发生器或字模存储器中。字模点阵的信息量是很大的，所占存储空间也很大。以显示"田"的 16×16 点阵为例，每个汉字就要占用 32 字节。打印一般用 24×24 的点阵形式，每个汉字就要占用 72 字节。对于 128×128 点阵形式，每个汉字就要占用 2048 字节，这将导致整个字库占用大量的存储空间。

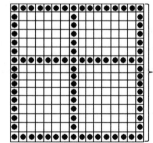

$16 \times 16 \times 1b = 256/8B = 32$（字节）

图 1-2-5　汉字"田"的点阵结构

对于以矢量方式存储的字形码，其存储的是一种数学函数描述的曲线字库，采用了几何学中二次曲线及直线来描述字体的外形轮廓，含有字形构造、颜色填充、数字描述函数、流程条件控制、栅格处理控制、附加提示控制等指令。当要输出汉字时，通过计算机的计算，由汉字字形描述生成所需大小和形状的汉字。由于是指令对字形进行描述，与分辨率无关，均以设备的分辨率输出，既可以屏幕显示，又可以打印输出，字符缩放时总是光滑的，不会有锯齿出现，因此可输出高质量的汉字。

点阵方式和矢量方式各有特点。前者编码、存储方式简单，无须转换直接输出，字号变大后显示或打印效果较差，甚至模糊不清；后者输出时需要进行转换，但字号变大后不会降低显示或打印质量。

汉字通常通过输入码输入计算机内，再由汉字系统的输入管理模块进行查表或计算，将输入码（外码）转换成机内码存入计算机存储器中，对汉字的处理也是以机内码形式进行的。当存储在计算机内的汉字需要在屏幕上显示或在打印机上输出时，要借助汉字机内码在字模库中找出汉字的字形码，在输出设备上将该汉字的图形信息显示出来。

汉字的处理过程就是汉字代码的转换过程，汉字代码之间的关系如图1-2-6所示。

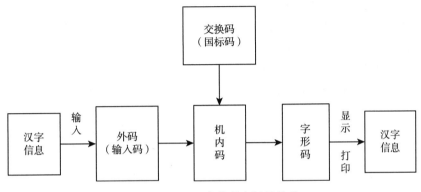

图1-2-6 汉字代码之间的关系

1.3 数据存储的组织方式

目前计算机的应用已渗透到人们生活的方方面面。计算机所处理的数据，无论是哪方面的数据，在计算机内部都是以二进制的形式存储的。一串二进制数，既可以表示数字，也可以表示字符、汉字图形图像、声音等。每串不同的二进制数据含义各不相同。那么，数据在处理时，计算机如何存储数据呢？

1.3.1 数据存储单位

信息可以存储在计算机的物理存储介质上，如硬盘、光盘等，计算机中信息的常用存储单位有位、字节、字长等。

1. 位（bit）

位是计算机存储设备的最小存储单位，简写为"b"，音译为"比特"，表示二进制中的一位。一个二进制位可以表示 2^1 种不同的状态，即"0"或"1"。位数越多，所表示的状态就越多。

2. 字节（byte）

字节是计算机中用于描述存储容量和传输容量的一种计量单位，即以字节为单位解释信息，简写为"B"，音译为"拜特"。8个二进制位编为一组称为1字节，即1B=8b。1字节可存放1个西文字符或符号，2字节可以存放1个汉字。通常人们所说的计算机内存大小8GByte，即表示计算机主存容量为 2^{33} 个字节，简写为8GB。也就是说，内存由 2^{33} 个存储单元构成，每个存储单元包含 8 位二进制信息。计算机内部的数据传递也是按照字节的倍数进行的。

3. 字长

一般而言，计算机在同一时间内处理的一组二进制数称为一个计算机的"字"，而这组二进制数的位数就是"字长"。字长与计算机的功能和用途有很大的关系，是计算机的一个重要技术指标。字长直接反映了一台计算机的计算精度。字长总是 8 的整数倍，通常 PC 的字长为 16 位（早期）、32 位、64 位，也就是常说的 16 位机、32 位机、64 位机。字长是 CPU 的主要技术指标之一，指的是 CPU 一次能并行处理的二进制位数。当其他指标相同时，字长越大计算机的处理数据的速度就越快。早期的微型计算机字长一般是 8 位和 16 位，386 及更高的处理器大多是 32 位。目前市面上的计算机的处理器大部分已达到 64 位。

通常一个字节的每一位自右向左依次编号。例如，16 位机各位依次编号为 $b_0 \sim b_{15}$；32 位机的各位依次编号为 $b_0 \sim b_{31}$；64 位机各位依次编号为 $b_0 \sim b_{63}$。

位、字节、字长之间的关系如图 1-3-1 所示。

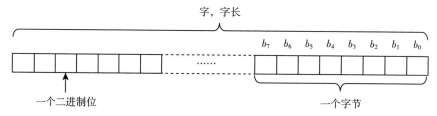

图 1-3-1　位、字节和字长的关系

1.3.2　存储设备的结构

1. 概述

用来存储数据的设备称为计算机的存储设备，主要包括内存、硬盘、光盘、U 盘等。无论是哪一种存储设备，其最小存储单位都是"位"，存储数据的基本单位都是"字节"，即数据是按字节进行存放的。

2. 存储单元

存储单元是计算机存储设备容量最基本的计量单位，目前计算机是以 8 位二进制信息即一个字节为一个存储单元，也作为计算机最基本的存储单元。但一个数据作为一个整体进行存取时，它一定存放在一个或几个字节中。物理存储单元的特点是，只有有新的数据送入存储单元时，该存储单元的内容才会用新值替代旧值，否则，永远保持原有数据。

3. 存储容量

存储容量是指存储器可以容纳的二进制信息量，是衡量计算机存储能力的重要指标。通常用字节进行计算和表示，常用的单位有 B、KB、MB、GB、TB 等。

内存容量是指计算机的随机存储器（RAM）容量，是内存条的关键参数，通常内存容量为 4GB、8GB 等。外存多以硬盘、光盘和 U 盘为主，每个设备所能容纳的总的字节数称为外存容量，如 500GB、4TB 等。

常用的存储单位之间的换算关系如表 1-3-1 所示。

表 1 - 3 - 1 存储单位换算关系

单位	换算关系	数量级	备注
b（bit：位）	1b = 1 个二进制位	$1b = 2^0$（10^0）	"0" 或 "1"
B（byte：字节）	1B = 8b	$1B = 2^3$	
KB（千字节）	1KB = 1024B	$1K = 2^{10}$（10^3）	
MB（兆字节）	1MB = 1024KB	$1M = 2^{20}$（10^6）	
GB（吉字节）	1GB = 1024MB	$1G = 2^{30}$（10^9）	超大规模
TB（太字节）	1TB = 1024GB	$1T = 2^{40}$（10^{12}）	海量数据
PB（拍字节）	1PB = 1024TB	$1P = 2^{50}$（10^{15}）	大数据
EB（艾字节）	1EB = 1024PB	$1E = 2^{60}$（10^{18}）	大数据

4. 存储设备的容量

信息的存储需要使用存储设备。数码产品中用来存储比特的设备有多种，它们大多利用电、磁、光的特性研制而成。例如，利用电能存储信息的半导体存储器、利用磁能存储信息的磁卡和硬盘存储器，利用光学原理存储信息的 CD、DVD 等光盘存储器，还可以利用纸或塑料等存储信息，如过去使用的穿孔卡片、穿孔纸带，现在常用的一维和二维条形码等。

上述各种数字存储设备的信息存取速度、存取方式、存储容量、断电后信息是否保存等性质有很大差异，因而其功能和用途也有所不同。下面仅对个人计算机和智能手机使用的几种存储器的类型及其容量进行对比介绍（表 1 - 3 - 2）。

表 1 - 3 - 2 个人计算机和智能手机的存储器类型与容量

存储器类型	设备	存储器名称	典型容量	说明
主存储器	个人计算机	DRAM 存储器	4 ~ 16GB	工作速度很快，容量不是很大，价格较高，断电后信息不能保存，属易失性存储器
	智能手机	DRAM 存储器	4 ~ 12GB	
辅助存储器	个人计算机	硬盘/固态硬盘	0.5 ~ 4TB	工作速度快，容量大，单位价格便宜，断电后信息保持不变，属非易失性存储器
	智能手机	闪速存储器	32 ~ 256GB	
扩充存储器	个人计算机	U 盘，移动硬盘，光盘，SD 卡等	几十吉字节至几太字节	工作速度稍慢，容量范围大，断电后信息保持不变，属非易失性存储器
	智能手机	U 盘，SD 卡等	几十至几百吉字节	容量范围大，断电后信息保持不变，属非易失性存储器

日常生活中使用的校园卡、公交卡、银行卡等，其功能之一也是用来存储信息（身份信息、账号、金额等），它们的容量并不大，一般有几十千字节就够了。商品包装上印刷的条形码（一维条码），信息容量仅十几个字节，二维条形码容量可以达到几千字节，因而可以表示（存储）如网站地址之类的比较复杂的信息。

1.3.3 编址和地址

每个存储设备都是由一系列的存储单元构成的，为了对存储设备进行有效的管理、清楚地区别每一个存储单元，就需要对每个存储单元进行编号。这些都是由操作系统完成的。其中对存储单元进行编号的过程称为编址，而存储单元的编号称为地址。

主存储器是以字节为单位编址的，每个字节有一个自己的地址。CPU 使用二进制表示的地址码来指出需要访问（读/写）的存储单元。地址码是一个无符号整数，n 个二进位的地址码共有 2^n 个不同组合，可以表示 2^n 个不同的地址，也就可以用来指定主存中 2^n 个不同的字节，所以主存的容量一般都以 2 的幂次来计算。存储结构与地址的表示如图 1 - 3 - 2 所示。

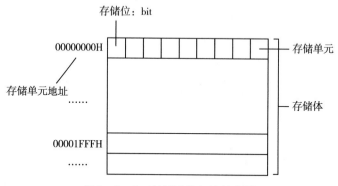

图 1 - 3 - 2　存储结构与地址表示

辅助存储器不需要也不可能按字节进行存取，它是以块（block）为单位进行编址和存取的。块的大小一般是几百字节至几千字节。因此，存储容量 = 块的数目×块的大小。为了计算方便，也为了使产品标注容量可以更大一些，辅助存储器生产厂商都以传统的 10 的幂次作为其容量的度量单位。

在计算机和智能手机中，辅助存储器和主存储器都由操作系统统一管理并分配使用，操作系统采用与主存一致的方式来计算辅助存储器的大小，即也以 2 的幂次作为辅助存储器容量的计量单位。这样一来，用户经常会发现一个奇怪的现象：辅助存储器的容量"缩水"了。例如，明明硬盘标注的容量是 160GB，操作系统显示的却是 149.05GB，明明买的是 8GB 的 U 盘，系统显示出来却是 7.46GB。手机也是如此。原因很简单。因为操作系统在计算存储容量及文件大小时，其度量单位 $1G = 2^{30} = 1073741824$，而辅助存储器生产厂商使用的是 $1G = 10^9 = 1000000000$，后者只是前者的 0.931。因此，32GB 和 16GB 的辅助存储器，操作系统认为分别只有 29.79GB 和 14.9GB。这种相同符号在不同场合有不同含义的情况造成了诸多不便和混淆，请大家注意。

1.3.4　数据存储

通过键盘、扫描仪、语音设备和网络下载等方式，可以给计算机输入数字、文字、图像和程序等信息，这些信息如果需要长久保存和使用，就需要以文件的形式存储到软盘、硬盘、U 盘等外存储器中。

1. 文件命名

文件（file）是存放在计算机外存储器上的相关数据的集合。同一外存储器上可能有很多文件，为了便于对文件的识别和管理，要给每个文件规定一个唯一的文件名。例如，班主任把所带班级每个学生的基本情况和联系方式输入计算机中，保存在自己的 U 盘上，起一个名字"学生基本情况与联系方式",这样就生成了一个学生联系方式文件,需要时就可以在计算机上打开这个文件,查看某个学生的基本情况或联系方式。

严格说来,一个规范的文件名包括主文件名和扩展名两部分,格式如下:

<主文件名>[. 扩展名]

一个文件可以有扩展名,也可以没有扩展名(用方括号表示),但必须要有主文件名(用尖括号表示),如果有扩展名,要用点(.)与主文件名分开。

主文件名代表文件的特点,由用户根据文件内容命名,主文件名最好能代表文件内容,做到见名知义,便于对文件的查找和管理。特别是管理的文件很多时尤其重要,如我们写的实验报告,主文件名分别命名为操作系统实验报告、数据结构实验报告和 C 语言实验报告等,日后找起来就非常方便,看到名字就知道内容了。如果分别命名为 C1、C2 等,找起来就比较麻烦,需要逐一打开这些文件查看内容,才能找到需要的那个文件。

扩展名代表文件属于哪一类,一般使用计算机系统已经规定好的一些名字,在使用一些软件系统建立文件时使用系统默认的扩展名即可,用户不必自己命名扩展名。表 1-3-3 列举了一些常用的文件扩展名。

表 1-3-3 常用的文件扩展名

文件类型	文件扩展名
可执行文件(包括 App)	exe(Windows),app(iOS),apk(安卓)
应用程序扩展	dll(Windows)
文本/文档文件	txt,doc,docx,pdf,ppt,pptx
声音文件	wav,mid,voc,MP3,aac,flac,wma
图像文件	bmp,jpg,gif,tif,wmf,png,raw
视频文件	avi,mpg,MP4,mov,rmvb,mkv,flc,fli
网页文件	html,htm,mht,mhtml,xml,jsp,asp,php

对于需要用户自己命名的主文件名部分,原来的 DOS 平台对此限制比较多,现在的 Windows 平台限制就少多了,汉字、英文字母和除/、\ 、:、* 、?、"、"、< 、> 、|之外的其他符号都可以使用。

当文件比较多时,需要建立文件夹(子目录),把不同性质的文件分门别类地存放在不同的文件夹中,再加上文件命名时遵循见名知义的原则,会大大提高文件管理的效率。需要注意的是,在同一个文件夹中,不允许有文件名完全相同的文件(主文件名和扩展文件名都相同),否则新文件的建立会覆盖旧文件,导致旧文件内容的丢失。

2. 按层次组织文件

外存储器的容量一般是比较大的,可以存放成千上万个文件,这么多的文件如果没有一个好的组织结构,会导致文件管理效率低下,如在 1 万个 Word 文档中找出《2022 年工作计划》文件并不是一件很容易的事情。如果记得住文件名,还可以用文件搜索的方式;如果连文件名都没有记住,就是一件很困难的事情了。

按层次组织文件,会大大提高文件管理效率,特别是文件查找效率。

【例 1.16】张教授既承担教学工作,也承担科研工作。教学工作包括本科生教学工作和研究生教学工作，还要指导本科生和研究生提交的论文。科研工作包括项目研究和撰写论文，论文有已发表论文和待发表论文。几年下来，光是 Word 文档就会积累成百上千个，采用层次结构，会帮助张教授有效管理这些文件，提高工作效率。

在 Windows 系统中，可以通过逐层建立文件夹，并把不同文件放入不同文件夹的方式来实现文件的层次化管理，张教授可以建立的层次文件夹如图 1-3-3 所示。

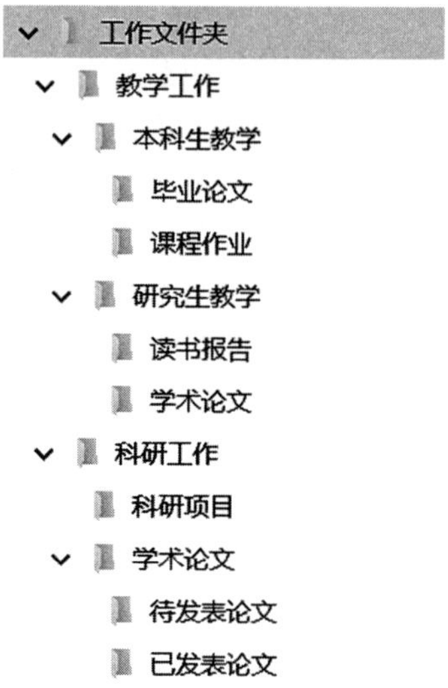

Windows 等图形用户界面操作系统都包含文件管理器之类的实用工具，文件管理器能够帮助用户在各文件夹之间进行文件的移动、复制、重命名和删除等操作。一个文件夹对应外存储器中的一块存储区域，文件夹中的文件内容就存放在这块区域中，这块存储区域分成两个部分。其中，一小部分存放每个文件的目录信息（文件名、文件大小、建立日期、文件内容、存放位置等）；另外一大部分存放每个文件的实际内容。所谓删除一个文件，只是在该文件的目录信息部分做一个标记，告诉文件管理器该文件所占用的存储空间（包括目录区和内容区）可以被其他文件使用了，如果文件刚被删除，还没有写入新的文件或还没有占用删除文件所使用的区域，这个被删除的文件是可以恢复的，用有关工具软件把删除标记改过来即可。

图 1-3-3　文件夹的层次结构

1.4　多媒体技术基础

随着计算机软硬件技术的快速发展，出现了多媒体技术。多媒体技术是集文字、声音、图形、图像、视频和计算机技术于一体的综合技术。它促进了计算机应用在深度和广度上的快速发展。视频会议系统、线上医疗系统、网络游戏、网上视频聊天和虚拟现实等都可以看作多媒体技术的应用。

1.4.1　多媒体概述

媒体（medium）在计算机领域中有两种含义，一是指用以存储信息的实体，如磁盘、磁带、光盘和 U 盘等；二是指信息的载体，如文本、声音、图形和图像等。多媒体（multimedia）中的媒体指的是后者。多媒体技术是指利用计算机技术综合处理文本、图形、动画、图像、音频和视频等信息的技术。

多媒体技术的主要特性有多样性、集成性和交互性。多样性是指媒体信息的多样性和处理技术的多样性。集成性既指多种不同媒体信息的集成，也指处理媒体的各种技术设备的集成。交互性是指人能与系统方便地进行人机交互，人可以更多地按照自己的意愿选择和接收信息。

1.4.2　多媒体领域的关键技术

多媒体技术的出现与快速发展，极大地拓展了计算机应用的深度和广度，使计算机应用深入了人类生活的各个方面，使人们生活中出现了 VCD 录放机、DVD 录放机、数字投影仪、数码相机和数字摄像机等，人们可以视频聊天、视频点播、远程医疗和网上购物等，多媒体技术在一定程度上影响和改变着人们的生活方式。多媒体领域的关键技术有多媒体数据压缩技术、多媒体数据管理技术和多媒体网络传输技术。

1. 多媒体数据压缩技术

多媒体技术的优点是可使计算机综合处理人们在工作、学习和生活中遇到的各种媒体信息，但多媒体信息的一个重要特点是数据量十分巨大。对于分辨率为 1024×768 的全屏幕真彩色（24 位）图像，以每秒播放 30 帧计算，播放 1s 的视频画面的数据量为（$1024 \times 768 \times 24/8$）$\times 30 = 67.5$MB，播放 90min（一部电影的放映时间）的数据量为 356GB。如此巨大的数据量，给图像的存储及传输带来了很大的困难，音频信息和动画也有类似问题。虽然可以提高存储容量和网络带宽，但并不能从根本上解决问题，开发有效的数据压缩算法更为重要。

（1）压缩算法分类。

①无损压缩：指压缩后不损失任何信息，解压缩之后的信息与压缩前的原始信息完全相同。无损压缩的压缩比较小，一般为 2∶1 到 5∶1。主要用于文本文件、指纹图像、医学图像的压缩等。

②有损压缩：指压缩后有信息的损失，但解压缩之后的信息使用户感觉不出有信息损失，或虽有感觉但并不影响信息的使用。有损压缩的压缩比较高，可以达到几十比一，甚至几百比一，主要用于图像、视频和音频信息的压缩。由于人眼睛和耳朵的分辨能力的限制，对于图像、视频和音频信息压缩后，如果信息损失限制在一定范围内，人们是感觉不出来的。

（2）压缩的国际标准。用于多媒体信息压缩的国际标准主要有 JPEG、MPEG、H.261三种。

①JPEG 标准：是由联合图像专家组制定的图像压缩标准，用有损压缩算法去除冗余的图像数据，压缩比一般为 10∶1 ~ 40∶1。它既适合于黑白图像（灰度图像），也适合于彩色图像。

②MPEG 标准：是由动态图像专家组制定的用于视频信息和与其伴随的音频信息的压缩标准。在视频压缩方面，利用具有运动补偿的帧间压缩技术以降低时间冗余度、利用 DCT技术以降低空间冗余度、利用熵编码以降低统计冗余度，几种技术的综合运用，大大提高了压缩性能。MPEG-1 用于 VCD 光盘，MPEG-2 用于 DVD 光盘，MPEG-4 用于网络传输，MPGE-7 用于支持多媒体信息的基于内容检索，MPEG-21 用于建立多媒体框架。

③H.261 标准：是为基于综合业务数字网（integrated service digital network，ISDN）的视频会议制定的视频压缩标准，后来又推出了 H.263、H.264 和 H.265 标准。

2. 多媒体数据管理技术

随着多媒体技术的不断进步和多媒体应用的不断深入，大量的多媒体数据逐渐被积累下来，例如大量的图片、视频和 MP3 歌曲会存储在计算机中。如何有效地管理和检索这些多媒体数据显得日益重要起来。对于数值型和字符型数据，现有的关系数据库管理系统能够进行有效的管理，数据的插入、删除、修改、查询和统计等功能都比较容易实现，为日常管理工作带来了很大的帮助。建立多媒体信息系统，实现对大文本文件、图像、视频及音频的有效管理，还有许多问题需要研究解决。目前的关系数据库管理系统或对象关系数据库管理系统虽然具有一定的处理多媒体信息的能力，但还不能像处理数值型数据和字符型数据那样有效和方便，多媒体的插入、删除和统计等功能，特别是基于内容的检索功能（如检索一场足球比赛录像中所有射门的镜头）实现起来还有一定的难度。

3. 多媒体网络传输技术

多媒体信息的网络传输技术也是多媒体领域的重要技术。多媒体信息的特点是数据量大、声像同步、实时性强，这些特点对计算机网络提出了更高的要求：要有足够大的带宽，以适应多媒体信息数据量大的情况；要有足够小的延时，以满足多媒体信息声像同步、实时播放的要求。

随着计算机网络技术和通信技术的快速发展，出现了一些比较适合于传输多媒体信息的网络技术，如 FDDI、ATM 和快速以太网等。

光纤分布式数据接口（fiber distributed data interface，FDDI）是由美国国家标准化组织（ANSI）制定的在光缆上传输数字信号的一组协议。FDDI 基于令牌环网技术，但使用双环结构（一个主环和一个辅环），提高了网络的可靠性和健壮性，采用改进的定时令牌传送机制，实现了多个数据帧同时在环上传输，提高了传输速度，传输速率可以达到 100Mbps。FDDI-2 是 FDDI 的扩展协议，支持音频、视频及一般数据传输。由于支持高宽带和远距离通信，FDDI 常用于主干网的建设。

异步传输模式（asynchronous transfer mode，ATM）是一种快速分组交换技术，是 20 世纪 80 年代后期由国际电信联盟远程通信标准化组织（ITU）针对电信网支持宽带多媒体业务而提出的，并推荐其为 B-ISDN（宽带 ISDN）的交换技术。ATM 网络不提供任何数据链路层功能，而是将差错控制、流量控制等工作都交给终端去完成，简化了交换过程。再加上采用易于处理的固定信元格式，使传输延时减小，大大提高了数据传输速率，可以达到 155 ~ 622Mbps。该传输模式支持数据、传真、音频、图像和视频等多媒体信息的传输。

快速以太网是在传统的 10Mbps 以太网（ethernet）的基础上发展起来的，使网络速度达到了 100Mbps，后来又推出了千兆位以太网（gigabit ethernet）、万兆位以太网（10 gigabit ethernet）和 40G 以太网（40 gigabit ethernet），这些快速以太网和高速以太网能够有效支持多媒体数据的传输。

1.4.3 多媒体技术的应用

多媒体技术的应用范围非常广，大到火星探测器拍摄图片的传输，小到个人多媒体网页的制作。多媒体技术的应用可以归类为多媒体信息管理系统、多媒体通信和虚拟现实等。

1. 多媒体信息管理系统

过去开发一个普通人事管理系统，只涉及每个人的姓名、年龄、学位、职称等字符型数据和数值型数据，关系数据库管理系统能够有效支持对这些数据的管理，基于数值型、字符型数据的人事管理系统能够很好地满足当时人们的需要。现在要开发一个高级人才管理系统，有了新的要求，除姓名、年龄、学位、职等信息外，每个人的标准照片、代表性论文、获奖证书照片、学术报告录像等都要成为管理的内容。这实际上就是要开发一个多媒体信息管理系统。

开发多媒体信息管理系统的基础是建立多媒体数据库，把相关的多媒体信息存入数据库。目前多媒体数据库主要通过三种方式来实现：一是在现有关系数据库管理系统的基础上增加接口，满足多媒体信息处理的需求；二是建立专用的多媒体信息管理系统；三是从分析多媒体数据的特性着手，建立全新的通用多媒体数据库管理系统。建立功能完善、使用方便的多媒体信息管理系统仍有许多问题需要研究解决。

2. 多媒体通信

基于多媒体通信的应用主要有视频会议系统、视频点播系统、远程医疗系统、远程教育系统等。视频会议系统是一个以网络为媒介的多媒体会议平台，使用者可突破时间与地域的限制，通过互联网实现面对面般的交流效果。视频点播（video on demand，VOD）能根据用户的需要播放相应的视频节目，更好地满足用户的个性化需要。远程医疗系统能通过多媒体视频、音频实现异地诊断和治疗。远程教育系统能实现远程授课、辅导并有良好的师生交互，类似于教师与学生在同一个教室。

3. 虚拟现实

虚拟现实（virtual reality，VR）利用以计算机技术为核心的众多现代高新技术手段，在特定范围内生成逼真的视觉、听觉、味觉和触觉一体化的虚拟环境。用户借助必要的设备（如特制的头盔和手套等），以自然的方式与虚拟环境中的对象进行交互，相互影响，从而产生身临其境的感受和体验（图1-4-1）。简单地说，虚拟现实就是用计算机等高新技术制作出来的虚拟环境，但给人的感觉和真实环境一样。虚拟战场、虚拟飞机驾驶训练、虚拟汽车驾驶训练、虚拟手术仿真训练等既能有真实操作的感觉，又能大大节约成本，避免不必要的损失。在虚拟现实的基础上又出现了增强现实和混合现实。

（1）增强现实（augmented reality，AR）是通过计算机技术，将虚拟的信息应用到真实世界，真实的环境和虚拟的物体实时地叠加到同一个画面或空间同时存在（图1-4-2）。这是一种实时地计算摄影机影像的位置及角度并加上相应图像的技术，这种技术的目标是在屏幕上把虚拟世界套在现实世界并进行互动。具体来说，它是一种将真实世界信息和虚拟世界信息"无缝"集成的新技术，是把原本在现实世界的一定时间、空间范围内很难体验到的实体信息（视觉、听觉、味觉、触觉等），通过计算机技术，模拟仿真后再叠加，将虚拟的信息应用到真实世界，被人类感官所感知，从而达到超越现实的感官体验。

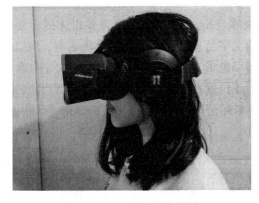

图1-4-1　虚拟现实眼镜

图1-4-2　增强现实试衣间

（2）混合现实（mix reality，MR）是指合并现实世界和虚拟世界而产生的新的可视化环境，既包括增强现实又包含虚拟现实。在新的可视化环境里物理和数字对象共存，并实时互动。混合现实的实现需要在一个能与现实世界各事物相互交互的环境中（图1-4-3）。如果一切事物都是虚拟的，那就是 VR 的领域了。如果展现出来的虚拟信息只能简单叠加在现实事物上，那就是 AR。MR 的关键点就是与现实世界进行交互和信息的及时获取。

图 1 - 4 - 3　混合现实应用

目前，多媒体技术更广泛的应用是制作各种多媒体系统，如动画、计算机游戏、电视广告、演示系统、信息查询系统和多媒体课件等。多媒体作品质量主要取决于 4 个方面：好的创意、丰富的素材、先进的制作工具和对制作工具的熟练使用。多媒体制作工具主要有文字处理软件、图形制作软件、图像制作软件、视频制作软件、音频制作软件和多媒体素材合成软件等。

1.4.4　文本和文本处理

人类社会的知识、文化和历史大部分是以文字形式记录和传播的，人们日常的工作、学习和生活也离不开文字。因此，文字信息的计算机处理是信息处理的一个主要方面，也是各种计算机应用的重要基础。

文字信息在计算机中称为"文本"（text），它由一系列字符所组成。每个字符均使用二进制编码表示。文本是计算机中最常用的一种数字媒体，手机短信、微信聊天、电子邮件、Word 文档等都属于文本。

除普通文本外，随着万维网的快速发展，超文本（hyper text）也成为多媒体的重要元素，超文本是用超链接的方法，将各种不同空间的文字信息组织在一起的网状文本，用以显示文本与文本之间相关的内容。目前，超文本通常以电子文档方式存在，其中的文字包含可以链接到其他位置或者文档的链接，允许从当前阅读位置直接切换到超文本链接所指向的位置。超文本的格式有很多，目前最常用的是超文本标记语言（hyper text markup language，HTML）格式和富文本格式（rich text format，RTF）。

1. 文字符号的输入

使用计算机制作一个文本，首先要向计算机输入该文本所包含的字符信息，然后进行编辑、排版和其他处理。输入字符的方法有两类：人工输入和自动识别输入（图 1 - 4 - 4）。人工输入即通过键盘、手写或语音输入方式输入字符，其速度较慢、成本较高，不太适合需要大批量输入文字资料的档案管理和图书情报等应用领域，也不适合在需要快速输入信息的场合（如银行、食堂、公交、超市等）使用。自动识别输入指的是将纸（或磁、电、光等）介质上的文字符号通过识别技术自动转换为字符的二进制代码输入计算机，这种方式输入速度快、效率高，但技术相对复杂一些。

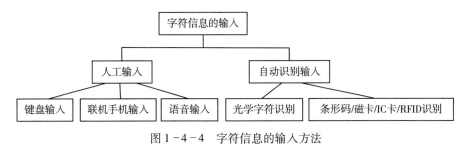

图1-4-4 字符信息的输入方法

（1）键盘输入。电子计算机最早由西方国家研制开发，它使用的字符输入工具——键盘是面向西文设计的，输入西文字符非常方便。但汉字是大字符集，字数很多，无法使每个汉字与西文键盘上的键一一对应，因此必须使用一个键或几个键的组合来表示汉字，这种使用西文字符（键）组合输入汉字的方案就称为汉字的"键盘输入编码"。

现在广泛采用的汉字键盘输入编码方案一般都具有下列特点：易学习、易记忆、效率高（平均击键次数较少）、重码少，有些还充分利用计算机容量大、速度快的特点，发挥计算机的统计、学习与联想功能，允许以词、短语或句子作为输入单位，受到了用户的欢迎。

汉字的输入编码与汉字的内码（用于机内表示、存储和交换）是不同范畴的概念，不要把它们混淆起来。

（2）非击键方式的文字符号输入方法。使用键盘向计算机输入文字符号并不适合所有用户，也不能适应各种不同的应用场合和不同的数码设备。为此，人们研究开发了其他各种输入方法，如直接在触摸屏上（或使用专门的书写板和笔），通过书写的方式输入，或使用麦克风通过口述的方式输入，或者使用数码相机、扫描仪把印刷或手写的文字符号数字化并识别后输入计算机，或者通过相应设备对条形码、磁卡、IC卡/射频卡（RFID）等信息载体进行识别输入。

2. 文本处理

如果说文本编辑、排版主要是解决文本的外观问题，则这里的文本处理强调的是对文本中所含文字的形、音、义等进行分析和处理。文本处理可以在字、词（短语）、句、篇章等不同的层面上进行。例如，在字、词（短语）层面上进行的处理有字数统计、自动分词、词性标注、词频统计、词语排序、词语错误检测、自动建立索引、汉字简/繁体转换等；在句子层面上进行的处理有语法检查、文本朗读（语音合成）、文种转换（如互译）等；在篇章层面上进行的处理有关键词提取、文摘生成、文本分类、文本检索等。此外，为了文本的信息安全和有效地进行存储或传输，还可以对文本进行加密、压缩、添加数字水印等处理。

上面列举的文本处理功能，较简单的一些功能在文字处理软件（如Word、WPS）中已经实现，而复杂一些的如机器翻译、文摘生成、文稿综合、自动写作等功能涉及人工智能中的自然语言理解的范畴，有些正初步实现，有些仍处于研究开发阶段。

3. 常用文字处理软件

许多场合需要使用计算机制作与处理文本，不同的应用有不同的要求，通常使用不同的软件来完成任务。例如，互联网上微博、微信软件和收发电子邮件的程序都内嵌了简单的文本编辑器，它们提供了文字输入和简单的编辑功能；而面向办公应用的文字处理软件，为了保证文本制作的高效率、高质量，同时又要面向广大的非专业用户，使软件好学好用，因此这一类文字处理软件既要功能丰富多样，又要操作简单方便。目前，PC 上使用最多的是 MS Office、Adobe Acrobat 和我国金山公司自行开发的 WPS Office 套件，特别是 WPS Office，它能覆盖 Windows、Linux、Android、iOS 等多个平台，全面兼容微软 Office 文档格式（doc/docx/xls/xlsx/ppt/pptx 等），具有占用内存少、运行速度快、体积小巧、支持阅读和输出 PDF 文件等特点，已在智能手机、平板电脑等移动设备上获得广泛使用。

为了使计算机制作的文本能发布、交换和长期保存，Adobe System 公司在 1993 年就开发了一种用于电子文档交换的文件格式 PDF（portable document format，便携式文档格式），它将文字、字形、颜色、排版格式、图形、图像、超链接、音频和视频等信息都封装在一个文件中，既适合网络传输，也适合印刷出版。它既是跨平台的（所有操作系统都支持），又是一个开放标准，可免费使用。2007 年 12 月 PDF 已成为 ISO 32000 国际标准，2009 年被批准为我国用于长期保存的电子文档格式的国家标准。

撰写、编辑、阅读和管理 PDF 文档的常用软件是美国 Adobe 公司的 Adobe Acrobat。仅用于阅读 PDF 文档的阅读器软件 Adobe Reader 是免费的，可从 Adobe 公司网站上下载。其他公司开发的可在 Windows、Linux、UNIX、iOS 或安卓上运行的 PDF 相关软件很多，有些是商业软件，有些是自由软件。我国金山软件公司的 WPS Office 既能读写 Microsoft Office 的文件格式，还能将文件转换成 PDF 格式进行保存。

4. 文本的展现

数字电子文本主要有两种展现方式：打印输出和在屏幕显示。存放在计算机存储器中的文本是二进制编码形式，因此，不论是打印还是屏幕显示，都包含了复杂的文本展现过程。

文本展现的大致过程：首先要对文本的格式描述进行解释，然后将字符和图、表生成相应的映像（bitmap，点阵图像），最后再将点阵图像传送到显示器或打印机输出。承担上述文本展现任务的软件称为文本阅读器，它们可以嵌入文字处理软件、邮件客户端或网页浏览器中，如微软的 Word、Outlook 和 IE 浏览器等；也可以是独立的软件，如 Adobe 公司的 Adobe Reader。

市场上有一种称为"电子书阅读器"的数据产品，它是一种用于阅读 txt、doc、html、pdf 等电子文档的专用设备，大多采用电子墨水显示屏，被动发光，持续工作时间很长，阅读效果接近纸质图书，还可使用 Wi-Fi 连入网络，颇受用户欢迎。

数字电子文本虽然有许多优点，但阅读时需要使用专门的设备和软件，容易被修改和复制，产权保护和信息安全不易保证。此外，限于当前显示器的技术水平，阅读电子文本时人们的信息感知效率较低，容易疲劳。这些都是有待进一步解决的问题。

1.4.5　图形和图像

计算机中的"图"按其生成的方法可以分成两类：一类是从现实世界中通过扫描仪、数码相机等设备获取的，它们称为取样图像，也称为点阵图像或位图图像（bitmap），以下简称图像（image）；另一类是使用计算机绘制而成的，它们称为矢量图形（vectorgraphics）或简称图形（graphics）。图像与图形可以相互转换。利用渲染技术可以把图形转换成图像，而利用边缘检测技术则可以从图像中提取几何数据，把图像转换成图形。

1. **数字图像的获取**

（1）数字图像的数字化。从现实世界获得数字图像的过程称为图像的获取，例如用扫描仪对印刷品、照片进行扫描，用数码相机或智能手机对景物进行拍摄，通过 B 超、X 光机对人体组织进行检查等。图像获取的过程需使用光学、超声波或 X 射线等生成景物的映像（模拟信号）并进行数字化。其处理步骤大概可分为四步：①扫描。将景物映像划分为 $M \times N$ 个网格，每个网格称为一个取样点。这样，景物映像就转换为 $M \times N$ 个取样点所组成的一个阵列。②分色。将每个取样点的颜色分解成红、绿、蓝三个基色（R、G、B），如果不需要生成彩色图像（即生成灰度图像或黑白图像），则不必进行分色。③取样。测量每个取样点的每个分量（基色）的亮度（也称为"灰度"）值。④量化。对取样点每个分量的亮度值进行 A/D 转换，即把模拟量使用数字量（一般是 8～12 位的二进制正整数）来表示。如图 1-4-5、图 1-4-6 所示为两种不同类型的数字图像。

图 1-4-5 风景图像

图 1-4-6 通过软件设计的图像

（2）数字图像获取设备。图像获取所使用的设备称为图像获取设备，其功能是将实际景物的映像进行数字化并输入计算机内。2D 图像获取设备（如扫描仪、数码相机、智能手机等）只能对图片或景物的 2D 摄影进行数字化，3D 扫描仪则能获取包括深度信息在内的3D 景物的信息。

2. **图像的表示与压缩编码**

从取样图像的获取过程可以知道，一幅图像由 $M \times N$ 个取样点组成，每个取样点是组成取样图像的基本单位，称为像素（pel）。彩色图像的像素通常由红（R）、绿（G）、蓝（B）3 个分量组成，灰度图像的像素只有一个亮度分量。

由此可知，取样图像在计算机中的表示方法是：灰度图像用一个矩阵来表示；彩色图像用一组（一般是 3 个）矩阵来表示，每个矩阵称为一个位平面。矩阵的行数称为图像的垂直分辨率，列数称为图像的水平分辨率，矩阵中的元素是像素颜色分量的亮度值，通常它是一个 8～12 位的二进制整数。

一幅未经数据压缩的图像其数据量比较大，例如一幅分辨率为 1920×1080 的真彩色手机截屏图片的数据量大约是 6MB。为了节省存储数字图像时所需要的存储器容量，降低存储成本，也为了提高图像在互联网应用中的传输速度，尽可能地压缩图像的数据量是非常必要的。

数字图像中的数据相关性很强，或者说，数据的冗余度很大，因此对数字图像进行大幅度数据压缩是完全可能的。再加上人眼的视觉有一定的局限性，即使压缩后的图像有一些失真，只要限制在人眼无法察觉的误差范围内，也是允许的。

图像压缩的方法很多，不同方法适合不同的应用。为了得到较高的数据压缩比，数字图像的压缩一般都采用有损压缩。如变换编码、矢量编码等。评价一种压缩编码方法的优劣主要看三个方面：压缩比（压缩倍数）的大小、重建图像的质量（有损压缩时）及压缩算法的复杂程度。

为了便于在不同的系统中交换图像数据，ISO 和 IEC 两个国际机构联合制定了一个静止图像数据压缩编码的国际标准，称为 JPEG 标准，目前已在互联网和数码相机中得到广泛应用。

3. 常用图像格式

图像是一种普遍使用的数字媒体，有着广泛的应用。多年来不同公司开发了许多图像处理软件，因而出现了多种不同的图像文件格式。表 1-4-1 给出了目前互联网网页、个人计算机和智能手机常用的几种图像文件格式。

表 1-4-1　常用图像文件格式

名称	压缩编码方法	性质	典型应用	开发公司（组织）
BMP	不压缩	无损	Windows 应用程序	Microsoft
RAW	不压缩或无损压缩	无损	数码相机，手机	
TIF	RLE，LZW（字典编码）	无损	桌面出版	Aldus，Adobe
GIF	LZW	无损	网页制作，微信	CompuServe
JPEG	DCT（离散余弦变换），Huffman 编码	大多为有损	互联网，数码相机等	ISO/IEC
PNG	LZ77 派生的压缩算法	无损	互联网等	W3C
WebP	VP8 视频的帧内编码方法	有损/无损	互联网网页	Google

BMP 是微软公司在 Windows 操作系统下使用的一种图像文件格式，每个文件存放一幅图像，通常不进行数据压缩（也可以使用行程长度编码 RLE 进行无损压缩）。它是一种通用的图像文件格式，几乎所有图像处理软件都能支持 BMP 文件。

RAW 图像文件格式在数码相机中使用较多，其含义是"未经加工的原生图像"。它不但包含了 CMOS 或者 CCD 感光器件将捕捉到的光信号转化为数字信号的未经任何处理的像素数据，而且还记录了拍摄时相机的一些设置参数，如 ISO 的设置、快门速度、光圈大小、锐度、对比度、饱和度、色温、白平衡等。与 JPEG 相比，虽然此格式的图像数据量要大得多，但它更有利于后期处理，以得到更专业的高质量图片。

TIF（或 TIFF）图像文件格式大多使用于扫描仪和桌面出版，能支持多种压缩方法和多种不同类型的图像，有许多应用软件支持这种文件格式。

GIF 是目前互联网上广泛使用的一种图像文件格式，它的颜色数目不超过 256 种，数据量特别小，适合互联网传输。由于颜色数目有限，GIF 适合在色彩要求不高的应用场合作为插图、剪贴画等使用。GIF 格式能够支持透明背景，具有在屏幕上渐进显示的功能。尤为突出的是，它可以将多张图像保存在同一个文件中，显示时按预先规定的时间间隔顺序进行播放，产生动画的效果，因而多在网页制作和微信的动态表情中使用。

JPEG（或 JPG）是图像文件的一种国际标准，也是最常用的图像文件格式之一。它采用有损压缩算法，算法复杂度适中，既可用硬件实现，也可用软件实现，压缩比可灵活调整（一般为 8~10）。它特别适合处理各种连续色调的彩色或灰度图像，在互联网和数码相机中被广泛采用。

PNG 是 20 世纪 90 年代中期由 W3C 开发的一种图像文件格式，它既保留了 GIF 文件的特性，又增加了许多 GIF 文件格式所没有的功能，例如支持每个像素为 48 比特的真彩色图像，支持每个像素为 16 比特的灰度图像，可为灰度图像和真彩色图像添加 α 通道等。PNG 图像文件格式主要在互联网上使用。

WebP（发音"weppy"）是 Google 公司推出的图像文件格式。由于互联网上传输的信息 65% 都是图片，为了减少数据量、加快传输速度，WebP 格式的压缩率比 JPEG 和 PNG 显著提高，网页的平均加载时间大约可以减少 1/3。不足之处是 WebP 格式图像的编码时间比 JPEG 格式图像要长得多，且目前尚未像 JPEG 格式那样得到各种软硬件厂商的广泛支持。

4. 图像处理软件

图像处理软件与应用领域有密切的关系，具有很强的专业性，如遥感图像处理软件、医学图像处理软件等。普通用户使用较多的是面向办公、出版与社交的图像处理软件，也称为图像修饰或图像编辑软件，它们能支持多种不同的图像文件格式，提供图像编辑处理功能，可制作出生动形象的图像。其中美国 Adobe 公司的 PhotoShop 最为有名，它集图像扫描、图像编辑、绘图、图像合成及图像输出等多种功能于一体。

其他常用的图像编辑处理软件还有多种，如 Windows 操作系统附件中的画图软件（paint）和映像软件（imaging for Windows），Office 中的 Microsoft Photo Editor 和 Picture Manager 软件，Ulead System 公司的 PhotoImpact 软件，ACD System 公司的 ACDSee32 等。它们各有自己的特点和用户对象，这里不再细述。

智能手机和平板电脑一般都自带照片编辑软件，但功能较简单，仅能进行裁剪、修改大小等一些基本的操作。现在使用智能手机摄影已广为流行，用户对照片编辑软件的要求也越来越高。因此手机版的图像处理软件已经相当丰富，例如 Photoshop Touch for phone 不仅具备 Photoshop 的图层功能，而且还提供滤镜操作，同时它还支持云服务，用户通过智能手机创建的项目无论是在智能手机、平板电脑，还是在 PC 上都可以随时随地使用 Photoshop 进行编辑处理。

5. 数字图像处理的应用

数字图像处理在通信、遥感、电视、出版、广告、工业生产、医疗诊断、电子商务等领域得到了广泛的应用。

（1）图像通信。包括传真、可视电话、视频会议等。

（2）遥感。无论是航空遥感还是卫星遥感，都需要使用图像处理技术对图像进行加工处理并提取有用的信息。遥感图像处理可用于矿藏勘探和森林、水利、海洋、农业等资源的调查，自然灾害预测预报，环境污染监测，气象卫星云图处理以及用于军事目的的地面目标识别。

（3）医疗诊断。如通过 X 射线、超声、计算机断层摄影（即 CT）、核磁共振等成像技术结合图像处理与分析技术，进行疾病的诊断与手术治疗。

（4）工业生产。如产品质量检测，生产过程的自动监控等。

（5）机器人视觉。通过实时图像处理，对三维景物进行识别，用于自动驾驶、军事侦察、危险环境作业、自动生产流水线等。

（6）军事、公安、档案管理等方面的应用。如军事目标的侦察、制导和警戒，武器的控制，指纹、手迹、印章、人像等的辨识，古迹和图片档案的修复与管理等。

最近几年，由于人工智能技术特别是机器学习在图像处理中得到了很好的应用，图像中对象（目标）的分类、定位、检测和分割等技术取得了显著进展，识别率和准确率明显提高（图1-4-7），其成果有些已经可以使用。例如人脸识别已经在安保、电子商务、金融等领域中得到了初步应用；微信小程序"识花君"可以识别用户拍摄的花草，向用户介绍其名称、价值、生长环境等知识，其过程是通过小程序将照片上传至服务器，服务器软件先对图像（花草）进行分类、识别，然后再进行信息检索，并将检索结果（花草名称、形态特征、价值等）返回手机用户，如图1-4-8所示。

（a）图像分类　　　（b）对象定位　　　（c）对象检测　　　（d）对象分割

图1-4-7　图像对象的分类、定位、检测和分割

图1-4-8　微信小程序"识花君"

6. 图形的概念与特点

（1）图形的概念。图形也称矢量图，是指由数学方法描述的、只记录图形生成算法和图形特征的数据文件。此格式是一组描述点、线、面等几何图形的大小、形状、位置以及维数的指令集合。例如，Line（x1，y1，x2，y2，color）表示以（x1，y1）为起点、（x2，y2）为终点画一条 color 色的直线，绘图程序负责读取这些指令并将其转换为屏幕上的图形。若是封闭图形，还可用着色算法进行颜色填充。如图 1-4-9 所示是较为复杂的矢量图。

图 1-4-9　矢量图

（2）矢量图的特点。矢量图最大的特点在于，使用者对图中的各个部分进行移动、旋转、缩放、扭曲等操作时，图不会失真。此外，不同的物体还可以在屏幕上重叠并保持各自的特征，必要时还可以分离。由于矢量图只保存了算法和特征，其占用的存储空间小，当再次显示时需要重新进行计算，因此，其显示速度取决于算法的复杂程度。

（3）矢量图和位图的区别。矢量图和位图的区别表现在以下 4 个方面：

①存储容量不同：矢量图只保存了算法和特征，数据量少，所占用的存储空间也较小；而位图由大量像素点信息组成，容量取决于颜色种类、亮度变化及图像的尺寸等，数据量多，占用的存储空间也较大，经常需要进行压缩存储。

②处理方式不同：矢量图一般是通过画图得到的，其处理侧重于绘制和创建；而位图一般是通过数码相机实拍或对照片扫描得到的，其处理侧重于获取和复制。

③显示速度不同：矢量图在显示时需要重新运算和变换，显示速度较慢；而位图在显示时只是将图像对应的像素点显示到屏幕上，显示速度较快。

④控制方式不同：矢量图的放大只是改变计算的数据，可任意放大而不会失真，显示及打印时质量较好；而位图的尺寸取决于像素点的个数，放大时需进行插值，多次放大便会明显失真。

7. 计算机图形的应用

使用计算机绘制图形，是发明摄影技术和电影与电视技术后最重要的一种制作图像的方法。使用计算机绘制图形的主要优点有：计算机不但能生成实际存在的具体景物的图像，还能生成假想或抽象景物的图像，如游戏和科幻片中的怪兽，工程师构思中的新产品外形与结构等；计算机不仅能生成静止图像，而且还能生成各种运动、变化的动态图像。在绘制图形的过程中，人们可以与计算机进行交互，参与图像的生成。正因为这些原因，计算机绘制图形有着广泛的应用领域。例如：

（1）计算机辅助设计和辅助制造（CAD/CAM）。如在电子 CAD 中，计算机可用来设计和绘制逻辑图、电路图、集成电路掩模图、印制板布线图等；又如在机械 CAD 中，可用数学模型精确地描述机械零件的三维形状，既可用于显示、绘制零部件的图形或进行三维打印输出，又可提供加工工艺数据，还能分析其应力分布、运动特性等，大大缩短了产品开发周期，提高了产品质量。

（2）利用计算机制作各种地形图、交通图、气象图、海洋图、石油开采图等。既可方便快捷地制作和更新地图，又可用于地理信息的管理、查询和分析，这为城市管理、国土规划、石油勘探、气象预报等提供了极为有效的工具。

（3）作战指挥和军事训练。利用计算机通信和图形显示设备直接传输战场态势的变化和下达作战部署，在陆、海、空的战役战术对抗训练中乃至实战中可发挥很大作用。

（4）计算机动画和计算机艺术。动画制作中无论是人物形象的造型、背景设计，还是中间画的制作均可由计算机来完成。计算机还可辅助人们进行美术和书法创作，目前已经大量应用于工艺美术、装潢设计及电视广告制作等行业。

除此之外，计算机图形在电子游戏、出版、数据处理、辅助教学等许多方面也有着广泛的应用。

1.4.6 数字音频及应用

声音是通过空气的振动发出的，通常用模拟波的方式表示。振幅反映声音的音量，频率反映声音的音调。

1. 声音的数字化

声音是连续变化的模拟信号，要使计算机能处理声音信号，必须进行声音的数字化。将模拟信号通过声音设备（如声卡）进行数字化时，会涉及采样、量化及编码等多种技术。如图 1-4-10 所示为模拟声音的数字化示意。

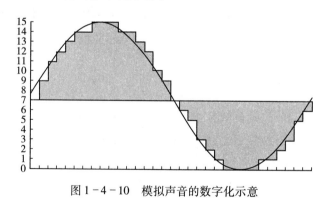

图 1-4-10　模拟声音的数字化示意

2. 数字化性能指标

（1）采样频率。每秒的采样样本数称为采样频率，采样频率越高，数字化后声波就越接近原来的波形，即声音的保真度越高，但数字化后声音信息的存储量也越大。根据采样定理，只有当采样频率高于声音信号最高频率的两倍时，才能把离散声音信号唯一地还原成原来的声音。

目前，多媒体系统中捕获声音的标准采样频率有 44.1kHz、22.05kHz 和 11.025kHz 三种。人耳所能接收声音的频率范围为 20Hz～20kHz，但在不同的实际应用中，音频的频率范围是不同的。例如，根据 CCITT（国际电话电报咨询委员会）公布的声音编码标准，把声音根据使用范围分为三级，分别为电话语音级，300Hz～3.4kHz；调幅广播级，50Hz～7kHz；高保真立体声级，20Hz～20kHz。DVD 的标准采样频率是 96kHz。

（2）量化。采样得到的每个样本一般使用 8 位、12 位、14 位或 16 位二进制整数表示（称为"量化精度"），量化精度越高，声音的保真度越好；量化精度越低，声音的保真度越差。

（3）编码。经过采样和量化得到的数据，还必须进行数据压缩，以减少数据量，并按某种格式将数据进行组织，以便于计算机进行存储、处理和传输。

3. 声音文件格式

常见的声音文件格式有以下 6 种：

（1）WAV 格式。WAV 格式是 Microsoft 公司开发的一种声音文件格式，也叫波形声音文件，是最早的数字音频格式，被 Windows 平台及其应用程序广泛支持。WAV 格式支持多种压缩算法，支持多种音频位数、采样频率和声道。

在对 WAV 音频文件进行编码、解码的过程中，包括对采样点和采样帧的处理与转换。一个采样点的值代表了给定时间内的音频信号，一个采样帧由一定数量的采样点组成并能构成音频信号的多条通道。对于立体声信号，一个采样帧有两个采样点，一个采样点对应一条声道。一个采样帧作为单一的单元被传送到数模转换器中，以确保正确的信号能同时发送到各自的通道中。

（2）MIDI 格式。MIDI（musical instrument digital interface，乐器数字接口）格式定义了计算机音乐程序、数字合成器及其他电子设备交换音乐信号的方式，规定了不同厂家的电子乐器与计算机连接的电缆和硬件及设备间数据传输的协议，可以模拟多种乐器的声音。MIDI文件本身并不包含波形数据，在 MIDI 文件中存储的是一些指令，把这些指令发送给声卡，由声卡按照指令将声音合成出来，所以 MIDI 文件所占用的空间非常小。

MIDI 要形成计算机音乐必须通过合成，现在的声卡大都采用的是波表合成。MIDI 首先将各种真实乐器所能发出的所有声音（包括各个音域、声调）进行取样，然后将其存储为一个波表文件。在播放时，根据 MIDI 文件记录的乐曲信息向波表发出指令，从波表文件中逐一找出对应的声音信息，经过合成、加工后播放出来。因为 MIDI 采用的是真实乐器的采样，所以效果好于 FM（调频）。一般波表的乐器声音信息都以 44.1kHz、16 位精度录制，以达到最真实的回放效果。理论上，波表容量越大，合成效果越好。

（3）CDA 格式。CDA 格式就是 CD 音乐格式，其取样频率为 44.1kHz，16 位量化位数。CD 存储采用音轨形式，记录的是波形流，是一种近似无损的格式。CD 盘可以在 CD 唱机中播放，也可用计算机中的各种播放软件来播放。一个 CD 音频文件是一个 CDA 文件，但这只是一个索引信息，并不是真正的声音信息，所以无论 CD 音乐的长短如何，在计算机上看到的 CDA 文件都是 44 字节长。

注意： 不能直接复制 CD 格式的 CDA 文件到硬盘上播放，需要使用类似 EAC 的抓音轨软件把 CD 格式的文件转换成 WAV 格式的文件才可以播放。

（4）MP3 格式。MP3 是利用 MPEG Audio Layer3 技术将音乐以 1∶10 甚至 1∶12 的压缩比压缩成容量较小的文件，MP3 能够在音质损失很小的情况下把文件压缩到更小的程度。正是因为 MP3 体积小、音质高的特点，该格式几乎成了网上音乐的代名词。每分钟 MP3 格式的音乐只有 1MB 左右大小，这样每首歌的大小只有 3~4MB。使用 MP3 播器对 MP3 文件进行实时解压，这样，高品质的 MP3 音乐就播放出来了。MP3 格式的缺点是压缩破坏了音乐的质量，不过一般听众几乎感受不到。

（5）WMA 格式。WMA 是 Microsoft 公司在互联网音频、视频领域定义的文件格式。WMA 格式通过在保持音质基础上采用减少数据流量的方式达到压缩目的，其压缩比一般可以达到 1∶18。此外，WMA 还可以通过 DRM（digital rights management）方案加入防止复制限制，或者加入播放时间和播放次数的限制，可以有效地防止盗版。

（6）DVDAudio 格式。DVDAudio 是新一代的数字音频格式，采样频率有 44.1kHz、48kHz、88.2kHz、96kHz、176.4kHz 和 192kHz 等，能以 16 位、20 位、24 位精度量化，当 DVDAudio 采用 192kHz、24 位精度的取样频率量化时，可完美再现演奏现场的真实感。频带扩大使得再生频率接近 100kHz（约 CD 的 4.4 倍），因此 DVDAudio 格式能够逼真再现各种乐器层次分明、精细微妙的音色成分。

4. 语音识别

语音识别是将人的说话声音转换成相应的文字，这需要计算机自动识别出语音信号中的单词和语汇，甚至理解其语义（内容）。语音识别技术的应用面很广，包括语音拨号、语音导航、设备操作控制、语音文档检索、听写数据录入等。如果语音识别与机器翻译及语音合成技术相结合，还可以提供从一种语音到另一种语音的计算机同声翻译。

按照不同的应用要求，语音识别技术的复杂程度有很大差别。

（1）孤立语音/连续语音识别。前者要求用户逐字逐句地说，后者允许用户以自然交谈的方式连续说话。显然前者对各个音节的识别会比较准确，难度降低不少，而后者却困难得多。

（2）小词汇量/大词汇量语音识别。前者只允许用户使用预先规定的有限词汇，后者则不受限制。显然，允许使用的词汇量越大，对语音识别技术的要求就越高。

（3）特定人/非特定人语音识别。特定人语音识别指系统在使用前必须由用户输入大量的发音数据，对识别软件进行训练，然后才能正式使用，非特定人系统则无此要求。显然，识别非特定人的语音困难会更大。

语音识别涉及多门学科，是人工智能领域的一个重要课题，几十年来人们进行了不懈的努力和探索。近几年在 GPU 平台、大数据训练和深度学习算法的支持下，电话语音数据 Switchboard 基准测试的错词率已经降低至 6% 以下，达到了与人工语音识别差不多的水准。尽管还存在不少问题，例如对说话环境要求较高、跨领域识别和方言识别性能较差等，但安静背景、标准口音、常见词汇上的语音识别已经达到可用状态。

以 iPad 和 iPhone 中的 Siri 软件为例。用户可以与平板电脑或手机进行简单的对话，完成搜寻资料、查询天气、设定手机日历、设定闹铃等多种服务。Siri 软件能支持 15 个国家和地区的语言，包括英语、法语、德语、日语、汉语、韩语、意大利语、西班牙语等。

我国科大讯飞公司开发的讯飞输入法集语音输入、手写输入和软键盘输入于一体，无须切换即可在拼音输入界面进行连续手写和语音输入。采用语音输入时，支持方言语音输入，可以边说边识别，整句识别，自动添加标点符号等，大大加快了发短信、写微博、QQ 聊天和输入网址的速度。讯飞输入法支持的平台有 Android、iOS、Windows 等，用户已经超过了 1 亿。

1.4.7 数字视频及应用

视频（video）也称动态图像，是一组连续播放的静态图像，它与电影和电视的播放原理是相同的，都是利用人眼的视觉暂留现象，将足够多的帧（frame）连续播放，只要能够达到 20 帧/s 以上，人的眼睛就察觉不出画面之间的间隔。

以每秒播放 25 帧计算，一个小时就能播放 90000 幅静态图像。若一幅静态图像的存储容量为 1MB，则 1h 的播放量就能达到 90000MB，约为 90GB。这给存储和网上传输带来了很大的困难，所以需要进行压缩处理。视频中相邻图像之间的差别是很小的，再加上人眼的视觉特性，视频的数据量可压缩至几十分之一甚至上百分之一。

1. 视频的压缩编码

为了便于视频信息的存储、传输和交换，必须对视频信息的压缩编码格式制定标准。负责制定视频编码标准的有两个组织：国际电信联盟通信标准部（ITU-T）和国际标准化组织/国际电工技术委员会（ISO/IEC）。前者制定的视频编码标准使用 H.26x 的名称，它主要是为视频会议和可视电话等实时视频通信应用设计的；后者制定的标准使用 MPEG-x 的名称，它主要是为视频存储、广播以及视频流（如网上视频、无线视频等）设计的。两大国际组织还合作开发了 H.262/MPEG-2、H.264/MPEG-4AVC 以及 H.265/MPEG-H 标准。

视频编码标准是发展的，不同标准有不同的背景和应用。H.261 适用于在低速通信网中进行可视电话/视频会议，MPEG-1 适用于 VCD 光盘，但现在已经很少使用。MPEG-2/H.262 的用途较广，如数字卫星电视、数字有线电视、DVD 光盘等。H.263 及其后续改进的标准主要应用于低码率（通常只有 20~30Kb/s 或更高一些）的视频通信，如桌面环境的视频会议、电子监控、远程医疗、手机视频等。

H.264/MPEG-4 在具有高压缩比的同时还拥有高质量的流畅的图像，能很好地在互联网环境和 2G、3G 和 4G 等移动通信网上传输。

与 H.264 比，H.265 的压缩比又提高了一倍。这也意味着，智能手机、平板电脑等移动设备通过 4G、5G 网将能够直接在线播放 1080p 的全高清视频。它可支持 4K 分辨率的超高清电视（UHDTV），最高分辨率甚至可达到 8192×4320（8K 分辨率）。

2. 数字视频文件格式

视频文件的主要格式有 AVI、MPG 和 ASF 等。

音频视频交互（audio video interleaved，AVI）是 Windows 使用的视频文件格式，将语音和影像同步组合在一起，对视频信息进行了压缩。主要应用在多媒体光盘上，用来保存电视、电影等影像信息。

MPG 是采用活动图像专家组（moving pictures experts group，MPEG）压缩标准的视频文件格式，具有比较高的压缩比，广泛应用于 VCD 和 DVD 的制作中。

高级流媒体格式（advanced stream format，ASF）是微软公司采用的视频文件格式，比较适合在网上进行连续的视频播放。

常用的视频文件格式还有 RM、RMVB、WMV 和 MOV 等。

3. 视频播放器

现在，不论是台式计算本、笔记本电脑还是智能手机，都支持数字视频的播放，这些系统中均安装有媒体播放器或视频播放器软件。例如微软公司的 Windows Media Player，苹果电脑的 QuickTime Player，iPhone 手机、华为手机中的"视频"App 等。视频播放器功能比较丰富，能支持多种音像文件格式，既可播放本地文件，也可在线播放。

这些播放器并不能播放所有格式的音像文件，即使能播放某种音像文件，也不是其中所有的视频、音频规格都能支持。解决这个问题的方法有几种，一种是为播放器下载和安装相应的插件，另一种是进行转码（transcode）处理，把不能播放的文件格式转换成另一种可以播放的格式，或者是安装第三方开发的其他视频播放器，如 Real Player 等。

4. 视频网站

近几年，随着互联网主干的提速和宽带接入的普及，以提供视频节目为主的视频网站数量日益增多。视频网站初期旨在分享自拍短片，随着用户要求的提高、影片限制的放宽和 P2P 技术的应用，一些视频网站通过 BT 下载、点播（VOD）或直播等方式开展了影片共享服务（免费或收费）。现在最有人气的影片共享网站是美国的 YouTube，国内知名度较高的视频网站有 CNTV、优酷、爱奇艺、腾讯视频等。

视频网站往往有自己的视频播放器，只要计算机或手机上看过了电影或电视剧，就会在计算机、手机上生成一个缓存文件，等于把电影下载到了计算机、手机上，回看或下次再看时，就不需要重复下载并缓存了。为了保护网站自身的权益，视频网站一般都会开发自己专用的视频文件格式。例如迅雷的 XV 文件格式、腾讯视频的 QLV 格式、优酷的 KUX 格式、爱奇艺的 QSV 格式、搜狐影音的 IFOX 格式等，它们只能在网站各自的专用播放器中播放。

视频网站、视频客户端、视频播放器等功能大体类似，侧重有所不同。有些以线上视频播放、下载及上传为主，有些则面向或兼顾本机视频（预先下载存放在辅存中的视频）的播放，有些还具有格式转换、裁剪等简单的视频处理功能。

5. 计算机动画

计算机动画是用计算机制作供实时演播的图像序列的一种技术。借助计算机动画可以辅助制作传统的卡通动画片，或通过对物体运动、场景变化、虚拟摄像机及光源设置的描述，逼真地模拟三维景物随时间而变化的过程，所生成的画面以每秒 25～30 帧的速率演播时，利用人眼视觉残留效应便可产生景物连续运动或变化的效果。计算机动画也可转换成电视视频或电影输出。与数字摄像机获取的真实场景的数字视频不同，计算机动画是一种计算机合成的虚拟场景的数字视频。

计算机动画的基础是计算机图形学，它的制作过程是先在计算机中生成场景和形体的模型，然后描述它们的运动，最后再生成图像并转换成视频信号输出。动画的制作要借助于动画制作软件，如二维动画软件 Animator Pro 和三维动画软件 3ds MAX、Adobe Director、Renderman、Lightwave 3D 等。

为了使微信的内容生动活泼、图文并茂，人们经常在其中加入一些小动画。1.4.5 节中曾经介绍，GIF 图像文件中可以包含一组图像，显示时按照预先规定的时间间隔和顺序重复播放，从而产生动画的效果。PC 和智能手机都可以成为下载制作 GIF 动画的工具，使用时只要预先将每一幅图片准备好，保存为 GIF、BMP 或 JPG 格式，然后再按序导入 GIF 文件中即可。

微信在发送一些特殊词语（如"生日快乐"）的时候，整个页面会有动态的小表情自上而下飘下来，这些动画是使用 HTML5 + CSS3 制作的，以达到渲染气氛的效果。这种做法比加载 Flash 动画更快更方便。

6. 数字视频的应用

（1）可视电话与视频会议。顾名思义，可视电话就是在打电话的同时还可以互相看见对方。视频会议则是通过电信网或计算机网实时传送声音和图像，使分散在两个或多个场地的与会人员就地参加会议。智能手机上的微信和 QQ 软件、iPad 与 iPhone 的 FaceTime 软件就能用来打可视电话和举行视频会议，其视频编码采用的是 MPEG-4AVC（H. 264）标准。

参加视频会议的成员，可以面对摄像机和麦克风发表意见，将声音和图像传送给与会的其他成员，需要时还可以出示实物、图纸和文件，或者使用电脑上的"电子白板"写字画图，使参加会议的成员感到大家正在进行"面对面"的商谈。视频会议可以节省大量的差旅费用，在办公自动化、紧急救援、现场指挥调度、远程医疗、远程教学等领域能发挥很好的作用。

（2）视频监控。视频监控是银行、商场管理中应用的安全防范系统的重要组成部分，随着计算机、通信网络及图像处理与传输技术的发展，视频监控已经在我国得到广泛的应用。

视频监控系统主要由摄像、传输、控制等部分组成。摄像机通过有线或无线传输将拍摄的数字视频压缩编码后传输到控制主机，控制主机再将视频信号分发到各个监视器，并使用录像设备进行保存。通过控制主机，操作人员可发出指令，对摄像机云台的角度进行控制，也可对镜头进行变焦操作以获取合适的图像，并可通过视频矩阵对多路摄像机进行切换。

人工智能特别是计算机视觉（computer vision）技术对于提高视频监控系统的效用将会产生重大的作用。例如，在视频画面中自动识别移动物体是轿车、客车、摩托车还是行人（甚至识别出是老人、妇女还是儿童）；自动测量车速和识别车牌号码；自动测算车辆和行人的流量；自动发现车辆或行人的异常行为（车辆碰撞、翻倒，行人突然奔跑、摔倒或追打等）；甚至自动跟踪可疑车辆和行人的运动轨迹等。

1.5 阅读材料

1.5.1 香农

克劳德·艾尔伍德·香农（Claude Elwood Shannon，1916—2001）是美国数学家，如图 1 - 5 - 1 所示。香农于1916 年出生于美国密歇根州的皮托斯基（Petoskey），是爱迪生的远房亲戚。1936 年毕业于密歇根大学并获得数学和电子工程学士。1940 年获得麻省理工学院（MIT）数学博士学位和电子工程硕士学位。1941 年他加入贝尔实验室数学部，工作到 1972 年。1956 年他成为麻省理工学院客座教授，并于 1958 年成为终身教授，1978 年成为名誉教授。

1938 年，香农的硕士论文题目是《继电器与开关电路

图 1 - 5 - 1　香农

的符号分析》"A Symbolic Analysis of Relay and Switching Circuits"。他用布尔代数分析并优化开关电路，奠定了数字电路的理论基础。香农在 1948 年 6 月和同年 10 月在《贝尔系统技术杂志》（*Bell System Technical Journal*）上连载了具有深远影响的论文——《通信的数学原理》。1949 年，香农又在该杂志上发表了另一著名论文——《噪声下的通信》。在这两篇论文中，香农阐明了通信的基本问题，给出了通信系统的模型：信源-信道-信宿。提出了信息量的数学表达式，并解决了信道容量、信源统计特性、信源编码、信道编码等一系列基本技术问题。他发表的这两篇论文成为信息论的奠基性著作。要建立信息理论，首先要能够度量信息。信息是由信号传播的，但是信息与信号有本质的区别，所以如何度量一个信号源的信息量是关键。香农开创性地引入了"信息量"的概念，从而把传送信息所需要的比特数与信号源本身的统计特性联系起来。所以说香农是信息科学的奠基人。

1.5.2 数据量

1. 数字信息的数据量

数字技术中比特是组成信息的最小单位，所有信息都使用比特表示。使用比特表示文字、符号、图像的方法称为"编码"，前面已经介绍过。下面对几种常用信息类型需要使用多少比特来表示（称为数据量）进行对比介绍，使大家对数字信息有一些感性的认识。

由前面所述可知，在计算机、手机等数字设备中，1 个西文字母通常用 8 比特（即 1 个字节）表示，1 个汉字通常用 16 比特（2 个字节）表示。手机在国内发送 1 条中文短信约收费 0.1 元，每条短信限 140 字节（即 70 个汉字，含标点符号在内），超过 70 个汉字时将自动分割成若干条信息发送（按条数收费），收件人手机收到后会自动进行组合。

在计算机上写一篇千字左右的短文，其数据量大约是几千字节；中国古典小说四大名著之一的《红楼梦》，120 回本的总字数大约是 73 万字，电子版纯文本格式的《红楼梦》其数据量约为 1.5MB。

使用数码相机或手机拍照时，数字相片的数据量与拍照时所选择的分辨率（即像素数目）及质量等级有关，与相片内容也有关系。通常，600 万~800 万像素分辨率的 JPG 格式的相片，数据量为 1~3MB，1200 万~1600 万像素的相片，数据量为 3~5MB。

使用手机通话时用户发出的语音信息，1min 的数据量（数据未压缩前）约为 0.5MB，压缩后为 50~80KB。1min 高保真双道的立体声音乐的数据量（未压缩前）约为 10MB，采用 MP3 标准可将数据量压缩至原来的 1/10 至 1/5。因此，一首长度为 3min 的 MP3 格式的音乐，其数据量是 3~6MB。

视频信息既有图像又有声音，数据量更大。即使经过数据压缩，1min 的标准清晰度（每帧图像的分辨率为 640×480 或 720×480）的视频，数据量也为 3~5MB，1 集电视剧的数据量为 150~200MB。至于全高清或超高清视频，其数据量就更大。

2. 通信流量

通信流量指通信设备在通信过程中收到和发出的数据总量。日常生活中人们接触最多的是手机流量，它特指手机、平板电脑通过移动通信网络连接互联网时所收发的数据总量。从手机、平板电脑送出的数据量称为上行流量，收到的数据量称为下行流量或下载流量。

流量的单位是字节，常用的是千字节（KB）、兆字节（MB）、吉字节（GB）、太字节

（TB）等。我国电信运营商经常略去字母 B 而把它们简写为 K、M、G、T。

使用手机或计算机经互联网传输照片、歌曲、视频等所需要消耗的流量，要比这些照片、歌曲和视频的实际数据量大一些，这是因为数据通信本身需要一些额外的开销。例如通信双方需要呼叫、应答和同步，需要增加附加信息来检验收到的数据是否正确，发现传输出错后需要重新传输等。

上网是需要付费的。目前的计费方式可以按流量计费，或按时长计费，也可以包月或者包一个时间段。手机如果在设置中开通"移动数据"，意味着它通过 3G、4G、5G 移动通信网络连接互联网，则无论是中国电信、中国移动还是中国联通，均按照上网所消耗的流量来计算费用。如果只限某个时间段上网，费用更优惠。

手机、平板电脑等移动设备一般都通过 Wi-Fi 上网，此时用户不再关心使用了多少流量，似乎流量是免费的。其实，Wi-Fi 的功能是把无线通信转换成有线通信，后者利用电缆或者光缆接入互联网，它们大多按使用时间的长短计费，而不像移动通信那样按流量计费。这是因为移动通信网络的建设和维护成本远高于有线宽带网络，以流量来计费可以更好地控制全网的负荷。毕竟如果大家都像有线宽带接入那样使用移动通信网的话，再先进的移动通信网络恐怕也难以承受。

不同应用所需要的流量是不同的。QQ 聊天主要是传输文字信息，几十兆字节就够 1 个月每天聊上 1 小时了。但如果是下载歌曲或图片，则一首歌或一张高清图片就会消耗几兆字节的流量。下载一个应用程序（App）所需的流量有大有小，小的几十千字节，大的可能需要几十兆字节。至于观看电视剧，所耗费的流量就要以吉字节来计算了。

为了节省流量，有些软件采取了一定措施。例如使用微信发送照片的时候，它先把照片的分辨率降低，使每张照片的数据量大为减少然后再进行发送；如果希望保持照片的分辨率（质量）不变，则可选择以"原图"方式进行发送。对于视频，为了节省流量和缩短传输时间，微信专门提供了一种"小视频"通信功能，它的分辨率比较低，数据量也大为减少。

1.5.3　非击键方式的文字符号输入方法

自从计算机出现之后，敲击键盘一直是计算机输入信息的主要途径。但对于移动计算设备（如手机、平板电脑等），由于没有键盘或键盘上的键又少又小，击键输入就很不方便了。另外，在需要把大批文档输入计算机的场合（如档案室、图书馆），或者在超市、食堂、银行、公交、地铁、高速公路收费站等需要快速输入信息的场合，依靠人工敲击键盘，既费时费力，也容易出错。因此，人们研究开发了多种不必使用键盘的文字符号输入方法。

1. 联机手写识别输入

联机手写识别输入可以按平常书写的习惯，把要输入的中西文字符号直接写在触摸屏上，或者写在一块叫"书写板"的设备上（图 1-5-2）。触摸屏或书写板将指尖或笔尖的运动（包括抬笔、落笔、笔段轨迹以及各笔段的顺序关系等）按时间顺序取样后送到计算机中，由计算机软件自动进行识别，判断出所书写的文字或符号之后，以该汉字（或符号）所对应的二进制代码进行保存。现在几乎所有手机和平板电脑都提供了手写输入的功能。

汉字的手写输入技术已经比较成熟，通常它能识别简体字、繁体字、异体字、英文、数字及各种符号，正确识别率达95%（工整字）或90%（自由字）以上。手写输入技术不仅

图 1-5-2 联机手写输入

用于输入文字符号，而且还可以代替鼠标器控制计算机进行各种操作。

2. 光学字符识别输入

光学字符识别（OCR）是将印刷或打印在纸上的中西文字符号扫描输入计算机，经过识别转换为二制代码表示的一种技术。这种技术对于将现存的大量书、刊物、档案、资料等输入计算机是非常重要的一种手段，在数字图书馆等领域特别有用。

印刷体字符识别的过程如图 1-5-3 所示。纸质文本通过扫描仪转换为二值（黑白）图像，然后先进行预处理（如倾斜校正、去噪声等）再对版面进行分析，区分出扫描图像中的文字、图形和表格三类不同的区域。接下来把文字区域切割为行，再从行中分离出一个个字符，之后就对每一个字符的图像进行特征提取，根据这些特征进行字符的识别。同时，还要利用词义、词频、语法规则和语料库等语言知识对识别结果进行必要的提示或校正（后处理）。

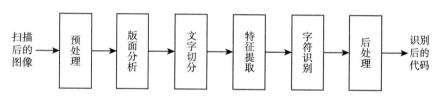

图 1-5-3 印刷体字符识别的过程

我国汉字 OCR 技术的研究从 20 世纪 80 年代开始，经过 30 多年的努力，印刷体汉字识别技术取得了很大进步：从简单的单字体识别发展到多种字体的识别，从中文印刷材料的识别发展到中英文混排印刷材料的识别，从支持 GB 2312 的 6763 个汉字到支持 GB 18030 的近 3 万个简、繁体汉字的识别，基本解决了多字体多字号、中西文混排、文字表格混排的识别问题，识别率可达 99% 左右。

有些智能手机已将光学字符识别（OCR）功能做了进一步的应用开发。例如华为手机"快速将名片信息添加到联系人"的应用，用户只需将名片放在手机摄像头前拍摄一下，即可将名片上的姓名、手机号码、单位、职务等多种信息导入联系人中。还有一种"拍照实时翻译"的应用。用户出国旅游，无论是用餐还是观光，只要将镜头对准要识别的文字，并确保文字完整地套入扫描框中，手机就会自动识别并翻译扫描框中的文字（需在线进行）。

3. 语音识别输入

语音识别能将人们所说的字、词、短语或句子自动转换成相应文字的二进制代码，这是用户向计算机输入信息的一种重要手段，也是计算机和数码设备具有智能的标志之一。

4. 条形码、磁卡、IC 卡自动识别输入

超市、银行等许多场合需要快速准确地输入信息，使用键盘既费时也容易出错。为此人们开发了多种信息标识和自动识读的技术如条形码、磁卡、IC 卡、射频卡等。

条形码是一种将文字符号进行图形化表示的方法，通过使用特定的扫描设备进行识读，转换成二进制信息输入计算机。条形码分为一维条形码和二维条形码两大类。

一维条形码将宽度不等的黑条（简称"条"）和白条（简称"空"）按一定的编码规则排列成平行线图案，用以对物品进行标识 [图 1-5-4（a）]。例如商品的生产国家、制造厂家、商品名称、生产日期，或者图书的分类号、邮件的起止地址、类别、日期等，它在商品流通、图书管理、邮政管理等领域已广泛使用。

（a）一维条形码　　　　　　　　（b）二维条形码

图 1-5-4　一维条形码和二维条形码

条形码的识读需要使用专门的扫描器。它用光源（激光、红外线等）照射条形码，再利用光电转换器接收反射的光线，将反射光线的明暗转换成数字信号。不论采取何种编码规则，一维条形码都由静空区、起始符、数据符与终止符等构成。有些条码在数据符与终止符之间还有校验码。

一维条形码只在一个方向表达信息，信息量有限（几十个字符），只能包含字母、数字和一些特殊符号，尺寸相对较大，校验也比较简单。

二维条形码（简称二维码）使用某种特定的几何图形按一定规律在平面（二维方向）上以黑白相间的图形记录文字和符号信息，通过图像输入设备或光电扫描设备进行识读以实现信息的自动输入。

二维条形码有两大类：一类是堆叠式（行排式）二维条形码，其编码原理是将一维条形码按需要堆叠成 2 行或多行，如 PDF417 等；另一类是矩阵式（棋盘式）二维条形码，它是在一个矩形空间里通过黑、白像素的不同分布进行编码 [图 5-24（b）]。在矩阵相应元素位置上，有点（方点、圆点或其他形状）出现表示"1"，没有点表示"0"，点的排列组合确定了二维条形码所代表的信息。常见的矩阵式二维条形码有 QR 码、Maxi 码、Code One 等。

二维条形码能够在横向和纵向同时表达信息，信息容量大。目前我国广泛使用的是 QR 码，它最多可以容纳 2710 个数字，或者 1850 个字母，或者 500 多个汉字，也可以表示签字、指纹等信息；检错和纠错功能较强，能 360°全方位识读，可靠性高，还可引入加密技术，具有一定的保密性和防伪性。我国高铁车票的二维条形码就采用了信息加密措施，以防止伪造车票。

二维条形码的识别有两种方法：①通过线型扫描器逐层（行）扫描进行解码；②通过照相和图像处理进行解码。堆叠式二维条形码用上述两种方法均可识读，但大多数矩阵式二维条形码必须用照相方法进行识读。由于手机、平板电脑可以用作二维条码的扫描器，因此二维条形码的应用已日益普及。

使用手机、平板电脑扫描二维码非常方便，只要安装一个条码扫描器软件（微信和支付宝均自带扫码功能），借助手机、平板电脑的拍照功能，对准二维码，将它套在取景框中，1～2s就能自动读出二维码所存储的信息，便于网址快速链接、文本自动传输、内容下载、身份认证和商务交易等。但是，当前二维码生成和识读工具缺乏统一的审核、监控、追溯和认证等监管机制，使二维码泛滥成为不良信息传播的新渠道，需要引起人们足够的重视。

磁条卡的信息记录和读出原理类似于磁盘存储器，现在主要使用在各种银行卡上。银行卡磁条中有3个磁道，用于记录账号等有关信息以标识用户的身份。由于磁条易读出和复制，安全性差，目前正在逐步更换为IC卡。

1.6 本章习题

一、选择题

1. 在计算机内部，所有的信息用（　　）编码形式表示。

A. 八进制　　　　　B. 二进制　　　　　C. 十进制　　　　　D. 十六进制

2. 字节是计算机中的存储容量单位，一个字节由（　　）位二进制序列组成。

A. 2　　　　　　　B. 6　　　　　　　C. 8　　　　　　　D. 16

3. 十六进制数2BC转换为二进制数是（　　）。

A. 1010111100　　B. 11110101011　　C. 110101001　　D. 11010100

4. 下列数中值最小的是（　　）。

A. 11O　　　　　　B. 8D　　　　　　C. 12H　　　　　　D. 100B

5. 下列字符中，ASCII值最小的是（　　）。

A. a　　　　　　　B. A　　　　　　　C. x　　　　　　　D. Y

6. 在计算机的数值表示中，1KB等于（　　）。

A. 1000字节　　　B. 1024字节　　　C. 1000位　　　　D. 1024位

7. 在微型计算机中，应用最普遍的字符编码是（　　）。

A. BCD码　　　　　B. ASCII码　　　　C. 汉字编码　　　　D. 原码

8. 下列编码中，用于汉字输出的是（　　）。

A. 输入编码　　　　B. 汉字字模　　　　C. 汉字内码　　　　D. 数字编码

9. 为了发布、交换和保存计算机制作的文档，目前国内外广泛使用的用于电子文档交换的文件格式是（　　）。

A. DOC　　　　　　B. PDF　　　　　　C. HTML　　　　　　D. TXT

10. 数字图像的文件格式有多种，（　　）图像文件经常在网页中使用并具有动画效果。

A. BMP　　　　　　B. GIF　　　　　　C. JPEG　　　　　　D. TIF

11. 一般来说，声音的质量越高，（　　）。

A. 量化级数越低和采样频率越低　　　B. 量化级数越高和采样频率越高

C. 量化级数越低和采样频率越高　　　D. 量化级数越高和采样频率越低

12. 下列声音文件格式中，（　　）是波形文件格式。

A. WAV　　　　　B. CMF　　　　　C. AVI　　　　　D. MIDI

13. 扩展名为 .MP3 的含义是（　　）。

A. 采用 MPEG 压缩标准第 3 版压缩的文件格式

B. 必须通过 MP3 播放器播放的音频格式

C. 采用 MPEG 音频标准压缩的音频格式

D. 将图像、音频和视频 3 种数据采用 MPEG 标准压缩后形成的文件格式

14. 数字音像文件（视频文件）大多采用封包文件的格式，其中既有视频、音频，还可以有文字、图片等信息。下面 4 种文件中不属于音像文件的是（　　）。

A. RMVB　　　　B. MP4　　　　　C. MP3　　　　　D. MOV

15. 数字视频信息的数据量相当大，对存储、处理和传输都是很大的负担，为此必须对数字视频信息进行压缩。目前数字有线电视和卫星电视所传输的数字视频采用的压缩编码标准大多是（　　）。

A. MPEG-1　　　B. MPEG-2　　　C. MPEG-4　　　D. MPEG-7

二、简答题

1. 什么是信息？在计算机系统内，为什么信息需要采用二进制表示？

2. 什么是新一代信息技术？

3. 你常用的汉字键盘输入方法是哪一种？试分析其优缺点，并提出改进意见。

4. 除了编辑排版功能之外，中文版的 Word 还具有哪些中文文本处理功能？

5. 常用的图像文件有哪些类型？各有什么特点？适合哪些应用？

6. 计算机语音识别有哪些应用？你用过哪些有关的 App？

7. MPEG-1、MPEG-2 和 MPEG-4 等视频压缩编码标准各有什么应用？

8. 图像、声音和视频能够压缩但又不影响看和听的原因是什么？

三、计算题

1. 分别将下列数值转换成二进制数。

$(216.75)_{10}$　$(7563.42)_8$　$(1A4E.3B)_{16}$

2. 分别将下列二进制数转换成十进制数、八进制数和十六进制数。

$(101101111.10111)_2$　$(10110110.110111)_2$

3. 分别将下列十进制数转换成八进制数和十六进制数。

$(175.25)_{10}$　$(357)_{10}$

4. 字长为 8 位时，分别求（$+62$）$_{10}$ 和（-62）$_{10}$ 的原码、反码与补码。

5. 已知数字"1"的 ASCII 编码为 31H，写出数字"8"和"5"的 ASCII 编码。

6. 已知字母"A"的 ASCII 编码为 41H，写出字母"B"和"Z"的 ASCII 编码。

四、综合题

1. 利用网络查询中文字符"豫"的 UTF-8 编码。

2. 利用网络查询汉字"啊"的机内码。

3. 利用网络查询常用的矢量绘图软件有哪些。

4. 中文字符"汉"的 16 列、12 行点阵结构如图 1-6-1 所示，写出该字符的字形编码序列。

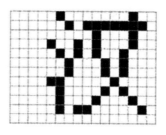

图 1-6-1　中文字符"汉"的点阵结构

参考答案

第 2 章　计算机系统

本章学习目标

- 了解计算机系统的定义、特点、发展历程和发展趋势。
- 了解图灵机模型的原理和冯·诺依曼体系结构的基本思想。
- 了解计算机系统硬件电路的组成，以及计算机的工作原理。
- 了解计算机软件的定义、分类和发展，了解几种系统软件的功能和作用。

本章学习内容

　　本章主要介绍计算机系统的发展历程、分类、特点、应用以及发展趋势；计算机理论模型（图灵模型）的基本原理和计算机实现模型（冯·诺依曼体系结构）的设计过程与设计思路；计算机系统的组成和分层结构；计算机硬件系统的总线结构，以及主要硬件设备（主板、中央处理器、内存、外存、输入设备和输出设备）的作用、分类和原理；计算机软件的定义、发展、分类，几类系统软件的定义和功能。

2.1 计算机系统概述

通常人们所说的计算机就是指数字电子计算机，它既可以进行数值计算，又可进行逻辑计算，还具有存储记忆功能，是一种能够按照事先存储的程序，自动、高速地进行大量数值计算和各种信息处理的智能化电子设备。计算机是人类脑力的延伸和扩充，是近代科学的重大成就之一。

一个完整的计算机系统是由硬件系统和软件系统组成的。硬件系统是由电子元器件和机械装置等组成的各种功能部件和设备的总称，是进行信息处理的实际物理装置。软件系统是计算机系统的"灵魂"，安装了软件系统的计算机才能够进行计算、控制等工作。

2.1.1 计算机的发展简史

在漫长的人类发展历史中，计算工具的演化经历了由简单到复杂、从低级到高级的不同阶段，从"结绳记事"中的绳结到算筹、算盘、计算尺、机械计算机等，它们在不同的历史时期发挥了各自的历史作用，同时也启发了现代电子计算机的研制思想。

19 世纪以来，数学和电子技术的发展为计算机的诞生和飞速发展提供了理论依据与技术支持。1889 年，美国科学家赫曼·霍列瑞斯（Herman Hollerith）研制出以电力为基础的电动制表机，用以储存和统计数据资料。1930 年，美国科学家范内瓦·布什（Vinegar Bush）制造出世界上第一台模拟电子计算机（微分分析仪），用它来计算火力表时，速度要比手工计算快几十倍。1946 年，世界上第一台电子计算机 ENIAC 在美国宾夕法尼亚大学问世，表明电子计算机时代的到来。在以后 70 多年里，计算机技术以惊人的速度发展，为社会进步和科技进步提供了巨大的动力。电子计算机的诞生是当代最为卓越的科学成就之一，它的发明与应用推动了人类文明的高速发展。

1. 电子计算机的诞生

（1）阿塔纳索夫-贝瑞计算机。阿塔纳索夫-贝瑞计算机（Atanasoff-Berry computer，ABC 计算机）是世界上第一台电子计算机，如图 2-1-1 所示。

图 2-1-1 阿塔纳索夫-贝瑞计算机

20世纪30年代，保加利亚裔的阿塔纳索夫在爱荷华州立大学物理系任副教授，在为学生讲授如何求解线性偏微分方程组时，不得不面对繁杂的计算，那是要消耗大量时间的枯燥工作。阿塔纳索夫从1935年开始探索运用数字电子技术进行计算工作的可能性，他找到当时正在物理系读硕士学位的克利福德·贝里，两人终于在1939年造出来了一台完整的样机，这台计算机不可编程，仅用于求解线性方程组，并在1942年成功进行了测试。人们以两人的名字为这台计算机命名为Atanasoff-Berry Computer，简称ABC计算机。ABC并不是一台通用的计算机，它只能用来解方程，但是它开创性地采用电子管来制造计算机，具有划时代、创世纪的深远意义。

阿塔纳索夫-贝瑞计算机是电子与电器的结合，电路系统中装有300个电子真空管进行数值计算与逻辑运算，使用电容器来进行数值存储，数据输入采用打孔读卡方法，还采用了二进位制。因此，ABC的设计中已经包含了现代计算机中四个最重要的基本概念，从这个角度来说它是一台真正现代意义上的电子计算机。

阿塔纳索夫-贝瑞计算机具有以下性能特点：

①采用电能与电子元件，在当时就是电子真空管。

②采用二进位制，而不是通常的十进位制。

③采用电容器作为存储器，可重复利用而且能避免错误。

④进行直接的逻辑运算，而不是通常的算术运算。

（2）第一台通用电子计算机——ENIAC。ENIAC是电子数字积分计算机（electronic numerical integrator and calculator）的简称，它是世界上第一台通用电子计算机（图2-1-2）。

图2-1-2　ENIAC

在第二次世界大战中，美国军方为了精确计算炮弹的弹道轨迹，迫切需要一种能进行高速计算工具来代替人工计算。在美国军方的支持下，1946年2月14日，由宾夕法尼亚大学物理学家莫奇利（J. Mauchly）和工程师埃克特（J. P. Eckert）等人共同开发的ENIAC在美国宾夕法尼亚大学问世，它是世界上第一台能真正自动运行的通用电子计算机。

ENIAC 占地 170m^2，重达 28t，耗电 150kW，每秒可执行 5000 次加法或 400 次乘法运算，共使用了 18000 个电子管。尽管 ENIAC 存在着不能存储程序，以及使用的是十进制数等明显缺陷，但是它的运算速度在当时已经非常快了。它使过去借助机械分析机需 7~20h 才能计算一条弹道的工作时间缩短到 30s，从而使科学家们从庞大的计算量中解放出来。

ENIAC 的设计思想实际上来源于阿塔纳索夫在此之前的设计：可重复使用的内存、逻辑电路、基于二进制运算、用电容做存储器。莫克利和埃克特借鉴并发展了阿塔纳索夫的思想制成了第一台数字电子计算机——ENIAC。ENIAC 的问世具有划时代的意义，标志着计算机正式进入数字的时代。

（3）第一台冯·诺依曼结构计算机——EDVAC。EDVAC 是离散变量自动电子计算机（electronic discrete variable automatic computer）的简称，它是世界上第一台冯·诺依曼结构计算机。

ENIAC 和 EDVAC 的建造者均为宾夕法尼亚大学的物理学家莫奇利与工程师埃克特。1944 年 8 月，EDVAC 的建造计划就被提出；在 ENIAC 充分运行之前，其设计工作就已经开始。美籍匈牙利数学家冯·诺伊曼（图 2 - 1 - 3）以技术顾问形式加入，1945 年 6 月发表了一份长达 101 页的报告，这就是著名的《关于 EDVAC 的报告草案》（*First Draft of a Report on the EDVAC*），报告广泛而具体地介绍了制造电子计算机和程序设计的新思想。报告提出的体系结构一直延续至今，即冯·诺伊曼结构。

图 2 - 1 - 3　冯·诺依曼

EDVAC 方案明确规定了三个基本思想：

①计算机由五个部分组成。这五部分分别为运算器、逻辑控制装置、存储器、输入设备和输出设备。该方案描述了这五部分的职能和相互关系。

②采用二进制。根据电子元件双稳态工作的特点，建议在电子计算机中采用二进制，预言二进制的采用将大大简化机器的逻辑线路。

③存储程序和程序控制。即程序和数据都放在内存中，在程序的控制下自动完成操作，该设计思想解决了程序的"内部存储"和"自动运行"两大难题，从而提高了计算机的运算速度。

EDVAC 于 1949 年 8 月交付给美国弹道研究实验室，直到 1951 年才开始运行。EDVAC 使用了大约 6000 个真空管和 12000 个二极管，占地 45.5m^2，重达 7850kg，消耗电量 56kW。使用延迟线存储器，可存储 1000 个字，每字 44 位。EDVAC 是二进制串行计算机，具有加减乘和软件除的功能。一条加法指令的执行需约 864μs，乘法指令需 2900μs（或 2.9ms）。其运算速度相当于 ENIAC 运算速度的 240 倍。

2. 电子计算机的发展历程

从第一台电子计算机诞生到现在，计算机技术以前所未有的速度迅猛发展，从使用器件的角度来说，计算机的发展大致经历了 4 代变化。

第一代电子管计算机（1946—1957）。基本电子器件采用电子管，如图 2 - 1 - 4 所示。第一代计算机体积大、成本高、耗电量高、可靠性差、维护困难。内存采用水银延迟线、磁鼓、小磁芯，外存为磁带，存储容量小；输入/输出设备为穿孔卡片或穿孔纸带；计算速度慢，运算速度为每秒几千次至几万次；使用机器语言编程，几乎没有系统软件，操作困难。这一时期的计算机主要用于军事和科学计算，代表机型是 IBM650（小型机）、IBM709（大型机）。

第二代晶体管计算机（1958—1964）。基本电子器件采用晶体管，如图 2 - 1 - 5 所示。这一时期的计算机，体积大大缩小、重量明显减轻、功耗降低、可靠性增强、寿命延长。内存采用磁芯，存储容量增至 10 万个存储单元以上；磁盘和磁带作为外存；输入/输出设备为穿孔卡片或打印机；计算速度加快，达到每秒几万次至几十万次；提出了操作系统的概念，出现了汇编语言和高级语言（FORTRAN、COBOL 等）及其编译程序，产生了批处理系统；除科学计算外还用于数据处理和事务管理，并逐渐用于工业控制，代表机型为 IBM 7000 系列机。

图 2 - 1 - 4　电子管

图 2 - 1 - 5　晶体管

第三代集成电路计算机（1965—1970）。基本电子器件采用中小规模集成电路，如图 2 - 1 - 6 所示。集成电路技术可以在几平方毫米的单晶硅芯片上集成十几个甚至上百个电子元件，体积和耗电量显著减小，可靠性大大提高。内存采用半导体存储器，辅存为磁盘，存储容量和存取速度大大提高；出现了键盘、鼠标、显示器等输入/输出设备；计算速度显著提高，达到每秒几百万次至几千万次；计算机类型开始多样化和系列化；微程序、流水线和并行性等技术陆续被引入计算机设计中；软件技术快速发展，软件在这个时期形成了产业，用操作系统来管理硬件资源，出现了网络和数据库。计算机应用领域不断扩大，应用范围扩大到文字处理、企业管理、自动控制、城市交通管理和辅助设计等领域。在此期间，计算机出现了向大型和小型两级发展的趋势，典型的有 1964 年 IBM 公司的 360 计算机，1971 年 DEC 公司的 PDP-11 计算机。

第四代超大规模集成电路计算机（1971 至今）。基本电子器件采用大规模及超大规模集成电路，如图 2 - 1 - 7 所示，在硅半导体上集成几十万甚至上百万个电子元件，从而实现了电路器件的高度集成化，可靠性更好，寿命更长，计算机体积、重量、功耗、价格不断下降，采用半导体存储器作为内存，常采用磁盘、光盘等大容量存储器作为辅存，运算速度高达每秒百万亿次至千万亿次。在体系结构方面进一步发展并行处理系统、分布式计算机系统和计算机网络系统，软件配置更加丰富，软件系统工程化、理论化，程序设计实现部分自动化；微处理器和微型计算机也在这一阶段诞生并获得飞速发展，这一时期的计算机在办公自动化、数据库管理、图像处理、语音识别、专家系统等领域大显身手，计算机的发展进入了以计算机网络为特征的时代。

图 2-1-6 集成电路

图 2-1-7 超大规模集成电路

随着计算机科学技术的迅猛发展，前4代计算机的时代划分规则在新形势下已经不再适合。专家们呼吁不要再沿用"第五代计算机"的说法，而采用"新一代计算机"的说法。下一代计算机可能是超导计算机、纳米计算机、光计算机、DNA计算机、量子计算机和神经网络计算机等，体积更小，运算速度更快，更加智能化，耗电量更小。

3. 新一代计算机

（1）超导计算机。超导计算机是利用超导技术生产的计算机及其部件，其开关速度达到几皮秒，运算速度比现在的电子计算机快，电能消耗量少。超导计算机运算速度比现在的电子计算机快100倍，而电能消耗仅是电子计算机的千分之一，如果目前一台大中型计算机，每小时耗电10kW，那么，同样一台的超导计算机只需一节干电池就可以工作了。

电流在超导体中流过时，电阻为零，介质不发热。1962年，英国物理学家约瑟逊提出了"超导隧道效应"，即由"超导体-绝缘体-超导体"组成的器件，当对其两端加电压时，电子就会像通过隧道一样无阻挡地从绝缘介质穿过，形成微小电流，而该器件两端的压降几乎为零。与传统的半导体计算机相比，使用约瑟逊器件的超导计算机的耗电量仅为其几千分之一，而执行一条指令的速度却要比它快100倍。

实验表明，有很多超导材料可以利用溅射技术或蒸发技术在非常薄的绝缘体上形成薄膜，并制成约瑟逊铸件，这种器件是制作超级计算机不可缺少的组件。其结果将使计算机的体积大幅度缩小，能耗大大下降，并且计算速度大大提高。将超导数据处理器与外存储芯片组装成约瑟逊式计算机，能获得高速处理能力。但是，现在这种组件计算机的电路需要在低温下工作，若发明了常温超导材料，计算机的整个世界将改变。

（2）纳米计算机。纳米计算机指将纳米技术运用于计算机领域后所研制出的一种新型计算机。"纳米"本是一个计量单位，$1nm$ 等于 $10^{-9}m$，大约是氢原子直径的10倍。纳米技术是从20世纪80年代初迅速发展起来的新的科研领域，其最终目标是人类按照自己的意志直接操纵单个原子，制造出具有特定功能的产品。采用纳米技术生产芯片成本十分低廉，因为它既不需要建设超洁净生产车间，也不需要昂贵的实验设备和庞大的生产队伍，只要在实验室里将设计好的分子合在一起，就可以造出芯片，大大降低了生产成本。纳米计算机不仅几乎不需要耗费任何能源，而且其性能要比今天的计算机强大许多倍。

（3）光子计算机。光子计算机是一种由光信号进行数字运算、逻辑操作、信息存储和处理的新型计算机。与传统的电子计算机相比，光子计算机有以下优点：超高的运算速度、超强的抗干扰能力、强大的平行处理能力、存储容量大及与人脑相似的容错性等。

1990年初，美国贝尔实验室制成世界上第一台光子计算机。光子计算机的基本组成部件是集成光路，要有激光器、透镜和核镜。光子比电子速度快，光子计算机的运行速度可高达每秒一万亿次。它的存储量是现代计算机的几万倍，还可以对语言、图形和手势进行识别与合成。

（4）生物计算机。生物计算机又称仿生计算机，是以生物芯片取代在半导体硅片上集成数以万计的晶体管制成的计算机。生物芯片是由生物工程技术产生的蛋白质分子为主要原材料的芯片。生物芯片具有巨大的存储能力，且以波的形式传输信息。生物计算机数据处理的速度比当今最快巨型机的速度还要快百万倍以上，而能量的消耗仅为其十亿分之一。由于蛋白质分子具有自我组合的特性，因此可使生物计算机具有自我调节、自我修复和自我再生的能力，且更能易于模拟人类大脑的功能。

（5）量子计算机。量子计算机是一种全新的基于量子理论的计算机，它遵循量子力学规律进行高速数学运算和逻辑运算、存储和处理量子信息。量子计算机能存储和处理用量子比特表示的信息。经典计算机信息的基本信息单位是比特，比特具有两个状态，可用0与1表示。在量子计算机中，基本信息单位是量子比特（qubit），用两个量子状态 $|0\rangle$ 和 $|1\rangle$ 来表示。经典比特只有两种状态，要么是0，要么是1；而量子比特可以处在 $|0\rangle$ 或 $|1\rangle$ 这两种状态，也可以处在二者的线性叠加态。与传统的电子计算机相比，未来的量子计算机不仅运算速度更快、存储容量更大、搜索功能更强和安全性更高，而且体积会大大缩小，能实现传统计算机无法完成的复杂运算。

4. 摩尔定律

摩尔定律是英特尔创始人之一戈登·摩尔（Gordon Moore）提出的，其核心内容是：集成电路上可以容纳的晶体管数目大约每经过18个月便会增加一倍。

1965年，时任美国仙童半导体公司研究开发实验室主任的摩尔应邀为《电子学》杂志35周年专刊写了一篇题为《让集成电路填满更多的元件》的观察评论报告。在摩尔开始绘制数据时，发现了一个惊人的趋势：每个新芯片大体包含上一代芯片两倍的容量，每个芯片的产生都是在前一个芯片产生后的18~24个月内，这就是现在所谓的摩尔定律。如果这个趋势继续，计算能力相对于时间周期将呈指数式的上升。摩尔定律所阐述的趋势一直延续至今，且仍不同寻常地准确。人们还发现摩尔定律不仅适用于对存储器芯片的描述，也精确地说明了处理机能力和磁盘驱动器存储容量的发展，该定律成为许多工业对于性能预测的基础。

近年来，由于工艺和技术的发展，半导体工艺已接近集成电路极限，集成电路的发展开始偏离摩尔定律的预测，从2013年开始芯片的发展速度逐步放缓为3年翻一番。摩尔定律的意义和影响主要表现在以下几方面：

（1）单个芯片集成度提高后，成本变化不大，因此总体成本明显下降。

（2）在高集成度的芯片中，电路间的距离更近，连线更短，工作速度更快。

（3）增加了芯片内部的连线，减少了外部连线，可靠性得到提高。

（4）计算机体积越来越小，减少了电能的消耗，适应性更好。

5. 集成电路工艺发展

1958年，美国工程师杰克·科尔比（Jack Kilby）发明了集成电路，他将若干个晶体管、电阻和相互间的连接线成功地制作在一个很小的硅片上，称为"集成电路"，从而开辟了电子电路微型化的新途径。也正是因为这个发明，科尔比于 2000 年获得诺贝尔奖。

随着微电子技术的不断进步，集成电路的集成度迅速提高。到了 20 世纪 70 年代，大规模集成电路的集成度已经达到了每片数千万个集体管。大规模集成电路的普及应用不仅导致了电子设备大规模更新换代，而且极大地拓展了电子技术的应用领域。在科技发展的历史上，还从来没有任何一种技术能像微电子技术这样，对人类生产和生活产生如此广泛与深远的影响。集成电路技术应用于计算机领域，极大地推进了计算机的发展和普及。

集成电路的生产主要分为 IC 设计、IC 制造、IC 封测三个环节。IC 制造又分为硅提纯、切割晶圆、光刻、蚀刻、重复、分层等步骤，其中以 IC 设计和光刻最为关键。光刻的工艺水平直接决定了芯片的制程水平和性能。所谓制程，就是芯片中的最基本功能单位门电路的宽度，也就是线宽。缩小线宽的作用，就是在更小的芯片中塞入更多的晶体管，可以提高处理器的运算效率，降低成本；或者是在满足运算的前提下，减小芯片体积，以降低耗电量和满足设备轻薄、微小化的需求。随着光刻技术的发展，晶体管制程工艺经历了 130nm、90nm、65nm、45nm、32nm、28nm、22nm、14nm、10nm、7nm、5nm 等阶段。现在主流的纳米级制程是 10nm 和 7nm，最先进的制程已经达到 5nm，并正在向 3nm 演进。目前高端光刻机技术被荷兰 ASML 公司垄断，我国唯一的一家光刻机生产厂商上海微电子装备（集团）股份有限公司目前只能生产 90nm 制程的光刻机，下一代 28nm 制程的光刻机目前还在研发中。

此外，单片集成电路除向更高集成度发展外，也正在向着大功率、线性、高频电路和模拟电路方面发展。

6. 我国计算机的发展历程

我国的计算机研究工作是从 20 世纪 50 年代开始的，同样经历了电子管、晶体管、中小规模集成电路、超大规模集成电路的发展历程。

华罗庚教授是我国计算技术的开拓者之一。1947—1948 年，华罗庚在美国普林斯顿高级研究所任访问研究员时，与冯·诺依曼、戈尔德斯坦等人交往甚密，了解到美国的第一代通用电子计算机后，就萌生了在中国开展电子计算机研制工作的想法。1950 年回国后，在中国科学院成立了中国第一个电子计算机科研小组，设计和研制中国自己的电子计算机。

第一代电子管计算机（1958—1964）。1958 年，我国一台小型电子管数字计算机（103 计算机）可以表演短程序运行，标志着我国第一台电子计算机诞生。当时计算机运算速度只有每秒几十次，后经过改进，运算速度提高到每秒 3000 次。1959 年，大型通用计算机（104 机）通过试运算，此机由 22 个机柜组成，每秒运行速度达到 10000 次。我国第一代电子管计算机在原子弹和氢弹研制中发挥了作用。

第二代晶体管计算机（1965—1972）。1964 年，我国用国产半导体元件研制成功晶体管通用电子计算机 441B/I。1965 年研制成功我国第一台大型晶体管计算机 109 乙机，两年后又推出了 109 丙机，这些计算机在我国两弹试验中发挥了重要的作用。

第三代中小规模集成电路计算机（1973 至 20 世纪 80 年代）。1973 年，北京大学与北京有线电厂等单位合作研制成功运算速度每秒 100 万次的大型通用计算机，1974 年清华大学等单位联合设计、研制成功 DJS-130 小型计算机，以后又推出 DJS-140 小型机，形成了 100

系列产品。与此同时，以华北计算技术研究所为主要基地，全国 57 个单位联合进行 DJS-200 系列计算机设计，同时也设计开发了 DJS-180 系列超级小型机。20 世纪 70 年代后期，电子部三十二所（现为中国电子科技集团有限公司第三十二研究所）和国防科技大学分别研制成功了 655 机与 151 机，速度都在百万次级。进入 20 世纪 80 年代，我国高速计算机，特别是向量计算机有新的发展。1979 年，中国研制成功仿 8080 的 4 片处理器和多片的 6800 处理器。1983 年 12 月，经过 5 年努力，研制成功"银河-Ⅰ"亿次型巨型机，每秒运行 1 亿次。

第四代中超大规模集成电路计算机（20 世纪 80 年代至今）。和国外一样，我国第四代计算机的研制也是从微型机开始的。1980 年初我国也开始采用 Z80、X86 和 6502 芯片研制微型机。1983 年 12 月，电子部六所（现为中国电子信息产业集团有限公司第六研究所）研制成功与 IBM PC 兼容的 DJS－0520 微型机。1992 年，国防科技大学研制出"银河-Ⅱ"通用并行巨型机，峰值速度达每秒 4 亿次浮点运算。2009 年，国防科技大学使用国产龙芯芯片成功研制出"天河一号"超级计算机，峰值速度高达每秒 1206 万亿次。2010—2015 年，天河系列计算机获得全球超级计算机 500 强的六连冠。2016 年，使用自主芯片制造的"神威太湖之光"取代"天河二号"登上榜首。我国超级计算机在全球超级计算机 500 强排名中不断攀升，我国的计算机技术发展水平取得了质的飞跃。到目前为止，我国是排在美国、日本之后的第三大超级计算机生产国。

2.1.2 计算机的分类

电子计算机的种类很多，分类方法也很多，通常按以下几种情况分类：

1. 按处理的数据类型分类

计算机按处理的数据类型可分为模拟计算机和数字计算机。模拟计算机处理的是连续变化的物理量，如工业控制中的温度、压力等。数字计算机处理的是非连续变化的数字量，如产品数量等。目前绝大部分计算机是数字计算机。

模拟计算机的运算是由电压组合和测量值实现的，其运算速度极快，但精度不高，使用也不够方便；数字计算机采用二进制运算，其特点是解题精度高，便于存储信息，既能胜任科学计算，也能进行逻辑判断，现在人们所使用的大都属于数字计算机。

2. 按用途分类

计算机按用途可分为专用计算机和通用计算机。专用计算机是针对某一特定应用领域或面向某种算法而设计的计算机，如工业控制机、卫星图像处理用的大型并行处理机等，特点是系统结构及专用软件对于所指定的应用领域是高效、经济的，若用于其他领域则效率较低。通用计算机是面向多种应用领域和算法的计算机，特点是它的系统结构和计算机的软件能满足各行业大小用户的不同需要。通用计算机功能齐全，适应性强，目前人们所使用的大都是通用计算机。

3. 按 CPU 的处理机字长分类

根据计算机的 CPU 一次所输入和处理的数据的二进制位数将计算机分为 8 位机、16 位机、32 位机、64 位机等各种类型。

4. 按综合性能分类

按照计算机的运算速度、字长、存储容量、软件配置等多方面的综合性能指标将计算机分为巨型机、大型机、小型机、个人计算机 4 类。

（1）巨型机（super computer）。巨型机是计算机类型中体积最大、价格最贵、运算速度最快、存储容量最大、功能最强、工艺技术性能最先进、具有巨强大的数值计算能力和数据信息处理能力的通用超级计算机。巨型机的研制水平、生产能力及其应用程度已成为衡量一个国家经济实力和科技水平的重要标志。2022 年 5 月 30 日，国际超算组织发布的"TOP 500"榜单显示，美国最新推出的 E 级（每秒浮点运算百亿亿次）超级计算机"Frontier"成功荣登榜首，其运算速度峰值能达到每秒进行 110.2 亿亿次浮点运算。巨型机主要应用于军事、天气预报、石油地质勘探、新药研制等尖端科技领域。我国在巨型机领域的发展水平取得了质的飞跃，先后研制了天河、银河、曙光、神威等巨型计算机。如图 2 - 1 - 8 所示为我国最新的超级计算机——神威太湖之光。

图 2 - 1 - 8　超级计算机——神威太湖之光

（2）大型机（mainframe）。大型机的特点是大型、通用，它有较高的运算速度和较大的存储容量，有丰富的外部设备和通信接口，具有很强的处理能力和管理能力。一般用于为企业或政府的数据提供集中存储、管理和处理服务，承担主服务器（企业级服务器）的功能，在信息系统中起着核心作用，主要用于大型计算中心、大型企业及规模较大的高校和科研单位。

（3）小型机（mainframe）。小型计算机规模小，结构简单，成本低，制造周期短，维护容易。小型机应用范围广泛，如用在工业自动控制、大型分析仪器、测量仪器、医疗设备中进行数据采集、分析计算等，也用作大型、巨型计算机系统的辅助机，并广泛用于企业管理以及大学和研究所的科学计算等。小型机普遍采用了 RISC 技术和多处理机结构。RISC 技术将比较常用的指令用硬件实现，比较少用的和复杂的指令用软件实现，这样可以降低成本和提高性价比。采用多处理机结构可以将多个小型机 CPU 组成一个计算机，显著地提高了计算机运行速度。

（4）个人计算机（personal computer，PC）。即通常所说的电脑、微机或计算机。其具有体积小、价格低、灵活性好、软件丰富、功能全、操作方便等优点，是目前广泛使用的一种计算机。目前，个人计算机已广泛应用于办公自动化、信息检索、家庭教育和娱乐等方面。微型机的普及程度代表了一个国家的计算机应用水平。按结构形式来分，微机分为台式微机和便携式微机。台式微机分为传统的台式电脑和一体式电脑等。便携式微机分为笔记本电脑和平板电脑等。

2.1.3 计算机的特点

计算机主要具备以下几方面的特点。

1. 运算速度快

现在的计算机运算速度已经可以达到每秒百亿次、千亿次，甚至百亿亿次。如此高的计算速度，不仅极大地提高了工作效率，而且使许多极复杂的科学问题得以解决。通过超级计算机，研究人员能够更好地模拟和处理复杂的数据，并能够从量子信息、先进材料、天体物理、核裂变、核聚变、生物能源和基础生物等学科中更快、更准确、更详细地获得结果，从而极大地提高科学研究的速度。除了在科技上有强大的助力，超级计算机还对国家安全和国民经济有着巨大的影响。

2. 计算精度高

尖端科学技术的发展往往需要高度准确的计算能力，只要电子计算机内用以表示数值的位数足够多，就能提高运算精度。一般的计算工具只有几位有效数字，而计算机的有效数字可以精确到十几位、几十位，甚至数百位，这样就能精确地进行数据计算及表示数据的计算结果了。目前计算机的计算精度已达到小数点后上亿位。正是由于计算机的高精度才使它广泛运用于航天航空、核物理等方面的数值计算中。

3. 存储能力强

计算机中的存储系统由内存和外存组成，该存储系统具有存储大量信息的能力。存储器不仅可以存储所需的数据信息，还可以存储指挥计算机工作的程序，同时可以保存大量的文字、图像、声音等信息资料。

4. 具有逻辑判断能力

思维能力本质上是一种逻辑判断能力，也可以说是因果关系分析能力。计算机不仅能进行算术运算，同时也能进行各种逻辑运算，具有逻辑判断能力。计算机的逻辑判断能力使计算机能广泛应用于非数值数据处理领域，如人工智能、信息检索、图像识别等。

5. 可靠性强

采用大规模和超大规模集成电路的计算机，具有非常高的可靠性，因硬件引起的故障越来越少，计算机连续无故障运行时间可达到几十万小时以上。

6. 工作自动化

计算机是自动化电子装置，它在人们预先编制好的程序控制下，不需要人工干预，即可完全自动化地进行工作。

2.1.4 计算机的性能指标

一台计算机的性能是由多方面的因素综合决定的，如它的系统结构、指令系统、硬件组成、软件配置等。但对于大多数普通用户来说，可以从以下几个指标来大体评价计算机的性能。

1. 处理机字长

计算机一次处理的一组二进制数称为一个计算机的"字"，而这组二进制数的位数就是"字长"。当其他指标相同时，字长越长，计算机运算速度和运算精度就越高。目前，计算机字长一般是32位或64位。

2. 主频

CPU 的工作节拍受主时钟控制，主时钟不断产生固定频率的时钟，主时钟的频率称为 CPU 的主频，主频是决定计算机运算速度的重要指标。通常主频越高，运算速度就越快，微型计算机一般采用主频来描述运算速度。目前微机的主频已经达到 3.6GHz，甚至更高。

3. MIPS

MIPS（million instructions per second）指计算机每秒所能执行多少百万条指令。它反映计算机的运行速度。

4. 存储器容量

存储器容量指存储器能够存储信息的总字节数，它反映了存储器存储信息的能力。存储器容量包括内存容量和外存容量。其中，内存容量越大，计算机所能运行的程序就越大，处理能力就越强。当今世界进行图像信息处理时，要求计算机的存储容量会越来越大，甚至没有足够大的内存容量就无法运行某些软件。目前，主流微机的内存容量一般都在 2GB 以上，外存容量在几百吉字节以上。

5. 存储器带宽

存储器带宽指单位时间内从存储器读出的二进制数据信息量，一般用字节数/秒表示。存储器带宽用来表示存储器的数据传输速度。

6. 系统的可靠性

系统的可靠性是指软、硬件系统在正常条件下不发生故障或失效的概率，一般用平均无故障时间（mean time between failures，MTBF）来衡量。MTBF 越大，系统可靠性越高。

7. 可维护性

计算机的可维护性用平均修复时间（mean time to repair，MTTR）表示，MTTR 越小越好。

8. 性能价格比

性能价格比也是一种衡量计算机产品性能优劣的概括性技术指标，简称性价比。性能代表系统的使用价值，它包括计算机的运算速度、内存储器容量和存取周期、通道信息流量速率、I/O 设备的配置、计算机的可靠性等。价格是指计算机的售价，性能价格比中的性能指数由专用的公式计算。性能价格比越高，计算机越物有所值。

2.1.5　计算机的应用

计算机的应用领域已渗透到社会的各行各业，正在改变着传统的工作、学习和生活方式，推动着社会的发展。计算机的主要应用领域有以下几个方面：

1. 科学计算

科学计算即数值计算，是指利用计算机来高速完成科学研究和工程设计中大量复杂的数学计算。在现代科学技术工作中，科学计算问题是大量的和复杂的，利用计算机的高速计算、大存储容量和连续运算的能力，可以实现人工无法解决的各种科学计算问题。科学计算是计算机最早的应用领域，它与理论研究、科学实验一起成为当代科学研究的三种主要方法，主要应用于航天工程、气象、核能技术、石油勘探和密码解译等涉及复杂计算的领域。

2. 数据处理（或信息处理）

数据处理是指对各种数据（包括数值、声音、文字、图形、图像等）进行收集、存储、整理、分类、统计、加工、利用和传播等一系列活动的统称。据统计，80% 以上的计算机主要用于数据处理，这类工作量大面宽，决定了计算机应用的主导方向。数据处理从简单到复杂经历了 3 个发展阶段，分别是：

（1）电子数据处理（electronic data processing，EDP）。它以文件系统为手段，实现一个部门内的单项管理。

（2）管理信息系统（management information system，MIS）。它以数据库技术为工具，实现一个部门的全面管理，以提高工作效率。

（3）决策支持系统（decision support system，DSS）。它以数据库、模型库和方法库为基础，帮助决策者提高决策水平，改善运营策略的正确性与有效性。

目前计算机的信息处理应用已非常普遍，如人事管理、库存管理、财务管理、图书资料管理、商业数据交流、情报检索、经济管理等。可以说，信息处理已成为当代计算机的主要任务，成为现代化企业和社会管理的基础。据统计，全世界计算机用于数据处理的工作量占全部计算机应用的 80% 以上。

3. 过程控制

过程控制是利用计算机及时采集检测数据，按最优值迅速地对控制对象进行自动调节或自动控制。使用计算机进行自动控制可大大提高控制的实时性和准确性，提高劳动效率、产品质量，降低成本，缩短生产周期，因此被广泛用于钢铁业、石油化工业、医药工业等生产过程中。

此外，计算机自动控制还在国防和航空航天领域中起着决定性作用，例如，无人驾驶飞机、导弹、人造卫星和宇宙飞船等飞行器的控制，都是靠计算机实现的。

4. 计算机辅助技术

计算机辅助技术包括计算机辅助设计、计算机辅助制造、计算机辅助测试和计算机辅助教育等。

（1）计算机辅助设计（computer aided design，CAD）。指利用计算机来帮助设计人员进行工程设计，以提高设计工作的自动化程度。CAD 已在建筑设计、电子和电气、科学研究、机械设计、软件开发、机器人、服装业、出版业、工厂自动化、地质、计算机艺术等各个领域得到广泛应用。

（2）计算机辅助制造（computer aided manufacturing，CAM）。指在机械制造业中，利用计算机通过各种数值控制机床和设备，自动完成离散产品的加工、装配、检测和包装等制造过程，从而提高产品的质量，降低生产成本，提高生产率和改善劳动条件。计算机辅助制造广泛应用于飞机、汽车、机械制造业，以及家用电器和电子产品制造业。

将 CAD 和 CAM 技术集成，实现设计生产自动化，这种技术被称为计算机集成制造系统（CIMS）。它的实现真正做到了无人化工厂或自动化车间。

（3）计算机辅助测试（computer aided testing，CAT）。指利用计算机进行复杂且大量的测试工作。

（4）计算机辅助教育（computer aided education，CBE）。指利用计算机技术及科学的方法解决教育过程中的问题，包括计算机辅助教学和计算机辅助管理教学两种。

①计算机辅助教学（computer aided instruction，CAI）：指利用计算机帮助教师讲授和帮助学生学习的自动化系统，通过该系统使学生能轻松自如地学到所需要的知识。由于互联网的普及，计算机辅助教学的另一个发展方向是远程教育。

②计算机辅助教学管理（computer managed instruction，CMI）：指利用计算机实现各种教学管理，如日常的教学管理、课程安排、制订教学计划及计算机评分等。

5. 人工智能

人工智能（artificial intelligence，AI）是研究计算机来模拟人的某些思维过程和智能行为（如学习、推理、思考、规划等）的学科，主要包括计算机实现智能的原理、制造类似于人脑智能的计算机，使计算机能实现更高层次的应用。该领域的研究包括机器人、语言识别、图像识别、自然语言处理和专家系统等。人工智能从诞生以来，理论和技术日益成熟，应用领域也不断扩大，可以设想，未来人工智能带来的科技产品，将会是人类智慧的"容器"。

6. 网络应用

计算机网络是计算机技术和通信技术互相渗透、不断发展的产物。利用一定的通信线路，将若干台独立的计算机相互连接起来，形成一个网络，再配上相应的软件以达到资源共享和数据通信的目的，这是计算机应用的一个重要方面。各种计算机网络，包括局域网和广域网的形成，加速了社会信息化的进程。目前应用最多的就是因特网（Internet），通过因特网可实现信息查询、高速通信、电子商务、电子教育及娱乐、远程医疗及交通信息管理等。

7. 多媒体技术应用

以交互方式将文本、音频、视频、图形、图像等多种媒体信息综合起来，就构成了多媒体（multimedia）。多媒体技术是指利用计算机技术把各种信息媒体综合一体化，使它们建立逻辑联系，并进行加工处理的技术。多媒体技术将声像技术和通信技术融为一体，使人们拥有一个图文并茂、有声有色的信息环境，其应用领域十分广泛。多媒体技术在医疗、教育、商业、银行、保险、行政管理、军事、工业、广播和出版等领域中得到了广泛应用，随着网络技术的应用，视频点播、IP 电话、网络会议、网络教育等得到了快速的发展。

2.1.6 计算机的发展趋势

计算机系统约 3~5 年更新一次，更新后的性能价格比可提高 10 倍，体积大幅度减小。超大规模集成电路技术将继续快速发展，并对各类计算机系统产生巨大而又深刻的影响。比半导体集成电路快 10~100 倍的器件，如高电子迁移率器件、光元件等的研究将会有重要成果。新型冯·诺伊曼机、推理计算机、知识库计算机等已开始实际使用，计算机网络广泛普及。以巨大处理能力（例如，每秒 100 亿~1000 亿次操作）、巨大知识信息库、高度智能化为特征的下一代计算机系统正在大力研制。计算机应用将日益广泛，办公、医疗、通信、教育及家庭生活，都将计算机化。计算机对人们生活和社会组织的影响将日益广泛、深刻。当前计算机正朝着巨型化、微型化、网络化、智能化等方向发展。

1. 巨型化

随着科学技术的不断发展，对于尖端科学技术及军事国防系统的研究开发，都要求计算机有更高的运算速度、更大的存储容量、更强的功能和更高的可靠性，从而促使计算机向巨型化方向发展。巨型机主要用于复杂的科学和工程计算，如天文、气象、地质、核反应、航天飞机和卫星轨道计算等尖端科学技术领域与国防领域。目前巨型机的运算速度已达到每秒百亿亿次。巨型计算机的发展通常代表了一个国家的科学技术发展水平。

2. 微型化

微型化是指利用微电子技术和超大规模集成电路技术，把计算机的体积进一步缩小，价格进一步降低，使计算机能够应用于各种领域、各种场合。如微型计算机已进入仪器、仪表和家用电器等小型仪器设备中，同时它作为工业控制过程的心脏，可使仪器设备实现"智能化"。计算机的微型化得益于大规模和超大规模集成电路技术的飞速发展，使得以微处理器为核心的微型计算机的体积不断缩小、性能不断跃升，随着微电子技术的进一步发展，笔记本型、掌上型等微型计算机必将以更高的性能价格比受到人们的欢迎。

3. 网络化

所谓网络化是指利用通信技术和计算机技术，把分散在不同地点的计算机互连起来，组成更广泛的网络，按照网络协议相互通信，以达到所有用户均可共享软、硬件和数据资源的目的。网络化是计算机发展的又一个重要趋势。网络化的目的是使网络中的软件、硬件和数据等资源能被网络上的用户共享。目前计算机网络已在交通、金融、企业管理、教育、通信、商业等各行各业以及日常生活的方方面面得到了广泛使用。计算机网络化改变了人类世界，人们通过互联网进行购物、沟通交流、教育资源共享、信息查阅共享等，特别是无线网络的出现，极大地提高了人们使用网络的便捷性。由于计算机网络实现了多种资源的共享和处理，提高了资源的使用效率，因而深受广大用户的欢迎，得到了越来越广泛的应用。

4. 智能化

智能化就是要求计算机能模拟人的思维和感观，即具有识别声音、图像的能力，有推理、判断、联想学习的功能。智能化是新一代计算机要实现的目标。智能化研究的领域很多，其中最具代表性的领域是专家系统和智能机器人。例如，用运算速度为每秒约10亿次的"力量2型"微处理器制成的"深蓝"计算机，1997年战胜了国际象棋世界冠军卡斯帕罗夫。

2.2 计算机系统模型

电子计算机的问世，最重要的奠基人是英国科学家艾兰·图灵（Alan Turing）和美籍匈牙利科学家冯·诺依曼（John Von Neumann）。图灵的贡献是建立了图灵机的理论模型，奠定了人工智能的基础。而冯·诺依曼则是首先提出了计算机体系结构的设想，并首次提出EDVAC采用存储程序和程序控制的计算机体系结构。图灵机是对人计算过程的模拟，可以理解为是现代计算机的"灵魂"，而冯·诺依曼计算机则是图灵机的工程化实现，是现代计算机的"肉体"。

2.2.1 图灵机模型

1936年，图灵提出了一种抽象的计算模型——图灵机，这个计算模型用来解决判断一个数学问题是否可计算的问题。图灵机又称图灵计算机，就是将人们使用纸笔进行数学运算的过程进行抽象，由一个虚拟的机器代替人类进行数学运算。

图灵的基本思想是用机器来模拟人们用纸笔进行数学运算的过程，他把这样的过程看作下列两种简单的动作：

- 在纸上写上或擦除某个符号。
- 把注意力从纸的一个位置移动到另一个位置。

而在每个阶段，人要决定下一步的动作，依赖于此人当前所关注的纸上某个位置的符号和此人当前思维的状态。

为了模拟人的上述动作和运算过程，图灵构造出了一台假想的机器，如图2－2－1所示。该机器由以下几个部分组成：它有一条无限长的纸带，纸带分成了一个一个的小方格，每个方格有不同的颜色。有一个读写头在纸带上移来移去，读写头连接一个控制器，控制器内有一组状态转换表，还有一些固定的程序。在每个时刻，读写头都要从当前纸带上读入一个方格信息，然后结合自己的内部状态查找程序表，根据程序输出信息到纸带方格上，修改当前格子的符号，并转换自己的内部状态，然后进行移动。如果将一个进行笔算乘法的人看成一台图灵机，纸带就是用于记录的纸张，读写头就是这个人和他手上的笔，读写头的状态就是大脑的精神状态，而状态转移表则是笔算乘法的规则，包括九九表、列式的方法等。

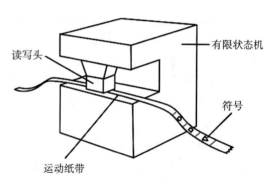

图 2-2-1　图灵机模型

图灵机模型并不是为了给出计算机的设计，但它为现代计算机提供了理论原型，图灵机模型意义非凡。主要表现在以下几个方面：

（1）图灵机证明了通用计算理论，肯定了计算机实现的可能性，同时它给出了计算机应有的主要架构。

（2）图灵机模型引入了读写、算法与编程语言的概念，极大地突破了过去计算机器的设计理念。

（3）图灵机模型是计算学科最核心的理论，因为计算机的极限计算能力就是通用图灵机的计算能力，很多问题可以转化到图灵机这个简单的模型上来考虑。

图灵机模型向人们展示这样一个过程，程序和其输入可以先保存在纸带上，图灵机可按程序一步一步运行，直到给出结果，结果也保存在纸带上，更重要的是通过图灵机模型可以隐约看到现代计算机的主要组成，尤其是冯·诺依曼计算机的主要组成，即存储器（相当于纸带）、中央处理器（控制器及其状态，其字母表可以仅有 0 和 1 两个符号）、I/O 系统（相当于纸带的预先输入）。

2.2.2　冯·诺依曼体系结构

1. 冯·诺依曼体系结构

在世界上第一台通用电子计算机 ENIAC 研制过程后期，新的计算机 EDVAC 的设计已经被提上了日程，在设计 EDVAC 时，冯·诺依曼与莫奇利、埃克特等项目组成员进行讨论研究，对 ENIAC 的缺陷进行了有效改进，制订了改进方案。

1945 年 6 月，冯·诺依曼发表了著名的《关于 EDVAC 的报告草案》，报告中正式提出了以二进制、程序存储和程序控制为核心的思想，其中提出的体系结构一直延续至今，即冯·诺伊曼结构，也称普林斯顿结构或冯氏结构。

EDVAC 的设计方案明确规定了三个基本思想：

（1）用二进制代替十进制。二进制的 0 和 1 两种状态，用电子元件的断开与接通两种状态即可表示；另外，运算得到简化，一位加法运算只有 0 + 0，0 + 1，1 + 0，1 + 1 四种状态，简化了运算部件的逻辑电路。

（2）提出了在计算机内部存储器中存储程序和程序控制的概念。EDVAC 的内存采用水银延迟线来存储指令，程序指令以及数据通过穿孔卡片输入。机器把这些信息读入内存单元后，便可自动执行特定计算任务。若要改变计算任务，只需要读入代表不同含义的穿孔卡片即可自动完成不同计算任务，实现了通用性，避免人工手动干预，提高运算速度。

（3）经过以上两方面的改进，EDVAC 组成部件可分为五部分：运算器、逻辑控制装置、存储器、输入设备和输出设备，各部件实现对应的职能并相互协调工作。

2. 冯·诺依曼计算机

根据冯·诺依曼提出的计算机体系结构理念，可知冯·诺依曼体系结构一般具有以下几个部件：

（1）必须有一个输入设备，将需要的程序和数据送入计算机中。

（2）必须有一个存储器，用于存储数据和指令。

（3）必须有一个运算器，用于完成算术运算和逻辑运算。

（4）必须有一个控制器，用于控制程序的运行。

（5）必须有一个输出设备，能够按要求将处理结果输出给用户。

在该体系结构下，计算机由五大基本部件组成：运算器、控制器、存储器、输入设备和输出设备。如图 2-2-2 所示。

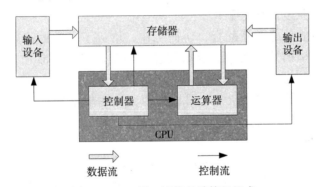

图 2-2-2 冯·诺依曼计算机组成

冯·诺依曼计算机的各功能模块如下：

（1）运算器（arithmetic logical unit，ALU）。运算器又称算术逻辑单元，其主要功能是执行各种算术运算和逻辑运算。算术运算是指常规的加、减、乘、除等基本的数值运算；逻辑运算是指进行逻辑判断的非数值运算，即逻辑"与""或""非"等。

运算器的核心部件是加法器和若干个高速寄存器，加法器用于运算，寄存器用于存储参加运算的各类数据以及运算后的结果。

（2）控制器（control unit）：控制器是整个计算机系统的指挥中心，它对从内存中取出的指令进行分析，根据分析的结果向计算机其他部件发出控制信号，统一控制和指挥计算机各部件协调工作，以保证计算机能够自动、连续地按照人们编制好的程序，实现一系列规定的操作，完成一定的任务。

由于超大规模集成电路的发展，现在基本上是把控制器和运算器集成在一块芯片上，该芯片被称为中央处理器（central processing unit，CPU）。它是计算机的核心，其功能直接关系到计算机的性能，是计算机最复杂、最关键的部件。

（3）存储器（memory）。存储器具有"记忆"的功能，用来保存程序、数据和运算结果。存储器分为主存储器（简称内存）和辅助存储器（简称外存）两类。CPU 只能访问内存中的数据。

当要求计算机执行某项任务时，首先要编制程序，计算机要执行的程序以及要处理的数据都要事先被装到内存中才能被 CPU 执行或访问。

（4）输入设备（input device）。输入设备的作用是向计算机输入各种原始数据和程序。并把各种形式的信息，如数字、文字、图像等转换为计算机所能够识别的二进制代码，且把它们输入计算机内存储起来。键盘是必备的输入设备，常用的输入设备还有鼠标、麦克风、扫描仪等。

（5）输出设备（output device）。输出设备的作用是从计算机输出各类数据。它把计算机加工处理的结果（仍然是数字形式的编码）变换为人或其他设备所能接收和识别的信息形式（如文字、数字、图形、声音、电压等）。常用的输出设备有显示器、打印机、音箱、绘图仪等。

通常把输入设备和输出设备合称为 I/O（输入/输出）设备。人们习惯上把内存储器、中央处理器合称为计算机的主机。而主机以外的装置称为外部设备，外部设备包括输入设备、输出设备及外存储器等。

3. 五大部件的关系及工作过程

计算机的五大组成部分相互配合，协同工作，形成了高效的计算机硬件系统。在采用冯·诺依曼体系结构的计算机中，数据和程序均采用二进制形式表示，将事先编制好的程序（即指令序列）预先存放在存储器中（即程序存储），使计算机能够在控制器管理下自动、高速地从存储器中取出指令，根据指令给出的要求控制运算器等部件加以执行（即程序控制）。根据上述程序存储与程序控制思想，冯·诺依曼计算机的工作过程可描述如下：

（1）在控制器控制下，由输入设备输入原始数据和程序（程序中每一条指令都包含计算机从哪个地址取数、进行什么操作、结果数据送到哪个地址的信息），将这些数据和指令送入存储器（存储程序和数据）。

（2）在控制器的控制下，从存储器中逐条取出指令（按事先编排的顺序）送入控制器中，经译码分析后将指令转换为相应的控制命令（控制运算器及存储器进行各种存数、取数和运算）。

（3）在控制器的控制下，将存储单元中的数据取出送至运算器进行运算，并将结果送回存储器。

（4）在控制器的控制下，将结果由存储器送入输出设备进行输出。

2.3 计算机系统的组成

一个完整的计算机系统由硬件（hardware）系统和软件（software）系统两大部分组成。硬件系统是指组成计算机的物理装置，是由各种有形的物理器件组成的，是计算机进行工作的物质基础。软件系统指管理、控制和维护计算机及外围设备（简称外设）的各种程序、数据，以及相关资料的总称，是计算机的灵魂。硬件系统和软件系统是计算机系统中相互依存、相互联系的组成部分。

不装备任何软件的计算机被称为裸机，它无法执行任何任务。只有在裸机上配置若干软件之后，计算机才能够真正执行用户要求的工作。计算机硬件是支撑软件工作的基础，没有足够的硬件支持，软件就无法正常工作。硬件的性能决定了软件的运行速度、显示效果等，而软件则决定了计算机可进行的工作种类。只有将这两者有效地结合起来，才能成为计算机系统。计算机系统的组成如图2-3-1所示。

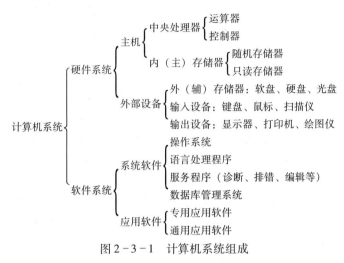

图2-3-1 计算机系统组成

计算机系统的层次结构如图2-3-2所示。内核是硬件系统，是进行信息处理的实际物理装置。最外层是使用计算机的人，即用户。人与硬件系统之间的接口界面是软件系统，它大致可分为系统软件、支撑软件和应用软件三层。

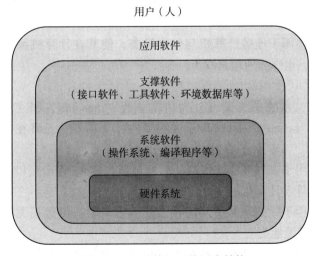

图2-3-2 计算机系统层次结构

系统软件居于计算机系统中最靠近硬件的一层，其他软件一般都通过系统软件发挥作用，它与具体的应用领域无关。支撑软件是在系统软件和应用软件之间，提供应用软件设计、开发、测试、评估、运行检测等辅助功能的软件，有时以中间件形式存在，支撑软件也属于系统软件的范畴。应用软件是面向用户，为特定的任务而编制的软件。

2.4 计算机系统的硬件

硬件系统主要由中央处理器、存储器、输入/输出设备组成。中央处理器（简称 CPU）是对信息进行高速运算处理的主要部件。存储器用于存储程序、数据和文件，常由快速的内存储器和慢速海量外存储器组成。各种输入/输出设备是人机间的信息转换器，由 I/O 接口电路控制外围设备与主存储器（中央处理器）之间进行信息交换。下面以微型计算机为例，介绍计算机的硬件组成。

2.4.1 总线结构

微型计算机的硬件结构也遵循冯·诺依曼型计算机的基本思想。微型计算机采用总线结构，即 CPU、存储器和 I/O 设备之间是通过总线连接的，并通过总线在各功能部件之间传送地址、数据、控制信息，方便各功能部件之间协同工作，从而实现数据的处理、传输和存储。

总线是计算机中数据传输或交换的通道。总线的性能主要用总线宽度和总线频率来表示。总线宽度为一次能并行传送的二进制位数；总线频率即总线中数据传送的速度。

1. 按连接部件分类

根据连接的部件不同，总线可分为片内总线、系统总线、I/O 总线和外部总线四种。

（1）片内总线是芯片内部各组成部分之间的连接总线。

（2）系统总线是连接 CPU、主存和 I/O 模块等主要功能部件的信息传输线。系统总线也称为 CPU 总线、主机总线或前端总线。

（3）I/O 总线主要用于连接计算机内部的中低速 I/O 设备，通过桥接器和高速总线相连接。

（4）外部总线主要用于连接计算机与外围设备，使其在计算机系统或计算机与其他系统之间进行数据通信，也称为通信总线。

2. 按功能分类

根据功能的不同，系统总线又可分为数据总线（data bus，DB）、地址总线（address bus，AB）、控制总线（control bus，CB），如图 2-4-1 所示。三者在物理上放在一起，工作时各司其职。

（1）数据总线。用于微处理器与内存、微处理器与输入/输出接口之间传送数据。数据总线的宽度（根数）等于计算机的字长。

（2）地址总线。用于微处理器访问内存或外部设备时，传送相关的地址。地址总线的宽度决定微处理器的寻址能力。

（3）控制总线。用于传送微处理器对内存和外部设备的控制信号，或者传送有关部件送往微处理器的状态信息。

2.4.2 主板

主板（mainboard）又称母板（motherboard），是位于主机箱内的一块大型多层印刷电路板，如图 2-4-2 所示。主板是微机最基本、最重要的部件之一，在整个计算机系统中扮演

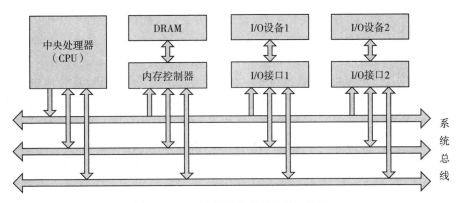

图 2-4-1 计算机中的系统总线结构

着举足轻重的角色。主板制造质量的高低，决定了硬件系统的整体运行速度和稳定性。主板上安装了组成计算机的主要电路系统，一般有 BIOS 芯片、I/O 控制芯片、键盘和面板控制开关接口、指示灯插接件、扩充插槽、主板及插卡的直流电源供电接插件等元件。主板就是载体或平台，在上面搭载或连接 CPU、硬盘、内存、显卡等设备，和机箱、电源、显示器、键盘、鼠标等构成一个完整的 PC 系统。

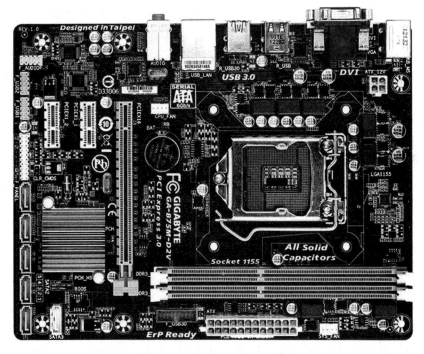

图 2-4-2 技嘉 B75M-D2V 主板

主板采用了开放式结构。主板上大都有 6~15 个扩展插槽，供计算机外围设备的控制卡（适配器）进行插接。通过更换这些控制卡，可以对计算机相应的子系统进行局部升级，使厂家和用户在配置机型方面有更高的灵活性。

1. 芯片组

芯片组（chipset）是 PC 各组成部分相互连接和通信的枢纽，存储器控制、I/O 控制功能几乎都集成在芯片组内，它既实现了 PC 总线的功能，又提供了各种 I/O 接口及相关的控制。没有芯片组，CPU 就无法与内存、扩充卡、外设等交换信息。对于主板而言，芯片组几乎决定了这块主板的功能，进而影响整个计算机系统性能的发挥，芯片组是主板的灵魂。因为 CPU 的型号与种类繁多、功能特点不一，芯片组如果不能与 CPU 良好地协同工作，将严重地影响计算机的整体性能，甚至不能正常工作。主板的名称中包含了该主板使用的芯片组型号，例如，图 2-4-2 所示的技嘉 B75M-D2V 主板所使用的芯片组的型号是 B75。

在传统的芯片组构成中，一直沿用南桥芯片与北桥芯片搭配的方式。在主板 CPU 插槽附近的一个散热器的下面就是北桥芯片；南桥芯片一般离 CPU 较远，常裸露在 PCI 插槽旁边，块头比较大。

北桥芯片是存储控制中心（memory controller hub，MCH），用于高速连接 CPU、内存条、PCI Express 显卡（之前是 AGP 显卡），并与南桥芯片互连。北桥芯片在与南桥芯片组成的芯片组中起主导作用，主板支持什么 CPU，支持何种频率的内存，都是北桥芯片决定的。北桥芯片往往有较高的工作频率，所以发热量比较大。

南桥芯片是输入/输出控制中心（I/O controller hub，ICH），用来处理低速信号。南桥芯片主要决定主板的功能，主板上的各种接口、PS/2 鼠标控制、USB 控制、PCI 总线 IDE 以及主板上的其他芯片（如集成声卡、集成 RAID 卡、集成网卡等），都归南桥芯片控制。

随着 PC 架构的不断发展与集成电路技术的发展，CPU 芯片的组成越来越复杂，功能越来越强大，如今北桥的功能逐渐被 CPU 所包含，自身结构不断简化甚至在芯片组中也已不复存在。例如，近年来广泛使用的 Core i3/i5/i7 CPU 芯片，它们中有些已经将北桥芯片的存储器、控制器和图形处理器功能集成在 CPU 芯片中，使用这些芯片的计算机主板上的北桥芯片已经消失，只需一块南桥芯片即可。

2. BIOS 和 CMOS

BIOS（basic input/output system，基本输入/输出系统）全称是 ROM-BIOS，是基本输入/输出系统只读存储器的简写。BIOS 实际是一组被固化到主板上 Flash ROM 芯片中，为计算机提供最低级、最直接的硬件控制的程序，它是连通软件程序和硬件设备之间的枢纽。每次机器加电时，CPU 总是首先执行 BIOS 程序，它具有诊断计算机故障及加载操作系统并引导其运行的功能。BIOS 主要包含 2 个部分的功能：自检及初始化、程序服务处理与硬件中断处理。

CMOS（complementary metal oxide semiconductor）是微机主板上的一块可读写的 RAM 芯片，用来保存当前系统的硬件配置和用户对某些参数的设定。CMOS 可由主板的电池供电，即使系统断电，信息也不会丢失。CMOS RAM 本身只是一块存储器，只有数据保存功能，而对 CMOS 中各项参数的设定要通过专门的程序。

现在多数厂家将 CMOS 设置程序做到了 BIOS 芯片中，在开机时通过按下某个特定键（一般是 Delete 键）就可进入 CMOS 中对各项参数进行设定和更新，因此这种 CMOS 设置通常又被叫作 BIOS 设置。

3. 主要接口

主板提供了丰富的硬件接口，可以和不同接口的设备进行连接，如图 2-4-3 所示。

（1）PS/2 接口。PS/2 接口的功能比较单一，仅用于连接键盘和鼠标。一般情况下，鼠标的接口为绿色，键盘的接口为紫色，但支持该接口的鼠标和键盘越来越少，大部分外设厂

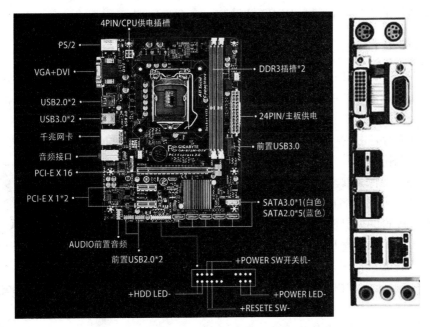

图 2-4-3 技嘉 B75M-D2V 主板的接口和扩展槽

商不再推出基于该接口的外设产品，更多的是推出 USB 接口的外设产品。

（2）USB 接口。USB 接口是如今最为流行的接口，最大可以支持 127 个外设，并且可以独立供电，其应用非常广泛。USB 接口可以从主板上获得 500mA 的电流，支持热拔插，真正做到了即插即用。一个 USB 接口可同时支持高速和低速 USB 外设的访问，由一条四芯电缆连接，其中两条是正负电源，另外两条是数据传输线。USB 2.0 标准最高传输速率可达 480Mbit/s，USB 3.0 标准最高传输速率可达 5Gbit/s。USB 3.0 已经逐渐在主板中普及。

（3）VGA 接口。VGA 的全称是 Video Graphics Array（视频图形阵列）。VGA 接口是计算机采用 VGA 标准输出数据的专用接口，是连接计算机显示器的接口。VGA 接口共有 15针，分成 3 排，每排 5 个针脚。

（4）DVI 接口。DVI 的全称是 digital visual interface（数字视频接口），是专为 LCD 显示器这样的数字显示设备设计的。

（5）SATA 接口。SATA 的全称是 serial advanced technology attachment（串行高级技术附件），是一种基于行业标准的串行硬件驱动器接口，是由 Intel、IBM、Dell、APT、Maxtor 和 Seagate 公司共同提出的硬盘接口规范。其主要功能是进行主板和大量存储设备（如硬盘及光盘驱动器）之间的数据传输。SATA 规范将硬盘的外部传输速率理论值提高到了 1.5Gbit/s，已经发布的 SATA 2.0 的数据传输速率将达到 3Gbit/s，最终 SATA 3.0 将实现 6Gbit/s 的最高数据传输速率。

4. 扩展槽

主板上的扩展插槽又称为总线插槽，是主机通过系统总线与外部设备联系的通道，用作外设接口电路的适配卡都插在扩展槽内。例如，DDR3 插槽内插接 DDR3 内存条，PCI-E X16 插槽内插接显示适配器（即显卡）；PCI-E X1 主要是接对应接口的网卡或声卡。如

图 2 - 4 - 3 所示的主板上有两个 DDR3 插槽和一个 PCI-E X16 插槽。

2.4.3　中央处理器

中央处理器（central processing unit，CPU）又称为微处理器，它是一块超大规模的集成电路，通常由运算器、控制器和存储器等部件组成。其中，运算器负责完成数据的算术运算和逻辑运算。控制器负责自动执行程序指令并产生控制信号，以控制各功能部件协同工作。存储器用来保存程序指令、数据、运算结果等。各功能部件通过 CPU 内部总线相互连接，实现信息交换和协同工作。CPU 是微型计算机系统的核心部件，就像是微型计算机的心脏，它往往是各种档次微机的代名词，CPU 的型号大致上反映出了它所配置的微机档次。

如图 2 - 4 - 4 所示为 Intel Core i9 芯片的正面和背面，CPU 背面有许多的针脚，用于插入主板的 CPU 插槽中。此外，由于 CPU 在运行时会产生高热量，因此在其正面往往会加装散热片和风扇，帮助其降温，否则一旦温度过高将影响 CPU 的稳定性。

图 2 - 4 - 4　Core i9 的外观

1. CPU 的工作原理

CPU 中的执行部件是运算器，但运算器只能完成加、减、乘、除四则运算和其他一些辅助操作。对于比较复杂的计算题目，计算机在运算前必须将题目化成一步一步简单的加、减、乘、除等基本操作来做。这里的每一个基本操作叫作一条指令。而解决某一问题的一串指令序列，就是所谓的程序。

那么，指令中应该包含哪些信息呢？每条指令应该明确告诉控制器，从存储器的哪个单元取数，并进行何种操作。也就是说指令的内容应该包括两部分：操作的性质和操作数的地址。我们将前者称为操作码，后者称为地址码。上述的指令形式如图 2 - 4 - 5 所示，其中，操作码指出指令做何

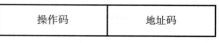

操作码	地址码

图 2 - 4 - 5　指令格式

种操作，如加、减、乘、除、取数、存数等；地址码指出参与运算的数据从存储器的哪个单元取出，或运算的结果存放在哪个单元中。

要用计算机求解某个特定问题，必须事先编写程序，告诉计算机需要做什么，按什么步骤去做。程序首先被装入内存，CPU 从内存中逐条取出指令，分析识别指令然后执行指令，指令的执行过程构成了一个"读取→译码→执行"周期。具体地说，CPU 的工作过程就是：①CPU 从内存或高速缓冲存储器中取出指令，放入指令寄存器；②对指令进行译码，产生完成该指令所需的各种控制命令，发给对应的功能部件；③各功能部件在控制命令的控制下执行一系列微操作，从而完成一条指令的执行。接下来，取出下一条指令，分析并执行，周而复始，直到停机。

2. CPU 的主要性能指标

CPU 的性能大致能反映出它所配置的相应微机的性能，因此 CPU 的性能指标十分重要。影响运行速度的性能指标主要包括 CPU 的核心数、字长、频率（主频、外频和倍频）、高速

缓冲存储器、扩展指令集、工作电压以及制造工艺等。

（1）频率。CPU 的频率是指其工作频率，分为主频、外频和倍频。

①主频：也叫时钟频率（clock speed），是 CPU 内处理器核心工作时的时钟频率。表示在 CPU 内数字脉冲信号振荡的速度，单位是 MHz、GHz 等。一般来说，主频越高，一个时钟周期里面完成的指令数也越多，CPU 的速度也就越快。

②外频：是系统总线的工作频率，是 CPU 与主板上其他设备进行数据传输的工作频率，具体是指 CPU 到主板芯片组之间的总线速度，单位是 MHz。外频速度越高，CPU 就可以同时接收更多来自外围设备的数据，从而使整个系统的运行速度进一步提高。

③倍频：是指 CPU 主频与外频之间的相对比例关系。

主频、外频和倍频三者之间的关系为：主频 = 外频 × 倍频。因此，在相同的外频下，倍频越高，CPU 的频率也越高。

通常所说的超频就是人为提高 CPU 的外频或倍频，使主频得到大幅提升，即 CPU 超频。超频会影响系统稳定性，缩短硬件使用寿命，甚至烧毁硬件设备，所以没有特殊原因最好不要超频。

值得注意的是，主频并不直接代表 CPU 的运算速度或性能，主频和实际的运算速度是有关的，但目前还没有一个确定的公式能够定量两者的数值关系，因为 CPU 的运算速度还要看 CPU 流水线的各方面性能指标（缓存、指令集、CPU 的字长等）。由于主频并不直接代表运算速度，所以在一定情况下，很可能会出现主频较高的 CPU 实际运算速度较低的现象。例如，AMD 公司的 Athlon XP 系列 CPU 大多都能以较低的主频达到 Intel 公司的 Pentium 4 系列较高主频 CPU 的性能。因此，主频仅仅是 CPU 性能表现的一个方面，不代表 CPU 的整体性能。

（2）字长。CPU 在同一时间一次传输或处理的二进制代码的位数即字长，它是衡量 CPU 性能的重要指标之一。在一次运算中，操作数与运算结果通过内部总线在寄存器和运算部件之间传送，字长决定着计算机内部寄存器、内部总线和 ALU 的位数，直接影响着机器的硬件规模和造价。此外，当其他性能指标相同时，字长还直接反映了 CPU 的计算精度（字长越长，计算精度越高）、数据处理速率（字长越长，数据处理速率越快）和数据存取效率（字长越长，寻址能力越强，可直接访问的内存单元就越多，数据存取效率越高）。

常见的微处理器字长为 8 位、16 位、32 位、64 位。目前，64 位高性能处理器已在 PC 中普及。为适应不同的兼容要求及协调运算精度，大多数 CPU 支持变字长运算，即机内可实现半字长、全字长和双倍字长运算，如 64 位 CPU 大都可以安装 64 位系统和 32 位系统。

（3）前端总线频率。前端总线（front side bus，FSB）是 CPU 与北桥芯片连接的总线。前端总线频率（即总线频率）是 CPU 到北桥芯片的总线频率。计算机的前端总线频率是由 CPU 和北桥芯片（北桥芯片负责联系内存、显卡等数据吞吐量大的部件）共同决定的。因此，它的大小直接影响 CPU 与内存的直接数据交换速度。数据传输的最大带宽取决于所有同时传输的数据宽度和传输频率，其计算公式如下：

$$数据带宽 = 数据位宽 \times 前端总线频率$$

外频与前端总线频率的区别：外频是 CPU 与主板之间同步运行的速度，前端总线频率指的是数据传输的速度。例如，100MHz 外频特指数字脉冲信号在每秒钟振荡 1000 万次；而

100MHz 前端总线频率指的是每秒钟 CPU（假设字长 64 位）可接收的数据传输量是 100MHz × 64bit = 6.4Gbit/s。

（4）高速缓冲存储器。高速缓冲存储器（cache）是为了解决 CPU 运算速度与内存读写速度不匹配的矛盾而采用的一项重要技术。高速缓冲存储器是位于 CPU 与内存之间的小容量存储器，但存取速度比内存快得多，容量远小于主存。

按照数据读取顺序和与 CPU 结合的紧密程度，CPU 缓存可以分为一级缓存、二级缓存，部分高端 CPU 还具有三级缓存。

L1 Cache：一级缓存是 CPU 第一层级的高速缓存，分为数据缓存和指令缓存，分别存储数据和指令。L1 高速缓存的容量和结构对 CPU 性能影响很大，但是由于它的结构很复杂，考虑到成本等方面的因素，一般 CPU 的一级缓存都是以 KB 为单位的。

L2 Cache：二级缓存是 CPU 的第二层级高速缓存，在一级缓存中查找不到的数据，到二级缓存中查找。二级缓存的容量会直接影响 CPU 性能，原则是越大越好。在多核 CPU 中，它是跟着核心走的，比如 8 代酷睿的 i7 8700，6 个核心每个都拥有 256KB 的二级缓存，属于各核心独享，这样总的二级缓存就是 256KB × 6 = 1536KB，也就是 1.5MB。

L3 Cache：三级缓存是为读取二级缓存后未命中的数据设计的一种缓存，原本是服务器级别 CPU 才有的，后来逐步下放到家用级 CPU 上。三级缓存的作用是进一步降低内存延迟，同时提升海量数据计算时的性能。和一、二级缓存不同的是，三级缓存是核心共享的，而且容量可以很大。

从速度上来说，一级缓存最快，二级缓存次之，三级缓存最慢。

（5）核心数。多核处理器就是一个处理器芯片上拥有多个一样功能的处理器核心。CPU 核心数指的是一个 CPU 由多少个处理器核心组成。CPU 核心是 CPU 的重要组成部件，在内核频率、缓存大小等条件相同的情况下，CPU 核心数量越多，CPU 的整体性能越强。

多核 CPU 芯片的每个核心都是一个独立的 CPU，有各自的一级、二级缓存，共享三级缓存和前端总线。在操作系统支持下，多个 CPU 内核并行工作。

（6）制造工艺。制造工艺是指在硅材料上生产 CPU 时内部晶体管与晶体管之间的距离，或者说晶体管之间导线的连线宽度，单位为纳米（nm）。纳米数越小，相同空间内的晶体管就越多，这意味着在同样面积的芯片中，可以拥有密度更高、功能更复杂的电路设计，因此 CPU 的性能就越出色，功耗也越小，温度也越低（高温是造成 CPU 无法在高频状态下稳定运行的主因）。1971 年，第一个微处理器的工艺是 $10\mu m$，经历了几十年的发展后，到 2004 年 CPU 达到了 90nm 制程（Pentium 4），接下来 CPU 工艺继续发展，经历了 65nm 制程、32nm 制程、22nm 制程（酷睿 4 代 i3/i5/i7）、14nm 制程。2019 年，AMD 推出了基于 Zen 2 架构的 Ryzen 3000 系列处理器，采用台积电的 7nm 工艺制造。

（7）工作电压。工作电压是指 CPU 正常工作时所需的电压。从 586CPU 开始，CPU 的工作电压分为核心电压和 I/O 电压两种。核心电压即驱动 CPU 核心芯片的电压，I/O 电压则指驱动 I/O 电路的电压。通常 CPU 的核心电压小于等于 I/O 电压。

3. CPU 的发展历程

CPU 发展史简单来说就是 Intel 公司和 AMD 公司的发展历史。自 1971 年，Intel 公司推出世界上第一块微处理器 Intel 4004 以来，微处理器在制造工艺、结构、集成度、字长、工作频率、封装形式及性能上飞速发展，从而带动了计算机的发展。

1971 年，Intel 公司开发出 Intel 4004，如图 2 - 4 - 6 所示。这是世界上第一个将 CPU 所有元件都放入同一块芯片内的产品。4004 能完成两个 4 位数相加，通过重复相加能完成乘法。比起现在的 CPU，4004 显得过于简单，但是它却成为 CPU 飞速发展的奠基者。

1972 年，Intel 公司推出了 Intel 8008，如图 2 - 4 - 7 所示。这是世界上第一款 8 位微处理器，它比 4004 复杂一倍。

图 2 - 4 - 6　Intel 4004

图 2 - 4 - 7　Intel 8008

1974 年，Intel 公司继续推出了 Intel 8080，这是世界上第一个通用微处理器，而 4004 和 8008 都是为特殊用途而设计的。它与 8008 一样，都是 8 位微处理器，但 8080 更快，有更丰富的指令系统和更强的寻址能力。

1978 年，Intel 公司首次生产出 16 位的微处理器，命名为 i8086，同时还生产出与之相配合的数字协处理器 i8087，这两种芯片使用相互兼容的指令集。由于这些指令集应用于 i8086 和 i8087，因此人们也把这些指令集统一称为 X86 指令集。8086 是 X86 架构的鼻祖。

1979 年，Intel 公司推出了 8088 芯片，它是第一块成功用于个人计算机的 CPU。1981 年 8088 芯片首次用于 IBM PC 中，开创了全新的微型计算机时代。

1985 年 Intel 推出了 80386 芯片，它是 X86 系列中的第一个 32 位微处理器，而且制造工艺也有了很大的进步。80386 内部含有 27.5 万个晶体管，时钟频率从 12.5MHz 发展到 33MHz。80386 的内部和外部数据总线都是 32 位，地址总线也是 32 位，可寻址高达 4GB 的内存，可以使用 Windows 操作系统。

1989 年，Intel 推出 80486 芯片，它的特殊意义在于这块芯片首次突破了 100 万个晶体管的界限，集成了 120 万个晶体管，并且在一个时钟周期内能执行 2 条指令。

1993 年，Pentium CPU 诞生。Pentium 是 Intel 的第五代 X86 架构的微处理器，是 80486 产品线的后代。Pentium 一经推出即大受欢迎，正如其中文名"奔腾"一样，其速度全面超越了 80486 CPU。

2001 年，Intel 终于推出 64 位处理器产品线，标记为 Itanium，主打顶级服务器。

2003 年，AMD 产出 AMD64 架构 Opteron 以及 Athlon 64 处理器产品线。若干 Linux 版本发布对 AMD64 的支持。微软宣布将为 AMD 芯片创建新的 Windows 操作系统。

2005 年，Inter 公司发布了 Pentium D，这是全球首款桌面级 X86 架构双核 CPU。之后，AMD 公司也推出了双核架构的 Athlon 64X2 处理器。2006 年，Inter 基于酷睿微架构的处理器正式发布。多核心 CPU 开始逐渐成为主流。在多核时代，核心数目已直接影响了微处理器的性能。

进入 21 世纪以来，CPU 进入了更高速发展的时代，在市场分布方面，仍然是 Intel 跟 AMD 公司在两雄争霸，Intel 在后来的时期里，生产出了四种主流的计算机处理器，分别为——奔腾、赛扬、志强、酷睿，而 AMD 则不断使用新的产品系列名而弃用之前的产品系列名，这些系列名有——速龙、羿龙、皓龙、推土机、打桩机、锐龙、霄龙等。

现在我们所常常听说的 i3、i5、i7、i9，是 Intel 的酷睿系列处理器。通常而言，数字越大，性能越强，酷睿处理器以及奔腾处理器是主要面向个人计算机使用的处理器，而英特尔的"志强"这一产品序列，主要用于服务器。

AMD 现在生产的处理器名字分别为锐龙与霄龙，前者类似于 Intel 酷睿以及奔腾处理器的定位，面向个人计算机，而霄龙则主要用于服务器。

2.4.4　内存储器

目前，在微机系统中通常采用三级层次结构来构成存储系统，主要由高速缓冲存储器、主存储器和辅助存储器组成，如图 2-4-8 所示。主存储器又称内存储器（简称内存），辅助存储器又称外存储器（简称外存），高速缓冲存储器又称缓存。内存储器的存取速度快而容量相对较小，它与 CPU 高速相连，用来存放已经启动运行的程序和正在处理的数据。外存储器的存取速度较慢而容量相对很大，它与 CPU 不直接连接，用于持久地存放计算机中几乎所有的信息。

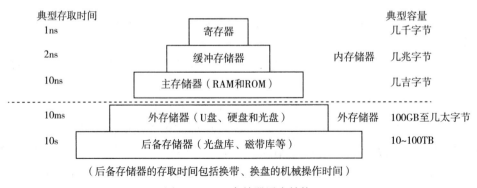

（后备存储器的存取时间包括换带、换盘的机械操作时间）

图 2-4-8　存储器层次结构

内存储器包括寄存器、高速缓冲存储器和主存储器。寄存器在 CPU 芯片的内部，高速缓冲存储器也制作在 CPU 芯片内，而主存储器由插在主板内存插槽中的若干内存条组成。内存条的质量好坏与容量大小会影响计算机的运行速度。

1. 半导体存储器的分类

微型计算机的内存都采用半导体存储器。半导体存储器从使用功能上分为随机存储器（random access memory，RAM）和只读存储器（read only memory，ROM）。由于 RAM 是其中最主要的存储器，整个计算机系统的内存容量主要由它的容量决定，所以人们习惯将随机存储器称为内存。

（1）随机存储器（RAM）。随机存储器又称为随机读写存储器，主要用于临时存放运行的程序、当前使用的数据、中间结果和最终结果。

RAM 是一种可以随机读写数据的存储器，也称为读写存储器。RAM 有以下两个特点：

①可以读出，也可以写入，读出时并不损坏原来存储的内容，只有写入时才修改原来所存储的内容；②只能暂时存放信息，断电后存储内容会丢失，具有易失性，因此关机前应将随机访问存储器中的程序和数据转存到外存储器上。

RAM 目前多采用 MOS 型半导体集成电路芯片制成，根据其保存数据的机制又可分为动态随机存储器和静态随机存储器两大类。

动态随机存储器（dynamic random access memory，DRAM）是采用半导体器件中分布电容上电荷的有、无来表示所储存的信息"0"和"1"。由于保存在分布电容上的电荷会随着电容器的漏电而逐渐消失，因此需要周期性地充电。DRAM 存储器的功耗低、集成度高、成本低，但存取速度较慢。

静态随机存储器（static random access memory，SRAM）是通过双稳态电路来保持存储器中的信息的。只要存储器的电源不断，存放在存储器中的信息就不会丢失。SRAM 的主要优点在于接口电路简单、使用方便，并且比 DRAM 的速度更快，运行也更稳定；但缺点是功率大、集成度低、成本高。因此，SRAM 常被用来作为系统的高速缓冲存储器（目前大多已经与 CPU 集成在同一芯片中）。

（2）只读存储器（ROM）。ROM 是一种能够永久或半永久性地保存数据的存储器，即使计算机断电（或关机）后，存放在 ROM 中的数据也不会丢失。其特点是其中信息只能读取而不能随意写入或修改。

狭义的 ROM 仅指掩膜 ROM，掩膜 ROM 存储的信息一般由计算机厂家写入，主要存放计算机启动时的引导程序、监控程序和系统的基本输入/输出程序等重要信息。随着半导体技术的发展，出现了多种形式的 ROM，如可编程只读存储器（programmable ROM，PROM），用户只能对其进行一次编程，写入后不能更改；可擦除可编程只读存储器（erasable programmable ROM，EPROM），其内容可用紫外线擦除，用户可对其进行多次编程；电擦除的可编程只读存储器（electrically erasable programmable ROM，EEPROM），能以字节为单位进行擦除和改写。

目前使用最多的是闪速存储器（Flash 存储器，闪存），这是一种新型的非易失性存储器，但又像 RAM 一样能方便地写入信息。它的工作原理是：在低电压下，存储的信息可读不可写，这时类似于 ROM；而在较高的电压下，所存储的信息可以更改和删除，这时又类似于 RAM，具有可改写的特性。闪存的应用已经非常普及，在很多情况下取代了传统的其他 ROM。

2. 内存的主要性能指标

目前，衡量内存的性能指标主要包括内存类型、内存容量、工作频率、品牌和价格等。

（1）内存类型。目前，微机上配置的主存储器均为 DDR 内存条，随着 CPU 性能的不断提高，又相继出现了 DDR2（二代内存）、DDR3（三代内存）、DDR4（四代内存）、DDR5（五代内存）。DDR5 在频率和速度上有很大的优势，性能更好、更省电。目前，DDR4 内存已在 PC 上普及，最新的 DDR5 已于 2021 年面世。

（2）内存容量。内存容量即内存中能容纳的二进制信息的总和，它对计算机执行程序的速度有较大的影响。目前，内存选配的容量通常在 8GB 以上。一般来说，内存容量越大，数据处理的速度就越快。但是，在选购内存的时候也要考虑 PC 的软、硬件需求，以发挥内存的最大价值。例如，Windows 7 家庭版 64 位系统最大支持 8G 内存。

（3）工作频率。指内存能够稳定运行的最大频率。工作频率越高代表运行速度越快。例如，DDR4 内存的起步频率为 2133MHz，最高可达到 3600MHz。目前，DDR4 已成为 PC 的主流标配。

（4）存取时间。指 RAM 完成一次数据存取所用的平均时间。在相同时钟频率下，内存的存取时间越短，速度越快，计算机的整体性能就越好。目前内存的存取时间为几纳秒至几十纳秒。

（5）时序。时序表示内存完成一项工作所需要的时间周期，时间越长，表示执行效率越低。例如，DDR2 内存的时序为 CL5/CL6，DDR3 内存的时序则为 CL9/CL11。

（6）工作电压。通常情况下，工作电压越小，能耗就越低。例如，DDR2 的工作电压是 1.8V，DDR3 的是 1.5V，DDR4 的是 1.2V，而 DDR5 的工作电压是 1.1V。

3. 内存条

内存是计算机的主要存储部件，用于暂时存放 CPU 的运算数据和来自硬盘等外部存储器的数据。它是外存与 CPU 进行沟通的桥梁，计算机中所有程序的运行都在内存中进行。内存在计算机中是以内存条的形式存在的，内存条由内存芯片、电路板、金手指等部分组成。目前，微机上配置的主存储器均采用 DRAM。主存储器的好坏直接影响微机的运行速度。

计算机诞生初期并不存在内存条的概念。随着软件程序和新一代 80286 硬件平台的出现，程序和硬件对内存性能提出了更高的要求。为了提高存取速度并扩大容量，内存必须以独立的封装形式出现，因而诞生了内存条的概念。

（1）早期内存条时期（1982—1996）。80286 主板推出时，内存条采用 SIMM 接口，SIMM（single inline memory modules）就是单边接触内存模组，容量为 256KB，引脚为 30pin。

1988—1990 年，386 和 486 时代，CPU 向 16 位发展，72pin 的 SIMM 内存出现，单条容量一般为 512KB ~ 2MB。

1991—1995 年，EDO DRAM（extended date out RAM，外扩充数据模式存储器）出现。有 72pin 和 168pin 两种引脚形式，单条 EDO 内存的容量已经达到 4 ~ 16MB，速度要比普通 DRAM 快 15% ~ 30%，工作电压一般为 5V，带宽 32 位，主要应用在当时的 486 及早期的 Pentium 计算机上。

（2）SDRAM 时代（1997—2002）。这一时代的内存采用 SDRAM（同步动态随机存储器）制作而成，称为 168 线内存条（因有 168 根金角线而得名，金角线也称"金手指"，中间有 1 个缺口）。SDRAM 内存的带宽为 64 位（正好对应当时 CPU 的 64 位数据总线宽度）；时钟频率为 100MHz、133MHz；常见的存储容量为 128MB、256MB 和 512MB 等。

（3）频率竞备时代。2000 年，Intel 公司推出了主频达 600MHz 的奔腾Ⅲ处理器，之后 AMD 公司又推出了主频突破 1GHz 的速龙（Athlon）处理器。在 AMD 与 Intel 的激烈竞争中，CPU 的主频也在不断地高速提升。为了匹配 CPU 速度上的快速增长，必须对内存也进行更新，两家芯片巨头各自提出了自己的改进意见。

Intel 提出重新设计内存，取名为"Rambus"，而 AMD 提出在 SDRAM 的基础上做改良，取名为"DDR SDRAM"（double data rate SDRAM），即双倍速率 SDRAM 之意。虽然 Rambus 的性能非常优越，但因触及硬件厂商的既得利益，而遭到强烈抵制并最终搁浅。

（4）DDR 时代（2002 至今）。DDR SDRAM 简称 DDR。DDR 数据传输速度为传统 SDRAM 的两倍。DDR 采用 184pin 的 DIMM 插槽，常见工作电压为 2.5V。初代 DDR 内存的频率是 200MHz，随后诞生了 DDR-266、DDR-333 和那个时代主流的 DDR-400。

DDR2：DDR2 内存采用 240pin 的 DIMM 接口，工作电压为 1.8V，容量从 256MB 起步到最大 4GB。采用 0.13μm 生产工艺，从而进一步降低发热量，以便提高频率，频率可达 800/1066MHz。

DDR3：生产工艺小于 0.1μm，工作电压降至 1.5V，频率从 800MHz 起步，最高频率为 2400MHz，常见的容量为 512MB ~ 8GB。

DDR4：2012 年 DDR4 时代开启，工作电压降至 1.2V，而频率提升至 2133MHz，频率最高为 3600MHz，常见的容量为 8 ~ 32GB。

2020 年 7 月，JEDEC 正式发布了 DDR5 内存的标准，据 JEDEC 介绍，全新 DDR5 标准将提供 2 倍于上代的性能并大大提高电源效率。在全新 DDR5 内存标准下，最高内存传输速度是 DDR4 的 2 倍，工作电压从 DDR4 的 1.2V 降至 1.1V。

目前，最新的内存条是 DDR5，如图 2-4-9 所示为威刚科技公司在 2021 年 10 月发布的 DDR5 内存。

图 2-4-9　DDR5 内存条

4. 高速缓冲存储器

高速缓冲存储器是一种在 RAM 与 CPU 之间起缓冲作用的存储器。由于 RAM 的读写速度比 CPU 慢得多，当 RAM 直接与 CPU 交换数据时，就会出现速度不匹配的情况，解决这个问题最有效的方法是采用 Cache 技术，即在 RAM 与 CPU 之间增加一级在速度上与 CPU 相等、在功能上与 RAM 相同的高速缓冲存储器。高速缓冲存储器最大的特点是存取速度很快，但存储容量较小。计算机工作时，将当前使用频率较高的程序和数据通过一定的替换机制从内存放入 Cache，CPU 在取指令或读操作数时，同时对 Cache 和内存进行访问，如果 Cache 命中，则终止对内存的访问，直接从 Cache 中将程序或数据送入 CPU 进行处理。由于 Cache 的读取速度比内存快得多，因此，Cache 的使用大大提高了 CPU 读取指令或数据的速度，从而提高 CPU 的工作效率。

2.4.5　外存储器

外存储器又称辅助存储器，简称外存（辅存）。外存储器是内存的扩充，相当于计算机的"仓库"。外存的存储容量大，价格低，但存取速度较慢，一般用来存放大量暂时不用的程序和数据，属于永久性存储器。外存只能与内存交换信息，不能被计算机系统的其他部件直接访问，需要时，可将参与运行的程序和数据调入内存，或将内存中的数据转进来保存。常用的外存有机械硬盘、移动硬盘、固态硬盘、光盘及 U 盘等。

1. 机械硬盘

机械硬盘是微型计算机中最重要的外部存储设备，主要用于保存计算机系统工作中必不可少的程序和重要数据，例如操作系统、应用程序、个人数据等。目前最常用的是温彻斯特硬盘，硬盘存储器由磁盘盘片（存储介质）、主轴与主轴电机、磁头臂、磁头和控制电路等组成，它们全部密封于一个盒状装置内。温彻斯特硬盘控制电路如图 2 - 4 - 10 所示，机械硬盘的内部结构如图 2 - 4 - 11 所示。

图 2 - 4 - 10 硬盘控制电路

主轴

磁头臂

盘片

磁头

图 2 - 4 - 11 机械硬盘内部结构

机械硬盘中有若干片固定在同一个轴上、同样大小、同时高速旋转的金属圆盘片。每个盘片的两个表面都涂了一层很薄的磁性材料，作为存储信息的介质。靠近每个盘片的两个表面各有一个读写磁头。这些磁头全部固定在一起，可同时移到磁盘的某个磁道位置。

每张盘片的表面上包含许多半径不同的同心圆，每一个同心圆称为一个磁道。磁道的编号从外层以 0 开始，每个盘片上划分的磁道数目相同，同时，将每个磁道等分成若干个弧段，每个弧段称为一个扇区，对扇区同样要进行编号，每个扇区的容量通常是 512B。对硬盘来说，一组盘片具有相同编号的磁道从上到下形成一个圆柱，我们称之为磁盘的柱面。如图 2 - 4 - 12 所示为机械硬盘的结构示意图。

机械硬盘上的数据需要使用 3 个参数来定位——柱面号、扇区号和磁头号。机械硬盘中的所有单碟都固定在主轴上，主轴底部有一个电机，当硬盘工作时，电机带动主轴，主轴带动盘片高速旋转，其速度为每分钟几千转甚至上万转。盘片高速旋转时带动的气流将盘片两侧的磁头托起。磁头是一个质量很轻的薄膜组件，它负责盘片上数据的写入或读出。移动臂用来固定磁头，并带动磁头沿着盘片的径向高速移动，以便定位到指定的磁道。

一个机械硬盘的容量可以按下面的公式计算：

$$硬盘容量 = 磁头数 \times 柱面数 \times 每磁道扇区数 \times 每扇区字节数$$

【例】某机械硬盘的磁头数为 16，柱面数为 26481，每磁道扇区数为 63，每个扇区容量为 512B，计算该硬盘的容量。

解：由硬盘的容量计算公式，该硬盘的容量为

$$容量 = 16 \times 26481 \times 63 \times 512B = 13666738176B \approx 13GB$$

衡量机械硬盘性能的主要技术指标有以下几个：

（1）转速。硬盘的转速通常以每分钟的转动次数（revolutions per minute，RPM）来计

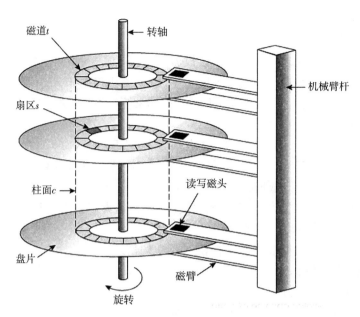

图 2 - 4 - 12　机械硬盘结构示意图

算，即指硬盘电机主轴马达带动磁盘转动的速度。其转速越高，数据传输速率就越快，访问时间越短，硬盘的整体性能也就越好。普通家用机械硬盘的转速一般有 5400rpm、7200rpm 两种，笔记本电脑机械硬盘的转速一般以 4200rpm、5400rpm 为主，服务器机械硬盘的转速一般为 10000rpm，性能高的可达 15000rpm。

（2）单碟容量。硬盘由多个存储碟片组合而成，而单碟容量就是指一个存储碟片所能存储的最大数据量。目前多数硬盘采用垂直记录技术，单碟容量可达到 80GB 甚至 500GB 以上，所有存储碟片容量之和就是磁盘的总容量。目前较常见的硬盘容量为 2～20TB。硬盘单碟容量的提高可以使硬盘总容量提升，有利于降低生产成本，提高工作稳定性；而且单碟容量越大其内部数据传输速率就越快。

（3）平均寻道时间。指磁头从得到指令到寻找到资料所在磁道的时间，一般为 3～13ms。当单碟容量增大时，磁头的寻道动作减少、移动距离缩短，从而使平均寻道时间缩短，加快硬盘的访问速度。

（4）内部数据传输速率。即硬盘磁头与缓存之间的数据传输速率，内部传输速率可以明确表现出硬盘的读写速度，它的高低才是评价一个硬盘整体性能的决定性因素。目前大多数机械硬盘的内部数据传输速率一般为 700～900Mbit/s，笔记本硬盘则在 550Mbit/s 左右。

（5）缓存容量。它是为解决硬盘的存取速度和内存存取速度不匹配的问题而设计的，也是硬盘性能优良的重要标志。目前主流硬盘缓存容量通常为 8～64MB。

2. 移动硬盘

除了固定安装在机箱中的硬盘之外，还有一类硬盘产品，它们的体积小，重量轻，采用 USB 接口或者 eSATA 接口，可随时插入计算机或从计算机上拔下，非常方便携带和使用，这类硬盘被称为移动硬盘。

移动硬盘通常采用微型硬盘加上特制的配套硬盘盒构成。一些超薄型的移动硬盘，厚度仅 1cm 多，比手掌还小一些，重量只有 200～300g，存储容量可以达到 500GB 甚至更高。硬盘盒中的微型硬盘噪声小，工作环境安静。

移动硬盘的优点如下：

（1）容量大。能满足携带大型图库、数据库、音像库、软件库的需要。

（2）兼容性好，即插即用。由于采用了 PC 的主流接口 USB 或 IEEE-1394，因此移动硬盘可以与各种计算机连接。而且在 Windows 7 操作系统中不用安装驱动程序，即插即用，并支持热插拔（注意：需要在停止其工作之后）。

（3）速度快。USB 2.0 接口的传输速率是 600Mbit/s，eSATA 接口的传输速率高达 1.5～3Gbit/s，与主机交换数据时，读写一个吉字节数量级的大型文件只需要几分钟就可完成，特别适合于视频和音频数据的存储与交换。

（4）体积小，重量轻。USB 移动硬盘体积仅手掌般大小，重量只有 200g 左右，无论放在包中还是口袋内都十分轻巧方便。

（5）安全可靠。具有防震性能，在剧烈震动的情况下盘片会自动停转，并将磁头复位到安全区，防止盘片损坏。

3. 固态硬盘

固态硬盘（solid state drive，SSD）是用固态电子存储芯片阵列制成的硬盘，如图 2-4-13 所示，为固态硬盘的内部结构。它由控制单元和存储单元（DRAM 芯片、Flash 芯片）组成。控制单元负责读取和写入数据，存储单元负责存储数据。固态硬盘广泛应用于军事、工程控制、视频监控、网络监控、网络终端、电力、医疗、航空等领域。

图 2-4-13　固态硬盘内部结构

固态硬盘的存储介质分为两种，一种是采用闪存（Flash 芯片）作为存储介质，就是通常所说的 SSD；另一种采用 DRAM 作为存储介质，应用范围较窄，它是一种高性能存储器，理论上可以无限次写入，但是需要独立电源来保护数据安全。

按照接口形式可以把常见的 SSD 分为三类：SATA 接口、M.2 接口、PCIE 接口。

（1）SATA 接口的 2.5in*（英寸）固态硬盘。它在接口的规范和定义、功能及使用方法上与目前市面上的机械硬盘没有区别，在产品外形和尺寸上基本与普通硬盘一致。这种类型的固态硬盘也是 SSD 诞生初期的形态。

（2）M.2 接口的固态硬盘。它是近年来非常受计算机厂商欢迎的一类产品，使用时直接插到主板接口上并用螺丝固定即可。无论是体积、安装便利程度都要好于传统 2.5in 固态硬盘。如图 2-4-14 所示。

图 2-4-14　M.2 接口固态硬盘

M.2 接口同时支持 SATA 和 PCI-E 两种通道，如果占用的是主板 SATA 总线，它的性能与传统固态硬盘并无明显差别，而占用主板 PCI-E 总线的 M.2 接口 SSD 表现更加优秀。

---

* in（英寸）为非法定计量单位，1in＝0.0254m。

（3）PCIE 接口的固态硬盘。这是目前桌面级 SSD 的顶级产品，理论传输速度要比 SATA 接口的固态硬盘高 3～6 倍，性能更加优秀，容量更大，因此价格也更加昂贵。如图 2 -4 -15 所示。

固态硬盘与机械硬盘相比的优缺点如下：优点是存取速度快、体积小、防震抗摔、零噪声、低功耗及工作温度范围大；缺点是容量小、价格高、写入速度较慢、寿命相对短及可靠性相对低。

图 2 -4 -15　PCIE 接口固态硬盘

4. 光盘

光盘一般指光盘存储系统，它由光盘片、光盘驱动器（简称光驱）等组成。光盘是存储信息的介质，它是通过光盘驱动器中的光学头用激光束来读写的。可用来存放各种文字、声音、图形、图像和动画等多媒体数字信息。光盘存储器具有价格低、容量大、可靠性高、体积小、不易损坏、存储信息可长期保存等优点；它的缺点是读出速度和数据传输速度比硬盘慢得多。

（1）光盘片。光盘片由聚碳酸酯（PC）注塑而成，表面有无数个微小的凹坑，代表着所记录的信息，有关数据就记录或存储在由内向外的带凹坑和非凹坑组成的螺旋型路径上。凹坑的边缘处表示"1"，而凹坑内和凹坑外的平坦部分表示"0"，信息的读出需要使用激光进行分辨和识别。相邻路径间距离为 $1.5\mu m$，密度很大，因此它具有极大的存储容量。常用的 CD-ROM 光盘，外径为 5in，容量是 650MB 左右。1996 年底推出的数字通用光盘 DVD，分单面单层、单面双层、双面单层和双面双层，单个盘片容量可达 4.7～17.7GB。蓝光光盘（BD）是 DVD 之后的光盘格式之一，用以存储高品质的影音以及高容量的数据存储。单面单层的蓝光光盘的容量为 25GB、27GB，可录制 13h 普通电视节目或 2h 高清晰度电视节目。单面双层为 50GB。

光盘片是光盘存储器的信息存储载体，按其存储容量目前主要有 CD 光盘片、DVD 光盘片和蓝光光盘片 3 大类，按其信息读写特性又可进一步分成只读盘片、一次写入盘片和可擦写盘片 3 种。

①CD 光盘片：CD 光盘片最早用来存储高保真数字立体声音乐（称为 CD 唱片），后来开始作为计算机的外存储器使用，它有只读（CD-ROM 盘）、可写一次（CD-R 盘）和可多次读写（CD-RW 盘）3 种类型。

市场上那些已经在盘片上压制了软件或视听节目的成品 CD 盘是不能再添加或改写信息的，它们属于只读光盘。使用光盘刻录机可以将信息写入 CD-R 光盘，但写过后只能读出信息不能擦除和修改信息。CD-RW 也叫可擦写盘片，在这种盘片上写入的信息可以多次改写，擦写次数可达几百次甚至上千次之多。

②DVD 光盘片：DVD 光盘片与 CD 光盘片的大小相同，但它有单面单层、单面双层、双面单层和双面双层 4 个品种。DVD 的道间距比 CD 盘小一半，且信息凹坑更加密集，它利用聚焦更细（1.08pm）的红色激光进行信息的读取，因而盘片的存储容量大大提高。5in 的 DVD 光盘，单面单层的存储容量为 4.7GB，双面双层的存储容量为 17GB。

与 CD 光盘片一样，可刻录信息的 DVD 光盘片也分成一次性记录光盘（DVD-R 或

DVD + R）和可复写光盘（DVD-RAM、DVD-RW 或 DVD + RW）两大类。

③蓝光光盘片：蓝光光盘片是索尼、飞利浦、松下等公司设计和开发而成的，是目前最先进的大容量光盘片，单层盘片的存储容量为 25GB，双层盘片的存储容量为 50GB，是全高清晰度影片的理想存储介质。飞利浦的蓝光光盘还采用高级真空连接技术，形成约 100um 厚度的一个安全层，以保护光盘上的数据记录，使它能经受住频繁地使用、触摸，以及划痕和污垢，确保蓝光光盘的存储质量和数据安全。与 DVD 盘片一样，BD 盘片也有 BD-ROM、BD-R 和 BD-RW 之分，它们分别适用于只读、单次刻录和多次刻录三种不同的应用情况。

（2）光盘驱动器。光盘驱动器简称光驱，用于带动盘片旋转并读出盘片上的（或向盘片上刻录）数据，其性能指标之一是数据的传输速率。光驱与主机的接口大多为 IDE 接口或 SATA 接口，也可以使用 USB 接口与主机连接。随着多媒体技术以及视频技术的飞速发展，光驱发展很快，光驱的性能不断提高，其种类也越来越多。目前常用的光驱可分为 COMBO、DVD 光驱（DVD-ROM）、蓝光光驱（BD-ROM）以及刻录机等。其中，光盘刻录机用于光盘的写入或复制。

①COMBO：是集 CD-RW、CD-ROM、DVD-ROM 三位一体的多功能光存储设备；而蓝光 COMBO 光驱指的是能读取蓝光光盘，并且能刻录 DVD 的光驱。

②DVD 光驱：是一种可以读取 DVD 光盘的光驱，除了兼容 DVD-ROM、DVD-VIDEO、DVD-R、CD-ROM 等常见的格式外，对于 CD-R/RW、CD-I、VIDEO-CD、CD-G 等都要能很好地支持。

③蓝光光驱：即能读取蓝光光盘的光驱。蓝光光驱用蓝色激光读取盘上的文件，蓝光波长较短，因此它可以读取密度更大的光盘。蓝光光驱向下兼容 DVD、VCD、CD 等格式。

④刻录机：包括了 CD-R、CD-RW 和 DVD 刻录机以及蓝光刻录机等。其中 DVD 刻录机又分 DVD + R、DVD-R、DVD + RW、DVD-RW（W 代表可反复擦写）和 DVD-RAM。

刻录机的外观和普通光驱差不多，只是其前置面板上通常都清楚地标识着写入、复写和读取三种速度。在光驱中将 150KB/s 的数据传输速率称为单倍速，记为 1X。常见的光驱速度有 36X、48X、52X 等。

5. U 盘

U 盘是 USB（universal serial bus）盘的简称，也称"优盘"，如图 2 - 4 - 16 所示。U 盘是闪存的一种，所以有时也称作闪盘。U 盘集磁盘存储技术、闪存技术及通用串行总线技术于一体。USB 的端口连接计算机，是数据输入/输出的通道；主控芯片使计算机将 U 盘识别为可移动磁盘，它是 U 盘的"大脑"；U 盘的 Flash（闪存）芯片保存数据。

图 2 - 4 - 16　U 盘

U 盘具有快速读写、即插即用、可以热插拔、体积小、可靠性及数据安全性好、携带方便、掉电后还能够保持存储的数据不丢失等特点，深受用户的喜爱。U 盘的容量有多种选择，目前常见容量为 32 ~ 512GB。

需要注意的是，在对 U 盘进行读取写入后，切勿直接拔除，因为 U 盘在 Windows 98 以上的版本系统中使用的时候，会把数据写入缓存，如果这时候直接拔除可能导致数据丢失。

正确操作应该是双击右下角系统托盘区的新硬件图标，先在系统里停止设备的运行（即清除缓存。保存数据），然后再拔除。

2.4.6 输入设备

输入设备（input device）是人或外部与计算机进行交互的一种装置，用于把原始数据和处理这些数的程序输入计算机中。计算机能够接收各种各样的数据，既可以是数值型的数据，也可以是各种非数值型的数据，如图形、图像、声音等都可以通过不同类型的输入设备输入计算机中，进行存储、处理和输出。输入设备是计算机与用户或其他设备通信的桥梁。键盘、鼠标、摄像头、扫描仪、光笔、手写输入板、游戏杆、语音输入装置等都属于输入设备。此外，条形码扫描器、磁卡阅读器、IC 卡读卡器等也是计算机常用的数据输入设备。

1. 键盘

键盘（keyboard）是常用的输入设备，它由一组开关矩阵组成，包括数字键、字母键、符号键、功能键及控制键等，每一个按键在计算机中都有它的唯一代码。当按下某个键时，键盘接口将该键的二进制代码送入计算机主机中，并将按键字符显示在显示器上。

目前使用最为广泛的是电容式键盘。其优点是：击键声音小、无触点、不存在磨损和接触不良等问题、寿命较长、手感好。为了避免电极间进入灰尘，按键采用密封组装，键体不可拆卸。

如果根据接口类型分，键盘可分为 PS/2 接口键盘、USB 接口键盘和无线键盘。以前的键盘均是 PS/2 接口键盘。随着 USB 接口的普及，键盘多采用 USB 接口，即插即用，支持热拔插。无线键盘通过红外线或无线电波将输入信息传送给特制的接收器。

平板计算机和智能手机使用的是"软键盘"（虚拟键盘）。当用户需要使用键盘输入信息时，屏幕上会出现类似于 ASCII 键盘的一个图像，用户用手指触摸其中的按键即可输入相应的信息，完成输入操作之后，键盘图像便从屏幕上消失。

对于常用的 104 键键盘，可分为 4 个键区，分别是主键盘区、功能键区、编辑键区和数字键区，如图 2 - 4 - 17 所示。

图 2 - 4 - 17　键盘分区示意图

（1）主键盘区（也称为打字键区）。包含字母键、数字键、符号键和控制键，其功能与标准的英文打字机类似，用来输入文字和符号。除此之外，还有以下几个特殊的控制键：

①Enter 键（回车键）：一是确认输入的执行命令，二是在文字处理中起换行的作用。

②Backspace 键（退格键）：每按一下退格键，就可以删掉光标左边的一个字符。

③Caps Lock 键（大写锁定键）：当按下此键，若键盘的右上角的 Caps Lock 指示灯亮，则输入的是大写字母，反之，则输入的就是小写字母。

④Tab 键（制表键）：每按一下 Tab 键，光标就向右移动若干个字符的位置。

⑤Shift 键：它和其他按键配合使用，在主键盘区里，许多键上都标有两个字符，这些键叫作双字符键。处在上面的字符叫作上挡字符；处在下面的字符叫作下挡字符。当我们直接按下这些双字符键时，屏幕上显示的是下挡字符；如果要想显示上挡字符，就要先按住 Shift 键，再按下相应键。

⑥Ctrl 和 Alt 键：这两个键需要和其他的键配合使用。操作时，先按住 Ctrl 键（或 Alt 键），再按下其他的键。

（2）功能键区。位于键盘的最上面一排。

①Esc 键：其功能由系统定义，一般用来表示取消或放弃某种操作。

②F1 ~ F12 键：12 个功能键，在不同的应用软件中，能够定义成不同的功能。例如，在 Windows 操作系统中，按 F1 键可以查看选定对象的帮助信息，按 F10 键可以激活菜单栏等。

③Print Screen 键：该键称为打印屏幕键。在 Windows 中，按下该键可以把整个屏幕的内容作为图形放到剪贴板中，以待处理；快捷键 Alt + Print Screen 可将当前活动窗口的内容作为图形复制到剪贴板中。

④Scroll Lock 键：在某些环境下可以锁定滚动条，在键盘右边有一个 Scroll Lock 指示灯，灯亮表示锁定。

⑤Pause Break 键：按下 Pause Break 键，可暂停程序的执行；同时按下 Ctrl 和 Pause Break 可中止程序的执行。

（3）编辑键区。编辑键区的按键主要用于移动光标，以及对输入的文字进行编辑操作。各键功能如下：

①↑↓←→键：光标移动键，按一次方向键，可以使光标在屏幕内不同的方向（上、下）移动一行或（左、右）移动一个字符。

②Page Up 或 Page Down 键：翻页键，可以使屏幕向上或向下翻一页。

③Home 键：按一次该键，可以使光标快速地移动到本行开头。

④End 键：按一次该键，可以使光标快速地移动到本行末尾。

⑤Insert 键：插入/改写键，在文字处理软件中发挥作用，完成插入/改写状态的切换。

⑥Delete 键：删除键，每按一次该键，可删除光标后面的一个字符。

（4）数字键区。位于键盘的右端，主要用于大量数字的输入（如银行系统、会计、财务等常用此键盘区输入数据）。输入时，要求右手单手输入。数字键区除了可以输入数字和运算符外，还能作为编辑键使用，功能的转换使用数字锁定键——Num Lock。

2. 鼠标

鼠标器（常称为鼠标）是一种常见的计算机输入设备，也是计算机显示系统纵横坐标定位的指示器，由于其外形酷似老鼠而得名。如图 2 -4 -18 所示为有线鼠标，如图 2 -4 -19 所示为无线鼠标。在计算机进入 Windows 时代的今天，鼠标已成为微型计算机系统必不可少的重要输入设备之一。通过移动鼠标可以快速定位屏幕上的对象，以实现执行命令、设置参数及选择菜单等操作。

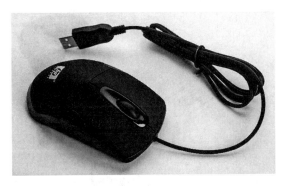

图 2 - 4 - 18　有线鼠标

图 2 - 4 - 19　无线鼠标

目前常用的鼠标大多为光电鼠标。光电鼠标内部有一个发光二极管，通过它发出的光线，可以照亮光电鼠标底部表面。光电鼠标经底部表面反射回的一部分光线，通过一组光学透镜后，传输到一个光感应器件（微成像器）内成像。当光电鼠标移动时，其移动轨迹便会被记录为一组高速拍摄的连贯图像，被光电鼠标内部的一块专用图像分析芯片（DSP，数字微处理器）分析处理。该芯片通过对这些图像上特征点位置的变化进行分析，来判断鼠标的移动方向和移动距离，从而完成光标的定位。

按接口类型可将鼠标分为无线鼠标和有线鼠标两类。无线鼠标是指无需线缆连接到主机的鼠标，采用无线技术与计算机通信，从而省却电线的束缚。近年来，无线鼠标因其携带方便、无线缆束缚、可实现较远距离操作计算机的优点，逐渐被更多用户认可。

Windows 大部分的操作都可通过鼠标完成，下面简单介绍鼠标的基本操作：

（1）指向。将鼠标指针移到某个对象上，但不会选定该对象。

（2）单击。指向目标后，迅速按下鼠标左键并立即松开。该操作常用于选定某个对象。

（3）双击。指向目标后，连续两次快速击打鼠标左键。该操作常用于启动程序或打开窗口。

（4）右击。指向目标后，迅速按下鼠标右键并立即松开，会弹出对象快捷菜单或帮助提示等。

（5）拖动。用鼠标左键单击某个对象，并且按住不放，移动鼠标到另一个地方，再松开鼠标左键。该操作常用于将对象移到新的位置。

在实际工作中，通常将键盘和鼠标结合起来使用，能够极大地提高工作效率。

3. 扫描输入设备

（1）扫描仪。扫描仪是一种捕获影像的装置，作为一种光机电一体化的计算机外设产品，扫描仪是继鼠标和键盘之后的第三大计算机输入设备。它可将影像转换为计算机可以显示、编辑、存储和输出的数字格式，是功能很强的一种输入设备。例如，我们可以将照片放入扫描仪，扫描后生成一个图片文件，然后可利用有关的软件对图片文件进行加工处理或者存储、发送。如图 2 - 4 - 20 所示为一种平板式扫描仪。

（2）条形码阅读器。条形码阅读器是用来扫描条形码的装置，如图 2 - 4 - 21 所示。当扫描条形码时，可将不同宽度的黑白条纹转换成对应的编码输入计算机。条形码阅读器广泛应用于图书馆的借阅系统及超市的结账系统中。

图 2-4-20　平板式扫描仪

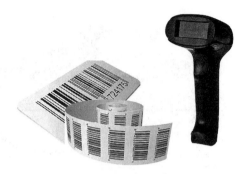

图 2-4-21　条形码阅读器

（3）触摸屏。触摸屏（touch panel）又称为触控屏或触控面板，是一种可接收触头等输入信号的感应式液晶显示装置，如图 2-4-22 所示。当接触了屏幕上的图形按钮时，屏幕上的触觉反馈系统可根据预先编程的程式驱动各种联结装置，取代机械式的按钮面板，并借由液晶显示画面制造出生动的影音效果。

图 2-4-22　触摸屏

触摸屏作为一种最新的计算机输入设备，它是继键盘、鼠标、手写板、语音输入后最为大众所接受的计算机输入方式。它是一种人机交互方式。利用这种技术，用户只要用手指轻轻地触碰计算机显示屏上的图符或文字就能实现对主机操作，从而使人机交互更为简单、方便、自然。触摸屏主要应用于公共信息的查询、工业控制、军事指挥、电子游戏、多媒体教学等领域。

现在人们正在研究使计算机具有人的"听觉"和"视觉"，即让计算机能听懂人说的话，看懂人写的字，从而能以人们接收信息的方式接收信息。为此，人们开辟了新的研究方向，其中包括模式识别、人工智能、信号与图像处理等，并在这些研究的基础上产生了语言识别、文字识别、自然语言理解与机器视觉等研究方向。

2.4.7　输出设备

输出设备（output device）是计算机的终端设备，负责将计算机处理后的信息以能被人或其他设备所接受的形式输出。常用的输出设备有显示器、打印机等。

1. 显示器和显示适配器

计算机显示器系统通常由两部分组成：显示器和显示适配器。

（1）显示器（display）。显示器又称监视器，是计算机必不可少的一种图文输出设备，它既可以显示键盘输入的命令或数据，也可以显示计算机数据处理的结果，是实现人机对话的主要工具。没有显示器，用户便无法了解计算机的处理结果和所处的工作状态，也无法进行操作。

显示器依据制造材料的不同可分为阴极射线管（CRT）显示器、发光二极管（LED）显示器、液晶（LCD）显示器等类型。

传统 CRT 显示器具有可视角度大、无坏点、色彩还原度高、色度均匀、可调节的多分辨率模式、响应时间极短等 LCD 显示器难以超越的优点，但是由于其体积大、功耗大的缺点，目前已经退出市场，如图 2-4-23 所示。

图 2-4-23　CRT 显示器

LED 显示器是一种通过控制半导体发光二极管的显示方式来显示文字、图形、图像、动画的显示屏幕。LED 显示器集微电子技术、计算机技术、信息处理技术于一体，以其色彩鲜艳、动态范围广、亮度高、寿命长、工作稳定可靠等优点，成为最具优势的新一代显示设备。目前，LED 显示器已广泛应用于大型广场、体育场馆、证券交易大厅等场所，可以满足不同环境的需要，如图 2-4-24 所示。

图 2-4-24　LED 显示器

LCD 显示器即液晶显示器。LCD 显示器是由液态晶体组成的显示屏。其优点是省电、不产生高温，画面柔和不伤眼，辐射小、益健康，画面不闪烁，体积轻薄。缺点是色彩不够艳、可视角度较小、图像显示速度慢。现在已经广泛应用于计算机、手机、数码相机、数码摄像机、电视机等设备。近年来，随着液晶显示器价格的不断下降，家用及办公场所的计算机几乎都配置了液晶显示器。

LCD 显示器的一些主要性能参数如下：

①显示屏的尺寸：与电视机相同，计算机显示器屏幕大小也以显示屏的对角线长度来度量。目前常用的显示器有 17in、19in、22in 等。现在多数液晶显示器的宽高比为 16：9 或 16：10，它与人眼视野区域的形状更为相符。

②分辨率：液晶显示器是通过液晶像素实现显示的，液晶屏幕上的每一个点，即一个像素。LCD 屏的分辨率是指液晶屏制造所固有的像素的列数和行数，由于液晶像素的数目和位置都是固定不变的，一般不能任意调整，是由制造商设置和规定的，所以液晶显示器只有在标准分辨率下才能实现最佳显示效果。分辨率是衡量显示器的一个重要指标，一般用水平分辨率×垂直分辨率来表示，如有 1024×768、1280×1024、1600×1200、1920×1080、1920×1200 等种类。

③亮度：是表现 LCD 屏幕发光程度的重要指标，亮度以烛光/平方米（cd/m^2）为测量单位，其值越大越好。亮度越高，对周围环境的适应能力就越强。

④对比度：对比度是显示器的白色亮度与黑色亮度的比值。比如一台显示器在显示全白画面（255）时实测亮度值为 $200cd/m^2$，全黑画面实测亮度为 $0.5cd/m^2$，那么它的对比度就是 400：1。对比度越高，画面层次感越鲜明。

⑤显示色彩：液晶显示器的色彩显示数目越高，该显示器对色彩的分辨力和表现力就越强，这是由液晶显示器内部的彩色数字信号的位数（bit）所决定的。

⑥可视角度：可视角度是指站在距 LCD 屏表面垂线的一定角度内仍可清晰看见图像的最大角度。可视角度越大越好。

⑦响应时间：是指各像素点对输入信号反应的速度，即像素由暗转亮或由亮转暗所需要的时间，其单位是毫秒（ms）。响应时间越短越好，如果响应时间过长，在显示高速运动画面时，就会产生较严重的"拖尾"现象。

⑧背光源类型：背光灯是位于液晶显示器背后的一种光源，它的发光效果将直接影响液晶显示模块的视觉效果。LED 背光是指用 LED 作为液晶显示屏的背光源，它具有低功耗、低发热量、亮度高、寿命长等特点。

（2）显示适配器。显示适配器又称显示控制器，是显示器与主机的接口部件，以硬件插卡的形式插在主板上。显示适配器也叫作显示卡（显卡）。显卡的作用是将主机的输出信息转换成字符、图形和颜色等信息，传送到显示器上显示。对于从事专业图形设计的人来说，显卡非常重要，一块高性能的显卡可以给用户带来更好的视觉享受，例如更流畅的三维享受、更真实的色彩渲染等。

常见的显卡可分为集成显卡和独立显卡两种，前者直接集成在 CPU 芯片或北桥芯片中，后者通常以单独电路板的形式插接在主板上。目前主流的独立显卡是具有 3D 图形处理功能的 PCI-EX16 接口的显卡。如图 2-4-25 所示为华硕 TUF-RTX3050-O8G-GAMING 显卡。

显卡由图形加速芯片（graphics processing unit，图形处理单元，简称 GPU）、随机存取存储器（显存）、数据转换器、时钟合成器及基本输入/输出系统五大部分组成。

GPU 是图形处理和显示的核心芯片，决定了显卡处理信息的能力。显示内存（简称显存）是待处理的图形数据和处理后的图形信息的暂存空间，显存容量为 4～16GB。显存的

图 2-4-25 华硕 TUF-RTX3050-O8G-GAMING 显卡

大小和读取速度决定了复杂图形/图像显示、3D 建模渲染、屏幕显示更新速度等，对显卡的性能也有较大的影响。

2. 打印机

打印机是计算机系统的标准输出设备之一，利用打印机可在纸上打印出各种资料、图形等，便于长期保存和修改。

按照打印原理划分，目前主要的打印机可分为针式、喷墨、激光三大类，各种打印机都有自己的优缺点，应用的范围也是不一样的。

（1）针式打印机。它是利用打印头内的点阵撞针撞击打印色带，在打印纸上打印出文字或图形。针式打印机是串行打印机，一次打印一个字符，它是通过多次打印字符形成行和页。

针式打印机的优点是打印成本低，可以打印连续纸张和刻蜡纸；其缺点是噪声较大、速度慢、打印效果一般。针式打印机常用于打印多联单据的领域，例如财务、税务、银行、商店的票据打印。如图 2-4-26 所示为针式打印机。

（2）喷墨打印机。它是利用喷墨来代替针打，通过喷墨管将墨水通过精致的喷头喷射到纸面上而形成输出的字符或图形，如图 2-4-27 所示。

图 2-4-26 针式打印机

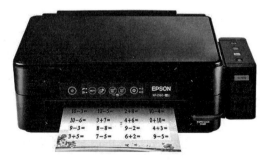

图 2-4-27 喷墨打印机

喷墨打印机的优点是价格便宜、噪声低、打印质量较高；其缺点是打印速度较慢、墨水的消耗量大、日常维护费用高。喷墨打印机大多可以进行彩色打印，适用于家庭和小型办公场所。

（3）激光打印机。激光打印机是激光扫描技术与电子照相技术的复合产物，它接收来自 CPU 的信息，然后进行激光扫描，将计算机输出信号在磁鼓上形成静电潜像，并转换成磁信号，磁信号使碳粉吸附在纸上，加热定影后输出。激光打印机每次输出一页，因此，激光打印机是一种页式打印机，如图 2-4-28 所示。

图 2-4-28　激光打印机

激光打印机的优点是打印效果好、打印速度快、噪声低；其缺点是耗材贵、价格高。激光打印机适合打印数量大、任务重的场合，如大型商务机构，设计、印刷领域等，目前已成为办公自动化的主流产品。

打印机和计算机主机的连接以前采用并行接口，现在通常通过 USB 接口。将打印机与计算机连接后，必须安装相应的驱动程序才可以使用打印机。打印机的使用方法很简单，在打印机中装入打印纸，从主机上执行打印命令，即可打印出所需要的内容。

打印机的主要性能参数如下：

①分辨率：是指打印清晰度，一般以每英寸打印点数，即 DPI 为单位。打印机的分辨率越高，打印精度就越高，输出的效果就越好。

②打印速度：针式打印机的打印速度用每秒钟打印的字符数（CPS）表示；喷墨打印机和激光打印机的打印速度用每分钟打印的页数（PPM）来表示，通常在几页到几十页之间。

③缓冲区：打印机的缓冲区相当于计算机的内存，单位为 KB 或 MB。在微处理器不断升级的情况下，为了解决计算机和打印机速度的差异，必须扩大打印机的缓冲区。

（4）3D 打印机。3D 打印是快速成型技术的一种，它是一种以数字模型文件为基础，运用粉末状金属或塑料等可黏合材料，通过逐层打印的方式来构造物体的技术。这种技术的特点在于其几乎可以造出任何形状的物品。

3D 打印与激光成型技术一样，采用了分层加工、叠加成型来完成 3D 实体打印。每一层的打印过程分为两步，首先在需要成型的区域喷洒一层特殊胶水，胶水液滴本身很小，且不易扩散。然后喷洒一层均匀的粉末，粉末遇到胶水会迅速固化黏结，而没有胶水的区域仍保持松散状态。这样在一层胶水一层粉末的交替下，实体模型将会被"打印"成型，打印完毕后只要扫除松散的粉末即可"刨"出模型，而剩余粉末还可循环利用，如图 2-4-29 所示。该技术在珠宝、鞋类、

图 2-4-29　3D 打印机

工业设计、建筑、工程和施工（AEC）、汽车、航空航天、医疗产业、教育、地理信息系统、土木工程以及其他领域都有所应用。

2.5 计算机系统的软件

IEEE 在 1983 年对软件给出了定义:"软件是计算机程序、方法、规范及其相应的文档以及在计算机上运行时所必需的数据。"也就是说,软件是计算机系统中的各种程序、数据及文档。程序是计算任务的处理对象和处理规则的描述;文档是为了便于了解程序所需的阐明性资料。软件是用户与硬件之间的接口界面。用户主要是通过软件与计算机进行交流。为了方便用户,为了使计算机系统具有较高的总体效用,在设计计算机系统时,必须通盘考虑软件与硬件的结合,以及用户的要求和软件的要求。

2.5.1 软件的组成与分类

计算机软件一般分为系统软件和应用软件两大类。

1. 系统软件

系统软件是支持计算机系统正常运行并实现用户操作的那部分软件,是控制和维护计算机系统软、硬件资源的各种程序的集合。它的主要功能是调度、监控和维护计算机系统,负责管理计算机系统中各种独立的硬件,使得它们可以协调工作。如对 CPU、内存、打印机的分配与管理,对磁盘的维护与管理,对系统程序文件与应用程序文件的组织与管理等。

系统软件主要包括操作系统(如 Windows、Linux、Mac 等)、语言处理程序(如 C++ 语言编译器等)、数据库管理系统(如 Access、SQL Server、Oracle 等)、各种服务程序(如磁盘清理程序、备份程序、查杀病毒程序等)。其中,操作系统是核心软件。计算机中必须装入操作系统才能工作,所有的软件(系统软件和应用软件)都必须在操作系统的支持下才能安装和运行。

系统软件的主要特征是:它与计算机硬件有很强的交互性,能对硬件资源进行统一的控制、调度和管理;系统软件具有基础性和支撑作用,它是应用软件的运行平台。在通用计算机(如 PC)中,系统软件是必不可少的。通常在购买计算机时,计算机供应厂商必须提供给用户一些最基本的系统软件,否则计算机无法启动工作。

2. 应用软件

应用软件是指专门为解决某个应用领域的具体问题而编制的软件。如图形软件、Word 文字处理软件、Excel 表格处理软件、财务软件、计划报表软件、辅助设计软件和模拟仿真软件等。

由于计算机的通用性和应用的广泛性,应用软件比系统软件更加丰富多样。按照开发方式和适用范围,应用软件可再分成通用应用软件和定制应用软件两大类。

(1) 通用应用软件。人们进行阅读、书写、通信、娱乐和查找信息,或者做讲演、发消息等,所有这些活动都有相应的软件帮助人们更方便、更有效地完成。由于这些软件几乎人人都需要使用,所以把它们称为通用软件。例如,文字处理软件(如 Word、WPS)、电子表格软件(如 Excel)、媒体播放软件(如爱奇艺客户端)、网络通信软件(如 QQ、微信)、演示软件(如 PPT)、绘图软件(如 AutoCAD)、游戏软件等。这些软件设计得很精巧,易学易用,用户经过简单的培训,甚至不需培训就能熟练使用。

(2) 专用应用软件。专用软件是按照不同领域用户的特定要求而专门设计开发的。如超市的销售管理和市场预测系统、汽车制造厂的集成制造系统、大学教务管理系统、医院信息管理系统、酒店客房管理系统等。这类软件专用性强，设计和开发成本相对较高，主要是一些机构用户购买，因此价格比通用应用软件贵得多。

由于应用软件是在系统软件基础上开发和运行的，而系统软件又有多种，如果每种应用软件都要提供能在不同系统上运行的版本，则软件开发成本将大大增加。因而出现了一类称为"中间件"（middleware）的软件，它们作为应用软件与各种操作系统之间使用的标准化编程接口和协议，可以起承上启下的作用，使应用软件的开发相对独立于计算机硬件和操作系统，并能在不同的系统上运行，实现相同的应用功能。

系统软件不针对某一特定应用领域，而应用软件则相反，不同的应用软件根据用户和应用领域提供不同的功能。另外，尽管将计算机软件划分为系统软件和应用软件，但这种划分并不是一成不变的。一些具有较高价值的应用软件有时也归入系统软件的范畴，作为一种软件资源提供给用户使用。例如，多媒体播放软件、文件解压缩软件、反病毒软件等就可以归入系统软件之列。

2.5.2 软件的发展

如同硬件一样，计算机软件也是在不断发展的。

（1）计算机软件理论阶段。20 世纪 30 年代阿兰·图灵创建了"图灵机"理论，从理论上解决了计算机软件的核心问题：计算复杂性以及算法表示问题，为计算机软件的出现打下了坚实的数学理论基础。

（2）机器语言阶段。在计算机刚刚发明出来的时候，操作人员要用很多真正的"开关"来操作计算机。后来人们通过在纸带上打孔的方式，将对计算机的控制，从需要手工拨动开关的操作序列，变成按照某种规则在纸带上打一系列孔的序列。打孔纸带上的圆孔表示 0 和 1，圆孔透光表示 1，不透光表示 0。这一系列孔的序列就是所谓的机器语言。

机器语言就是用二进制代码表示的语言，是计算机唯一可以直接识别和执行的语言，它具有计算机可以直接执行、简洁、运算速度快等优点，但它的直观性差，非常容易出错，程序的检查和调试都比较困难，对机器型号的依赖很强。

（3）汇编语言阶段。为了方便编程人员进行记忆，便于程序员理解程序，就用一些助记符号代替 0 和 1 的序列，这就是汇编语言。汇编语言实际上就是机器语言，通过编写汇编语言程序产生机器代码，效率提高了很多，但是它依然是紧密依赖机器的。机器语言通常称为"第一代语言"，其后产生的"汇编语言"，即"第二代语言"。早期的大多数软件是由使用该软件的个人或机构研制的，软件往往带有强烈的个人色彩。软件开发也没有什么系统的方法可以遵循，软件设计是在某个人的头脑中完成的一个隐藏的过程。而且，除了源代码往往没有软件说明书等文档。

（4）高级语言阶段。1954 年，美国约翰·巴科斯建立了高级语言的思想，并设计出了世界上第一个真正意义上（至今广泛应用）的高级语言 FORTRAN，这是第一个完全脱离机器硬件的高级语言。1955 年，典型的操作系统是 FMS（FORTRAN monitor system，FORTRAN监控系统）和 IBSYS（IBM 为 7094 机配备的操作系统）。1961 年，第一个数据库管理系统 IDS 由通用电气（GE）公司开发出来。

（5）软件危机和软件工程。20 世纪 60 年代中期，软件开发基本上仍然沿用早期的个体化软件开发方式，但软件的数量急剧膨胀，软件需求日趋复杂，维护的难度越来越大，开发成本高得令人吃惊，而失败的软件开发项目却屡见不鲜。1968 年北大西洋公约组织（NATO）的计算机科学家在联邦德国召开的国际学术会议上第一次提出了软件危机（software crisis）这个名词。概括来说，软件危机包含两方面问题：①如何开发软件，以满足不断增长、日趋复杂的需求；②如何维护数量不断膨胀的软件产品。

同年秋季，NATO 的科技委员会讨论和制订摆脱软件危机的对策。会议上第一次提出了软件工程（software engineering）这个概念。软件工程是一门研究如何用系统化、规范化、数量化等工程原则和方法去进行软件的开发与维护的学科。软件工程包括两方面内容：软件开发技术和软件项目管理。软件开发技术包括软件开发方法学、软件工具和软件工程环境。软件项目管理包括软件度量、项目估算、进度控制、人员组织、配置管理、项目计划等。

（6）结构化程序设计方法的诞生。1969 年，结构化程序设计方法被提出。1970 年，第一个结构化程序设计语言 Pascal 出现，标志着结构化程序设计时期开始。结构化程序设计包括 PO（面向过程的开发或结构化方法）以及结构化的分析、设计和相应的测试方法。

（7）中间件软件诞生。由于各种各样的应用软件需要在各种平台之间进行移植，或者一个平台需要支持多种应用软件和管理多种应用系统，软、硬件平台和应用系统之间需要可靠和高效的数据传递或转换，使系统的协同性得以保证。这些都需要一种构筑于软、硬件平台之上，同时对更上层的应用软件提供支持的软件系统，而中间软件在这个环境下应运而生。1984 年 Tuxedo 作为第一个严格意义上的中间软件产品由贝尔实验室开发完成。

（8）Client/Server 结构出现。20 世纪 80 年代中期出现了 Client/Server 结构（简称 C/S）。此结构把数据库内容放在远程的服务器上，而在客户机上安装相应软件。C/S 软件一般采用两层结构。

（9）面向对象设计方法出现。20 世纪 80 年代末面向对象的分析设计方法出现，随之而来的是面向对象建模语言（以 UML 为代表）、软件复用、基于组件的软件开发等新的方法和领域。与之相应的是从企业管理的角度提出的软件过程管理。1995 年 Java 出现，2000 年 C#出现。

（10）SOA（service oriented architecture）出现。SOA 作为新一代软件架构，主要用于解决传统对象模型中无法解决的异构和耦合问题。

2.5.3 操作系统

操作系统（operating system，OS）是管理计算机硬件与软件资源的计算机程序，同时也是计算机系统的内核与基石。操作系统需要处理如管理与配置内存、决定系统资源供需的优先次序、控制输入与输出设备、操作网络与管理文件系统等基本事务。操作系统也提供一个让用户与系统交互的操作界面。

1. 操作系统的功能

操作系统的功能是管理计算机系统的全部硬件资源、软件资源及数据资源，使计算机系统所有资源最大限度地发挥作用，为用户提供方便、有效、友好的服务界面。操作系统是直接运行在裸机上的最基本的系统软件，是系统软件的核心，任何其他软件都必须在操作系统的支持下运行。

典型的操作系统大致由以下 5 个功能模块组成：

（1）处理机管理模块。处理机管理包括进程控制和处理机调度。该功能模块能够对处理机的分配和运行进行有效的管理。

（2）存储管理模块。存储管理的任务是对内存资源进行合理分配。该模块能够对内存进行有效的分配和回收管理，提供内存保护机制，避免用户程序间的相互干扰。

（3）设备管理模块。设备管理的任务是解决设备的无关性，使设备使用起来方便、灵活，进行设备的分配和传输控制，改善设备的性能，提高设备的利用率。

（4）文件管理模块。文件管理的任务是完成对文件存储空间的管理、目录的管理、文件的读写管理、文件的共享和保护。

（5）作业管理模块。作业管理的任务是为用户提供一个使用系统的良好环境，使用户能有效地组织自己的工作流程，并使整个系统能够高效地运行。

实际的操作系统是多种多样的，根据侧重点和设计思想的不同，操作系统的结构和内容也存在很大的差别。功能比较完善的操作系统，通常都具备上述5个功能模块。

2. 操作系统的分类

（1）根据工作方式分为批处理操作系统、分时操作系统、实时操作系统、网络操作系统和分布式操作系统等。

（2）根据架构可以分为单内核操作系统、多内核操作系统等。

（3）根据运行的环境可以分为桌面操作系统、嵌入式操作系统等。

（4）根据指令的长度分为8位、16位、32位、64位的操作系统。

3. 常见的操作系统

（1）Windows。Windows操作系统是由美国微软公司（Microsoft）研发的操作系统，问世于1985年。起初是MS-DOS模拟环境，后续由于微软对其进行不断更新升级，提升易用性，使Windows成为应用最广泛的操作系统。Windows采用了图形用户界面（GUI）。随着计算机硬件和软件的不断升级，Windows从架构的16位、32位再到64位，系统版本从最初的Windows 1.0到大家熟知的Windows 95、Windows 98、Windows Me、Windows 2000、Windows XP、Windows Vista、Windows 7、Windows 8、Windows 8.1、Windows 10、Windows 11和Windows Server服务器企业级操作系统，微软一直在致力于Windows操作系统的开发和完善。

（2）Mac OS。苹果公司所有，界面友好，性能优异，但由于只能运行在苹果公司自己的计算机上而发展有限。但由于苹果计算机独特的市场定位，现在仍存活良好。疯狂肆虐的计算机病毒几乎都是针对Windows的，由于MacOS的架构与Windows不同，所以很少受到计算机病毒的袭击。

（3）Linux。Linux是一种免费使用和自由传播的类UNIX操作系统。其内核由林纳斯·本纳第克特·托瓦兹于1991年10月5日首次发布，Linux是一个基于POSIX的多用户、多任务、支持多线程和多CPU的操作系统。Linux继承了UNIX以网络为核心的设计思想，是一个性能稳定的多用户网络操作系统。Linux有上百种不同的发行版，如基于社区开发的Debian、Archlinux，和基于商业开发的Red Hat Enterprise Linux、SUSE、Oracle Linux等。

（4）UNIX系列。UNIX是20世纪70年代初出现的一个操作系统，除了作为网络操作系统之外，还可以作为单机操作系统使用。UNIX作为一种开发平台和台式操作系统获得了广泛使用，主要用于工程应用和科学计算等领域。众多厂商在其基础上开发了有自己特色的UNIX版本。

（5）Android。安卓（Android）是一种基于 Linux 内核（不包含 GNU 组件）的自由及开放源代码的操作系统，由美国 Google 公司和开放手机联盟领导及开发。主要应用于智能手机、平板电脑、智能电视、智能手表等。2007 年 11 月，Google 与 84 家硬件制造商、软件开发商及电信营运商组建开放手机联盟共同研发、改良 Android 系统。2011 年第一季度，Android 在全球的市场份额首次超过塞班系统，跃居全球第一。2013 年的第四季度，Android 平台手机的全球市场份额已经达到 78.1%。2013 年 9 月 24 日 Google 开发的操作系统 Android 迎来了 5 岁生日，全世界采用这款系统的设备数量已经达到 10 亿台。2022 年 5 月 12 日，谷歌举办 I/O 2022 开发者大会，并正式发布 Android 13。

（6）华为鸿蒙系统。华为鸿蒙系统（HUAWEI Harmony OS）是一款基于微内核，面向全场景的分布式操作系统，创造了一个超级虚拟终端互联的世界，将人、设备、场景有机地联系在一起，使消费者在全场景生活中接触的多种智能终端实现极速发现、极速连接、硬件互助、资源共享，用合适的设备提供场景体验。这个新的操作系统将手机、电脑、平板、电视、工业自动化控制、无人驾驶、车机设备、智能穿戴等应用场景统一成一个操作系统，并且该系统是面向下一代技术而设计的，能兼容全部安卓系统的 Web 应用。

2012 年，华为开始规划自有操作系统——鸿蒙。2019 年 8 月 9 日，华为正式发布鸿蒙系统。2020 年美的、九阳、老板电器、海雀科技搭载鸿蒙系统。截至 2021 年 12 月 2 日，华为宣布 Harmony OS 2 各种升级设备数量已超过 1.5 亿。2022 年 6 月，Harmony OS 3.0 已经开始公测。

华为的鸿蒙操作系统的宣告问世，在全球引起强烈反响。这款中国电信巨头打造的操作系统在技术上是先进的，并且具有逐渐建立起自己生态的成长力。它的诞生将拉开永久性改变操作系统全球格局的序幕。

2.5.4　语言处理程序

因为有了程序，计算机系统才能自动连续地运行，而程序是由程序设计语言编写的。程序设计语言是人与计算机之间进行对话的一种媒介。人通过程序设计语言，使计算机能够"懂得"人们的需求，从而达到为人们服务的目的。

程序设计语言通常分为机器语言、汇编语言和高级语言。

1. 机器语言

在计算机中，指挥计算机完成某个基本操作的命令称为指令。机器语言是直接用二进制代码表达机器指令的计算机语言。它是计算机唯一可以识别和直接执行的语言。

一条指令由操作码和操作数组成。每条指令都有一个唯一的二进制代码与之对应。机器语言是一种面向机器的语言，占用内存小、执行速度快。但是用机器语言编写程序是一项十分烦琐的工作，每条指令都是"0"或"1"的代码串，难以记忆，并且阅读、检查和调试都比较困难。

2. 汇编语言

汇编语言也称为符号语言，它用一些约定的文字、符号和数组按规定的格式来表示各种不同的指令，然后再用这些特殊符号表示的指令来编写程序。符号语言简单直观、便于记忆，比二进制的机器语言方便了许多。汇编语言是面向机器的程序设计语言，汇编语言的指令与机器语言的指令是一一对应的。

用汇编语言编写的程序称为汇编语言源程序，但是计算机只认识二进制的机器语言，不认识用文字符号编写的汇编语言源程序。所以，必须用计算机配置好的汇编程序把它翻译成机器语言的目标程序，机器才能执行。汇编程序相当于汇编语言源程序到机器语言程序的翻译器。

由于汇编语言与 CPU 内部结构关系紧密，要求程序设计人员掌握 CPU 内部结构寄存器和内存储器组织结构，所以对一般人来说，汇编语言仍然难学难记。由于汇编语言与机器指令的一致性和与计算机硬件系统的接近性，因此通常将机器语言和汇编语言统称为低级语言。

3. 高级语言

高级语言是用数学语言和接近于自然语言的语句来编写程序，人们更易于掌握和编写，而且它不是面向机器的语言，因此具有良好的可移植性和通用性。用高级语言编写的程序称为源程序，计算机也不能直接识别和执行。需要将高级语言编写的源程序翻译成等价的机器语言程序（称为目标程序），计算机才能够执行。翻译的方法通常有编译和解释两种。

（1）编译方式。将高级语言源程序送入计算机后，首先调用编译程序将其整个地翻译成等价的机器语言程序（称为目标程序）。然后，通过连接程序将目标程序和库文件连接形成可执行文件，可执行文件的扩展名是 .exe，通过运行可执行程序得到运行结果。目标程序和可执行程序都是以文件的方式存放在磁盘上的，再次运行该程序，只需直接运行可执行文件，不必重新编译和连接。大多数高级语言编写的程序均采用编译方式，不同的高级语言对应不同的编译程序。

（2）解释方式：将高级语言源程序送入计算机后，启动解释程序，将源程序逐句翻译，翻译一句执行一句，边翻译边执行，直到程序执行完毕。得到结果后不保存解释后的机器代码，下次运行该程序时还要重新解释执行。

高级语言种类很多，常用的有：FORTRAN 语言用于科学和工程计算，COBOL 语言用于商业数据处理，Pascal 语言用于结构化程序设计，C 语言用于系统软件和应用软件的设计，Java 语言主要用于网络应用开发，以及近年来异军突起的 Python 语言应用于系统管理任务的处理和 Web 编程。

2.5.5 数据库管理系统

数据处理是计算机应用的一个重要领域。计算机的运行效率主要是指数据处理的效率，数据处理即有组织、动态地存储大量数据，并使用户能方便高效地使用这些数据，是数据库管理系统的主要功能。

数据库管理系统（database management system）是一种操纵和管理数据库的大型软件，用于建立、使用和维护数据库，简称 DBMS。它对数据库进行统一的管理和控制，以保证数据库的安全性和完整性。所谓数据库，就是为了满足一定范围内许多用户的需要，在计算机中建立一组互相关联的数据集合。用户通过 DBMS 访问数据库中的数据，数据库管理员也通过 DBMS 进行数据库的维护工作。它可使多个应用程序和用户用不同的方法在同时或不同时刻去建立、修改和询问数据库。大部分 DBMS 提供数据定义语言 DDL（data definition language）和数据操作语言 DML（data manipulation language），供用户定义数据库的模式结构与权限约束，实现对数据的追加、删除等操作。

数据库管理系统是数据库系统的核心，是管理数据库的软件。数据库管理系统就是实现将用户抽象意义下的逻辑数据处理，转换成为计算机中具体的物理数据处理的软件。有了数据库管理系统，用户就可以在抽象意义下处理数据，而不必顾及这些数据在计算机中的布局和物理位置。

2.5.6　服务性程序

服务性程序是一类辅助性的程序，是为了帮助用户使用和维护计算机，向用户提供服务性手段而编写的程序。服务性程序通常包括编辑程序、调试程序、诊断程序、硬件维护程序和网络管理程序等。随着技术的不断进步、应用领域的不断扩大，大量的服务性程序不断更新和涌现，有的还集成为组件或套件。例如用于程序的装入、链接、编辑和调试的装入程序、链接程序、编辑程序、调试程序，以及故障诊断程序、纠错程序等都属于服务性程序。

2.6　本章习题

一、选择题

1. 从第一代计算机诞生到现在，按计算机采用的电子器件来划分，计算机的发展经历了（　　）个阶段。

A. 3　　　　　　　　B. 4　　　　　　　　C. 5　　　　　　　　D. 6

2. 目前微机中采用的逻辑器件是（　　）。

A. 分立组件　　　　B. 小规模集成电路　　C. 大规模集成电路　　D. 大规模和超大规模集成电路

3. （　　）的研制水平、生产能力及其应用程度，已成为衡量一个国家经济实力和科技水平的重要标志。

A. 大型机　　　　　B. 巨型机　　　　　　C. PC　　　　　　　　D. 工作站

4. 在计算机应用中，CAD 是指（　　）。

A. 计算机辅助设计　　　　　　　　　　　B. 计算机辅助教学

C. 计算机辅助制造　　　　　　　　　　　D. 计算机辅助测试

5. 专家系统是计算机在（　　）方面的应用。

A. 科学计算　　　　B. 过程控制　　　　　C. 数据处理　　　　　D. 人工智能

6. 计算机最早被应用于（　　）。

A. 数据处理　　　　B. 信息管理　　　　　C. 科学计算　　　　　D. 计算机网络

7. 当今计算机的基本结构和工作原理是由冯·诺依曼提出的，其主要思想是（　　）。

A. 存储程序　　　　B. 二进制数　　　　　C. CPU 控制原理　　　D. 开关电路

8. 在计算机内部，信息用（　　）表示。

A. 模拟数字　　　　B. 十进制数　　　　　C. 二进制数　　　　　D. 十六进制数

9. 下列设备中，既能向主机输入数据又能接收主机输出数据的是（　　）。

A. 显示器　　　　　B. 扫描仪　　　　　　C. 磁盘存储器　　　　D. 音响设备

10. 为解决某一特定问题而设计的指令序列称为（　　）。

A. 文档　　　　　　B. 语言　　　　　　　C. 程序　　　　　　　D. 系统

11. 计算机能直接识别并执行的语言是（　　　）。

    A. 高级语言　　　　　　B. 汇编语言　　　　　　C. 机器语言　　　　　　D. 符号语言

12. （　　　）能把汇编语言翻译成机器语言程序。

    A. 编译程序　　　　　　B. 解释程序　　　　　　C. 目标程序　　　　　　D. 汇编程序

13. 一个完整的计算机系统包括（　　　）。

    A. 计算机及其外部设备　　　　　　　　　　B. 主机、键盘、显示器

    C. 系统软件和应用软件　　　　　　　　　　D. 硬件系统和软件系统

14. 组成中央处理器（CPU）的主要部件是（　　　）。

    A. 控制器和内存　　　　　　　　　　　　　B. 控制器和寄存器

    C. 运算器和控制器　　　　　　　　　　　　D. 运算器和内存

15. 下列各类存储器中，断电后其中信息会丢失的是（　　　）。

    A. RAM　　　　　　　　B. ROM　　　　　　　　C. 硬盘　　　　　　　　D. 光盘

16. "64 位机"中的 64 表示的是一项技术指标，即（　　　）。

    A. 字节　　　　　　　　B. 字长　　　　　　　　C. 容量　　　　　　　　D. 速度

17. 配置高速缓冲存储器是为了解决（　　　）。

    A. 内存与辅助存储器之间速度不匹配问题

    B. CPU 与辅助存储器之间速度不匹配问题

    C. CPU 与内存储器之间速度不匹配问题

    D. 主机与外设之间速度不匹配问题

二、填空题

1. 世界上公认的第一台电子计算机于_____年诞生，它的名字是_____。

2. 第一代计算机使用的主要元器件是_____，第二代使用的是_____，第三代使用的是_____，第四代使用的是_____。

3. 请写出下面英文缩写的含义：CAD _____，CAM _____，CAT _____，CAI _____。

4. 基于冯·诺依曼思想而设计的计算机硬件系统是由_____、_____、_____、_____、_____ 5 个功能部件组成的。

5. _____语言是计算机唯一能识别并能直接执行的语言。

6. 微型计算机系统可靠性可以用平均_____工作时间来衡量。

7. _____保存着计算机最重要的基本输入/输出程序、系统设置信息、开机后自检程序和系统启动自检程序。

8. USB 的英文全称是_____。

9. 按照总线上传送信息类型的不同，可将总线分为_____、_____和_____。

10. 位于 CPU 与内存之间的一种容量较小但存取速度较快的存储器是_____。

11. 目前，常用的打印机有_____、_____和_____ 3 种。

12. 计算机中系统软件的核心是_____，它主要用来控制和管理计算机的所有软硬件资源。

13. 显示器的_____越高，显示的图像越清晰。

14. 计算机的软件系统通常分为_____软件和_____软件。

15. 一条机器指令由_____和_____两部分组成。

16. 根据制造原理的不同，RAM 可分为_____和_____。

三、简答题

1. 未来计算机的发展方向是什么？

2. 计算机中为什么要采用二进制？

3. 简述计算机系统的组成。

4. 计算机的主要性能指标有哪些？

5. 简述计算机的工作原理。

6. 计算机的内存与外存有什么区别？

7. 微处理器的主要性能指标有哪些？

8. 根据传输信号的类型，总线可分为哪三类？各自的作用是什么？

9. 如何计算硬盘的容量？试举例说明。

参考答案

第3章 计算思维

- 了解计算含义的变化。
- 了解计算工具及计算技术的发展历程。
- 了解高性能计算及未来的计算。
- 了解计算思维的内涵和特征。
- 了解使用计算思维求解问题的四个核心元素。
- 了解常用的数据结构，算法的表示与常用算法。

■ 本章学习内容

　　本章主要介绍计算概念的发展历程以及发展趋势；计算思维的内涵、特征；用计算思维求解各类问题时，如何对问题进行分解、模式识别、模式概括与抽象和算法表示；通过案例介绍常用的算法表示。

计算机作为这个时代的科技产物，被广泛应用到国防、军事、科研、经济、文化等领域，已融入人们的日常生活中。随着信息技术与网络科技的发展，物联网、云计算、大数据、人工智能技术的应用越来越广泛，新技术、新知识和新科学的普及与传播已超越了以往任何时候。与此同时，无处不在的计算也已经悄无声息地渗透到我们的工作和生活中，计算与计算机科学及相关基础知识已经成为大学生通识教育与技能储备的必需要素，运用现代计算机技术、现代化计算工具和计算思维方式去解决现实中的实际问题，已经成为当今计算机文化所倡导的新的风向标和其发展的必然趋势。

3.1 什么是计算？

计算的历史十分悠久，最初，人类用手指、石子和木棍等随处可得的东西作为记数与计算的工具，历史上就有"以石计数""结绳计数"的记载，在拉丁语中，"Calculus"（计算）一词的本意就是用于计算的小石子。稍微复杂一点的计算需要借助一定的工具来进行。人类最初的计算工具就是自己的双手，掰指头算数就是最早的计算方法，因此十进制就成了人类最早、最熟悉的计数法。

在数学领域，计算是抽象数学思想在具体数据上的应用，例如用数字进行加、减、乘、除的运算，是指"数据"在"运算符"的操作下，按"规则"进行的数据变换。我们不断学习和训练的是各种运算符的"规则"及其组合应用，目的是通过计算得到正确的结果。

计算无处不在，且广泛融入人们的生活、学习、生产和工作中。"规则"可以学习与掌握，但应用"规则"进行计算则可能超出了人的计算能力，即人知道规则却没有办法得到计算结果。人们一直在寻求解决途径，一种方法是研究复杂计算的各种简化的等效计算方法使其可以计算，另一种方法是借助计算工具。

20世纪40年代初期，存储式电子计算机的发明，使计算的概念发生了巨大的变化，计算已经拓展成一个庞大的学科，它已延伸至对算法理论、数理逻辑、计算模型、自动计算机器的研究。计算学科研究的根本问题是什么能被（有效地）自动进行。计算学科是对描述和变换信息的算法过程进行的系统研究，包括理论、分析、设计、效率、实现和应用等。

本书中所指的计算是一种广义的计算，包括数学计算、逻辑推理、文法的产生式、集合论的函数、组合数学的置换、变量代换、图形图像的变换、数理统计等，还有人工智能解空间的遍历、问题求解、图论的路径问题、网络安全、代数系统理论、上下文表示、感知与推理、智能空间等，甚至包括数字系统设计（如逻辑代数）、软件程序设计（文法）、机器人设计和建筑设计等设计问题。

3.2 计算工具的发展

3.2.1 原始计算方法

1. 算筹

据史书的记载和考古的发现，古代的算筹实际上是一根根同样长短和粗细的小棍子，如

图 3 - 2 - 1 所示。这些小棍子一般长为 13 ~ 14cm，径粗 0.2 ~ 0.3cm，多用竹子制成，也有用木头、兽骨、象牙、金属等材料制成的，大约 270 几枚为一束。

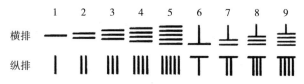

图 3 - 2 - 1 算筹

在算筹计数法中，以纵横两种排列方式来表示单位数目，其中，1 ~ 5 分别以纵横方式排列相应数目的算筹来表示，6 ~ 9 则以上面的算筹再加下面相应的算筹来表示。表示多位数时，个位用纵式，十位用横式，百位用纵式，千位用横式，以此类推，遇零则置空。这种计数法遵循一百进位制。据《孙子算经》记载，算筹记数法则是："凡算之法，先识其位，一纵十横，百立千僵，千十相望，万百相当。"《夏阳侯算经》说："满六以上，五在上方，六不积算，五不单张。"

2. 算盘

算盘（abacus）是一种手动操作计算辅助工具。它起源于中国，迄今已有 2600 多年的历史，是中国古代的一项重要发明，在阿拉伯数字出现前，算盘是世界广为使用的计算工具，如图 3 - 2 - 2 所示。

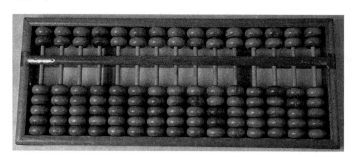

图 3 - 2 - 2 算盘

一般的算盘多为木制，矩形木框内排列的一串串等数目的算珠称为档，中间有一道横梁把珠分隔为上下两部分，上半部分每算珠代表 5，下半部分每算珠代表 1。每串珠从右至左代表了十进位的个、十、百、千、万位数。加上一套手指拨珠规则的运算口诀，就可解决各种复杂运算，甚至可以开多次方。算盘是现代计算机的前身，是古代中国计算技术的符号。

3. 计算尺

计算尺发明于 1620—1630 年，在对数的概念发表后不久，英国牛津的埃德蒙·甘特（Edmund Gunter）发明了一种使用单个对数刻度的计算工具，当和另外的测量工具配合使用时，可以用来做乘除法。1630 年，剑桥的 William Oughtred 发明了圆算尺，1632 年，他组合两把甘特式计算尺，用手合起来成为可以视为现代计算尺的工具（图 3 - 2 - 3）。

计算尺本质上就是比例计算或转换。根据计算结果，按照一定的比例规则，预先划定对应计算目的的尺子刻度，然后就可以根据计算目的选用刻度尺，大致得出计算结果。

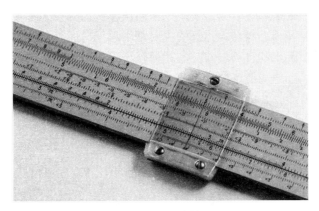

图3-2-3 计算尺

3.2.2 机械式计算技术

1. 加法器

1642年，法国数学家帕斯卡（Blaise Pascal）发明了帕斯卡加法器，这是人类历史上第一台机械式计算工具。帕斯卡加法器是由齿轮组成、以发条为动力、通过转动齿轮来实现加减运算、用连杆实现进位的计算装置。这是一台手摇的、能自动进位的加减法计算装置，全名为滚轮式加法器，由一系列齿轮组成，6个轮子分别代表个、十、百、千、万及十万（图3-2-4）。

图3-2-4 手摇式加法器

加法器是产生数的"和"的装置。加数和被加数为输入，和数与进位为输出的装置为半加器。若加数、被加数与低位的进位数为输入，而和数与进位为输出的装置则为全加器。加法器常用作计算机算术逻辑部件，执行逻辑操作、移位与指令调用。在电子学中，加法器是一种数位电路，其可进行数字的加法计算。

以单位元的加法器来说，它有两种基本的类型：半加器和全加器。半加器有两个输入和两个输出，输入可以表示为A、B或X、Y，输出通常表示为和S和进制C。A和B经XOR运算后即S，经AND运算后即C。全加器引入了进制值的输入，以计算较大的数。为区分全加器的两个进制线，在输入端的记作Ci或Cin，在输出端的则记作Co或Cout。半加器简写为H. A.，全加器简写为F. A.。

半加器有两个二进制的输入，其将输入的值相加，并输出结果到和（sum）和进制（carry）。半加器虽能产生进制值，但半加器本身并不能处理进制值。半加器基本电路如图3-2-5所示。

全加器有三个二进制的输入，其中一个是进制值的输入，所以全加器可以处理进制值。全加器可以由两个半加器组合而成。全加器基本电路如图3-2-6所示。

2. 乘法器

1674年，莱布尼茨在物理学家马略特的帮助下，制成了第一个乘法器。乘法器（multiplier）是一种完成两个互不相关的模拟信号相乘的电子器件。它是由更基本的加法器组成的，可以将两个二进制数相乘。乘法器可以通过使用一系列计算机计算技术来实现。乘法器不仅可以作为乘法、除法、乘方和开方等模拟运算的主要基本单元，而且还广泛用于电子通信系统进行调制、解调、混频、鉴相和自动增益控制；另外还可用于滤波、波形形成和频率控制等场合，因此是一种用途广泛的功能电路（图3-2-7）。

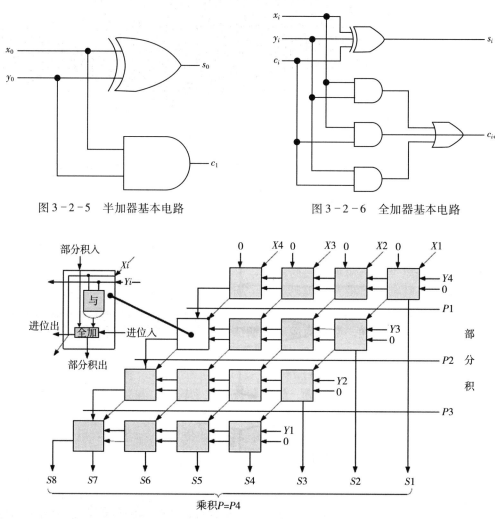

图3-2-5　半加器基本电路

图3-2-6　全加器基本电路

图3-2-7　阵列乘法器设计框图

3.2.3　机电式计算技术

具有代表性的机电式计算机有美国的 MarkI 和德国的 Z-3 计算机。这些计算机，与后来的 ENIAC 相比，从体系结构角度看，还不算现代意义的大型计算机，但它们的确揭开了计算机时代的序幕。

1886 年，美国统计学家赫尔曼·霍勒瑞斯（Herman Hollerith）借鉴了雅各织布机的穿孔卡原理，用穿孔卡片存储数据，采用机电技术取代了纯机械装置，制造了第一台可以自动进行加减乘除四则运算、累计存档、制作报表的制表机（图3-2-8）。这台制表机参与了美国 1890 年的人口普查工作，使预计耗时 10 年的统计工作仅用 1 年零 7 个月就完成了，是人类历史上第一次利用计算机进行大规模的数据处理。

1938 年，德国工程师朱斯（K. Zuse）研制出 Z-1 计算机，这是第一台采用二进制的计算机。在接下来的 4 年中，朱斯先后研制出采用继电器的计算机 Z-2、Z-3、Z-4（图 3 - 2 - 9）。Z-3 是世界上第一台真正的通用程序控制计算机，不仅全部采用了继电器，同时还采用了浮点记数法、二进制运算、带存储地址的指令形式等。

图 3 - 2 - 8　制表机

图 3 - 2 - 9　Z 系列计算机

3.2.4　电子计算技术

1. 图灵机

图灵机（Turing machine，TM），又称图灵计算机，是英国数学家艾伦·麦席森·图灵（1912—1954）于 1936 年提出的一种抽象的计算模型，它将人们使用纸笔进行数学运算的过程进行抽象，由一个虚拟的机器进行数学运算。

图灵提出图灵机的模型（图 3 - 2 - 10）并不是为了同时给出计算机的设计，它的意义有如下几点：

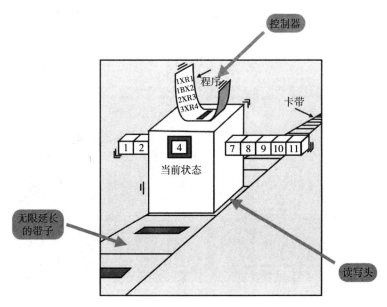

图 3 - 2 - 10　图灵机模型

（1）它证明了通用计算理论，肯定了计算机实现的可能性，同时给出了计算机应有的主要架构。

（2）图灵机模型引入了读写、算法、程序语言的概念，极大地突破了过去的计算机器的设计理念。

（3）图灵机模型理论是计算学科最核心的理论，因为计算机的极限计算能力就是通用图灵机的计算能力，很多问题可以转化到图灵机这个简单的模型来考虑。

通用图灵机向人们展示这样一个过程：程序和其输入可以先保存到存储带上，图灵机就按程序一步一步运行直到给出结果，结果也保存在存储带上。更重要的是，隐约可以看到现代计算机的主要构成，尤其是冯·诺依曼理论的主要构成。

2. 电子计算机

1939年，美国艾奥瓦州大学教授约翰·阿塔纳索夫（John Atanasoff）和他的研究生贝利（Clifford Berry）一起研制了一台称为ABC（Atanasoff Berry Computer）的电子计算机。由于经费的限制，他们只研制了一个能够求解包含30个未知数的线性代数方程组的样机。在阿塔纳索夫的设计方案中，第一次提出采用电子技术来提高计算机的运算速度。

第二次世界大战中，美国宾夕法尼亚大学物理学教授约翰·莫克利（John Mauchly）和他的研究生普雷斯帕·埃克特（Presper Eckert）受军械部的委托，为计算弹道和射击表启动了研制ENIAC的计划，1946年2月15日，这台标志人类计算工具历史性变革的巨型机器宣告竣工。ENIAC的最大特点就是采用电子器件代替机械齿轮或电动机械来进行算术运算、逻辑运算和存储信息，因此，同以往的计算机相比，ENIAC最突出的优点就是高速度。ENIAC是世界上第一台能真正运转的大型电子计算机，ENIAC的出现标志着电子计算机（以下称计算机）时代的到来（图3-2-11）。

图3-2-11　ENIAC

3. 2. 5 高性能计算及未来的计算

1. 并行与分布式计算

（1）并行计算。并行计算（parallel computing）又称平行计算，是指一种能够让多条指令同时进行的计算模式，可分为时间并行和空间并行。时间并行即利用多条流水线同时作业。空间并行是指使用多个处理器执行并发计算，以缩短解决复杂问题所需要的时间。并行计算能快速解决大型且复杂的计算问题。此外还能利用非本地资源，节约成本，它使用多个"廉价"计算资源取代大型计算机，同时克服单个计算机上存在的存储器限制。

为执行并行计算，计算资源应包括一台配有多处理机（并行处理）的计算机、一个与网络相连的计算机专有编号，或者两者结合使用。并行计算处理问题一般分为以下三步：

①将问题分离成离散独立部分，有助于同时被解决。

②同时并及时地执行多个程序指令。

③将处理完的结果返回主机经一定处理后显示输出。

（2）分布式计算。分布式计算是将一个需要非常巨大的计算能力才能解决的问题分成许多小的部分，然后把这些部分分配给许多计算机进行处理，最后把这些计算结果综合起来得到最终的结果。分布式计算和集中式计算是相对应的概念。

分布式计算是在两个或多个软件间互相共享信息，这些软件既可以在同一台计算机上运行，也可以在通过网络连接起来的多台计算机上运行。

分布式计算比起其他算法具有以下几个优点：

①稀有资源可以共享。

②通过分布式计算可以在多台计算机上平衡计算负载。

③可以把程序放在最适合运行它的计算机上。其中，共享稀有资源和平衡负载是计算机分布式计算的核心思想之一。

2. 云计算

云计算（cloud computing）是分布式计算的一种，指的是通过网络"云"将巨大的数据计算处理程序分解成无数个小程序，然后，通过多部服务器组成的系统处理和分析这些小程序得到结果并返回给用户。云计算早期，简单地说，就是简单的分布式计算，进行任务分发，并进行计算结果的合并。因此，云计算又称为网格计算。通过这项技术，可以在很短的时间内（几秒钟）完成对数以万计的数据的处理，提供强大的网络服务。

现阶段所说的云服务已经不单单是一种分布式计算，而是分布式计算、效用计算、负载均衡、并行计算、网络存储、热备份冗杂和虚拟化等计算机技术混合演进并跃升的结果。

云计算的可贵之处在于高灵活性、可扩展性等。与传统的网络应用模式相比，其具有如下优势与特点：

（1）虚拟化技术。虚拟化突破了时间、空间的界限，是云计算最为显著的特点，虚拟化技术包括应用虚拟和资源虚拟两种。众所周知，物理平台与应用部署的环境在空间上是没有任何联系的，是通过虚拟平台对相应终端操作完成数据备份、迁移和扩展等。

（2）动态可扩展。云计算具有高效的运算能力，在原有服务器基础上增加云计算功能能够使计算速度迅速提高，最终实现动态扩展虚拟化的层次达到对应用进行扩展的目的。

（3）按需部署。计算机包含了许多应用、程序软件等，不同的应用对应的数据资源库不同，所以用户运行不同的应用需要较强的计算能力对资源进行部署，而云计算平台能够根据用户的需求快速配备计算能力及资源。

（4）灵活性高。目前市场上大多数 IT 资源、软硬件都支持虚拟化，比如存储网络、操作系统和开发软硬件等。虚拟化要素统一放在云系统资源虚拟池当中进行管理，可见云计算的兼容性非常强，不仅可以兼容低配置机器、不同厂商的硬件产品，还能通过外设获得更高性能计算。

（5）可靠性高。若服务器出现故障也不影响计算与应用的正常运行。因为单点服务器出现故障可以通过虚拟化技术将分布在不同物理服务器上面的应用进行恢复或利用动态扩展功能部署新的服务器进行计算。

（6）性价比高。将资源放在虚拟资源池中统一管理在一定程度上优化了物理资源，用户不再需要昂贵、存储空间大的主机，可以选择相对廉价的 PC 组成云，一方面降低成本，另一方面计算性能不逊于大型主机。

（7）可扩展性。用户可以利用应用软件的快速部署条件来更简单快捷地将自身所需的已有业务以及新业务进行扩展。例如，计算机云计算系统中出现设备的故障，对于用户来说，无论是在计算机层面上，还是在具体应用上均不会受到影响，可以利用计算机云计算具有的动态扩展功能来对其他服务器开展有效扩展。这样一来就能够确保任务得以有序完成。在对虚拟化资源进行动态扩展的情况下，同时能够高效扩展应用，提高计算机云计算的操作水平。

3. 普适计算

普适计算 [ubiquitous computing（ubicomp）、pervasive computing]，又称普存计算、普及计算、遍布式计算、泛在计算，是一个强调和环境融为一体的计算概念，而计算机本身则从人们的视线里消失。在普适计算的模式下，人们能够在任何时间、任何地点、以任何方式进行信息的获取与处理。普适计算是一个涉及研究范围很广的课题，包括分布式计算、移动计算、人机交互、人工智能、嵌入式系统、感知网络以及信息融合等多方面技术的融合。

在普适计算的环境中，无线传感器网络将广泛普及，在环保、交通等领域发挥作用；人体传感器网络会大大促进健康监控以及人机交互等的发展。各种新型交互技术（如触觉显示、OLED 等）将使交互更容易、更方便。

普适计算的目的是建立一个充满计算和通信能力的环境，同时使这个环境与人们逐渐地融合在一起。在这个融合空间中，人们可以随时随地、透明地获得数字化服务。在普适计算环境下，整个世界是一个网络的世界，数不清的为不同目的服务的计算和通信设备都连接在网络中，在不同的服务环境中自由移动。

在信息时代，普适计算可以降低设备使用的复杂程度，使人们的生活更轻松、更有效率。实际上，普适计算是网络计算的自然延伸，它使得个人计算机，以及其他小巧的智能设备也可以连接到网络中，从而方便人们即时地获得信息并采取行动。

目前，IBM 已将普适计算确定为电子商务之后的又一重大发展战略，并开始了端到端解决方案的技术研发。IBM 认为，实现普适计算的基本条件是计算设备越来越小，方便人们随时随地佩戴和使用。在计算设备无时不在、无所不在的条件下，普适计算才有可能实现。

科学家认为，普适计算是一种状态，在这种状态下，iPad 等移动设备、谷歌文档或远程游戏技术 Online 等云计算应用程序、5G 或广域 Wi-Fi 等高速无线网络将整合在一起，清除"计算机"作为获取数字服务的中央媒介的地位。随着每辆汽车、每台照相机、每块手表以及每个电视屏幕都拥有几乎无限的计算能力，计算机将彻底退居到"幕后"以至于用户感觉不到它们的存在。

4. 未来的计算

摩尔定律和香农极限定义着这个时代的技术极限，想要抵达下一个计算时代，也必须从体系化的创新极限突破开始。未来十年，计算将有什么样的新形态？华为描绘出六个技术形态，我们可以从这六个技术形态中，窥见未来计算的模样。

（1）物理层突破。随着当前半导体工艺逐步逼近物理极限，未来将通过物理层突破来提升计算能效和存储密度，实现产业技术革命。物理层突破的主要方向包括模拟计算、非硅基计算、新型存储。如在能效密度的提升方面，未来量子计算和光计算会是模拟计算代表性技术，预计 2025 年将出现 1000 量子比特芯片，在特定场景实现商用。存储会围绕着数据全生命周期热温冷的差异，未来介质也将向高速高性能和海量低成本两个方向演进，满足数据存储的大量数据访问实时性、高效率、低成本的核心诉求。

（2）多样性计算。未来融合应用需要多样性计算，多样性计算将从以 CPU 为中心转变以数据为中心，向对称计算架构演进。对称计算架构中总线是核心，未来将出现 DC 级计算总线，在新总线支撑下，将逐步实现对称计算、泛在计算、存算一体等新型计算架构，同时针对软件栈也会全面重构。

（3）多维协同。包括两方面，一是立体计算，二是数字孪生。未来云、边、端将在横向及纵向进行协同与协作，实现优势互补，形成立体计算。预计 2025 年边缘智能化行业渗透率达到 40%，端边云架构在业界成为标准，实现规模商用。而在智慧城市、智慧工厂等应用驱动下，数字孪生也会加速落地。

（4）智能认知。AI 技术将从感知走向认知，从认知走向创造。从感知智能到认知智能，预计 2025 年将在搜索、推荐、对话等推理场景应用，2030 年将在局部场景实现机器对人的替代；从认知智能到创造智能实现生成性 AI，预计到 2030 年 AI 将实现主动寻找训练数据，实现自我更新、自我进化、自我创造。

（5）内生安全。未来计算安全将成为系统内生能力，贯穿数据全生命周期。预计 2026 年在数字身份领域出现全球认可的共识算法，同态加密性能提升 1000 倍，初步实现商用。伴随 AI 应用的普及，AI 安全可信将越来越重要，预计到 2026 年 AI 模型的抗鲁棒性从当前的 5% 提升至 80% 以上。随着新计算范式的出现，需要构筑新的安全架构与体系，安全将融入在网计算、多样性计算、对等计算等新计算架构。

（6）绿色集约。计算绿色集约的主要途径是集约化建设、提升算力利用率和降低单位算力能耗。具体实现手段包括芯片工程、一体化 DC 和算力网络。算力网络通过新型网络技术将各地数据中心连接起来实现算力服务化，在全社会层面实现算力集约化建设和复用，提升算力利用率。预计到 2030 年，将出现超过 100 个城市节点的算力网络。

3.3　计算思维

2006 年 3 月，美国卡内基梅隆大学计算机系周以真教授在美国计算机权威杂志 ACM《Communication of the ACM》上发表并定义了计算思维（computational thinking）。她指出，计算思维是每个人的基本技能，不仅属于计算科学家，要把计算机这一从工具到思维的发展提炼到与"3R（读、写、算）"同等的高度和重要性，成为适合每一个人的"一种普遍的认识和一类普适的技能"。这在一定程度上，意味着计算机科学从前沿高端到基础普及的转型。近年来，计算思维这一概念得到国内外计算机界、社会学界以及哲学界学者和教育者的广泛关注，并进行了深入的研究和探讨。

3.3.1 计算思维的主要内容

计算思维包括如下内容：

（1）计算思维是通过约简、嵌入、转化和仿真等方法，把一个看似困难的问题重新阐释成已知其解决方案的问题。

（2）计算思维是一种递归思维，是一种并行处理，可以把代码译成数据又能把数据译成代码，是一种多维分析推广的类型检查方法。

（3）计算思维是一种采用抽象和分解来控制庞杂的任务或进行巨大复杂系统设计的方法，是基于关注点分离的方法。

（4）计算思维是一种选择合适的方式去陈述一个问题，或对一个问题的相关方面建模使其易于处理的思维方法。

（5）计算思维是按照预防、保护及通过冗余、容错、纠错的方式，从最坏情况进行系统恢复的一种思维方法。

（6）计算思维是利用启发式推理寻求解答，即在不确定的情况下规划、学习和调度的思维方法。

（7）计算思维是利用海量数据来加快计算，在时间和空间之间、在处理能力和存储容量之间进行折中的思维方法。

3.3.2 计算思维的特征

周以真教授认为计算思维的内容，本质是抽象和自动化，特点是形式化、程序化和机械化。周教授同时给出了计算思维的6个特征。

1. 是概念化思维，不是程序化思维

计算机科学不等于计算机编程，计算思维应该像计算机科学家那样去思维，远远不止是为计算机编写程序，应能够在抽象的多个层次上思考问题。计算机科学不只是关于计算机，就像通信科学不只是关于手机，音乐产业不只是关于麦克风一样。

2. 是基础的技能，不是机械的技能

基础的技能是每个人为了在现代社会中发挥应有的职能所必须掌握的。生搬硬套的机械技能意味着机械地重复。计算思维不是一种简单、机械的重复。

3. 是人的思维，不是计算机的思维

计算思维是人类求解问题的方法和途径，但绝非试图使人类像计算机那样去思考。计算机枯燥且沉闷，人类聪颖且富有想象力。计算思维是人类基于计算或为了计算的问题求解的方法论，而计算机思维是刻板的、教条的、枯燥的、沉闷的。以语言和程序为例，必须严格按照语言的语法编写程序，错一个标点符号都会出问题。程序流程毫无灵活性可言。配置了计算设备，我们就能用自己的智慧去解决那些之前不敢尝试的问题，就能建造那些其功能仅

仅受制于我们想象力的系统。

4. 是思想，不是人造品

计算思维不只是将我们生产的软硬件等人造物到处呈现，更重要的是计算的概念，被人们用来求解问题、管理日常生活，以及与他人进行交流和活动。

5. 是数学和工程互补融合的思维，不是数学性的思维

人类试图制造的能代替人完成计算任务的自动计算工具都是在工程和数学结合下完成的。这种结合形成的思维才是计算思维。具体来说，计算思维是与形式化问题及其解决方案相关的一个思维过程。这样其解决问题的表达形式才能有效地转换为信息进行处理。而这个表达形式是可表述的、确定的、机械的（不因人而异的），解析基础构建于数学之上，所以数学思维是计算思维的基础。此外，计算思维不仅仅是为了解决计算问题、提高问题解决的效率、压缩成本等，它面向所有领域，对现实世界中巨大的复杂系统进行设计与评估，甚至可以解决行业、社会、国民经济等宏观世界中的问题，因而工程思维（如合理建模）的高效实施也是计算思维不可或缺的部分。

6. 面向所有的人，所有领域

计算思维是面向所有人的思维，而不只是计算机科学家的思维。如同所有人都具备"读、写、算（3R）"能力一样，计算思维是必须具备的思维能力。因而，计算思维不仅仅是计算机专业的学生要掌握的能力，也是所有受教育者应该掌握的能力。

3.3.3 利用计算思维求解问题

随着计算机的出现，机器与人类有关的思维和实践活动不断增多，从而大大促进了计算思维与实践活动向更高的层次迈进。计算思维的研究包含两层意思：计算思维研究的内涵和计算思维推广与应用的外延。其中，立足计算机学科本身，研究该学科中涉及的构造性思维就是狭义计算思维。在实践活动中，特别是在构造高效的计算方法、研制高性能计算机取得计算成果的过程中，计算思维的作用也在不断凸显。

计算机思维是一个解决问题的流程，包括一系列的特征和处理方式、方法和流程。计算思维帮助计算机工程师分析问题、制订解决方案并开发程序解决问题，这种思维实际上也可以应用于其他几乎所有学科的问题解决中，包括人文科学、数学和科学等。

利用计算思维求解问题，要考虑计算思维的四个核心元素，分别是：分解（decomposition）、模式识别（pattern recognition）、模式概括与抽象（pattern generalization and abstraction）以及算法（algorithm）。虽然这并不是建立计算思维唯一的方法，不过通过这四部分我们可以更有效地利用计算思维对问题进行求解，不断使用计算方法与工具解决问题，进而逐渐养成计算思维。

1. 分解

要想解决问题，必须充分理解问题，了解问题的本质，明白问题求解的目标；只有找准问题求解的目标，才能根据问题中的已知条件按照目标的方向进行求解。如果问题比较复杂，需要对问题进行有效分解，大问题拆解成小问题，复杂问题拆解成简单问题，新问题拆分成若干老问题。将问题分解为更小、易于处理的几个部分，其目的就是使问题易于解决。

【例3.1】汉诺塔问题是一个经典的问题，源于印度一个古老传说。开天辟地的神勃拉

玛在一个庙里留下了三根金刚石柱子，分别为 A，B，C，在其中的 A 柱子上面套着 64 个黄金圆盘，最大的一个在底下，其余一个比一个小，依次叠上去。勃拉玛命令庙里的众僧把圆盘从 A 柱子上按大小顺序移动到另一根柱子上。移动的规则如下：

- 一次只能移动一个黄金圆盘。
- 任何时候都不能将一个较大的圆盘压在较小的圆盘上面。
- 除了第二条限制，任何柱子的最上面的圆盘都可以移动到其他柱子上。

汉诺塔问题解决思路：

在解决汉诺塔问题时，核心问题是最下面的第 64 个黄金圆盘，如果能将其从 A 柱子移动到 B 柱子上，则可再移动其他黄金圆盘，但是第 64 个黄金圆盘上面有 63 个小黄金圆盘，按照移动规则，不能直接移动第 64 个黄金圆盘。

为了解决这个问题，先以 3 个黄金圆盘为例：A 柱子上从下往上按照大小顺序摆着 3 个黄金圆盘。现在需要将 3 个黄金圆盘从 A 柱子移动到 B 柱子；C 柱子用来放置临时圆盘，移动黄金圆盘之前的情况如图 3 - 3 - 1 所示。该题目讲述的问题是：如何将 1 和 2 两个黄金圆盘从 A 柱子

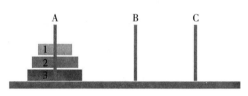

图 3 - 3 - 1　3 阶汉诺塔

移动到 C 柱子，然后将黄金圆盘 3 从 A 柱子移动到 B 柱子，1 和 2 两个黄金圆盘从 C 柱子再移动到 B 柱子；问题继续分解成：如何将 1 和 2 两个黄金圆盘从 A 柱子移动到 C 柱子。先将上面的 1 号黄金圆盘从 A 柱子移动到 B 柱子，然后将 2 号黄金圆盘从 A 柱子移动到 C 柱子，再将 1 号黄金圆盘从 B 柱子移动到 C 柱子，这样 1 和 2 两个黄金圆盘就从 A 柱子移动到 C 柱子；持续分解这个问题，最终将只需要处理一个黄金圆盘从一个柱子移动到另一个柱子的问题。

因此，求解移动 64 个黄金圆盘的问题可以分解为求解移动 63 个黄金圆盘的问题，继续分解为求解移动 62 个黄金圆盘的问题……持续分解为求解移动 3 个黄金圆盘的问题，最后分解为求解一个黄金圆盘移动的问题。

2. 模式识别

模式识别简单来说就是找到事物规律然后不断复制重复执行。通过掌握识别规律我们就可以轻松运用规律，去解决问题。在将一个复杂的问题分解之后，常常可以发现小问题中有共同的属性以及相似之处，在计算思维中，这些属性被称为模式（pattern）。模式识别是指在一组数据中找出特征（feature）或规则（rule），用于对数据进行识别与分类，以作为决策判断的依据。在解决问题的过程中，找到模式是非常重要的，模式可以让问题的解决更简化。当问题具有相同的特征时，它们能够被更简单地解决，因为存在共同模式时，我们可以用相同的方法解决此类问题。例如，当前常见的生物识别技术就是利用人体的形态、构造等生理特征（physiological characteristics）以及行为特征（behavior characteristics）作为依据，通过光学、声学、生物传感等高科技设备的密切结合对个人进行身份识别（identification 或 recognition）与身份验证（verification）的技术。又例如，指纹识别（fingerprint recognition）系统通过机器读取指纹样本，将样本存入数据库中，然后用提取的指纹特征与数据库中的指纹样本进行对比和验证；而脸部识别技术则是通过摄像头提取人脸部的特征（包括五官特征），再经过算法确认，就可以从复杂背景中判断出特定人物的面孔特征。

3. 模式概括与抽象

模式概括与抽象在于过滤以及忽略掉不必要的特征，让我们可以将精力集中在重要的特征上，这样有助于将问题抽象化。

通常这个过程开始会收集许多数据和资料，通过模式概括与抽象把无助于解决问题的特性和模式去掉，留下相关的以及重要的属性，直到确定一个通用的问题以及建立解决这个问题的规则。抽象化是指看待问题要抓住主要的、本质的东西，忽略其他的，去繁求简。"抽象"没有固定的模式，它随着需要或实际情况而有所不同。

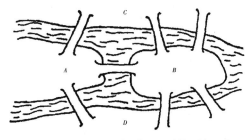

如何正确而快速地将现实世界的事物抽象化是一门学问，而计算思维着重于分析、分解与概括（或归纳）的能力，是练习抽象化非常有效的方法。

【例3.2】哥尼斯堡七桥问题。该问题发生在18世纪欧洲东普鲁士（现为俄罗斯的加里宁格勒），这里有个古城哥尼斯堡，普雷盖尔河穿城而过，河中有两座小岛，岛和两岸之间有7座桥，如图3-3-2所示。当地居民有一项消遣活

图3-3-2　哥尼斯堡七桥问题

动，就是测试能否每座桥恰好走过一遍并回到原出发点，很多人对此很感兴趣，纷纷进行试验，但在相当长的时间里，始终未能找到方法。

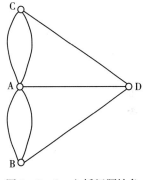

1735年，28岁的欧拉访问哥尼斯堡时，发现了这个有趣的问题，当时还没有图论的概念，为了解决这个问题，欧拉把两座小岛抽象成顶点，每一座桥抽象成连接顶点的一条边，哥尼斯堡七桥问题抽象成如图3-3-3所示的问题。

若分别用A、B、C、D 4个点表示哥尼斯堡的4个区域，这样著名的"七桥问题"便转化为是否能够用一笔不重复地画完这七条线的问题了。若可以画出来，则图形中必有终点和起点，并且起点和终点应该是同一点。如果每座桥都恰好走一次，那么对于A、B、C、D这4个顶点中的每一个顶点，需要从某条边进，从另一条边离开，每个顶点有几条进入的边，就应该对

图3-3-3　七桥问题抽象

应有几条离开的边，即与每个顶点相连的边是成对出现的，所以与每个顶点相连边的数量必须是偶数。

1736年，欧拉向圣彼得堡科学院递交了《哥尼斯堡的七座桥》的论文，在解答问题的同时，开创了数学的一个新的分支——图论与几何拓扑，也由此展开了数学史上的新历程。

欧拉通过对七桥问题的研究，不仅圆满地回答了哥尼斯堡居民提出的问题，而且得到并证明了更为广泛的有关一笔画的结论，人们通常称之为欧拉定理。对于一个连通图，通常把从某顶点出发一笔画成所经过的路线叫作欧拉路。人们又通常把一笔画成回到出发点的欧拉路叫作欧拉回路。具有欧拉回路的图叫作欧拉图。

欧拉的证明便是一个问题抽象的数学建模过程，将看似和计算毫无关联的问题通过抽象建模和计算结合在了一起。

4. 算法

算法被公认为计算科学的灵魂，算法是解决问题的一系列步骤，也是计算思维的核心内容。算法是指解题方案的准确而完整的描述，是一系列解决问题的清晰指令，算法代表着用系统的方法描述解决问题的策略机制。也就是说，能够对一定规范的输入，在有限时间内获得所要求的输出。如果一个算法有缺陷，或不适合于某个问题，执行这个算法将不会解决这个问题。不同的算法可能用不同的时间、空间或效率来完成同样的任务。一个算法的优劣可以用空间复杂度与时间复杂度来衡量。

算法与数据结构关系紧密，在设计算法时先要确定相应的数据结构，而在讨论某一种数据结构时也必然会涉及相应的算法，不同的数据结构会直接影响算法的运算效率。

著名的计算机科学家尼古拉斯·沃斯（Niklaus Wirth）提出如下公式：

程序 = 数据结构 + 算法

其中，数据结构是指程序中数据的类型和组织形式。

算法给出了解决问题的方法和步骤，是程序的灵魂，决定如何操作数据，如何解决问题。同一个问题可以有多种不同算法。算法也有一定的适应性，每种算法的技术和思想有其适宜解决的问题。

（1）算法的特征。一个算法应具有以下五个重要的特征：

①有穷性：算法的有穷性是指算法必须能在执行有限个步骤之后终止。

②确切性：算法的每一个步骤必须有确切的定义。

③输入项：一个算法有 0 个或多个输入，以刻画运算对象的初始情况，所谓 0 个输入是指算法本身定出了初始条件。

④输出项：一个算法有一个或多个输出，以反映对输入数据加工后的结果。没有输出的算法是毫无意义的。

⑤可行性：算法中执行的任何计算步骤都可以被分解为基本的可执行的操作步骤，即每个计算步骤都可以在有限时间内完成（也称之为有效性）。

（2）算法的复杂度。同一问题可用不同算法解决，而一个算法的质量优劣将影响到算法乃至程序的运行效率。算法分析的目的在于选择合适算法和改进算法。一个算法的评价主要从时间复杂度和空间复杂度方面进行。

①时间复杂度：算法的时间复杂度是指执行算法所需要的计算工作量。一般来说，计算机算法是问题规模 n 的函数 $f(n)$，算法的时间复杂度也因此记作 $t(n)=o(f(n))$。因此，问题的规模 n 越大，算法执行时间的增长率与 $f(n)$ 的增长率正相关，称作渐进时间复杂度。

②空间复杂度：算法的空间复杂度是指算法需要消耗的内存空间。其计算和表示方法与时间复杂度类似，一般都用复杂度的渐近性来表示。同时间复杂度相比，空间复杂度的分析要简单得多。

3.3.4 数据结构

数据是计算机处理符号的总称，由于数据的类型有数值型（包括整数、浮点数等）、字符型、图形、图像、音频、视频等类型。因此在数据结构和程序中，往往将数据统称为元素，将数据之间的关系称为结构。

数据结构是带有结构特性的数据元素的集合，研究的是数据的逻辑结构和数据的存储结构，以及他们之间的相互关系，对这种结构定义相应的运算，设计相应的算法，并确保经过这些运算以后所得到的新结构仍然保持原来的结构类型（图3-3-4）。

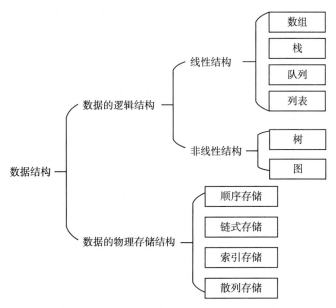

图3-3-4　数据结构的主要研究内容

　　早期计算机的主要功能是处理数值计算问题，涉及的运算对象是数值型、字符型或布尔型的数据，因此专家们的主要精力集中在程序设计的技巧上，无须重视数据结构问题。随着计算机应用范围的不断扩大，非数值计算问题越来越广泛，文本、图形、图像、音频、视频等非数值计算涉及的数据类型更为复杂，数据之间的相互关系很难用数学方程式加以描述。如果将杂乱无章的数据交给计算机处理，其后果是计算机无法进行处理。于是人们开始考虑如何更有效地描述、存储数据，这就是数据结构需要解决的问题。解决非数值计算问题不仅需要合适的数学模型，而且需要合适的数据结构。根据数据之间关系的不同特性，数据逻辑结构有4种基本类型：集合结构、线性结构、树形结构和图形结构，如图3-3-5所示。

（a）集合结构　　　　　　（b）线性结构　　　　　　（c）树形结构　　　　　　（d）图形结构

图3-3-5　数据结构的基本类型

　　常用的数据结构有以下几种：

1. 数组

　　数组（array）是一种聚合数据类型，是将具有相同类型的若干变量有序组织在一起的集合。数组可以说是最基本的数据结构，在各种编程语言中都有应用。一个数组可以分解成多个数组元素，按照数据元素的类型，数组可以分为整数数组、字符型数组、浮点型数组、对象数组等。数组还可以有一维、二维及多维等表现形式。

2. 栈

栈（stack）是一种特殊的线性表，仅能在线性表的一端进行数据节点的插入和删除操作，栈顶允许操作，栈底不允许操作。栈按照"后进先出"的原则来存储数据，也就是说，先插入的数据将被压入栈底，最后插入的数据在栈顶，读出数据时，从栈顶逐个开始读出。从栈顶放入元素的操作叫"入栈"，取出元素叫"出栈"。栈在汇编语言程序中经常用于重要数据的现场保护。

栈的结构就像一个集装箱，越先放进去的东西越晚才能拿出来，所以，栈常应用于实现递归功能方面的场景，例如斐波那契数列。

3. 队列

队列（queue）和栈类似，也是一种特殊的线性表。和栈不同的是，队列只允许在表的一端进行插入操作，而在另一端进行取出操作，也就是先进先出，从一端插入元素的操作称为入队，取出元素为出队。一般来说，进行插入操作的一端称作为队尾，进行取出操作的一端称作队头。

因为队列先进先出的特点，在多线程阻塞队列管理中非常适用。

4. 链表

链表（linked list）是一种数据元素按照链式存储结构进行存储的数据结构，是物理存储单元上非连续的、非顺序的存储结构，数据元素的逻辑顺序是通过链表的指针地址实现的，每个元素包含两个节点，一个是存储元素的数据域（内存空间），另一个是指向下一个节点地址的指针域。指针域保存了数据结构中下一个元素存放的地址。根据指针的指向，链表能形成不同的结构，例如单链表、双向链表、循环链表等。

链表是很常用的一种数据结构，不需要初始化容量，可以任意加减元素。

添加或者删除元素时只需要改变前后两个元素节点的指针域指向地址即可，所以添加、删除速度很快。

5. 树

树（tree）是典型的非线性结构，它是由 $n(n \geqslant 1)$ 个有限节点组成一个具有层次关系的集合。在树结构中，有且仅有一个根节点，该节点没有前驱节点。在树结构中的其他节点都有且仅有一个前驱节点，而且可以有 $M(M \geqslant 0)$ 个后继节点，

把它叫作"树"是因为它看起来像一棵倒挂的树，但它是根朝上，叶朝下的。

6. 图

图（graph）是一种非线性结构。图是由节点的有穷集合 V 和边的集合 E 组成的。其中，为了与树形结构加以区别，在图结构中常常将节点称为顶点，边是顶点的有序偶对，若两个顶点之间存在一条边，就表示这两个顶点具有相邻关系。

按照顶点所指的方向可将图分为无向图和有向图。

图是一种比较复杂的数据结构，在存储数据上有着比较复杂和高效的算法，分别有邻接矩阵、邻接表、十字链表、邻接多重表、边集数组等存储结构。

3.4 算法表示与常用算法

3.4.1 算法的表示

算法可以用自然语言、伪代码、流程图、N-S 图、PAD（问题分析图）、UML（统一建

模语言）等进行描述。

1. 自然语言

自然语言描述算法就是将算法的每个步骤直接写出来，其优点是简单，便于阅读。但是自然语言表示算法容易出现歧义，描述分支和循环等结构不直观。

【**例3.3**】用自然语言描述交换两个变量的值。

①给变量 a，b 赋值。

②输出 a，b。

③将变量 a 的值赋给 c。

④将变量 b 的值赋给 a。

⑤将变量 c 的值赋给 b。

⑥输出 a，b。

2. 伪代码

伪代码是一种算法描述语言，介于自然语言和程序设计语言之间。伪代码忽略了程序设计语言中严格的语法规则和细节描述，使算法容易被理解。伪代码没有固定的、严格的语法规则，只要把算法表达清楚，书写格式清晰易读即可。

【**例3.4**】用伪代码表示交换两个变量的值。

```
input a,b
print a,b
a => c,b=>a,c=>b
print a,b
```

3. 流程图

流程图由一些特定意义的图形、流程线及简要的文字说明构成。它能清晰地表示程序的执行过程，如表 3-4-1 所示。

表 3-4-1 流程图基本元素表

元素样式	元素名称	元素介绍
⬭	开始/结束	流程图的开始或结束
◇	判断	表示一个判断条件，并根据不同的条件选择执行不同的路径分支
▭	处理框	表示操作或状态的变化
▱	输入输出框	输入数据或者输出结果
◯	连接点	多个流程图的连接方式
⟶	流向线	流程图的控制流，表示执行路径

3.4.2　循环计数法

在循环计数时，可以采用加法或者减法计数。进行加法计数时，循环计数器的初值设为0，每循环一次将它加1，将它与预定次数比较来决定循环是否结束。进行减法计数时，循环计数器的初值直接设为循环次数，每循环一次将计数器减1，当计数器减为0时，循环结束。

【例3.5】统计特定字符数量。给定一串字符，求字符串中'i'的数量。对于此类问题，首先需要定义一个计数器num，并进行计数器num的初始化操作。然后对待匹配的字符串进行从前往后的遍历，比对每一个字符，若该字符为'i'，则计数器加1，最后输出num的值即可。

①自然语言：

第一步：读入待匹配字符串ch，num=0。

第二步：确定字符串长度len，i=0。

第三步：如果i<len，则继续第四步，否则结束程序。

第四步：如果ch[i]为'i'，则计数器加1。

第五步：i+=1，转到第三步。

②伪代码：

```
#主程序
input(ch)
num=0
len=length(ch)
i=0
for(i<len):
    if ch[i]=='i':        #判断当前字符是否为'i'
        num+=1
    print(num)
```

③流程图：具体流程图如图3-4-1所示。

3.4.3　枚举算法

枚举算法又称穷举算法，是日常生活中使用最多的一个算法，它的核心思想就是：枚举所有的可能。也就是说要将问题的所有可能解都列举出来，同时在列举的过程中检验每个可能解是否满足问题描述。若满足，则当前解是问题的一个正确解并对该解进行保留；若不满足，则舍弃当前解。

枚举算法简单粗暴，尽可能地枚举所有可能，这也导致算法执行速度慢。而且使用该算法需要满足两个条件：①可预先确定可能解的数量；②可能解的范围在求解之前必须有一个确定的集合。

【例3.6】列举所有质数。质数是指在大于1的自然数中，除了1和它本身以外不再有其他因数的自然数。我们需要把给定范围内的所有的质数找到并列举出来。由于质数的特

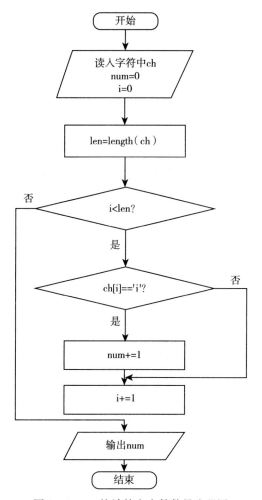

图 3-4-1 统计特定字符数量流程图

性，因此通常所给定的范围为某个自然数区间。

现在给定具体范围是 1~200，问题成为"列举 1~200 的所有质数"。这样问题有两个重点：一是列举出 1~200 所有的自然数，二是判断该数是否为质数，结合两点进行列举并验证（质数的判断仅在伪代码中以函数形式表示）。

①自然语言：

第一步：x = 1。

第二步：是否满足条件 1 <= x <= 200，若满足，继续第三步；若不满足，退出程序。

第三步：x 若为质数，则输出 x。

第四步：x = x + 1，转到第二步。

②伪代码：

```
#质数判断函数
def isPrime(n):
    if(n<=1):
        return False
```

```
        for(2 <= i < n):
            if(n 整除 i):
                return False
        return True
#主程序
x = 1
for(1 <= x <= 200):
    if isPrime(x):        #判断 x 是否为质数，若是则打印 x
        print(x)
    x = x + 1
```

③流程图：具体流程图如图 3 - 4 - 2 所示。

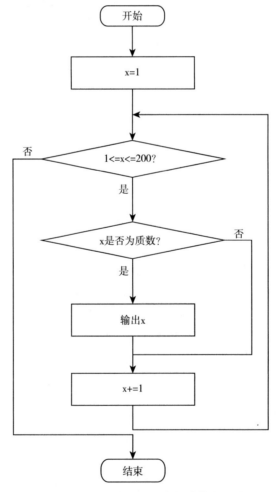

图 3 - 4 - 2　列举 200 以内的质数流程图

【例 3.7】百钱买百鸡问题。我国古代数学家张丘建在《算经》一书中曾提出过著名的百钱买百鸡问题。该问题叙述如下：鸡翁一，值钱五；鸡母一，值钱三；鸡雏三，值钱一；

百钱买百鸡，则翁、母、雏各几何？问题翻译过来就是：现已知公鸡5钱能买1只，母鸡3钱能买1只，而小鸡1钱能买3只。问：要拿100钱买100只鸡，那么公鸡、母鸡、小鸡各多少只？

首先由题意可知，在不考虑价格的情况下单独买一种鸡的上限是100只，下限是0只，这样就确定了这个问题中枚举对象的范围均为0～100。另外我们还知道三种鸡的数量之和为100且价格之和也为100。假设公鸡、母鸡、小鸡的数量分别为 x，y，z，那么就有以下条件，根据这些条件计算机可以快速找到答案。

- $0 \leq x \leq 100$
- $0 \leq y \leq 100$
- $0 \leq z \leq 100$
- $5x + 3y + 1/3z = 100$
- $x + y + z = 100$

算法表示：

①自然语言：

第一步：x = 0。

第二步：y = 0，是否满足条件 0 <= x <= 100，若满足，继续第三步；若不满足，退出程序。

第三步：z = 0，是否满足条件 0 <= y <= 100，若满足，继续第四步；若不满足，转到第八步。

第四步：是否满足条件 0 <= z <= 100，若满足，继续第五步；若不满足，转到第七步。

第五步：若 x + y + z = 100 并且满足 5x + 3y + 1/3z = 100，则输出 x，y，z。继续第六步。

第六步：z = z + 1，转到第四步。

第七步：y = y + 1，转到第三步。

第八步：x = x + 1，转到第二步。

②伪代码：

```
x = 0
for(0 <= x <= 100):
    y = 0
    for(0 <= y <= 100):
        z = 0
        for(0 <= z <= 100):
            if(x + y + z == 100 并且 5x + 3y + z/3 == 300):
print(x,y,z)
            z += 1
        y += 1
    x += 1
```

③流程图：具体流程图如图3-4-3所示。

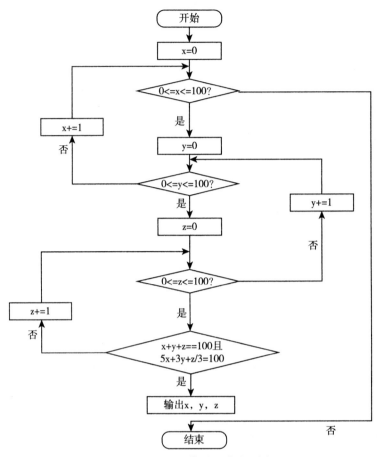

图 3 - 4 - 3 百钱买百鸡流程图

3.4.4 贪心算法

贪心算法又称贪婪算法，是指在对问题求解时总是做出在当前看来是最好的选择。其特点是一步一步地进行，常以当前情况为基础根据某个优化测度做最优选择，而不考虑各种可能的整体情况，省去了为找最优解要穷尽所有可能而必须耗费的大量时间。贪心算法是一种对某些求最优解问题的更简单、更迅速的设计方法。但是贪心算法所做出的仅是在某种意义上的局部最优选择，选择当前的局部最优并不一定能推导出问题的全局最优。使用贪心算法要注意局部最优与全局最优的关系。

【例 3.8】硬币找零问题。硬币找零问题的一般表述为：假定商店里各个面值的硬币足够多，需要找零的金额为 C，硬币面值为 $p1$、$p2$、$\cdots$、pn（$p1 < p2 < \cdots < pn$），如何找钱可以使找回的硬币数目最少？

当尽可能使用较大面值的硬币来找零时，所剩余需要找零的金额会最大限度地减少，这样使用同样一枚硬币得到的找零收益最大，所以优先使用较大面值的硬币找零就可以得到最优解。

现给定硬币面值为 1 角，2 角，5 角，1 元，需找零金额为 7.9 元。接下来使用三种方式进行算法描述。

①自然语言：

第一步：$num = 0$，$money = 79$。

第二步：num 加上 money 除以 10 的商，money 赋值为 money 除以 10 的余数。

第三步：num 加上 money 除以 5 的商，money 赋值为 money 除以 5 的余数。

第四步：num 加上 money 除以 2 的商，money 赋值为 money 除以 2 的余数。

第五步：num 加上 money。

第六步：输出 num。

②伪代码：

```
num = 0, money = 79
num += int(money/10)
money = money % 10
num += int(money/5)
money = money % 5
num += int(money/2)
money = money % 2
num += money
print(num)
```

③流程图：具体流程图如图 3 - 4 - 4 所示。

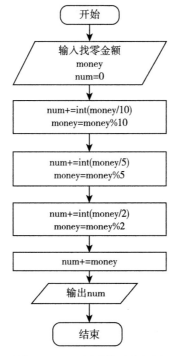

图 3 - 4 - 4 硬币找零流程图

【例 3.9】会议安排问题。在有限的时间内有很多会议要召开，每个会议的开始和结束时间如表 3 - 4 - 2 所示，任何两个会议不能同时进行。要求在所给的会议集合中选出最大的相容活动子集，即尽可能在有限的时间内召开更多的会议。

可以看出每个会议实际有三个属性：开始时间、结束时间以及持续时间。因此我们可以从这三个属性考虑。第一种，每次从剩下未安排会议中选出最早开始且与已安排会议不冲突的会议；第二种，每次从剩下未安排会议中选出持续时间最短且与已安排会议不冲突的会议；第三种，每次从剩下未安排会议中选出最早结束且与已安排会议不冲突的会议。而仔细思考可以发现最早结束时间等价于最早开始时间 + 持续时间。因此选择第三种贪心策略。

表 3 - 4 - 2　会议安排表

会议	1	2	3	4	5	6	7	8	9	10
开始时间	8	9	10	11	13	14	15	17	17	16
结束时间	10	11	15	14	16	17	17	18	20	19

①自然语言：

第一步：对会议进行编号，并以会议的结束时间从前到后的顺序进行排序，如果结束时间相等，则按开始时间从后到前排序。

第二步：从排序后的会议队列中，输出第一个会议编号，同时记录该会议的结束时间为 time，然后将该会议移出队列。

第三步：取会议队列（排序后）中的第一个会议，比较该会议开始时间 start 与 time，若 start >= time，则输出会议编号，time 更新为该会议结束时间 last；否则什么也不做。

第四步：将会议队列（排序后）中的第一个会议移出队列，转到第三步。当会议队列中最后一场会议被移除时，程序结束。

②伪代码：

```
queue meets
input( meets)        #输入会议信息
meeting. sorted( )        #根据会议结束时间从前到后的顺序进行排序
this_meet = meets. pop( )
time = this_meet. end        #记录上一个会议的结束时间
print( this_meet. id)
while( meets is not empty) :
    this_meet = meets. pop( )
    if( this_meet. start >= time) :
        time = this_meet. end
        print( this_meet. id)
```

③流程图：具体流程图如图 3 - 4 - 5 所示。

3.4.5　递推算法

递推算法是一种简单的算法，即通过已知条件，利用特定关系得出中间推论，直至得到结果。其中初始条件或是问题本身已经给定，或是通过对问题的分析与化简后确定的。递推

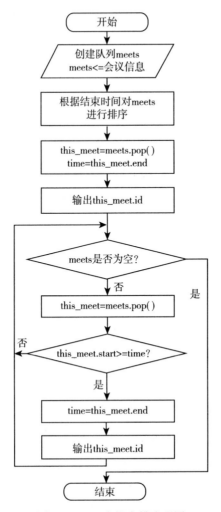

图 3-4-5 会议安排流程图

算法分为顺推和逆推两种。所谓顺推法是从已知条件出发，逐步推算出要解决的问题的方法。而逆推法是从已知问题的结果出发，用迭代表达式逐步推算出问题开始的条件，即顺推法的逆过程。无论顺推还是逆推，其关键是要找到递推式。

【例 3.10】 兔子生兔子问题（斐波那契数列）。在第 1 个月初有 1 对刚出生的兔子，兔子在 2 个月后可以生育，而且每月每对可生育的兔子会诞下 1 对兔子，假设兔子永不会死去。那么第 n 个月有多少对兔子？

第 1 个月兔子共有 1 对，第 2 个月兔子共有 1 对，第 3 个月兔子共有 2 对（第 1 个月的 1 对兔子新诞下 1 对）。假设在 n 个月兔子有 a 对，$n+1$ 月兔子共 b 对，则在 $n+2$ 月兔子应有 $a+b$ 对。因为在 $n+2$ 月，n 月就已存在的 a 对兔子在 $n+2$ 月新诞下兔子 a 对，$n+1$ 月已有 b 对兔子（在 $n+2$ 月尚不能生育），所以 $n+2$ 月兔子总数为 $a+b$ 对。用公式表示为：

$$f(n+2) = f(n) + f(n) + 1$$

这就是斐波那契数列的递推式，根据前两项的值可以递推求出后一项的值。

算法表示：

①自然语言：

第一步：令 a = 1，b = 1，输入要求的月数 n。

第二步：若 n <= 2，转到第五步；否则继续。

第三步：若 m <= n，则令 temp = a + b，a = b，b = temp，继续执行下一步；否则转到第五步。

第四步：m += 1，转到第三步。

第五步：输出 b。

②伪代码：

```
a = 1, b = 1, m = 3
input(n)
if(n <= 2):
    print(b)
else:
    for(m <= n):
        temp = a + b
        a = b
        b = temp
        m += 1
    print(b)
```

③流程图：具体流程图如图 3 - 4 - 6 所示。

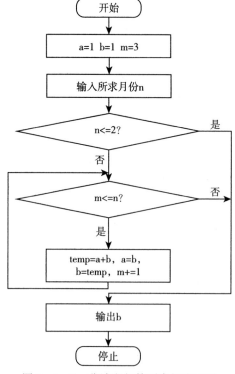

图 3 - 4 - 6　斐波那契数列求解流程图

【例3.11】存款问题。小龙的父亲供小龙大学读书4年（48个月），采用整存零取的方式，需要在银行一次性预存一笔钱。小龙每个月初取1000元。假设银行年利率为0.0171，若要求在第48个月即小龙大学毕业时连本带息取1000元，则应该一次性预存多少钱？

上述存款问题已知结果，需要求解问题开始的条件，这是个典型的逆推式问题。问题的关键是其中的递推关系。设第 n 个月末的存款为 $f(n)$，第 $n+1$ 个月末的存款为 $f(n+1)$，则两者之间的关系为 $(f(n)-1000)(1+0.0171/12)=f(n+1)$，且 $f(48)=1000$。由这两个条件逆推初始条件即可。

算法表示：

①自然语言：

第一步：设置 money 数组，初始化 money[48]=1000。

第二步：设置 i=47。

第三步：若 i>=0，则令 money[i]=money[i+1]/(1+0.0171/12)+1000；否则转到第五步。

第四步：i-=1。转到第三步。

第五步：输出 money[0]。

②伪代码：

```
money = [ ]
money[48] = 1000
i = 47
for( i >= 0) :
    money[ i ] = money[ i + 1 ] / (1 + 0.0171/12) + 1000
    i -= 1
print( money[0] )
```

③流程图：具体流程图如图3-4-7所示。

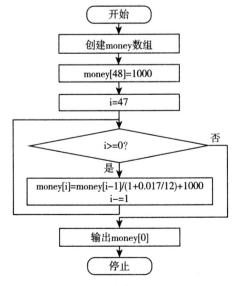

图3-4-7 存款问题流程图

3.4.6 递归算法

递归算法是指一种通过重复将问题分解为同类的子问题而解决问题的方法。递归是计算机科学中十分重要的一个概念，递归方法可以用来解决很多计算机科学问题。目前，绝大多数编程语言支持函数的自调用，因此函数可以通过调用自身来进行递归。使用递归函数时需要满足两个条件：其一是必须要有明确的递归边界，其二是要有正确的递归关系。如果没有递归边界的约束，理论上递归将会无限循环下去，而正确的递归关系保证了程序可以正确地执行下去。

递归算法的目标是将规模较大的问题转化为本质相同但是规模较小的子问题，是一种分而治之的思想。分而治之的策略将有很高的效率，但是在数据进行分解的时候，分而治之的策略可能会产生大量的重复计算，从而导致性能的降低。

【例 3.12】利用递归求解阶乘。即求 n! 的值，$n! = n*(n-1)*(n-2)*\cdots*3*2*1$。

使用递归算法求解阶乘问题时，n 为随机的整数，计算的对象是 n，n-1，n-2，…，3，2，1，是递减的等差数列，可以根据其确定递归关系和递归边界。递归类似数据结构中的栈，递归关系为 n 每次递减 1，n*fact（n-1）入栈；递归边界是 1，n 递减到 1 之后，(n+1)*fact(n) 出栈，n 递增 1，直至 n，出栈结束；返回值为 n 的阶乘值。

假设计算 4 的阶乘，n=4，利用递归求解 4 的阶乘时，4!=4*3!，需调用计算 3 的阶乘，计算 3 的阶乘时，3!=3*2!，需调用计算 2 的阶乘，一直到计算 1 的阶乘（即 1!=1，此时到达递归边界，不需要继续调用，返回值为 1，开始返回 2 的阶乘，2!=2*1，持续返回 3 的阶乘，3!=3*2*1，最后返回 4 的阶乘，4!=4*3*2*1。

算法表示：

① 自然语言：

第一步：输入要求的 n 的值。

第二步：变量 n 的值传递给递归函数的参数 m。

第三步：如果 m=1，返回值为 1。

第四步：如果 m>1，m*fact(m-1) 入栈，继续调用 fact 函数。

第五步：变量 m-1 的值传递给递归函数的参数 m，转第四步。

第六步：如果 m=1，返回值为 1，fact(m) = (m+1)*fact(m) 出栈。

第七步：如果 m<n，fact(m) = (m+1)*fact(m) 出栈。

第八步：如果 m=n，输出返回值。

② 伪代码：

```
#递归函数的编写
def fact(m):
    if (m==1):
        return 1
    else
        return m * fact(m-1)
#主程序
input(n)
res = fact(n)
print(res)
```

③递归过程示意图如图 3 - 4 - 8 所示。

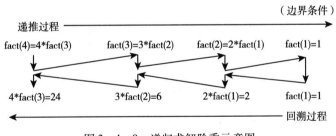

图 3 - 4 - 8　递归求解阶乘示意图

3.4.7　排序算法

所谓排序，就是使一串数据，按照其中的某个或某些关键字的大小，递增或递减排列起来的操作。排序算法在很多领域得到很高的重视，尤其是在大量数据的处理方面。这种新序列遵循着一定的规则，体现出一定的规律。因此，经处理后的数据便于筛选和计算，大大提高了计算效率。排序算法有很多种，如冒泡排序、选择排序、插入排序、快速排序、归并排序等。这里主要介绍两种常用排序算法：冒泡排序和快速排序。

【例3.13】排队问题。八年级三班组织春游，为方便管理，老师要将10名学生按身高从低到高依次排队。

对于数据数量较少的排序问题，我们会优先想到冒泡排序算法，因为冒泡排序是一种简单直观的排序算法。其原理是依次比较相邻的元素，将较大（或较小）的元素交换到靠后的位置，重复扫描待排序的数列，直到排序完成。由于这个过程与气泡在水中上浮的过程相似，因此被称为冒泡排序。

算法表示：

①自然语言：

第一步：读入待排序数列 a，记录其度 n。

第二步：i = 0。

第三步：j = 0，若 i < n，继续第四步；否则结束程序。

第四步：若 j < n - 1，继续第五步；否则转到第七步。

第五步：若 a[j] > a[j + 1]，则交换两者。

第六步：j += 1，转到第四步。

第七步：i += 1，转到第三步。

②伪代码：

```
input(a)
n = length(a)
i = 0
for(i < n):
    j = 0
    for(j < n - 1):
        if(a[j] > a[j + 1]):
```

```
            swap(a[j],a[j+1])        #交换 a[j] 与 a[j+1] 的值
        j += 1
    i += 1
print(a)
```

③流程图：具体流程图如图 3 - 4 - 9 所示。

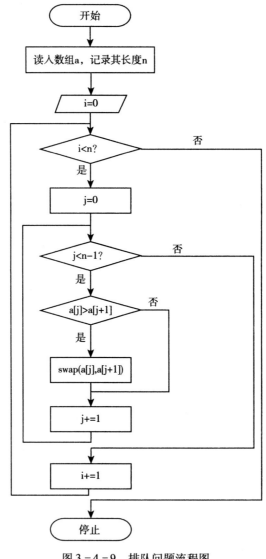

图 3 - 4 - 9　排队问题流程图

【例 3.14】数据量较大的排序问题。在数据库中存放的数据量一般较大，如需要对 100 万条数据的数组进行排序。

在一些数据量小的问题中使用冒泡排序是没有问题的，考虑到程序执行所需要的时间问题，冒泡排序时间复杂度为 $O(n^2)$，程序执行所花费的时间较长。这里我们使用另一种较快的排序算法——快速排序算法，其时间复杂度为 $O(n\log n)$。快速排序算法采用分治的思想，

通过标尺将数列划分为左右两部分,左边数据均比标尺小,右边数据均比标尺大。如此重复地对新产生的两个部分进行划分,直到数据不可划分为止。由于其特性一般快速排序使用递归实现。

算法表示:

①自然语言:

第一步:设置两个变量 i、j,排序开始的时候 i = 0,j = N − 1。

第二步:以第一个数组元素作为关键数据,赋值给 key,即 key = A[0]。

第三步:从 j 开始向前搜索,即由后开始向前搜索(j − = 1),找到第一个小于 key 的值 A[j],将 A[j] 和 A[i] 的值交换。

第四步:从 i 开始向后搜索,即由前开始向后搜索(i + = 1),找到第一个大于 key 的 A[i],将 A[i] 和 A[j] 的值交换。

第五步:重复第三、第四步,直到 i == j 循环结束。

第六步:处理以 i(i == j)为分界的左右两个序列时,使用上述递归步骤,直到每个序列至多一个元素时结束递归。

②伪代码:

```
#定义函数
def quickSort(number,first,last):
    i,j,pivot,temp
    if(first < last):
        pivot = first
        i = first
        j = last
        while(i < j):
            while(number[i] <= number[pivot]并且 i < last):
                i += 1
            while(number[j] > number[pivot]):
                j -= 1
                if(i < j):
                    temp = number[i]
                    number[i] = number[j]
                    number[j] = temp
            temp = number[pivot]
            number[pivot] = number[j]
            number[j] = temp
            quickSort(number,first,j -1)
            quickSort(number,j +1,last)
```

③流程图:具体流程图如图 3 − 4 − 10 所示。

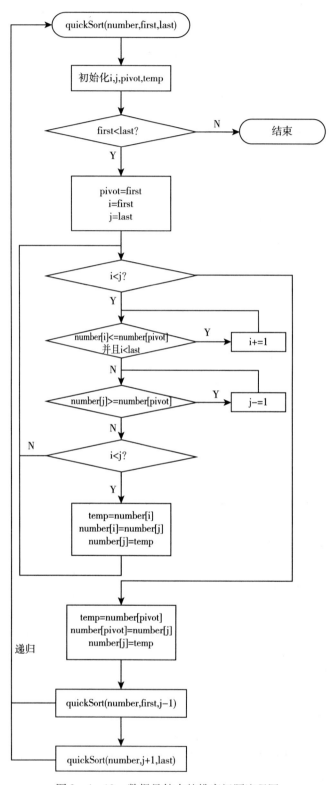

图 3 - 4 - 10　数据量较大的排序问题流程图

3.4.8 动态规划算法

20 世纪 50 年代初，美国数学家贝尔曼等人在研究多阶段决策过程的优化问题时，提出了著名的最优化原理，从而创立了动态规划（dynamic programming，DP）。动态规划算法通常用于求解具有某种最优性质的问题。在这类问题中，可能会有许多可行解，每一个解都对应一个值，我们希望找到具有最优值的解。

动态规划算法与分治法类似，其基本思想也是将待求解问题分解成若干个子问题，先求解子问题，然后通过这些子问题的解得到原问题的解。与分治法不同的是，适合于用动态规划求解的问题，经分解得到的子问题往往不是互相独立的。若用分治法来解这类问题，则分解得到的子问题数目太多，有些子问题被重复计算了很多次。如果能够保存已解决的子问题的答案，而在需要时再找出已求得的答案，这样就可以避免大量的重复计算，节省时间。可以用一个表来记录所有已解的子问题的答案。不管该子问题以后是否被用到，只要它被计算过，就将其结果填入表中。这就是动态规划法的基本思路。

【例 3.15】最短路径问题。刘老师要去小明家做家访，已知刘老师家在 A 点，小明家在 F 点，路线图信息如图 3-4-11 所示，各点之间的距离信息已在地图上标明，请为刘老师计算一下到小明家的最短距离。

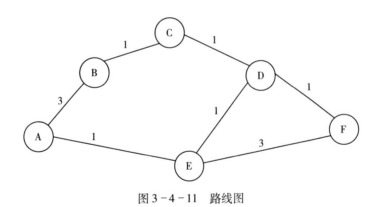

图 3-4-11　路线图

首先将图中各点之间的距离使用邻接矩阵 matrix[i][j] 表示，初始化邻接矩阵，使其中自身到自身的距离为 0，两点之间无法直接到达则标记为最大值 MAX，确定从点 A 到点 j 的最短路径表示为 $matrix[0][j] = min(matrix[0][j], matrix[0][i] + matrix[i][j])$，逐步更新各点，完成最短路径计算。

算法表示：

①自然语言：

第一步：设一个集合为 T = 空集，S = {图中的所有节点}。

第二步：从 S 中选择距离 T 集合中的点距离最近的未被选中的点 w，并将其加入 T 集合中。

第三步：根据动态规划方程 $matrix[0][j] = min(matrix[0][j], matrix[0][i] + matrix[i][j])$，用刚刚选中的 w 节点更新源点 A 到其他节点的距离。

第四步：转到第三步，直至所有的节点都已经加入 T 集合中。

②伪代码:

```
N = 6
MAX = 100000
matrix[N][N] = {
    0,3,MAX,1,MAX,MAX,
    MAX,0,1,MAX,MAX,MAX,
    MAX,MAX,0,MAX,1,MAX,
    MAX,MAX,MAX,0,1,3,
    MAX,MAX,MAX,MAX,0,1,
    MAX,MAX,MAX,MAX,MAX,0
}
bool final[N]
def dijstera()
    i = 0
for(i < N)
    min = MAX
    flag = 0
    j = 0
    for(j < N)
        if(!final[j])
            if(matrix[0][j] < min){
                min = matrix[0][j]
                flag = j
            j += 1
        final[flag] = true
        j = 0
        for(j < N)
            if(!final[j] and (matrix[0][j] > matrix[0][flag] + matrix[flag][j]))
                matrix[0][j] = matrix[0][flag] + matrix[flag][j];
            j += 1
        i += 1
    return matrix[0][N - 1];
main()
shortest_len = dijstera()
print(shortest_len)
```

③流程图:具体流程图如图 3 - 4 - 12 所示。

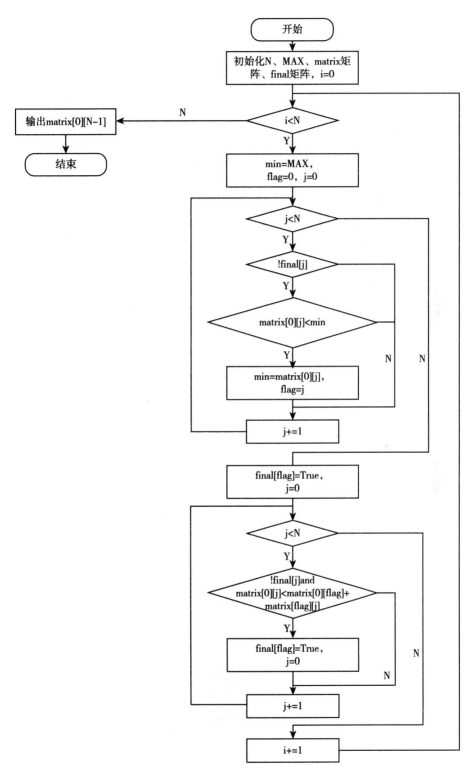

图3-4-12 最短路径问题流程图

3.5　本章习题

1. "计算"的含义是什么？

2. 未来的计算有什么特点？

3. 什么是计算思维？计算思维的核心思想是什么？

4. 利用计算思维求解问题的主要步骤是什么？

5. 可以一笔画的图是欧拉图，请问下面的图中哪些是欧拉图？

 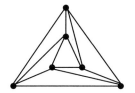

6. 列举与本专业相关的计算思维的例子。

7. 常用的数据结构有哪几种？列出最熟悉的几种。

8. 什么是递归算法？参考程序案例，用递归求解斐波那契数列。

参考答案

第4章 计算机网络

本章学习目标

- 理解计算机网络的概念及其分层体系结构。
- 理解数据在计算机网络中传输的封装过程。
- 理解主机和网络设备在计算机网络中的地址与数据传输协议。
- 理解计算机网络中的传输介质争用协议和资源共享协议。
- 理解网卡、网线、交换机和路由器等网络设备的功能与特点。
- 理解 IPv6 的功能、特性和过渡技术。
- 理解计算机网络安全的概念，并能够在网络系统中进行身份认证。
- 了解软件定义网络 SDN 的功能、优点及局限性。

本章学习内容

　　如今，不论是用手机查看朋友圈信息，还是坐在办公桌前收发电子邮件，都离不开将世界各地的人们连接在一起的计算机网络。计算机网络逐渐改变着人们的生活和工作方式，引起世界范围内产业结构的变革，在各国的政治、经济、文化、军事、教育和社会生活等各个领域发挥越来越重要的作用。本章将讲述计算机网络的概念、分类、分层体系结构和数据封装过程，阐述计算机网络的身份标识、数据传输、链路争用和资源共享协议，介绍交换机、路由器和防火墙等计算机网络设备，讲解身份认证、访问控制和病毒防护等网络安全基础知识。

4.1 计算机网络的概念与体系结构

计算机网络是计算机技术和数据通信技术相结合的产物，是现代社会重要的信息基础设施，为人类获取和传播信息发挥了巨大的作用。因此，在学习计算机网络知识之前，需要了解计算机网络的概念、分类及分层体系结构。

4.1.1 计算机网络的概念和分类

1. 计算机网络的概念

计算机网络是指将地理位置不同的、具有独立功能的多台计算机及其外部设备，通过通信线路和通信设备连接起来，实现数据传递和资源共享。

最简单的计算机网络只有两个计算机和一条通信线路。最庞大的计算机网络就是因特网，它由大量计算机网络互连而成，因此，因特网也称为"网络的网络"。计算机网络作为一个复杂的、具有综合性技术的系统，为了允许不同系统、实体互连和互操作，不同系统的实体在通信时都必须遵从相互约定、共同接受的规则，这些规则称为通信规程或协议（protocol），众多协议的集合称为协议族。协议需要预先制定（或约定）、相互遵循，否则通信双方无法理解对方信息的含义。在这里，系统是指计算机、智能手机、交换机、路由器等各种设备；实体是指各种应用程序、文件传输软件、数据库管理系统、电子邮件系统、社交软件、电子商务软件等；互连是指不同计算机能够通过通信子网互相连接起来进行数据通信；互操作是指不同的用户能够在通过通信线路连接的计算机上，使用相同的命令或操作，并使用其他计算机中的资源与信息，就如同使用本地资源与信息一样。

互连、互操作是计算机网络的基本功能，因此，在不引起概念混淆的情况下，通常把计算机网络简称为网络或互联网。连接到网络中的节点可以是工作站、个人计算机、智能手机、平板电脑，也可以是大型机、服务器、打印机和其他网络连接设备等。为了简化描述，我们将网络上的这些节点统称为网络节点，具有较强计算功能的网络节点称为网络主机（如计算机、服务器等），具有较强通信功能的网络节点称为网络设备或通信设备（如交换机、路由器等）。

2. 丰富多样的计算机网络应用

在日常生活中，大家经常使用百度等进行资源搜索，使用微信、支付宝等进行在线支付，使用电商平台进行网络购物，使用外卖平台点餐，使用出行软件打车，使用计算机进行网上办公、管理和运维，使用手机应用进行计步、导航和交流等。这些都是计算机网络的应用形态。在每一种应用的后面，都隐藏着无所不在的计算机网络（即互联网）。

3. 计算机网络的分类

根据不同的考察角度或应用方式，可以将计算机网络划分为不同的类型。

（1）按照网络共享服务方式划分。从网络服务的管理角度，可以将网络分为客户机/服务器（client/server，C/S）网络、对等（peer-to-peer，P2P）网络、浏览器/服务器（browser/server，B/S）网络和混合网络。

①C/S网络：网络中的计算机划分为客户机和服务器，客户机只享受网络服务（发出请求），服务器提供网络资源服务（提供响应），如图4-1-1所示。

图 4-1-1 C/S 网络

②P2P 网络：网络中的每台计算机都是平等的，既可承担客户机功能，也可承担服务器功能。当承担客户机功能时，发出服务请求；当承担服务器功能时，发出服务响应，如图 4-1-2 所示。

图 4-1-2 P2P 网络

③B/S 网络：网络中的用户只需要在自己的计算机或智能手机上安装一个浏览器，就可以通过 Web 服务器访问网络资源或与后台数据库进行数据交互。该模式将不同用户的接入模式统一到了浏览器上，让核心业务的处理在服务器端完成，是 Web 技术兴起后的一种网络结构模式，如图 4-1-3 所示。

图 4-1-3 B/S 网络

④混合网络：指网络中同时存在两种或多种网络结构，既提供 P2P 服务，也提供 C/S 服务或 B/S 服务。

（2）按照网络节点分布的地理范围划分。按照网络节点分布的地理范围，可以将计算机网络分为局域网、城域网和广域网。

①局域网（local area network，LAN）：指网络中的计算机分布在相对较小的区域，通常不超过 20km。例如，同一房间内的若干计算机，同一楼内的若干计算机，同一校园、厂区内的若干计算机等。典型的局域网就是校园网和企业网。在局域网中，当网络节点采用无线连接时，就是无线局域网。

②城域网（metropolitan area network，MAN）：指网络中的计算机分布在同一城区内，覆盖范围为 20～100km，比如一个城市中的计算机。

③广域网（wide area network，WAN）：指网络中的计算机跨区域分布，能够覆盖 100km

以上的地理范围，例如同一个省、同一个国家、同一个洲甚至跨越几个洲的计算机等。广域网通常由多个局域网或城域网组成。最大的广域网是全球互联网或称因特网。

（3）根据网络的传输介质划分。根据计算机网络所采用的传输介质，可以将计算机网络分为有线网络和无线网络。有线网络是指采用双绞线和光纤来连接的计算机网络。双绞线价格便宜、安装方便，但抗电磁干扰能力较差；光纤传输距离长、传输速率高、抗干扰能力强，且不会受到电子监听设备的监听，是高速、高安全性网络的理想选择。

无线网络是指以自由空间为传输介质、以无线电磁波为信号来实现数据传输的网络类型。由于无线网络连网方式较为灵活，因此其已经成为有线网络的有效补充和延伸。

此外，根据网络的拓扑结构，计算机网络还可以分为总线型网络（如传统以太网）、环形网络（如令牌环网）、星形网络、树形网络（现代以太网）、网状网络和混合网络。

4.1.2　计算机网络的体系结构

计算机网络是相互连接的、以共享资源为目的的、自治的计算机集合。为了便于设计和管理维护，以及保证计算机网络有效且可靠地运行，网络中的各个节点、通信线路必须遵守一整套合理而严谨的结构化组织规则。这些组织规则包括网络分层体系和协议规范，统称为体系结构。

1. 计算机网络分层的优点

计算机网络是由多个相互连接的节点组成的，节点之间要不断地交换数据和控制信息。要做到有条不紊地交换数据，每个节点就必须遵守一套合理而严谨的结构化管理体系，采用高度结构化的功能分层原理来实现。在计算机网络中，采用分层结构有以下优点：

（1）将复杂系统通过分层简化，方便对系统逐层分析，再整体解决。

（2）按层制定标准，标准更加简单明确，修订更加容易。

（3）研发人员只需按照标准专心设计和开发自己负责的层的功能，不用关心其他设计开发人员所负责的层的功能，这些易于模块化实现和开发。

（4）分层之后，网络结构层次更加清晰，可扩展性增强。例如，当对某一层扩充功能时，不会影响其他层，网络更加健壮。

（5）分层之后，系统更加易于修改和维护。例如，当某一层的功能被改动时，不会影响其他层，网络更加稳定。

2. 计算机网络的分层情况

一个完整的计算机网络需要有一套复杂的协议集合，在计算机网络中组织复杂协议的最好方式就是采用层次模型。计算机网络的层次模型和各层协议的集合就是计算机网络体系结构。计算机网络体系结构为不同的计算机之间互连和互操作提供相应的规范与标准。

为了建立一个开放的、能为大多数机构和组织承认的网络互连标准，国际标准化组织提出了开放系统互连参考模型（open system interconnection reference model），简称 OSI/RM 或 OSI 参考模型。

OSI 参考模型定义了计算机相互连接的标准框架，该框架将网络结构分为七层，如图 4-1-4(a)所示。各层简介如下：

应用层：提供网络服务与最终用户的接口。

表示层：提供数据表示、加/解密、压缩/解压缩等功能。

会话层：建立、管理和终止网络会话（即一次完整的通信过程）。

运输层：提供差错纠正、流量控制和拥塞控制等功能，实现可靠传输。

网络层：进行逻辑地址寻址并实现不同网络之间的路径选择。

数据链路层：建立逻辑连接，进行硬件地址寻址、差错校验等。

物理层：建立、维护、释放物理连接。

随着技术的发展，OSI 参考模型中的会话层和表示层已经被合并到应用层。现在的计算机网络事实上采用的是五层网络模型，如图 4-1-4(b) 所示。

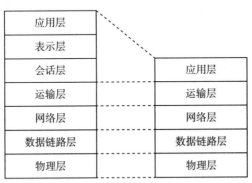

（a）七层参考模型　　（b）五层参考模型

图 4-1-4　计算机网络的层次模型

3. 计算机网络各层的功能

在 OSI 参考模型中，各层的功能如下：

（1）物理层。物理层定义在线路上传输的原始信号。例如，用多少伏特电压表示"1"、多少伏特电压表示"0"、一个比特持续多少微秒等，从而保证一方发出二进制"1"，另一方收到的也是"1"，而不是"0"。此外，物理层还定义网络接口/接头标准，如针数、各针功能、接口大小、接头样式等。

（2）数据链路层。数据链路层负责将数据封装成帧（frame），在两个网络节点之间建立、维持和释放数据链路，控制帧在物理信道上的传输速率、编码方式和差错校验。帧是数据链路层的数据单位，包括帧头、数据和帧尾 3 部分。其中，帧头和帧尾包含一些必要的控制信息，如同步信息、地址信息、差错控制信息等；数据部分则包含网络层传下来的数据，如 IP 分组（package）等。数据链路层通过在帧中加入错误校验码（如奇偶校验码、循环冗余校验码）来判定数据帧在传输过程中是否出错，如果出错，则丢弃或采用重发方式来纠正。数据链路层的典型协议有：以太网 MAC 协议、点到点协议（point-to-point protocol，PPP）、高级数据链路控制协议（high level data link control，HDLC）等。

（3）网络层。网络层介于运输层和数据链路层之间，其目的是实现两个网络节点或局域网之间的数据分组的透明传输，具体功能包括建立、维持和释放网络连接，负责网络的逻辑寻址和路由选择。分组是网络层的传输单位，包括首部和数据两部分。其中，首部包含一些必要的控制信息，如首部长度、分组长度、源地址、目的地址、错误校验码等；数据部分则包含上层（主要是运输层）的数据。网络层通过路由选择算法，为运输层下发的数据选择最合适的传输路径，使运输层不需要了解网络中的数据传输和交换技术的细节。网络层是计算机网络中通信子网的最高层，主要协议包括 IP、ICMP、ARP、IGMP 等。

网络层将来自数据链路层的数据转换为数据分组，然后通过路径选择、分片、重组、流量控制等将数据分组从一台路由器传输到另一台路由器。

（4）运输层。运输层是 OSI 参考模型中的第 4 层，也是整个网络体系结构中最关键的一层，因为它是对从发送方应用程序到接收方应用程序的端到端数据传输进行控制的最后一层。其目的是实现两个应用程序之间可靠的、有效的、端到端的数据传输服务。报文或报文段是运输层的传输单位，包括头部和数据两部分。其中，头部包含一些必要的控制信息，如应用程序端口号、发送或应答序列号、错误校验码等；数据部分则包含上一层的应用数据。运输层的主要任务是将上层应用程序的数据进行封装，形成报文或报文段，通过差错检测、重传、纠正乱序、重复、流量控制、拥塞控制等措施进行有效传输，防止网络拥堵和保证传输可靠性。在运输层中，最为常见的两个协议分别是传输控制协议（transmission control protocol，TCP）和用户数据报协议（user datagram protocol，UDP）。

（5）会话层。会话层位于 OSI 参考模型的第 5 层。它建立在运输层之上，利用运输层提供的服务，使应用程序间建立和维持会话，并能使会话获得同步。会话层使用校验点可使会话在通信失效时从校验点恢复通信。这种能力对于传输大的文件极为重要，这种能力被称为断点续传。会话层支持通信方式的选择、用户间对话的建立和释放，允许信息同时双向传输。在五层网络参考模型中，会话层被合并到应用层。

（6）表示层。表示层位于 OSI 参考模型的第 6 层，主要作用是为异构主机（不同体系结构或不同操作系统的计算机）通信提供一种公共语言，以便能进行互操作。表示层的主要任务包括数据格式转换、数据编码转换、数据加密与解密、数据压缩和解压缩等。这种类型的服务之所以被需要，是因为不同的计算机体系结构使用的数据表示方法不同，需要表示层协议来保证不同的计算机可以彼此理解。表示层的主要协议包括 JPEG、ASCII、EBCDIC 等。在五层网络参考模型中，表示层被合并到应用层。

（7）应用层。应用层是 OSI 参考模型的第 7 层。它使用表示层的服务，为应用程序接口提供常见的网络应用服务。应用层在实现多个系统应用进程相互通信的同时，主要完成一系列业务处理所需的服务。其服务元素分为两类：公共应用服务元素（common application service element，CASE）和特定应用服务元素（special application service element，SASE）。其中，CASE 主要为应用进程通信、分布式应用系统实现提供基本的控制机制，SASE 则提供文件传输、访问管理、作业传输、银行事务、订单输入等一些特定的服务。

由于计算机网络功能不断壮大，应用种类不断增多，因此应用层协议发展最为迅速，各种新的应用层协议不断涌现，这给应用层的功能标准化增加了复杂性和困难性。相比其他层，应用层的标准虽多，但也是最不成熟的一层。目前，应用层的主要协议包括支持网络页面的超文本传送协议（hypertext transfer protocol，HTTP）、支持文件共享的文件传送协议（file transfer protocol，FTP）、支持电子邮件的简单邮件传送协议（simple mail transfer protocol，SMTP）等。

图 4－1－5 给出了计算机网络体系结构中各层所支持的主要协议，其中部分协议将在 4.2 节进行具体介绍。

4. 局域网体系结构

按照 IEEE 802 标准，局域网体系结构分为 3 层，即物理层、介质访问控制层（MAC 子层）和逻辑链路控制层（LLC 子层）。该标准将数据链路层拆分为更具体的 MAC 子层和

应用层	DNS、HTTP、DHCP、SMTP、POP FTP、Telnet、SNMP RIP、OSPF
运输层	TCP、UDP
网络层	IP、ICMP、ARP、IGMP
数据链路层	Ethernet、PPP
物理层	硬件规程

图 4-1-5 计算机网络各层主要协议

LLC 子层。其中，MAC 子层负责介质访问控制机制的实现，即处理局域网中各节点对共享通信介质的争用问题和物理寻址问题，LLC 子层屏蔽不同局域网产品 MAC 子层的差异，实现统一的接口，从而向网络层提供一致的服务。

不同类型的局域网通常使用不同的介质访问控制协议，如以太网、令牌环网、令牌总线网等。它们所遵循的都是 IEEE 802 委员会制定的以 802 开头的标准，目前共有 11 个与局域网有关的标准。典型的 IEEE 802 标准如下：

IEEE 802.2：逻辑链路控制技术。

IEEE 802.3：以太网总线结构及访问方法。

IEEE 802.4：令牌总线网结构及访问方法。

IEEE 802.5：令牌环网结构及访问方法。

IEEE 802.6：城域网访问方法及物理层规定。

IEEE 802.8：光纤分布式数据接口（fiber distributed data interface，FDDI）。

IEEE 802.11：Wi-Fi 无线局域网接入方法。

IEEE 802.15.x：蓝牙、ZigBee、WiMAX 等无线接入方法。

5. 以太网

以太网是一种计算机局域网技术。IEEE 802.3 规定了以太网的技术标准，包括物理层的连线、电子信号和介质访问控制子层协议等内容。以太网是目前应用最普遍的局域网技术，相比其他局域网技术（如令牌环网、令牌总线网等）应用更为广泛。以太网和局域网的主要关系如下：

（1）传统以太网是一种总线型拓扑结构，而局域网的拓扑结构除了总线型，还包括星形、树形、环形等。因为现在大部分的局域网均为以太网，所以一般提及局域网都会默认为以太网。

（2）以太网通常采用带冲突检测的载波监听多路访问（carrier sense multiple access with collision detection，CSMA/CD）协议，遵循 IEEE 802.3 标准；而其他局域网使用的协议更加

广泛，包括 IEEE 802.4、IEEE 802.5、IEEE 802.11、NetBEUI 协议等。

4.1.3　计算机网络的数据封装

通过前文对 OSI 参考模型的介绍可以发现，计算机网络的每层各司其职，各自实现不同的功能。这些功能组合起来，就可以完成一次完整的数据发送或数据接收。数据发送时自顶向下，数据接收时自底向上。下面以五层网络参考模型为例分别进行介绍。

1. 数据发送时的封装

在五层网络参考模型中，数据发送是一个典型的应用数据封装过程。所谓数据封装就是指每层将上层交下来的数据加上控制信息（即头部或尾部）构成本层数据单元的过程。这种数据单元称为协议数据单元（protocol data unit，PDU），因为数据格式是由协议规定的。

图 4-1-6 给出了发送数据时计算机网络自顶向下进行数据封装的过程（运输层也称传输层，图中传输层就是运输层）。

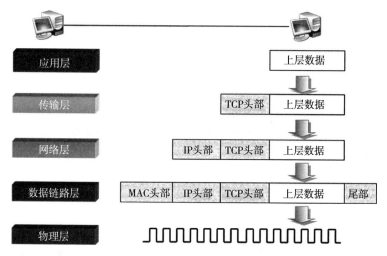

图 4-1-6　数据封装过程示意图

首先，用户数据通过应用层协议，封装上应用层首部，构成应用数据；应用数据作为整体，在运输层封装上 TCP 头部，就是报文；然后，报文交给网络层，封装上 IP 头部，就是 IP 分组；封装后的 IP 分组作为整体交到数据链路层，数据链路层再封装上 MAC 头部，就是数据帧。数据帧交给物理层（在网卡上），由硬件转换成信号在线路上传输。

接收方收到上述数据后，从物理层开始自底向上依次解封装，获得需要的应用数据。

数据发送的具体过程如下：

（1）在应用层，用户数据添加上一些控制信息（如用户数据大小、用户数据校验码等）后，形成应用数据。如果需要，将应用数据的格式转换为标准格式（如英文的 ASCII 码或标准的 Unicode 码），或进行应用数据压缩、加密等，然后交给运输层。

（2）运输层接到应用数据后，根据流量控制需要，分解为若干数据段，并在发送方应用程序和接收方程序之间建立一条可靠的逻辑连接，将应用数据封装成报文，交给网络层。每个报文均包括数据部分及控制信息（如源端口号、目的端口号、数据长度、序号等）。

（3）在网络层，来自运输层的每个报文被添加上逻辑地址（源 IP 地址、目的 IP 地址）和一些控制信息后，构成一个 IP 分组，然后交到数据链路层。每个 IP 分组增加逻辑地址后，都可以通过互联网到达目的主机。

（4）在数据链路层，来自网络层的 IP 分组附加上物理地址（即网卡标识，也称为 MAC 地址、硬件地址或网卡地址）和控制信息（如长度、校验码、类型等），构成一个数据帧，然后交给物理层。需要注意的是：在本地网段上，数据帧使用网卡标识（即网卡地址）可以唯一标识每一台主机，防止不同网络节点使用相同逻辑地址（即 IP 地址）而带来通信冲突。

（5）在物理层，数据帧通过硬件单元增加链路标志（如 01111110B），然后转换为二进制比特流并发送到物理链路。比特流的发送需要按照预先规定的数字编码方式和时钟频率进行控制。

2. 数据接收时的解封装

与发送方的数据发送过程相反，接收方接收数据的过程就是从物理层（以太网卡）开始逐层依次解封装的过程，如图 4-1-7 所示。

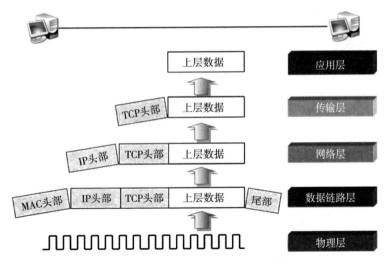

图 4-1-7　数据解封装过程示意图

解封装具体过程如下：

（1）在物理层，连接到物理链路上的网络节点通过网卡上的硬件单元，使用预先规定的数字编码方式和时钟频率对物理链路进行采样识别，得到二进制比特流，再分成数据帧，并向上交给数据链路层。

（2）在数据链路层，对从物理层接收的数据帧进行校验和目的物理地址（即 MAC 地址）比对，如果校验出错或地址比对不符，则丢弃该帧；否则，去掉帧头、帧尾形成 IP 分组，向上交给网络层。

（3）在网络层，比对 IP 分组头部的逻辑地址（即目的 IP 地址）与本机设置的 IP 地址是否一致。如果一致，则将 IP 分组的头部去除，形成一个报文，向上交给运输层；否则丢弃该 IP 分组。

（4）运输层收到网络层的报文后，提取报文头部的控制信息（如端口号、序号等），将每个报文去掉头部信息，构成数据段后进行缓存。并根据报文的序号，将数据段组装成完整的应用数据，并上交给应用层。

（5）在应用层，应用数据根据需要进行数据格式转换、解压缩、解密等处理，去掉控制信息（如数据大小、校验码等）后，转换为用户直接可用的数据。至此，数据接收完毕。

4.2　计算机网络协议

计算机网络作为一种"信息高速公路"，面临与公路管理同样的难题。在公路管理中，人、车、路的协同工作，长期面临挑战。解决上述挑战，不仅需要通过技术，更要通过法律法规来疏导和预防。在计算机网络中也是如此，必须通过各种规程或协议（类似于法律法规）来保证网络安全、稳定、高效运行。其中就包括网络地址（用来标识网络节点并对用户违规和网络故障进行追踪与溯源等）、网络数据传输协议（保证网络节点数据正确到达目标节点）、网络资源竞争协议（保证每个网络节点均有机会使用网络得以传输信息等）、网络资源共享协议（保证不同组织和个人的信息可以共享与共用）等。

4.2.1　网络地址

计算机网络的发展是从局域网发展到互联网。为了唯一标识网络中的每个节点，需要给每个网络节点分配一个身份标识，这个身份标识称为地址。局域网使用网络硬件地址（即MAC地址）来标识网络节点，而由多个网络互连而成的互联网，则使用逻辑地址（即IP地址）来标识网络节点。

1. MAC 地址

局域网是计算机网络发展的第一个阶段。为了解决局域网中网络节点的身份标识问题，IEEE 标准规定，网络中每台设备都要有唯一的网络硬件标识，这个标识就是 MAC 地址。

MAC 地址即介质访问控制地址，也称为局域网地址、以太网地址、网卡地址、物理地址，它是用来确认网络节点的身份（或位置），由网络设备制造商在生产时写在硬件内部（一般固化在网卡内）。

MAC 地址可用于在网络中唯一标识一个网卡。一台设备若有多个网卡，则每个网卡都需要一个不同的 MAC 地址。MAC 地址由 48 位（6 个字节）二进制数组成，其中，前 3 个字节是网络硬件制造商的标识（厂商代码），由 IEEE 分配，后 3 个字节由制造商自行分配，代表该制造商所生产的某个网络产品（如网卡）的系列号。为方便用户读写记忆，通常将该地址转换成十六进制形式，并在每个字节之间用"："或"-"隔开，如 08 - 00 - 20 - 0A - 8C - 6D 就是一个 MAC 地址。

在局域网体系结构中，介质访问控制层使用 MAC 地址。由于 MAC 地址固化在网卡里面，所以从理论上讲，除非硬件及网卡被盗，否则 MAC 地址一般是不能被冒名顶替的。基于 MAC 地址的这种特点，局域网采用 MAC 地址来标识网络节点和用户。

以 Windows10 为例，查看主机 MAC 地址的操作流程：控制面板→网络和共享中心→网卡名字（双击）→详细信息→物理地址。这里的物理地址就是 MAC 地址，如图 4 - 2 - 1 所示。

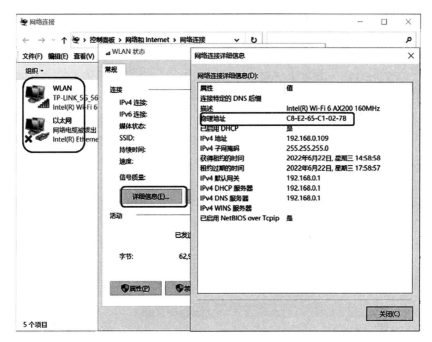

图4-2-1 查看主机 MAC 地址

2. IP 地址

随着计算机网络的快速发展，不同的网络互相连接，形成了互联网。为了屏蔽不同类型网络的差异，使得不同物理网络能够互连和互通，就需要提出一种新的统一编址方法，为互联网上每一个子网、每一个主机分配一个全网唯一的地址。

IP 地址就是为此而制定的。有了这种唯一的地址，才可保证用户在连网的计算机上操作时，能够高效而且方便地从千千万万台计算机中定位自己要访问的主机。IP 地址就像收货地址一样，如果要给一个人寄快递，就要知道收货地址，这样物流公司才能把货物送到。发送信息时互联网就好比物流公司，它必须知道唯一的地址才能把货物送到正确的目的地。只不过收货地址用文字来表示，互联网的地址用二进制数字表示。

IP 地址用于给互联网上的计算机编号，作为身份标识。大家日常见到的情况是每台连网的计算机上都需要有 IP 地址，才能正常通信。我们可以把个人计算机比作一台座机，那么 IP 地址就相当于电话号码，而路由器就相当于电信局的程控式交换机。

这里说的 IP 地址是 IPv4 协议规定的地址，即 IPv4 地址。现在主流的互联网几乎都使用 IPv4 协议。通常情况下，IP 地址默认就是指 IPv4 地址。

IP 地址是一个 32 位的二进制数，通常被分割为 4 个字节。为方便用户书写与记忆，可以把每个字节转换成十进制数，用"点分十进制"表示成 a.b.c.d 的形式，其中，a、b、c、d 都是 0~255 的十进制整数。例如，点分十进制 IP 地址 128.1.0.9，本质上是 32 位二进制数 10000000 00000001 00000000 00001001。

IP 地址要按级申请分配。在全球互联网中，由互联网名字与号码分配机构 ICANN 统一负责全球 IP 地址的规划、管理，其把大块 IP 地址按地区先分配给全球五个网络信息中心。中国互联网信息中心 CNNIC 再向其中的亚太网络信息中心 APNIC 申请地址，我国的 ISP

（互联网服务提供商）则必须向 CNNIC 申请地址。地址一般是有偿租用的。

3. IP 地址的分类

IP 地址一般包括网络号和主机号两部分。其中网络号的长度决定了整个网络中可包含多少个子网，而主机号的长度决定了每个子网能容纳多少台主机。根据网络号和主机号占用的长度不同，IP 地址可以分为 A、B、C、D、E 五类，如图 4-2-2 所示。用二进制代码表示时，A 类地址最高位为 0，B 类地址最高 2 位为 10，C 类地址最高 3 位为 110，D 类地址最高 4 位为 1110，E 类地址最高 4 位为 1111。由于 D 类地址分配给多播，E 类地址保留，所以实际可分配的 IP 地址只有 A 类、B 类和 C 类。

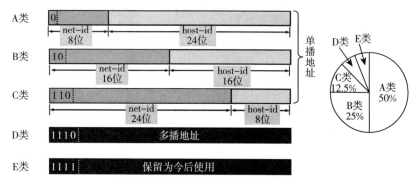

图 4-2-2　IP 地址的分类

A 类地址由最高位的"0"标志、7 位的网络号和 24 位的网内主机号组成。这样，在一个互联网中最多有 126 个 A 类网络（网络号 1～126，0 和 127 保留）。而每一个 A 类网络允许有最多 2^{24}（约 1677 万）台主机，如表 4-2-1 所示。A 类网络一般用于网络规模非常大的地区网。

B 类地址由最高 2 位的"10"标志、14 位的网络号和 16 位的网内主机号组成。这样，在互联网环境下大约有 16000 个 B 类网络，而每一个 B 类网络可以有 65534 台主机，如表 4-2-1 所示。B 类网络一般用于较大规模的单位和公司。

C 类地址由最高 3 位的"110"标志、21 位的网络号和 8 位的网内主机号组成。一个互联网中允许包含约 209 万个 C 类网络，而每一个 C 类网络中最多可有 254 台主机（主机号全 0 和全 1 有特殊含义，不能分配给主机），如表 4-2-1 所示。C 类网络一般用于较小的单位和公司。

表 4-2-1　三类地址的网络数和地址范围

类别	最大网络数	地址范围	每个网络最大主机数	私有地址范围
A	126（2^7-2）	1.0.0.0～127.255.255.255	16777214	10.0.0.0～10.255.255.255
B	16384（2^{14}）	128.0.0.0～191.255.255.255	65534	172.16.0.0～172.31.255.255
C	2097152（2^{21}）	192.0.0.0～223.255.255.255	254	192.168.0.0～192.168.255.255

此外，ICANN 对 IP 地址还有如下规定：32 位全"1"表示本地广播地址，32 位全"0"用作临时地址；高 8 位为 1000000（十进制形式以 127 开头）表示环回地址（loopback address），用于主机自身网络功能测试及本机内程序间通信。无论什么程序，一旦使用环回地

址发送数据，协议软件立即将其回送，不进行任何网络传输。最常用的环回地址是127.0.0.1。

ICANN还为每类地址保留了一个地址段用作私有地址（private address）。私有地址属于非注册地址，无须申请，主要用于企业内部网络。保留的三类私有地址范围如表4-2-1所示。

私有网络如果不与外部公共互联网连接，可以使用随意的IP地址。保留私有地址供其使用是为了避免需要接入公共互联网时引起地址歧义。使用私有地址的私有网络在接入公共互联网时，要通过网络地址转换（network address translation，NAT）技术，将私有地址转换成公用IP地址。在公共互联网上，这些私有地址是不能出现的。

4. 子网掩码

每个计算机网络都可以划分为若干个子网以方便管理。子网划分后，网络号和子网号构成了真正的网络地址。每个子网看起来就像一个独立的网络，而对于远程主机，这种子网的划分是透明的、看不见的。因此需要一种技术，让远程主机能够寻址到子网内的网络节点。

在进行子网划分后，为了能确定IP地址中的网络号部分，引入了子网掩码的概念。子网掩码不能单独存在，它必须与IP地址一起使用，并采用和IP地址相同的格式。简单地说，子网掩码的作用就是指明与其配合的IP地址中哪部分是网络号、哪部分是主机号。

子网掩码由n位连续的"1"和$32-n$位连续的"0"组成，共32位二进制数，用于说明该子网掩码所对应的IP地址前n位为网络号，后$32-n$位为主机号。例如，A、B、C三类标准的IP地址的子网掩码规范如图4-2-3所示。

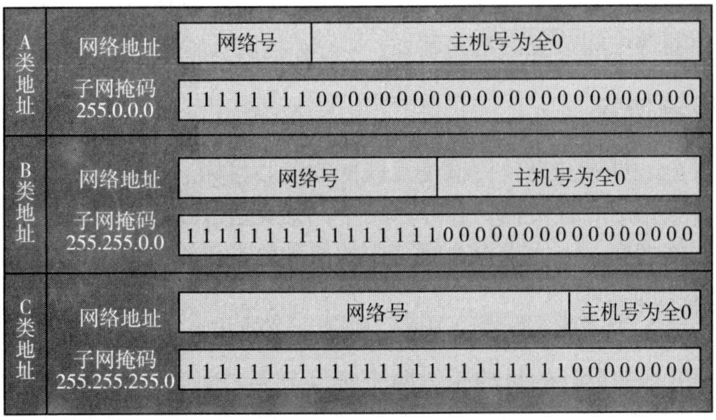

图4-2-3 三类地址的子网掩码规范

在三类标准的IP地址内部，还可以进一步将其划分为若干子网。例如，一个公司申请到了一个B类地址130.1.0.0，该公司的网络管理员为了方便管理，把公司内的网络划分成12个子网。这样，由于23<12<24，因此需要4位的子网号。该公司所有子网的子网掩码由原来的255.255.0.0变为255.255.240.0（即二进制11111111111111111111000000000000）。

如果网络主机之间能直接通信，它们必须在同一子网内，否则需要通过路由器（也称网关）进行转发。因此，每台主机在发送数据之前，必须计算自己的IP地址与目的IP地址的网络号是否相同。通过对子网掩码和IP地址进行按位与运算，可得到IP地址的网络号。例如，当IP地址为202.117.1.207，子网掩码为255.255.255.224时，通过按位与运算，可得子网号为202.117.1.192。

随着互联网的飞速发展，IPv4 的 32 位地址不足以满足全球用户对 IP 地址的需求，因而人们提出了 IPv6。IPv6 在 IPv4 的基础上将 32 位地址扩展为 128 位，从而有效解决了 IPv4 地址不足的问题。

5. IP 地址和 MAC 地址的异同

由于 IP 地址只是逻辑上的标识，不受硬件限制，容易被修改（如某些网络节点用户可能基于各种原因使用他人 IP 地址登录网络），因此容易出现 IP 地址冒用问题。例如，可以根据需要给一台主机指定任意的 IP 地址，如 202. 117. 10. 191 或 202. 117. 10. 192。

为了解决 IP 地址被任意修改或盗用问题，网络管理者可以将 IP 地址与 MAC 地址进行绑定。IP 地址和 MAC 地址最大的相同点就是地址都具有唯一性。两者的主要差异如下：

（1）可修改性不同。IP 地址是逻辑地址，在一台网络设备或计算机上，改动 IP 地址是非常容易的；而 MAC 地址是物理地址或者说是硬件地址，是网卡生产厂商烧录好的，一般不能改动。除非计算机的网卡坏了，在更换网卡之后，该计算机的 MAC 地址就变了。

（2）地址长度不同。IP 地址长度为 32 位，MAC 地址长度为 48 位。

（3）分配依据不同。IP 地址的分配是基于互联网拓扑结构的，MAC 地址的分配是基于网卡生产厂商的。

（4）在体系结构中的层次不同。IP 地址应用于网络层（网际层），而 MAC 地址应用在数据链路层（介质访问控制层）。

（5）传输过程不同。数据链路层通过 MAC 地址将数据从一个节点传输到同一局域网的另一个节点；网络层协议通过 IP 地址将数据从一个网络传输到另一个网络上，传输过程中可能需要经过路由器等中间节点的选路转发。

4.2.2　数据传输协议

实现数据的安全、可靠和高效传输是互联网的核心目标。在局域网内部，主要通过数据链路层协议来保障数据的有效传输；在互联网中，主要通过运输层协议进一步提高数据传输的可靠性，防止网络拥塞。下面重点介绍其中的两种数据传输协议：PPP 协议和 TCP 协议。

1. PPP 协议的功能

点对点协议（point to point protocol，PPP）为在点对点链路上传输多协议数据包提供了一个标准方法。PPP 最初设计的目的是为两个对等节点之间的 IP 数据传输提供一种封装协议。在 TCP/IP 协议族中，它是一种用来同步调制连接的数据链路层协议，替代了原来非标准的第二层协议，即 SLIP。除了 IP 以外，PPP 还可以携带其他协议，包括 DECnet 和 Novell 的 Internet 网包交换（IPX）。

PPP 具有以下功能：

（1）PPP 具有动态分配 IP 地址的能力，允许在连接时协商 IP 地址。

（2）PPP 支持多种网络协议，比如 TCP/IP、NetBEUI、NWLINK 等。

（3）PPP 具有错误检测能力，但不具备纠错能力，所以 PPP 是不可靠传输协议。

（4）PPP 无重传机制，网络开销小，传输速度快。

（5）PPP 具有身份验证功能。

（6）PPP 可以用于多种类型的物理介质上，包括串口线、电话线、移动电话和光纤（如 SDH），也用于 Internet 接入。

2. PPP 协议的帧格式

图 4-2-4 为 PPP 帧格式。PPP 采用 7E（十六进制）作为一帧的开始和结束标志；其中地址域和控制域取固定值 FF 与 03；协议域（两个字节）取 0021，表示数据域是 IP 分组，取 8021 表示数据域是网络控制数据，取 C021 表示数据域是链路控制数据；帧校验域（FCS）也为两个字节，它用于对整个帧的错误校验。当数据域中出现 7E 时，则转换为（7D，5E）。当数据域出现 7D 时，则转换为（7D，5D）。当数据域中出现 ASCII 码的控制字符（即小于 20 的字符）时，即在该字符前加入一个字符 7D。

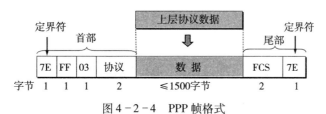

图 4-2-4 PPP 帧格式

3. PPP 协议的组成和工作流程

PPP 封装是一种封装多协议数据的方法。PPP 封装提供了不同网络层协议同时在同一链路传输的多路复用技术。PPP 封装经过精心设计，能保持对大多数常用硬件的兼容性，是克服了 SLIP 不足之处的一种多用途、点到点协议，它提供的 WAN 数据链接封装服务类似于 LAN 所提供的封装服务。所以，PPP 不仅提供帧定界，而且提供协议标识和位级完整性检查服务。

链路控制协议（LCP）：一种扩展链路控制协议，用于建立、配置、测试和管理数据链路连接。

网络控制协议（NCP）：协商该链路上所传输的数据包的格式与类型，建立、配置不同的网络层协议，为网络层提供 IP 地址分配等服务。

配置：使用链路控制协议的简单和自治机制。该机制也应用于其他控制协议，如网络控制协议（NCP）。

为了建立点对点链路通信，PPP 链路的每一端，必须首先发送 LCP 帧以便设定和测试数据链路。在链路建立且 LCP 所需的可选功能被选定之后，PPP 必须发送 NCP 帧以便选择和设定一个或更多的网络层协议。一旦每个被选择的网络层协议都被设定好了，来自每个网络层协议的数据就能在链路上发送了。

链路将保持通信设定不变，直到由 LCP 和 NCP 帧关闭链路，或者发生一些外部事件（如休止状态的定时器期满或者网络管理员干涉）的时候。

当用户拨号接入 ISP 时，路由器的调制解调器对拨号做出确认，并建立一条物理连接（底层 up）。主机向路由器发送一系列的 LCP 帧（封装成多个 PPP 帧）。

这些分组及其响应选择一些 PPP 参数进行网络层配置（此前如有 PAP 或 CHAP 先要通过验证），NCP 给新接入的主机分配一个有效的 IP 地址，使 IP 主机成为互联网上的一个合法主机。

通信完毕时，NCP 释放网络层连接，收回原来分配出去的 IP 地址。接着，LCP 释放数据链路层连接。最后释放的是物理层的连接。

PPP 的工作流程如图 4-2-5 所示。

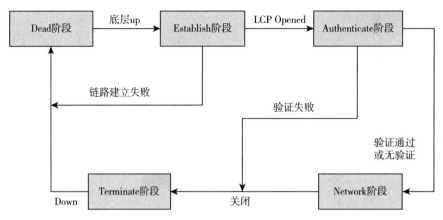

图 4-2-5　PPP 的工作流程

4. TCP/IP 协议

在五层网络参考模型中，TCP/IP 协议的核心是由运输层的 TCP 协议和网络层的 IP 协议组成的。TCP 是一种面向连接的、可靠的、基于字节流的运输层通信协议。为了使 TCP 能够独立于特定的网络，TCP 对报文长度有一个限定，即 TCP 报文的长度要小于 64KB。这样，对于长报文，需要进行分段处理后才能进行传输。

TCP 不支持广播和多播，但支持同时建立多条连接（逻辑连接）。TCP 的连接服务采用全双工方式。在数据传输之前，TCP 必须在两个不同主机的应用程序端口之间建立一条连接。一旦连接建立成功，在两个应用程序间就建立了一条全双工的数据传输通道，可同时在两个相反方向传输数据流。TCP 建立的端到端的连接是面向应用程序的，对中间节点（路由器、交换机等）是透明的。

IP 主要包含三个方面的内容：IP 编址方案、分组封装格式及分组转发规则。其中 IP 编址方案前面已经介绍过，分组封装格式及分组转发规则稍后介绍。

5. TCP 报文

TCP 报文是封装在 P 分组中进行传输的。TCP 报文首部固定部分的长度为 20 个字节，其具体格式如图 4-2-6 所示，各字段功能说明如下：

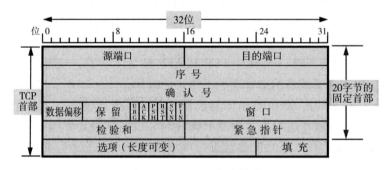

图 4-2-6　TCP 报文格式

源端口和目的端口：各占 16 位，分别标识连接两端的应用程序，即发送方应用程序和接收方应用程序。

序号：占 32 位。TCP 的序号不是对每个 TCP 报文编号，而是对每个字节编号。这样，序号字段指的是该 TCP 报文中数据的起始字节的序号。序号长度为 32 位，可对 232 个字节（4GB）进行编号。当序号重复时，旧序号数据早已在网络中消失。TCP 在建立连接时还采用了"三报文握手"方式，确保不会把旧的序号当成新的序号。

确认号：占 32 位，采用捎带确认方式，指出下一个期望接收的字节序号，也就是告诉对方，这个序号以前的字节都已经正确收到。例如，确认号为 1024，表示序号为 1023 及其之前的字节都已经收到，期望接收的下一个字节的序号为 1024。

数据偏移：即首部长度，占 4 位，用以指明报文首部的长度，单位是 4 字节。这个字段的出现是由于在报文首部可以有可选部分，而选项字段的长度是可变的。TCP 首部的最大长度为 60 字节。

保留字段：占 6 位，未使用。

标志位：由 6 位组成，用于说明 TCP 报文的目的与内容。其中，URG = 1 表示紧急指针字段有效；ACK = 1 表示确认字段有效，ACK = 0 表示确认字段无效；PSH 表示本 TCP 报文请求 PUSH 推送发送，接收方应该尽快将这个报文交给应用层；RST 表示要求重新建立传输连接；SYN 表示发起一个新的连接；FIN 表示释放一个连接。

窗口：接收方用于告知发送方自己的接收能力，控制对方的发送流量。

校验和：用于对 TCP 报文的首部和数据部分进行错误校验，与 UDP 类似的是校验和计算时也需要包含伪报头，TCP 伪报头的格式与 UDP 伪报头一样。

紧急指针：用于指出数据部分中紧急数据的位置和长度，这些紧急数据应优先于其他数据传输。

选项：用于提供可选的附加功能。目前被正式使用的有定义传输过程中最大报文段长度（maximum segment size，MSS）选项，它只能在连接建立时使用。

填充：用于保证选项的长度为 32 位的整数倍。

6. TCP 的工作原理

图 4-2-7 给出了两个应用程序建立 TCP 连接后数据的传输过程（图中只给出了一个方向的数据传输）。由于 TCP 是基于字节流的，当上层发送程序的应用数据到达 TCP 发送缓存后，原始数据的边界将淹没在字节流中。当 TCP 进行发送时，从发送缓存中取一定数量的字节加上头部后构成 TCP 报文进行发送。当 TCP 报文到达接收方的接收缓存时，TCP 报文携带的数据也将被当作字节流处理，并提交给上层应用程序。这时，接收程序必须能从这些字节流中划分出原始数据的边界。

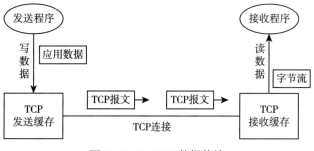

图 4-2-7 TCP 数据传输

值得注意的是，TCP 在发送报文之前，必须首先通过"三报文握手"建立连接。数据传输完毕后，需要释放连接。TCP 的连接管理过程如下：

（1）TCP 连接管理。TCP 连接管理包括建立连接和释放连接。在 TCP 中，为了提高连接的可靠性，在连接的建立阶段采用"三报文握手"方式；在连接的释放阶段采用对称释放"四报文握手"方式，即连接的每端只能释放以自己为起点的那个方向的连接。

①TCP 连接的建立：TCP 使用"三报文握手"方式建立连接的过程如图 4-2-8 所示。在图 4-2-8 中，主机 A 是连接的发起方（客户端），主机 B 为连接的响应方（服务器）。

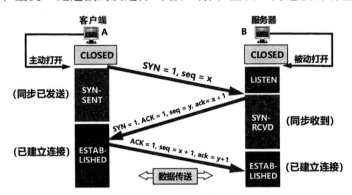

图 4-2-8 "三报文握手"建立 TCP 连接

第一次握手：客户端在连接关闭状态（CLOSED）发送 SYN 报文（SYN = 1、seq = x）到服务器，此时客户端进入同步发送状态（SYN-SENT），等待服务器确认。这里 x 为一个随机的起始序号。

第二次握手：服务器接收到 SYN 报文后，结束监听状态（LISTEN），并返回一个 SYN 报文（SYN = 1、ACK = 1、seq = y、ack = x + 1，y 为随机数），此时服务器进入同步接收状态（SYN-RCVD），等待客户端确认。

第三次握手：客户端接收到来自服务器的 SYN 报文后，明确了数据传输是正常的，结束同步发送状态（SYN-SENT），并向服务器返回一个 SYN 报文（ACK = 1、seq = x + 1、ack = y + 1）。客户端进入连接建立状态（ESTAB-LISHED）。服务器接收到来自客户端的确认报文（ACK 报文）后，明确了数据传输是正常的，结束同步接收状态（SYN-RCVD），进入连接建立状态（ESTAB-LISHED）。

在客户端与服务器传输的 SYN 报文中，双方的确认号 ack 和序号 seq 的值都是在彼此 ack 与 seq 值的基础上进行计算的，这样做保证了 TCP 报文传输的连续性。一旦出现某一方发出的 SYN 报文丢失，便无法继续"握手"，以此确保了"三报文握手"的顺利完成。

TCP 是建立在不可靠的 IP 分组传输服务之上的，报文可能丢失、延迟、重复和乱序；并且，如果一个连接已经建立，某个延迟的连接请求才到达，就会出现问题。因此，TCP 建立连接所使用的"三报文握手"方式还必须使用超时和重传机制。

"三报文握手"除了完成可靠连接的建立，还使双方确认了各自的初始序号。从图 4-2-8 可以看出，主机 A 在发送连接建立请求报文时，同时携带了序号 x；在主机 B 对连接请求进行响应时，一方面对主机 A 的起始序号 x 进行了确认（ack = x + 1），另一方面也发送了自己的起始序号 y。最后，主机 A 在确认中携带了对主机 B 的起始序号 y 的确认（ack = y + 1）。需要注意的是，第一次和第二次握手信号（SYN 报文）并不携带任何数据，但是需要消耗一个序号。

②TCP连接的释放：TCP连接是全双工的，可以看作两个不同方向的独立数据流的传输。因此，TCP采用对称的连接释放方式，即对每个方向的连接单独释放。如果一个应用程序通知TCP其数据已经发送完毕，TCP将单独释放这个方向的连接。在释放一个方向的连接时，发起方发送一个FIN标志为1的TCP报文。响应方的TCP对FIN报文进行确认，并通知应用程序该方向通信已结束。

一旦在某一个方向上的连接已释放，TCP将拒绝该方向上的数据。但是，在相反方向上，还可以继续发送数据，直到这个方向的连接也被释放。尽管连接已经释放，确认信息还是会反馈给发送方。当连接的两个方向都已释放，该连接的两个端点的TCP进程将删除这个连接记录。

（2）TCP的传输控制。在TCP中，采用了基于字节流的传输方式，其基本特征是以字节为基本处理单位，不保留上层提交数据的边界。通过前文的介绍，我们已经知道TCP报文是按照字节编号、按照字节确认的。

在发送方，上层应用程序按照自己产生数据的规律，陆续将大小不等的数据块送到TCP的发送缓冲区中。在以下条件之一被满足时，TCP从缓存中取一定长度的字节流，封装成TCP报文后发送。

①缓冲区中数据的长度达到MSS（最大报文段长度）时，则从缓冲区中取MSS长度的数据封装成TCP报文后发送。

②发送方应用程序要求立即发送报文，即要求TCP执行"推"操作。

③若发送方的定时器超时，也需要将缓冲区中的数据封装成TCP报文，立即发送。实际上，TCP字节流的发送还需要遵循其他规则，如Nagle算法、流量控制和拥塞控制的策略等。

下面简单介绍在TCP实现中被广泛采用的Nagle算法。其基本思想如下：当应用程序向TCP传输实体传递数据时，TCP封装并发出第一个字节，对其后的所有字节进行缓存，直到收到对第一个字节的确认报文。然后，将已缓存的所有字节封装成报文发出，并继续对后续收到的字节进行缓存，直至收到下一个确认报文。这样，当数据到达速度较快而网络速度较慢时，可以明显减少对网络带宽的消耗。Nagle算法还规定，当到达的数据达到发送窗口大小的一半或者最大长度报文段长度MSS时，需要立即封装并发送一个报文。

对于每个TCP连接，TCP管理以下4个主要的定时器：

重传定时器：TCP为每一个发送的报文启动一个重传定时器，用于完成出错或丢失后的重传纠正。该定时器的时间间隔被称为重发超时（RTO）。TCP超时和重传中最重要的就是对一个特定连接的往返时间（RTT）的测量。由于路由器负载和网络流量都是动态变化的，因此TCP需要跟踪这些变化并相应地改变超时时间。TCP必须测量发送每个带有特定序号的报文和接收到该报文的确认报文之间的时间。

坚持定时器：确认报文ACK的传输并不绝对可靠，也就是说，TCP不对ACK报文进行确认，TCP只确认那些包含数据的ACK报文。为了防止出现因为ACK报文丢失而导致双方持续等待而死锁的问题，发送方用一个坚持定时器来周期性地向接收方询问。

保活定时器：用于检测一个空闲连接的另一端是否已经崩溃或重启。如果一个连接在保活定时器设定的时间内没有任何动作，那么服务器就向客户端发送一个探查报文。

时间等待计时器：测量一个连接处于 TIME_WAIT 状态的时间。

（3）TCP 的流量控制。TCP 的流量控制主要用于解决收发双方数据处理速度的不匹配问题。简单地说，就是解决低处理能力（如慢速、小缓存等）的接收方无法处理过快到达的报文的问题。最简单的流量控制解决策略是接收方及时通知发送方自己的处理能力，然后发送方按照接收方的处理能力来发送报文。由于接收方的处理能力是动态变化的，因此这种交互过程也是动态的过程。

TCP 采用动态缓存分配和可变大小的滑动窗口协议来实现流量控制。TCP 报文中的窗口字段就指明了接收窗口的尺寸。该窗口尺寸说明了接收方的接收能力（以字节为单位的缓冲区大小），发送方允许连续发送未确认的字节数量不能超过该窗口尺寸。

（4）TCP 的拥塞控制。由于互联网中传输的数据负载过大，超过了路由器和线路的处理能力，导致网络传输性能明显下降的现象，称为拥塞。

当各主机输入网络的分组数量未超过网络的承受能力时，所有分组都能正常传输，并且网络传输的分组数量与主机输入网络的分组数量成正比。但是，当主机输入网络的分组数继续增大时，由于通信资源的限制，中间节点（路由器、线路等）会丢掉一些分组；如果输入网络的分组数量继续增大，网络性能会变得更差，如到达目的主机的分组数反而大大减少，响应时间急剧增加，网络反应迟钝，严重时还会导致死锁崩溃。为了最大限度地利用资源，网络工作在轻度拥塞状态时应该是较为理想的，但这也提高了网络拥塞崩溃的可能性，因此需要一定的拥塞控制机制来加以约束和限制。

在计算机网络中，通常使用分组丢失率、平均队列长度、超时重传报文的数目、平均延迟、延迟抖动来衡量网络是否出现拥塞。在这些参数中，前两个参数是中间节点（路由器）用来监测拥塞的指标，后三个参数是源节点用来监测拥塞的指标。在 TCP 中通常选取报文丢失作为判定拥塞的指标。

拥塞产生的原因是用户需求大于网络的传输能力，因此，解决拥塞主要有以下两种方法：增加网络资源和降低用户需求。增加网络资源一般通过动态配置网络资源来提高系统容量；降低用户需求是通过拒绝服务、降低服务质量和调度来实现的。由于拥塞的发生是随机的，网络很难做到在拥塞发生时增加资源，因此网络中主要采用降低用户需求的方式。

最初的 TCP 只有基于滑动窗口的流量控制机制而没有拥塞控制机制。1986 年初，美国的范·雅各布森（Van Jacobson）提出了"慢启动"算法，后来这个算法与拥塞避免算法、快速重传和快速恢复算法共同用于解决 TCP 中的拥塞问题。

7. TCP 与 UDP 的异同

在 TCP/IP 参考模型中，运输层主要包括两个协议，即 TCP 和 UDP。一般情况下，TCP 和 UDP 可共存于同一个网络中，前者提供高可靠性的面向连接的服务，后者提供高效率的无连接的服务。与 UDP 相比，TCP 最大的特点是以牺牲效率为代价换取高可靠的服务。为了达到这种高可靠性，TCP 必须处理报文丢失、分组乱序以及由于延迟而产生的重复报文等问题。

在对上层数据进行处理时，UDP 是面向报文的，而 TCP 是面向字节流的，即 TCP 以字节作为最小处理单位，所有的控制都是基于字节进行的。例如，为了保证数据传输的可靠性，TCP 为字节流中的每一个字节分配一个序号，并以此为基础，采用确认和超时重发的机制来保证数据的可靠传输。

在对下层数据处理方面，UDP 几乎不对 IP 层数据（IP 分组）进行过多处理，仅仅增加了错误校验码和标识双方应用程序的端口号。而 TCP 需要加入复杂的传输控制，比如滑动窗口、接收确认和重发机制，以实现数据的可靠传输。因为不管应用层看到的是怎样一个稳定的 TCP 数据流，下面传输的都是一个个的 IP 分组，需要由 TCP 来进行数据纠错和重组。

在应用场景方面，TCP 用于在运输层有必要实现可靠传输的情况下，也就是对可能性要求严格的应用中；UDP 主要用于那些对高速传输和实时性有较高要求的应用中，或一对多、多对多的应用中，如网络电话、在线视频、网络会议等。在打电话时，如果使用 TCP，TCP 的复杂处理导致传输效率低、延迟大，这样就无法流畅地传输通话人的声音数据；而采用 UDP，虽然数据丢失（偶尔）会引起部分通话质量不佳，但不会有声音大幅度延迟到达的问题。

8. IP 分组

IP 协议是 TCP/IP 网络层的核心协议，它提供无连接的、尽力而为的数据传输服务。只负责将分组送到目的主机，至于传输是否正确，不做验证，无法确认，也不保证分组的正确顺序，因此不能保证传输的可靠性。传输可靠性工作交给运输层处理。例如，如果应用程序要求有较高的可靠性，可使用运输层的 TCP 提供的可靠传输服务来实现。简单地说，IP 主要完成以下工作：无连接的 IP 分组传输、分组路由（选路转发）、分组的分片和重组。

IP 分组由首部和数据两部分组成。其中，分组首部用来存放 IP 的具体控制信息，而数据部分则包含上层协议提交给 IP 传输的数据（TCP 报文、UDP 报文等）。IP 分组格式如图 4-2-9 所示。

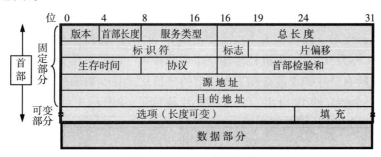

图 4-2-9 IP 分组格式

IP 分组首部由以下字段组成：

①版本：占 4 位二进制位，表示与 IP 分组遵循对应的 IP 协议版本号，包括 IPv4 和 IPv6。这里指的是 IPv4 分组，协议版本号为 4。

②首部长度：占 4 位，指明分组头部的长度，单位为 4 字节。由于包含任选项字段，因此 IP 分组首部长度是可变的。

③服务类型：占 8 位，用于指明 IP 分组所希望得到的有关优先级、可靠性、吞吐量、延时等方面的服务质量要求。大多数路由器不处理这个字段。

④总长度：占 16 位，用于指明 IP 分组的总长度，单位是字节，包括分组首部和数据部分的长度。由于总长度字段为 16 位，因此，最大 IP 分组允许有 $2^{16}-1$（65535）字节。

⑤标识符：占 16 位，用于唯一标识一个 IP 分组。标识符字段是 IP 分组在传输过程中的身份，是进行分片和重组所必需的依据。

⑥标志：占 3 位，其中一位保留未用，另两位中的 DF 位用于指示 IP 分组是否允许分片，MF 用于表明是否有后续分片。

⑦片偏移：占 13 位，用于指明 IP 分组被分片后当前小片在原始 IP 分组中的位置，这是分片和重组所必需的。

⑧生存时间：占 8 位，用于指明 IP 分组在网络中可以传输的最长时间。每经过一个路由器时，该字段值减 1，当减到 0 时，该 IP 分组将被丢弃。这个字段用于保证 IP 分组不会在网络出错时无休止地传输。

⑨协议：占 8 位，用于指明数据部分携带的是哪个协议的数据。值为 1（十进制）时表示 ICMP 报文，值为 6 时表示 TCP 报文，值为 17 时表示 UDP 报文。

⑩首部检验和：占 16 位，是 IP 分组首部的错误校验码，不包括数据部分。算法是对 IP 分组首部以每 16 位为单位进行异或运算，并将结果取反，得到检验和。

⑪源地址：占 32 位，用于指明发送 IP 分组的源主机的 IP 地址。

⑫目的地址：占 32 位，用于指明接收 IP 分组的目的主机的 IP 地址。

⑬选项：长度可变，该字段主要用于为 IP 提供一些可选辅助功能及未来可能的扩展。实际互联网中很少使用。

⑭填充：长度可变，由于分组首部长度必须是 4 字节的整数倍，因此当使用任选项的 IP 分组首部长度不足 4 字节的整数倍时，必须用 0 填充。

9. IP 分组的分片与重组

下面简单说明 IP 分组的分片和重组的过程。IP 分组的分片和重组主要涉及标识符字段、标志字段、偏移量字段。

（1）分片。当 IP 分组所经过的物理网络的最大传送单元（maximum transmission unit，MTU）小于分组长度时，路由器或主机需要把该 IP 分组分割成若干个满足 MTU 长度要求的更小的 IP 分组（称为分片），再进行传输。由于偏移量字段的单位为 8 字节，因此除最后一个分片外，前面所有分片的长度必须为 8 字节的整数倍，且一般取相同的长度。分片后的每个 IP 分片都是一个独立的 IP 分组，其首部除片偏移量、MF 标志位、总长度和首部校验和字段外，其他与原始 IP 分组首部相同。

（2）重组。重组是分片的逆过程。目的主机收到各个分片后，根据偏移量和 MF 标志位判断是否进行了分片。如果 MF = 0 并且 Offset = 0，则为一个完整分组；如果 MF = 1 并且 Offset ≠ 0，则表示进行了分片，需要进行重组。例如，在以太网中最大传送单元 MTU 为 1500 字节，一个总长度为 3820 字节、数据部分 3800 字节的 IP 分组使用以太网传输时，按照图 4 - 2 - 10 所示的方法进行分片。

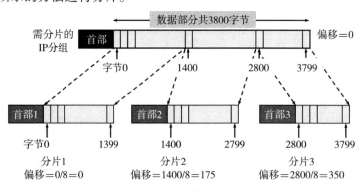

图 4 - 2 - 10　IP 分组分片示例

分片前后各控制字段的值如图4-2-11所示。

	总长度	标识符	MF	DF	片偏移
原始IP分组	3820	12345	0	0	0
分片1	1420	12345	1	0	0
分片2	1420	12345	1	0	175
分片3	1020	12345	0	0	350

图4-2-11 IP分组分片的字段值

在互联网中,每个IP分组都包含目的主机的IP地址。其网络号可以唯一地标识互联网中的一个网络,这个网络至少有一个与之相连的路由器,通过该路由器和其他网络相连。路由器负责在该网络和互联网上的其他网络间转发IP分组。路由器根据IP分组首部的目的IP地址进行路由选择和分组转发。路由器中路由表的一般格式如表4-2-2所示。在路由表中,目的网络通常使用IP地址和子网掩码的形式来表示。

表4-2-2 路由表示例

目的网络	子网掩码	下一跳(路由器)	转发接口
10.0.0.0	255.0.0.0	Router3	接口 A
130.189.0.0	255.255.0.0	Router1	接口 C
192.168.1.0	255.255.255.0	直接可达	接口 D
202.196.80.0	255.255.255.0	Router9	接口 F

例如,在图4-2-12中,若干总线型以太网通过路由器互连起来。网络1的主机10.1.1.1向网络2的主机192.168.1.1发送数据(IP分组)时,源主机把数据发给路由器,路由器进行选路后转发给目的主机。

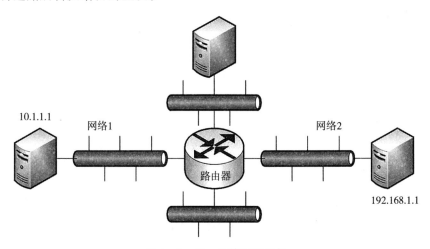

图4-2-12 网络互连示例

10. IP 路由技术和路由协议

IP路由技术是指IP架构的计算机网络之间进行路由选择的技术,它规范了网络设备之间数据传输转发时选择路由路径的相关技术细节。IP网络中的路由选择是由路由设备(即路由器）完成的。路由器通过执行某种路由协议，为 IP 分组寻找一条到达目的主机或网络的最佳路径，并转发该 IP 分组，实现路由转发。

路由协议（routing protocol）是一种指定 IP 分组转送方式的互联网协议。路由器通过路由表来转发接收到的数据。转发策略可以通过静态路由、策略路由等方法人工指定。在小规模网络中，人工指定转发策略没有任何问题。但在大规模互联网中，如果通过人工指定转发策略，将会给网络管理员带来巨大的工作量，并且管理和维护路由表变得十分困难。为了解决这个问题，动态路由协议应运而生。动态路由协议根据网络结构和状态变化自动地建立与更新路由表。网络管理员只需要配置动态路由协议即可，相比人工指定转发策略，工作量大大减少。

常见的路由协议有 RIP、OSPF、BGP、IGRP、EIGRP、IS-IS 等。其中，RIP、OSPF、IGRP、EIGRP、IS-IS 是内部网关协议，适用于同一自治系统（ISP）内部统一的路由策略。BGP 是自治系统间的路由协议，是一种外部网关协议，多用于不同 ISP 之间交换路由信息，以及应用于具有较大规模的私有网络。

11. 路由算法

路由器的路由协议使用路由算法来找到到达目的地的最佳路由。路由算法，又名选路算法，可以根据多个特性来加以区分。算法的目的是找到一条从源路由器到目的路由器的"好"路径（即具有最低代价的路径）。具体来说，存在多种路由算法，每种算法对网络和路由器资源的影响都不同。由于路由算法使用多种度量标准，因此会影响最佳路径的计算。

所谓最佳路径，通常需要考虑的因素主要包括跳跃数（也称为距离，指分组在互联网中从一个路由器或中间节点到目的网络所经过的路由器个数）、时延、安全性、费用等。

根据路由器收集网络的结构及状态信息并对之进行分析的方式，可将路由算法分为两种：分布式路由算法和集中式路由算法。采用分布式路由算法时，每个路由器只从与它直接相连的路由器获取路由信息，而无须与网络中的每个路由器都交换信息，这种算法也被称为距离向量（distance vector，DV）算法。采用集中式路由算法时，每个路由器都拥有网络中其他路由器的全部信息及网络的流量状态信息，这种算法也被称为链路状态（link state，LS）算法。

下面是 LS 算法的主要步骤：

（1）路由器确认在物理上与之直接相连的路由器并获得它们的 IP 地址。当一个路由器开始工作后，它首先向整个网络发送一个"HELLO"报文，每个接收到报文的路由器都将返回一条报文，其中包含它自身的 IP 地址。

（2）测量相邻路由器的延时或者其他重要的网络参数，比如平均流量。为做到这一点，路由器向整个网络发送响应报文。每个接收到报文的路由器返回一个应答报文。将路程往返时间除以 2，路由器便可以计算出延时。

（3）向网络中的其他路由器广播自己的信息，同时接收其他路由器的信息，每一个路由器都能知道网络的结构及状态。

（4）使用某种优化算法，如杰斯特拉（Dijkstra）最短路径算法，确定网络中两个节点之间的最佳路由。

4.2.3 传输介质争用协议

传统局域网大多具有传输介质共享的特性，大量网络节点需要共同使用同一通信线路或信道，这种情况下需要解决的首要问题就是共享介质的争用和分配。介质访问控制协议（又称 MAC 协议）是解决共享介质竞争的主要手段，它可以分为有冲突协议和无冲突协议两类。

1. 有冲突协议

在采用有冲突协议的局域网中，节点在发送数据前不需要与其他节点协调对介质的使用权，而是有数据就发送。因此，当多个节点同时发送时会产生信号冲突。有冲突协议的优点是控制简单，在轻负载时，节点入网延时短；但在重负载时，由于会频繁发生冲突会导致网络吞吐量大大下降。为了解决这个问题，有冲突协议中必须包含冲突检测的方法以及检测到冲突后的退避策略。所谓退避策略，是指系统需要设置一个随机时间间隔，当发生冲突时停止发送，等待此时间间隔期满后，各节点才能尝试重新发送。

ALOHA 协议是 20 世纪 70 年代由美国夏威夷大学研制的一种冲突检测的信道争用协议，它允许各终端竞争向中央主机发送信息，首次将发送冲突引入实际网络中。但由于协议设计中存在缺陷，ALOHA 协议目前已经很少被使用了，取而代之的是载波监听多路访问（CSMA）协议。CSMA 协议的基本思想是网络节点在发送数据前，需要检测信道是否空闲，只有信道空闲时才能发送数据。但当两个或两个以上节点同时检测到信道空闲时，立即发送数据仍会发生冲突，因此，CSMA 协议也属于有冲突协议。

CSMA 协议可分为坚持式和非坚持式两大类。

（1）1-坚持式 CSMA 协议。要发送数据的节点，先检测信道。如果信道忙，节点就坚持等待信道变为空闲时再发送数据；如果信道空闲，则立即发送数据。一旦多个节点同时发送数据而产生冲突，则冲突的各节点停止发送并等待一个随机时间间隔后尝试重发。由于信道空闲时节点发送的概率为 1，故称为 1-坚持式 CSMA 协议。

（2）非坚持式 CSMA 协议。节点发送数据之前先检测信道，如果信道空闲就可发送。如果信道忙，节点不坚持等到信道空闲再发送，而是等待一个随机时间间隔后再检测信道。非坚持式 CSMA 协议在一定程度上避免了再次发送数据时的冲突，它的信道利用率比 1-坚持式 CSMA 协议要高。

（3）p-坚持式 CSMA 协议。节点发送数据之前先检测信道，信道空闲时以概率 p 发送，以 $q = 1 - p$ 的概率推迟到下一个时间片发送。这种情况一直持续到连续多个时间片后发出自己的数据帧，或者在某个时间片检测到信道忙，等待一个随机时间间隔后再检测信道。

2. CSMA/CD 协议

CSMA/CD 是总线型以太网使用的介质访问控制方法，是一种带冲突检测（collision detection，CD）的载波监听多路访问协议。其起源于 ALOHA 协议，并进行了改进，具有比 ALOHA 协议更高的介质利用率。

CSMA/CD 的工作过程如下：一个主机在发送数据前，首先需要监听信道是否有载波，如果信道无载波（表示空闲），则立即占用信道发送数据；如果监听到信道有载波（表示忙），则坚持等待。在数据帧的最后一位数据发送完成后，应等待至少 $9.6\mu s$，以提供适当的帧间间隔，然后才能开始尝试下一帧的发送。CSMA/CD 的工作流程如图 4-2-13 所示。

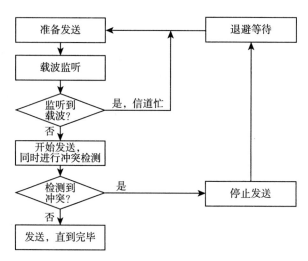

图 4 - 2 - 13　CSMA/CD 的工作流程

CSMA/CD 协议规定，数据帧发送过程中，一旦检测到冲突，涉及该冲突的主机都要停止发送，然后发送强化的干扰信号，使冲突更加严重以便通告以太网上的所有主机。在此之后，多个冲突的主机都必须采取退避策略，再尝试重发数据帧。为避免不同主机在退避相同时间后产生二次冲突，退避时间应为一个服从均匀分布的随机量。在以太网的 CSMA/CD 协议中采用的二进制指数退避算法就是基于这种思想提出的。该算法根据冲突的次数估计网络负载而计算本次应退避的时间。二进制指数退避算法的公式如下：

$$T = R \times A \times 2N$$

式中，N 为冲突次数；R 为随机整数；A 为计时单位（一般采用间隙时间）；T 为本次冲突后等待重发的退避时间。

二进制指数退避算法的基本思想是：将冲突发生后的时间划分为长度为 $2T$ 的时隙，发生第一次冲突后，各个节点等待 0 或 1 个时隙再开始重传；发生第二次冲突后，各个节点随机地选择等待 0、1、2 或 3 个时隙再开始重传；以此类推，第 i 次冲突后，在 0 ~ $(2i - 1)$ 中随机地选择一个等待的时隙数，开始重传。在连续 10 次冲突后，选择等待的时隙数被固定为 $0 \sim (2 \times 10 - 1)$，直到 16 次冲突后，本次发送失败，放弃，向网络上层报告。

3. 无冲突协议

相比有冲突协议，采用无冲突协议的局域网中的每个节点，按照特定仲裁策略来完成发送过程，避免了数据发送过程中冲突的产生。令牌协议是一种典型的无冲突协议，其基本思想是：一个节点要发送数据，必须首先截获令牌（token，一种特殊的数据帧）。由于网络中只有一个令牌，因此在任何时刻只有一个节点发送数据，从而不会产生冲突。

令牌总线是一种在总线型拓扑结构中利用"令牌"作为控制节点访问公共传输介质的控制方法。在令牌总线局域网中，任何一个节点只有在取得令牌后才能使用共享总线去发送数据。与 CSMA/CD 方法相比，令牌总线方法比较复杂，需要完成大量的逻辑环维护工作，包括令牌总线初始化、新节点加入、节点撤出、优先级管理服务等。IEEE 802.4 是令牌总线的一种标准化协议。

令牌环网协议是一种局域网协议，所有站点都连接到一个物理环上；每个站点只能同直接相邻的站点传输数据。通过在环上轮询的令牌帧授予站点发送权限。令牌环是 IBM 公司于 20 世纪 80 年代初开发成功的一种网络技术。之所以称为环，是因为这种网络的物理结构具有环的形状。环上有多个站点逐个与环相连，相邻站点之间是一种点对点的链路，因此令牌环与广播方式的以太网不同，它是一种顺序向下一站点广播的局域网。相比以太网，令牌环网即使数据负载很重，仍具有确定的响应时间。IEEE 802.5 是令牌环所遵循的一种协议标准。

图 4-2-14 是令牌环网的示意图。主机 A 要给主机 C 发送数据，必须等待令牌从上游主机 B 到达本机。一旦收到令牌，A 就可以将数据帧发送到环上。数据帧沿环顺时针转发送到目的主机 C，C 收到 A 发送的数据帧后进行复制，并在帧的尾部设置"响应位"来指示已收到此帧，同时将该帧继续转发到环上。数据帧在环网上传输一圈后重新回到 A，由 A 将该帧从环上删除。接着，由 A 产生新的令牌，并将令牌通过环传给下游主机 D。

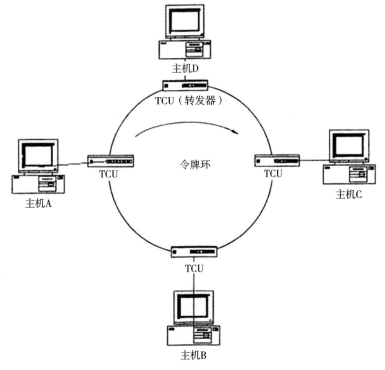

图 4-2-14　令牌环网示意图

这种令牌的方式虽然能避免冲突的出现，但是令牌的管理和维护比较复杂，而且节点的入网延时会大大增加，因此，目前在局域网中已经很少采用。

4.2.4　网络资源共享协议

计算机网络的主要目的就是实现资源共享，可共享的资源主要包括数据资源、设备资源（如打印机）和程序资源等。针对不同的资源共享模式，由于历史原因和技术差异，导致多种协议共存。表 4-2-3 给出了几种典型的网络资源共享协议的概要信息，这些协议属于应用层协议，本节只介绍其中部分协议。

表 4-2-3　典型网络资源共享协议

英文名称	中文名称	说明
HTTP	超文本传送协议	信息资源的搜索与超文本传输
DNS	域名系统/服务	提供域名到 IP 地址的映射与查询
FTP	文件传送协议	客户/服务器模式的文件共享
HTML	超文本标记语言	网页的组织、制作与显示
SMTP	简单邮件传送协议	电子邮件的发送及邮件服务器之间的邮件传送
POP	邮局协议	电子邮件的接收与阅读
Telnet	远程登录协议	登录到远程主机进行操作
DHCP	动态主机配置协议	为主机自动分配 IP 地址等上网参数

1. Web 服务模型

信息时代，总需要通过网络搜索各种资源，其中就离不开百度、谷歌等网络资源搜索引擎。那么，搜索引擎是如何工作的呢？要想知道答案，首先需要了解的就是万维网（world wide web，WWW）。

万维网又称 Web，是一种基于 HTTP 的全球性的、动态交互的、跨平台的分布式信息系统。该系统为用户在互联网上查找和浏览信息提供了图形化的、易于访问的直观界面。

万维网使用了一种全新的 B/S 模型（浏览器/服务器模型），如图 4-2-15 所示。它是对 C/S 模型（客户/服务器模型）的一种改进。在 B/S 模型中，用户使用浏览器访问互联网上的 Web 服务器，Web 服务器通过数据库访问网关请求数据库服务器的数据服务，然后由 Web 服务器把查询结果返回用户浏览器显示出来，形成所谓的三层结构。

用户　　　　　　　　　　　　Web服务器　　数据库网关　　数据库服务器
（浏览器）

图 4-2-15　B/S 模型

使用浏览器搜索资源时，就包括一次 Web 服务的资源请求过程。具体步骤如下：

（1）在浏览器中输入域名（网址）。

（2）使用域名系统（domain name system，DNS）对域名进行解析，得到对应的 IP 地址。

（3）根据这个 IP 地址，找到对应的 Web 服务器，发起 TCP 的"三报文握手"，建立连接。

（4）建立 TCP 连接后，向 Web 服务器发送 HTTP 请求报文。

（5）Web 服务器响应 HTTP 请求，浏览器得到 HTML 格式的资源文件。

（6）浏览器先对返回的 HTML 文件进行解析，再请求 HTML 文件中的资源，如 JS、

CSS、图片等（这些资源是二次加载）。

（7）浏览器对 HTML 代码及其资源进行渲染并呈现给用户。

（8）服务器释放 TCP 连接，一次访问结束。

2. Web 服务协议

Web 服务协议主要包括 HTTP、DNS 和 HTML 等协议。

（1）HTTP。HTTP（hyper text transfer protocol，超文本传送协议）是一个浏览器与 Web 服务器之间交互的应用层协议。通常由 HTTP 客户端（浏览器）发起一个请求，建立一个到服务器指定端口（默认是 80 端口）的 TCP 连接。HTTP 服务器则在指定端口监听客户端发送过来的请求，一旦收到请求，服务器向客户端发回一个响应消息。消息体可能是被请求的文件、错误消息或者其他一些信息。客户端接收服务器所返回的信息并通过浏览器将信息显示在用户的显示屏上，然后客户端与服务器断开连接。

HTTP 的发展是万维网协会和因特网工作小组合作的结果，他们发布了一系列的 RFC 标准，其中 RFC 2616 定义了 HTTP 的一个现今被广泛使用的版本，即 HTTP 1.1。HTTP 1.1 能很好地配合代理服务器工作，支持以管道的方式同时发送多个请求，能有效降低线路负载，提高传输速率，并且向下兼容较早的 HTTP 1.0。

HTTP 1.0 使用非持久连接，客户端必须为每一个被请求的对象建立并维护一个新的 TCP 连接。因为同一个页面可能存在多个对象，所以非持久连接可能使一个页面的下载变得很缓慢。HTTP 1.1 引入了持久连接，允许在同一个连接中存在多次数据请求和响应，即在持久连接情况下，服务器在发送完响应后并不关闭 TCP 连接，而客户端可以通过这个连接继续请求其他对象，这样有助于减轻网络传输的负担。

HTTP 报文由从客户端到服务器的请求、从服务器到客户端的响应两部分构成。HTTP 的请求报文格式如图 4-2-16 所示，包括报文首部、空行和报文主体三大部分。其中，报文首部包括请求行（请求方法、URL、HTTP 版本等字段）、请求首部字段、通用首部字段、实体首部字段等，而请求首部字段、通用首部字段、实体首部字段统称为 HTTP 首部。

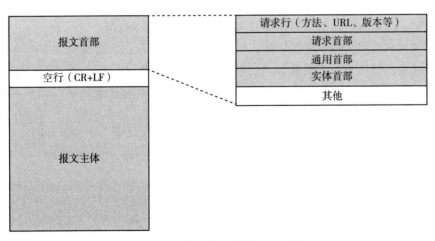

图 4-2-16　HTTP 请求报文格式

请求行以"请求方法"字段开始，后面分别是 URL 字段和 HTTP 版本字段。

在万维网中，每一个信息资源都有统一的且在互联网上唯一的地址，该地址叫统一资源定位符（uniform resource locator，URL），它是万维网 WWW 的统一的信息资源定位标志，俗称网页地址。例如，在 HTTP 报文"GET/index. htm HTTP/1. 1"中，"GET"是方法，"/index. htm"是 URL，"HTTP/1. 1"是版本号。HTTP 1. 0 定义了 GET、POST 和 HEAD 三种请求方法，HTTP 1. 1 新增了五种请求方法：OPTIONS、PUT、DELETE、TRACE 和 CONNECT方法。

HTTP 的响应报文格式如图 4 - 2 - 17 所示，包括报文首部、空行和报文主体三大部分。其中，报文首部包括状态行（HTTP 版本、状态码等字段）、响应首部字段、通用首部字段、实体首部字段等，而响应首部字段、通用首部字段、实体首部字段统称为 HTTP 首部。

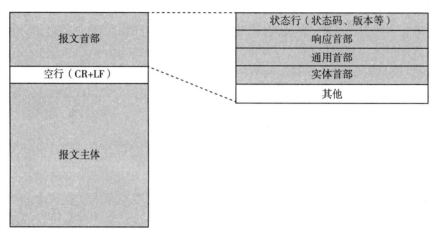

图 4 - 2 - 17　HTTP 响应报文格式

（2）DNS。为了能够正确地定位到目的主机，HTTP 中需要指明 IP 地址。但这种 4 个字节的数字形式的 IP 地址很难记忆、书写，因此，互联网提供了 DNS（domain name system，域名系统）。DNS 可以有效地将 IP 地址映射到一个用"."分隔的域名（domain name），如202. 196. 80. 208 对应的域名是 www. henau. edu. cn。DNS 最早于 1983 年由美国保罗·莫卡派乔斯（Paul Mockapetris）发明，原始的技术规范发布在 RFC882 中。

互联网的域名空间为树状层次结构，如图 4 - 2 - 18 所示。最高级的节点称为"根"，根以下是顶级域名，再往下是二级域名、三级域名，以此类推。每个域对它下面的子域或主机进行管理。互联网的顶级域名分为两类：组织机构域名和国家级域名。组织机构域名有com、edu、net、org、gov、mil、int 等，分别表示商业组织、教育机构、网络支持组织、非营利性组织、政府机构、军事单位和国际组织；在国家级域名中，美国以外的顶级域名，一般是以国家或地区的英文名称缩写表示的，如 cn 代表中国，uk 代表英国等。一个网站的域名是由低级域到高级域依次通过点"."连接而成的。

相比 IP 地址，域名更便于记忆，且 IP 地址和域名是对应的。DNS 查询有递归和迭代两种方式，一般主机向本地域名服务器的查询采用递归方式，即当客户机向本地域名服务器发出请求后，若本地域名服务器不能解析，则它会向它的上级域名服务器发出查询请求，以此类推，最后得到结果后转交给客户机。而本地域名服务器向根域名服务器的查询通常采用迭代查询，即当根域名服务器收到本地域名服务器的迭代查询请求报文时，如果根域名服务器中存在映射，则会直接给出所要查询的 IP 地址；否则，它仅告诉本地名服务器继续查询

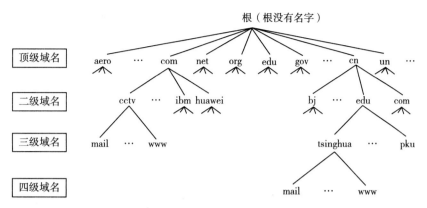

图 4-2-18 域名空间结构

的下一级域名服务器，然后让本地域名服务器进行后续的查询。

（3）HTML。Web 服务的基础是将互联网上丰富的信息资源以超文本（hypertext）的形式组织起来。1963 年，美国特德·纳尔逊（Ted Nelson）提出了超文本的概念。超文本的基本特征是在文本信息之外还能提供超链接，即从一个网页指向另一个目标的链接关系，这个目标可以是另一个网页，也可以是图片、电子邮件地址或文件，甚至是一个应用程序。当浏览者单击已经形成链接的文字或图片后，系统将根据链接目标的类型来打开或运行目标。

HTML（hypertext markup language，超文本标记语言）就是通过各种各样的"标记"来描述 Web 对象的外观、格式、属性和超链接目标等内容，将各种超文本链接在一起的语言。HTML 是目前网络上应用最为广泛的语言，也是构成网页文档的主要语言。一个 HTML 文档是由一系列的元素（element）和标签（tag）组成的，用于组织文件的内容和指导文件的输出格式。

一个元素可以有多个属性，HTML 用标签来规定元素的属性和它在文件中的位置。浏览器只要读到 HTML 的标签，就会将其解释成网页或网页的某个组成部分。HTML 标签从使用内容上通常可分为两种：一种用来识别网页上的组件或描述组件的样式，如网页的标题 < title >、网页的主体 < body > 等；另一种用来指向其他资源，如 < img > 用来插入图片、< applet > 用来插入 JavaApplets、< a > 用来识别网页内的位置或超链接等。

HTML 提供了数十种标签，可以用来构成丰富的网页内容和形式。通常标签由起始标签和结束标签组成。起始标签和结束标签的区别是结束标签需要在" < "字符的后面加上一个"/"字符。下面是一个网页中使用到的基本网页标签。

< html > 表示网页的开始
　　< head > 表示头部的开始：头部元素描述，如网页标题等
　　</head > 表示头部的结束
　　< body > 表示网页正文开始
　　　　网页实体部分
　　</body > 表示网页正文结束
</html > 表示网页的结束

早期，使用 HTML 开发网页是一项困难和费时的工作。随着各种网页开发工具的出现，设计网页现在已经变得非常轻松了。Dreamweaver 是集网页制作和管理网站于一身的所见即

所得的网页编辑器，拥有可视化编辑界面，支持使用代码、拆分、设计、实时视图等多种方式来创作、编写和修改网页。对初学者来说，无须编写任何代码就能快速创建 Web 页面。

3. 文件传输服务协议

我们每天都在使用计算机开展工作，其间会产生大量文件，如何将这些文件实现共享是一项重要工作。FTP 采用 C/S 模型，为实现一台主机到另一台主机的文件远程传输提供了一种便捷、有效的途径。

FTP（file transfer protocol，文件传送协议），是提供文件的上传（upload）和下载（download）功能的应用层协议。上传是指用户通过 FTP 客户端将本地文件传输到 FTP 服务器上，下载是指从 FTP 服务器中获取文件到本地。要连上 FTP 服务器，一般要有该 FTP 服务器授权的账号，不同的账号有不同的权限（读或写权限）。但互联网中也有很大一部分 FTP 服务器被称为匿名（anonymous）FTP 服务器。这类服务器的目的是向公众提供文件复制服务，用户不用取得 FTP 服务器的授权。用户使用特殊的用户名"anonymous"登录 FTP 服务，就可访问远程主机上公开的文件。通过 FTP 访问文件的通用格式为"ftp：//账号：密码@ FTP 服务器 IP 地址或域名：FTP 命令端口/路径/文件名"。

FTP 支持两种工作模式：主动模式（也称标准模式、Port 模式）和被动模式（也称 Pasv 模式）。主动模式是指服务器主动连接客户端的数据端口，被动模式则是指服务器被动地等待客户端连接自己的数据端口。一般情况下，FTP 服务器以被动模式打开 FTP 端口（默认端口号为 21），等待客户端连接。一旦用户提出文件传输需求，客户端将与服务器的 21 号端口建立一条 TCP 控制连接，然后经由该控制连接把账号和密码发送给服务器。用户通过服务器的验证后，由服务器发起建立一个从服务器 20 号端口到客户端之间的数据连接，进行数据传输。常用的 FTP 命令如表 4-2-4 所示。

表 4-2-4　常用的 FTP 命令

命令	说明
ABOR	放弃先前的命令和文件传输
LIST filelist	显示文件和目录列表
PASS password	输入用户密码
PORT m，n	指定 IP 地址和端口
QUIT	退出文件服务器
RETR filename	下载指定的文件
STOR filename	上传指定的文件
SYST	服务器返回系统类型
TYPE type	说明文件类型：A 表示 ASCII 文件，I 表示图像文件
USER username	输入用户名

4. 电子邮件服务与协议

电子邮件是一种在互联网提供邮件信息交换的通信方式，是互联网应用较广的服务之一。人们每天都在使用电子邮箱发送或接收各种电子邮件（e-mail）。通过基于网络的电子邮件系统,人们可以低价、快速地与世界上任何一个角落的网络用户联系,几秒之内就可以把邮件发送到世界上任何指定的邮箱。

在电子邮件系统中,邮件发送方和接收方作为用户,一般通过用户代理软件(如Foxmail)来进行邮件的编辑、发送和接收。邮件传输模型如图4-2-19所示。发送端用户代理通过SMTP(简单邮件传送协议)将邮件投递到发送端的邮件服务器,发送端邮件服务器通过互联网将邮件投递到接收端邮件服务器,最后接收端的用户代理通过POP3(邮局协议)读取邮件信息。

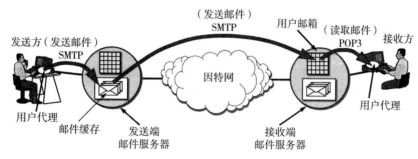

图4-2-19 电子邮件传输模型

典型的电子邮件服务协议有以下两种:

SMTP是简单电子邮件传送协议(simple mail transfer protocol)的英文缩写,用于电子邮件的发送。SMTP是建立在TCP上的一种邮件服务,主要用于系统之间的邮件信息传递,并提供来信通知。

POP3是邮局协议第3版(post office protocol V3)的英文缩写,用于电子邮件的接收。POP3是第一个离线的电子邮件协议,允许用户从服务器上接收邮件并将其存储到本地主机,同时根据用户的操作,删除或保存在邮件服务器上的邮件。这样用户就不必长时间地与邮件服务器连接,从而在很大程度上减少了服务器和网络的整体开销。

4.3 计算机网络设备

不论是局域网、城域网还是广域网,在网络互连时,一般要通过传输介质(线路)、网络接口和网络设备相连,这些设备可分为网内互连设备和网间互连设备。网内互连设备主要有网卡、网络传输介质、中继器、集线器、网桥、交换机等;网间互连设备主要有路由器、网关等。

4.3.1 网内互连设备

1. 网卡

网卡是网络接口卡的简称,又叫作网络适配器。网络传输的数据来源于计算机,并最终通过传输介质传输给另外的计算机,这时就需要有一个接口将计算机和传输介质连接起来,网卡就是这个接口。

网卡是工作在计算机网络体系结构的物理层和数据链路层的网络部件,相关标准由IEEE来定义。它是局域网中连接计算机和传输介质的接口,不仅能实现与局域网传输介质之间的物理连接和信号匹配，还能实现数据的发送与接收、帧的封装与解封装、介质访问控制、数据的编码与解码及数据缓存等功能。

（1）网卡的分类。网卡是连接计算机和网络硬件的设备，一般插在计算机的主板扩展槽中（或集成到计算机主板上）。根据不同的标准，可以将网卡划分为不同的类型。

①根据网卡的传输速率，可以将网卡分为以下类型：

100M 网卡：传输速率为 100Mbit/s。

1000M 网卡：传输速率为 1000Mbit/s，一般传输介质采用光纤。

自适应网卡：传输速率为 100Mbit/s 或 1000Mbit/s，根据对端设备（交换机或路由器）的接口速率自动协商。

2.5G 高速网卡：如 InfiniBand 架构网卡的传输速率可达 2.5Gbit/s。InfiniBand 架构是一种支持多并发连接的"转换线缆"技术，每种连接的传输速率都可以达到 2.5Gbit/s。

②根据网卡和计算机总线的连接方式，可以将网卡分为以下类型：

ISA 总线网卡：连接在传统计算机的 ISA 接口上。

PCI 总线的网卡：连接在现有计算机的 PCI 接口上。

USB 接口网卡：主要用于笔记本电脑或计算机临时外接网络。

③根据网卡的接口类型，可以将网卡分为以下类型：

AUI 接口网卡：AUI 接口是用来与粗同轴电缆连接的接口，它是一种 D 型 15 针接口，这在令牌环网或总线型网络中是一种比较常见的端口。目前已经几乎不再使用。

BNC 接口网卡：即细同轴电缆接头，它同带有螺旋凹槽的同轴电缆上的金属接头（如 T 型头）相连，可以隔绝视频输入信号，减少信号间的干扰，且信号带宽要比普通 15 针的 D 型接口大，可达到更佳的信号响应效果。目前已经几乎不再使用。

RJ-45 接口网卡：RJ-45 接口用来连接双绞线，是目前使用最广泛的网络接口之一。RJ-45 接口网卡常用于 100Base-T 和 1000Base-T 以太网。

光纤接口网卡：主要用于 1000Base-F 网络。

也有些网卡，在一块网卡上同时提供两种或者两种以上接口，用户可依据自己所选的传输介质选用相应的网卡。

（2）以太网卡。传统以太网是一种总线型网络，从逻辑上来看，是由一条总线和多个连接在总线上的节点组成的。各个节点采用 CSMA/CD 协议进行总线的争用与共享。计算机通过以太网卡来实现这种功能。以太网卡的主要工作是完成对总线当前状态的探测，确定是否进行数据的传输，判断每个数据帧（MAC 帧）目的地址（MAC 地址）是否为本站地址。如果不是，则说明数据帧不是发送到本站的，将它丢弃；如果是，接收该数据帧，进行数据帧的错误校验，然后解封装数据帧，将数据部分提交给上层。

以太网卡具有以下几种工作模式：

广播模式：目的 MAC 地址是 0xFFFFFF 的帧为广播帧，工作在广播模式的网卡接收广播帧。

多播传输模式：目的 MAC 地址为多播地址的帧可以被多播组内的主机同时接收，而组外的主机接收不到。但是，如果将网卡设置为多播传输模式，它可以接收所有的多播帧，不论它是不是多播组的成员。

直接模式：工作在直接模式下的网卡只能接收目的地址与自己 MAC 地址匹配的帧。

混杂模式：工作在混杂模式下的网卡接收所有流过网卡的帧，如数据包捕获程序就是在这种模式下运行的。

以太网卡可以接收三种目的地址的帧，第一种是广播地址，第二种是多播地址，第三种是自己的地址。任意两个网卡的物理地址（MAC 地址）都是不一样的，网卡地址由 IEEE 负责分配。

2. 网络传输介质

数据的传输主要依靠传输介质，网络中常用的传输介质有双绞线、同轴电缆、光纤和光缆三种。其中，双绞线是经常使用的传输介质，它一般用于星形和树形以太网中，同轴电缆一般用于总线型网络，光纤与光缆一般用于主干网或远程连接。

（1）双绞线。双绞线是将一对或一对以上相互绞合的金属导线封装在一个绝缘外套中而形成的一种传输介质，如图 4-3-1、图 4-3-2 所示。常见的双绞线通常由 4 对绞合排列的金属导线组成，广泛用于局域网。

双绞线分为非屏蔽双绞线（unshielded twisted pair，UTP）和屏蔽双绞线（shielded twisted pair，STP）两大类。按电气性能划分的话，双绞线分为 3 类、4 类、5 类、6 类、7 类、8 类等。传输距离一般不超过 100m。

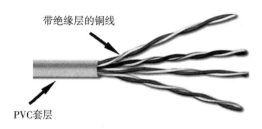

图 4-3-1 非屏蔽双绞线（UTP）

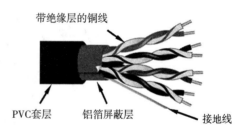

图 4-3-2 屏蔽双绞线（STP）

（2）同轴电缆。同轴电缆由一根空心的外圆柱导体（铜网）和一根位于中心轴线的内导线（电缆铜芯）组成，内导线和圆柱导体及圆柱导体与外界之间用绝缘材料隔开，如图 4-3-3 所示。同轴电缆具有抗干扰能力强、数据传输稳定、价格适中等优点，广泛应用于早期的计算机网络。

图 4-3-3 同轴电缆

同轴电缆从用途上分可分为基带同轴电缆和宽带同轴电缆（即网络同轴电缆和视频同轴电缆）。同轴电缆分 50Ω 基带电缆和 75Ω 宽带电缆两类。基带电缆又分为细同轴电缆和粗同轴电缆。基带同轴电缆一般用于数字传输（计算机网络），宽带同轴电缆一般用于有线电视网络。

（3）光纤和光缆。1966 年，高锟教授在《光频率介质纤维表面波导》一文中指出，用石英基玻璃纤维进行长距离信息传递，将带来一场通信产业的革命；并提出当玻璃纤维损耗率下降到每千米 20dB 时，光纤通信即可成功。他的研究为人类进入光纤新纪元打开了大门，他也因此荣获 2009 年度诺贝尔物理学奖。

如图 4-3-4 所示，光纤一般分为 3 层：中心是高折射率的玻璃纤芯，用来承载信号传输；紧挨着的是低折射率的包层，由于包层与纤芯的折射率不同，包层可将光信号封闭在纤芯中传输并起到保护纤芯的作用；外层是具有物理防折等作用的塑料外套。

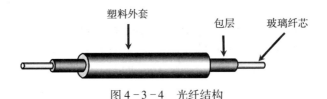

图 4-3-4　光纤结构

工程中一般将多条光纤固定在一起构成光缆（optical fiber cable）。光缆由一定数量的光纤按照一定方式组成缆芯，增加加强芯、填充物、外护套等，其结构如图 4-3-5 所示。它是目前广泛应用的、实现光信号传输的一种通信介质。

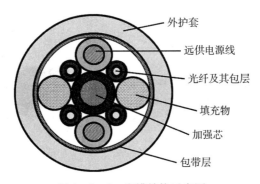

图 4-3-5　光缆结构示意图

实际上，入射到光纤断面的光并不能全部被光纤所传输，只有在某个角度范围内的入射光才可以。这个角度就称为光纤的数值孔径。光纤的数值孔径大时对于光纤的对接是有利的。不同厂商生产的光纤的数值孔径不同。

按光在光纤中的传输模式，光纤可分为单模光纤和多模光纤。

单模光纤的纤芯直径很小，芯径一般为 8~10μm，在给定的工作波长上，只能以单一模式传输，传输频带宽，传输容量大，适用于远程通信，但其色度色散起主要作用，这样单模光纤对光源的谱宽和稳定性有较高的要求，即谱宽要窄，稳定性要好。

多模光纤是在给定的工作波长上，能以多个模式同时传输的光纤。与单模光纤相比，多模光纤的传输性能较差。多模光纤的玻璃纤芯较粗（50um 或 62.5um），可传输多种模式的光。多模光纤的传输距离较近，一般只有几千米，而高性能的单模光纤可以达到 100km。

3. 中继器与集线器

中继器是局域网互连最简单的设备，它工作在 OSI 参考模型的物理层，用来连接不同的物理介质，并在各种物理介质中传输数据包。要保证中继器能够正常工作，首先要保证每一个分支中的数据包和逻辑链路协议是相同的。例如，在 802.3 以太局域网和 802.5 令牌环局域网之间，中继器是无法使它们通信的。

中继器也叫转发器，是扩展网络成本最低的方法，主要负责在两个节点的物理层上按位传递信息，完成信号的复制、调整和放大，以此来延长网络的长度。当扩展网络的目的是突破距离和节点的限制，并且连接的网络分支都不会产生太多的数据流量，成本又不能太高时，就可以考虑选择中继器。

采用中继器连接网络分支的数目受具体的网络体系结构的限制，只能在规定范围内进行有效的工作，否则会引起网络故障。例如，以太网络标准中规定了"5-4-3规则"，即一个以太网上最多只允许出现5个网段，最多使用4个中继器，其中只有3个网段可以挂接计算机终端。

由于中继器没有隔离信号和过滤数据的功能，它不能阻挡含有异常的数据包从一个分支传到另一个分支。这意味着，一个分支出现故障可能影响其他的每一个网络分支。

集线器的英文称为HUB。HUB是"中心"的意思，集线器的主要功能是对接收到的信号进行再生、整形、放大，以扩大网络的传输距离，同时把所有节点集中在以它为中心的节点上。

HUB是一个多端口的中继器，提供信号还原与转发的功能。当以HUB作为中心设备时，网络中某条线路产生了故障，并不影响其他线路的工作。所以HUB在局域网中得到了广泛的应用。大多数的时候它用在星形与树形网络拓扑结构中，以RJ-45接口与各主机相连（也有BNC接口）。图4-3-6是以集线器为中心的局域网。

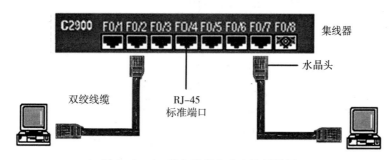

图4-3-6 以集线器为中心的局域网

4. 网桥

网桥是在数据链路层上实现网络局域网扩展的设备，它工作在以太网的MAC子层上，是基于数据帧的存储转发设备，用于连接两个或两个以上具有相同通信协议、传输介质及寻址结构的局域网。

网桥具有寻址和路径选择功能，它能对进入网桥数据帧的源地址、目的地址进行检测。若目的地址是本地网段主机的，则删除。若目的地址是另一个网段主机的，则转发到目的网段。这种功能称为筛选/过滤，它可隔离不需要在网段间传输的信息，大大减少网络的负载，提高并发能力，改善网络的性能。

网桥具有网络管理功能，可对扩展网络的状态进行监督，以便更好地调整网络拓扑逻辑结构。有些网桥还可以对转发和丢弃的帧进行统计，以便进行系统维护。

网桥不能识别广播信息，也不能过滤，于是容易产生A网段广播给B网段的数据又被重新广播回A网段，这种往返广播，使网络上出现大量冗余信息，最终形成广播风暴。

5. 交换机

交换机（switch）通常指局域网交换机，是一种工作在数据链路层、以帧为单位的数据转发设备。它可以为接入交换机的任意两个网络节点提供独享的信号通路，在同一时刻可进行多个端口之间的数据传输。每个端口都可视为独立的网段，连接在其上的网络设备独自享有全部的带宽，无须同其他设备竞争使用。

交换机拥有一块带宽很高的背板和内部交换矩阵来支持每个端口的带宽独享。交换机的所有端口都挂接在这块背板上，控制电路收到数据帧以后，处理端口会查找内存中的地址对照表以确定目的 MAC 地址（网卡的硬件地址）的主机连接在哪个端口上。通过内部交换矩阵迅速将数据帧传输到目的端口，目的 MAC 地址若不存在，则广播到所有的端口。接收端口回应后交换机会"学习"新的地址，并把它加入内部 MAC 地址表中。使用交换机也可以把网络"分段"，通过对照 MAC 地址表，交换机只允许必要的网络流量通过交换机。通过交换机的过滤和转发，可以有效地隔离广播风暴，减少误包和错包的出现，避免共享冲突等。

根据交换机在网络中的位置，可将其分为三类，如图 4-3-7 所示。

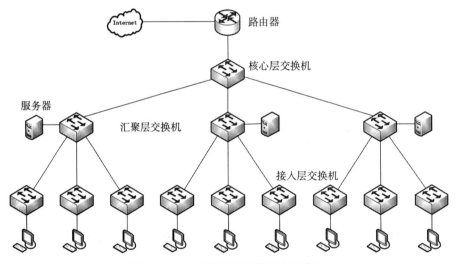

图 4-3-7　交换机在局域网中的位置

（1）接入层交换机。接入层交换机直接面向用户，将用户终端连接到网络。接入层交换机具有低成本和高端口密度特性，一般应用在办公室、小型机房和业务受理较为集中的业务部门、多媒体制作中心、网站管理中心等。在传输速率上，接入层交换机大都提供多个具有 10Mbit/s、100Mbit/s、1000Mbit/s 自适应能力的端口。

（2）汇聚层交换机。汇聚层交换机一般用于楼宇之间的多台接入层交换机的汇聚，它必须能够处理来自接入层设备的所有通信，并提供到核心层的上行链路。因此，汇聚层交换机与接入层交换机比较，需要更高的性能、更少的接口和更高的交换速率。

（3）核心层交换机。核心层交换机用来连接多个汇聚层交换机，其主要目的在于通过高速转发通信，提供优化、可靠的骨干传输结构，因此，核心层交换机应拥有更高的可靠性、转发速率和吞吐量。

6. 交换机与集线器的区别

交换机的每个端口可以独享入口的带宽资源。比如，当节点 A 向节点 D 发送数据时，节点 B 可同时向节点 C 发送数据, 而且这两个传输都享有网络的全部带宽, 都有自己的虚拟连接。假设这里使用的是 100Mbit/s 的以太网交换机, 那么该交换机此时的总流通量就为 $2 \times 100 \mathrm{Mbit/s} = 200 \mathrm{Mbit/s}$。

而集线器只能共享网络带宽。因为集线器不能识别目的地址, 当同一局域网内的 A 主机给 B 主机传输数据时, 数据帧在以集线器为架构的网络上是以广播方式传输的, 由每一台终端设备通过验证数据帧的目的地址信息来确定是否接收。也就是说, 在这种工作方式下, 同一时刻网络上只能有一个主机发送数据, 如果发生碰撞还得重试。因此, 使用 100Mbit/s 的共享式集线器时, 一个集线器的总流通量也不会超出 100Mbit/s。

总之, 交换机是一种基于 MAC 地址识别、能完成封装转发数据帧功能的网络设备。交换机可以"学习"MAC 地址, 并把其存放在内部地址表中, 通过在数据帧的发送者和接收者之间建立临时的交换路径, 使数据帧直接由源地址到达目的地址。

4.3.2 网间互连设备

1. 路由器

路由器和交换机的主要区别就是交换机工作在计算机网络体系结构模型的第 2 层 (即数据链路层), 而路由器工作在第 3 层 (即网络层)。这一区别决定了路由器和交换机在转发数据的过程中需要使用不同的控制信息, 所以二者实现各自功能的方式是不同的。

路由器是互联网的枢纽, 是一种用来连接互联网中各局域网、城域网、广域网的设备, 在网间转发 IP 分组。它会根据网络的结构和状态自动选择、设定路由, 按照分组顺序以最佳路由进行传输。路由器广泛应用于各行各业, 各种不同档次的产品已成为实现各种骨干网内部连接、骨干网间互连和骨干网与互联网互连互通业务的主力军。

(1) 路由器的结构。路由器是一种具有多个输入/输出端口的分组转发设备, 其基本任务是实现 IP 分组的存储转发。这就是说, 路由器要从各个输入端口接收 IP 分组, 分析每个分组的首部, 按照分组的目的 IP 地址的网络前缀 (即网络号) 查找路由表, 获得分组的下一节点 (路由器或主机) 地址, 将分组从某个合适的输出端口转发给下一跳路由器。下一跳路由器也按照同样的方法处理分组, 直到该分组到达目的网络和目的主机。如图 4-3-8 所示为典型的路由器功能结构。

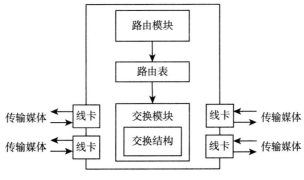

图 4-3-8 路由器的功能结构

路由器从功能上可以划分为两大部分: 路由选择部分和分组转发部分。路由选择部分的核心构件是路由模块。路由模块的任务是运行所选定的路由协议建立路由表, 经常或定期地与相邻路由器交换路由信息，不断更新和维护本地路由表。路由表一般包含目的网络地址与下一跳节点地址的映射关系。

分组转发部分由交换模块和线卡组成。线卡是线路接口卡，连接传输媒体，进行数据输入/输出。交换模块的作用是根据路由表对 IP 分组进行选路，将从某个线卡进入的分组交换到一个合适的线卡输出。

路由表的查找速度会影响路由器的转发速率。最理想的情况是路由器转发分组的速率能够跟上分组到达路由器的线路速率，这种速率称为"线速"。可以粗略地估算一下，假设传输链路是光纤线路，速率为 2.5Gbit/s，分组长度为 256 字节，那么线路每秒要处理 100 万个以上的分组。在路由器的设计中，怎样提高查找路由表的速率是一个十分重要的问题，有很多优化的查表算法被提出来。事实上，由于分组到达输入端口具有随机性，当一个分组正在查找路由表时，很可能后面紧跟着到达另一个分组，这个后到的分组就必须在队列中排队等待，因此会产生一定的时延。

（2）路由器的功能。路由器的基本作用是连通不同的网络，其核心功能是选择数据传输的线路。选择通畅快捷的路径，能大大提高通信速度，减轻网络系统通信负荷，节约网络系统资源，提高网络系统畅通率，从而让网络系统发挥出更大的效益。路由器的主要功能如下：

①互连功能：路由器支持不同类型网络间的通信，可提供不同类型（如以太网或广域网）、不同速率的链路或网络接口，如 PPP、X.25、FDDI、帧中继、SMDS 和 ATM 等接口。

②路径选择功能：路由器能在多网络互连环境中建立灵活的连接。路由器可根据网络地址对 IP 分组进行过滤和转发，将不该转发的信息（包括错误信息）都过滤掉，从而可避免广播风暴，比网桥具有更强的隔离作用和安全保密性能，并且能够使网络传输保持最佳带宽，更适用于复杂的、大型的、异构网互连。

③网络管理功能：路由器可利用通信协议本身的流量控制功能来控制数据传输，有效地解决拥挤问题，还可以支持网络配置管理、容错管理和性能管理。

通过路由器，可在不同的网络之间定义网络的逻辑边界，从而将网络分成各自独立的广播域，把一个大的网络划分为若干个子网。另外，路由器也可用来进行流量隔离以实现故障诊断，并将网络中潜在的问题限定在某一局部，避免扩散到整个网络。

（3）无线路由器。无线路由器是一种用来扩展有线网络的通信设备，它可以通过Wi-Fi技术收发无线信号来与笔记本电脑等设备通信。无线路由器可以在不铺设电缆的情况下，方便地建立一个网络。但是，一般在户外通过无线网络进行数据传输时，它的速率可能会受到气象条件的影响。除Wi-Fi外，其他的无线网络还包括红外线、蓝牙及卫星微波等。

每个无线路由器都可以设置一个服务集标识符（service set identifier，SSID），移动用户通过 SSID 可以搜索到无线路由器，输入正确的接入密码后可进行无线上网。SSID 是一个 32 位的数据，其值是区分大小写的。SSID 可以是无线局域网的地理位置标识、人员姓名、公司名称、部门名称或其他偏好标语等。

无线路由器在计算机网络中具有举足轻重的地位，是拓展计算机网络互连的桥梁。通过它不仅可以连通不同的网络，还能将各种智能终端连接起来，方便用户移动访问。因此，无线路由器的安全性至关重要。

相对于有线网络来说，通过无线网络发送和接收数据更容易被窃听。设计一个完善的无线网络系统，加密和认证是需要考虑的安全因素。针对这个目标，IEEE 802.11 标准中采用了有线等效保密（wired equivalent privacy，WEP）协议来设置专门的安全机制，进行业务流的加密和节点的认证。为了进一步提高无线路由器的安全性，保护无线网络安全的Wi-Fi保护接入（Wi-Fi protected access，WPA）协议得到广泛应用，它包括 WPA、WPA2 和 WPA3 三个标准。

2. 网关

网关（gateway）是一种能够担当转换重任的计算机系统或设备，既可以用于广域网互连，也可以用于局域网互连。在使用不同的通信协议、数据格式或语言时，甚至在体系结构完全不同的两种系统之间，网关是一个"翻译器"。网关对收到的信息要重新打包，以适应目的系统的需求。同时，网关也可以提供过滤和安全功能。

网关的主要功能包括完成互连网络间协议的转换、完成报文的存储转发和流量控制、完成应用层的互通和互联网间网络管理功能，以及提供虚电路接口和相应的服务。

网关又称网间连接器、协议转换器。网关可以在运输层上实现网络互连，是较复杂的网络互连设备之一，能使不同类型计算机所使用的协议相互兼容；大多数网关运行在计算机网络模型的顶层，即应用层。因此，根据所处位置和作用不同，网关可以分为以下三类：

（1）协议网关。协议网关的主要功能是在不同的网络之间转换协议。不同的网络（如以太网、WAN、FDDI、Wi-Fi、WPA 等）具有不同的数据封装格式、不同的数据分组大小、不同的传输速率。然而，这些网络之间进行数据共享、交流却是不可避免的。为消除不同网络之间的差异，使数据能顺利传输，需要一个专门的"翻译人员"，也就是协议网关。依靠协议网关，可以使一个网络能够连接和"理解"另一个网络。

（2）应用网关。主要是针对专门的应用而设置的网关，其作用是将同一类应用服务的一种数据格式转化为另外一种数据格式，从而实现数据传输。这种网关通常与特定服务关联，也称网关服务器。常见的网关服务器就是邮件服务器。例如，SMTP 邮件服务器就提供了多种邮件格式（如 POP3、SMTP、FAX、X.400、MHS 等）转换的网关接口功能，从而保证通过 SMTP 邮件服务器可以向其他服务器发送邮件。

（3）安全网关。常用的安全网关就是包过滤器，实际上就是对数据包的源地址、目的地址、端口号、网络协议进行授权。通过对这些信息的过滤处理，让有许可权的数据包通过网关传输，而对那些没有许可权的数据包进行拦截甚至丢弃。相比软件防火墙，安全网关的数据处理量大，处理速度快，可以在对整个网络进行保护的同时不给网络带来瓶颈。

除此之外，还有数据网关（主要用于进行数据吞吐的简单路由器，为网络协议提供传递支持）、多媒体网关（除了具有数据网关的特性，还提供针对音频和视频内容传输的特性）、集体控制网关（实现网络上的家庭控制和安全服务管理）等。

补充说明一点，路由器有时候也被称为网关。比如，在 Windows 主机中，网卡的 TCP/IP 参数里有一项"默认网关"，此网关就指路由器。

4.4 IPv6

IP 协议是互联网的核心协议。现在使用的协议 IP（即 IPv4）是在 20 世纪 70 年代末期设计的。互联网经过几十年的飞速发展，在 2011 年 2 月 3 日，ICANN 开始停止向地区互联网注册机构 RIR 分配 IPv4 地址，因为 IPv4 地址已经全部耗尽了。不久，各地区互联网地址分配机构也相继宣布地址耗尽。我国在 2014—2015 年也逐步停止了向新用户和应用分配 IPv4 地址，同时全面开始商用部署 IPv6。

解决 IP 地址耗尽问题的根本措施就是采用具有更大地址空间的新版本 IP，即 IPv6。经过多年的研究和试验，2017 年 7 月终于发布了 IPv6 的正式标准 ［RFC 8200，STD86］。

4.4.1　IPv6 的基本首部

（1）IPv6 仍支持无连接传送，与 IPv4 相比其主要变化如下：

①更大的地址空间：IPv6 把地址从 IPv4 的 32 位扩大到 4 倍，即增大到 128 位，使地址空间增大了 296 倍，达到 2128。如此巨大的地址空间在可预见的将来是不会用完的。

②扩展的地址层次结构：IPv6 由于地址空间很大，因此可以划分为更多的层次。

③灵活的首部格式：IPv6 分组的首部和 IPv4 分组首部并不兼容。IPv6 定义了许多可选的扩展首部，它不仅可提供比 IPv4 更多的功能，而且还可以提高路由器的处理效率，这是因为路由器对扩展首部不进行处理（除逐跳扩展首部外）。

④改进的选项：IPv6 允许分组包含选项的控制信息，因而可以包含一些新的选项但 IPv6 的首部长度是固定的，其选项放在有效载荷中。我们知道，IPv4 所规定的选项是固定不变的，其选项放在首部的可变部分。

⑤允许协议继续扩充：这一点很重要，因为技术总是在不断地发展（如网络硬件的更新），而新的应用也还会出现。但 IPv4 的功能是固定不变的。

⑥支持即插即用（即自动配置）：因此 IPv6 不需要使用 DHCP。

⑦支持资源的预分配：IPv6 支持实时视像等要求保证一定的带宽和时延的应用。

⑧IPv6 首部改为 8 字节对齐（即首部长度必须是 8 字节的整数倍），原来的 IPv4 首部是 4 字节对齐。

IPv6 分组由两大部分组成，即基本首部（base header）和后面的有效载荷（payload）。有效载荷也称为净负荷。有效载荷允许有零个或多个扩展首部（extension header），再后面是数据部分，如图 4-4-1 所示。但请注意，所有的扩展首部并不属于 IPv6 分组的基本首部。

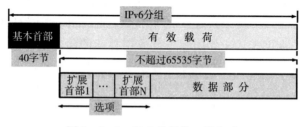

图 4-4-1　IPv6 分组的一般格式

（2）与 IPv4 相比，IPv6 对首部中的某些字段进行了如下的更改：

①取消了首部长度字段，因为它的首部长度是固定的（40 字节）。

②取消了服务类型字段，因为优先级和流标号字段实现了服务类型字段的功能。

③取消了总长度字段，改用有效载荷长度字段。

④取消了标识、标志和片偏移字段，因为这些功能已包含在分片扩展首部中。

⑤把 TTL（time to live）字段改称为跳数限制字段，但二者的作用是一样的（名称与作用更加一致）。

⑥取消了协议字段，改用下一个首部字段。

⑦取消了首部检验和字段，这样就加快了路由器处理分组的速度。我们知道，在数据链路层，对检测出有差错的帧就丢弃。在运输层，当使用 UDP 时，若检测出有差错的用户数据报就丢弃；当使用 TCP 时，对检测出有差错的报文段就重传，直到正确传送到目的进程为止，因此在网络层的差错检测可以精简掉。

⑧取消了选项字段，用扩展首部来实现选项功能。

由于把首部中不必要的功能取消了，使得 IPv6 首部的字段数减少到只有 8 个（虽然首部长度增加了一倍）。

（3）下面解释 IPv6 基本首部中各字段的作用（图 4-4-2）。

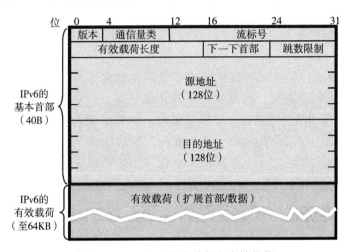

图 4-4-2 IPv6 基本首部和有效载荷

①版本（version）：占 4 位。它指明了协议的版本，IPv6 中该字段值是 6。

②通信量类（traffic class）：占 8 位。这是为了区分不同的 IPv6 分组的类别或优先级，和 IPv4 的区分服务字段的作用相似。目前正在进行不同的通信量类性能的实验。

③流标号（flow label）：占 20 位。IPv6 的一个新的机制是支持资源预分配，并且允许路由器把每一个分组与一个给定的资源分配相联系。IPv6 提出流（flow）的抽象概念。所谓"流"就是互联网上从特定源点到特定终点（单播或多播）的一系列分组（如实时音频或视频传输），而在这个"流"所经过的路径上的路由器都保证指明的服务质量。所有属于同一个流的分组都具有同样的流标号。因此，流标号对实时音频、视频数据的传送特别有用。对于传统的电子邮件或非实时数据，流标号则没有用处，把它置为 0 即可。关于流标号的规约可参考建议标准［RFC 6437］。

④有效载荷长度（payload length）：占 16 位。它指明 IPv6 分组除基本首部以外的字节数（所有扩展首部都算在有效载荷之内）。这个字段的最大值是 64KB（65535 字节）。

⑤下一个首部（next header）：占 8 位。它相当于 IPv4 的协议字段或可选字段。当 IPv6 分组没有扩展首部时，下一个首部字段的作用和 IPv4 的协议字段一样，它的值指出了基本

首部后面的数据应交付给 IP 层上面的哪一个高层协议（例如，6 和 17 分别表示应交付给运输层 TCP 或 UDP）。

当出现扩展首部时，下一个首部字段的值就标识后面第一个扩展首部的类型。

⑥跳数限制（hop limit）：占 8 位。用来防止分组在网络中无限期地存在，和 IPv4 的生存时间字段 TTL 相似。源点在每个分组发出时即设定某个跳数限制（最大为 255 跳）。每个路由器在转发分组时，要先把跳数限制字段中的值减 1。当跳数限制的值为 0 时，就要把这个分组丢弃。

⑦源地址：占 128 位，是分组发送端的 IPv6 地址。

⑧目的地址：占 128 位，是分组接收端的 IPv6 地址。

（4）下面简单介绍一下 IPv6 的扩展首部。在 RFC8200 中定义了以下 6 种扩展首部：①逐跳选项；②路由选择；③分片；④鉴别；⑤封装安全有效载荷；⑥目的站选项。

每一个扩展首部都由若干个字段组成，它们的长度也各不同。但所有扩展首部的第一个字段都是 8 位的"下一个首部"字段。此字段的值指出了在该扩展首部后面的扩展首部是什么，当使用多个扩展首部时，应按上述 6 种扩展首部的先后顺序出现。高层首部总是放在最后面。

大家知道，IPv4 分组若在其首部中使用了选项，则在分组转发路径中的每一个路由器都必须检查首部中的所有选项，看是否与本路由器相关。这必然要花费一定的时间。IPv6 把原来 IPv4 首部中选项的功能都放在扩展首部中。IPv6 分组若使用了扩展首部，则其基本首部的"下一个首部"字段会指出在"有效载荷"字段中使用了何种扩展首部。由于所有扩展首部的第一个字段都是"下一个首部"字段，用来指出在后面还有何种扩展首部。这就使得路由器能够迅速判断待转发的 IPv6 分组有无需要本路由器处理的选项。

4.4.2　IPv6 的地址

一般来讲，一个 IPv6 分组的目的地址可以是以下三种基本类型地址之一：

（1）单播（unicast）。单播就是传统的点对点通信。

（2）多播（multicast）。多播是一点对多点的通信，分组发送到一组计算机中的每一个计算机。IPv6 没有采用广播的术语，而是将广播看作多播的一个特例。

（3）任播（anycast）。这是 IPv6 增加的一种类型。任播的终点是一组计算机，但分组只交付给其中的一个，通常是按照路由算法得出的距离最近的一个。

IPv6 把实现 IPv6 的主机和路由器均称为节点。由于一个节点可能会使用多条链路与其他的一些节点相连，因此一个节点可能有多个与链路相连的接口。这样，IPv6 给节点的每一个接口（请注意，不是给某个节点）指派一个 IPv6 地址。一个具有多个接口的节点可以有多个单播地址，而其中任一个地址都可当作到达该节点的目的地址。不过有时为了方便，若不会引起误解，也常说某个节点的 IPv6 地址，而把某个接口省略。

在 IPv6 中，每个地址占 128 位，地址空间大于 3.4×10^{38}。如果整个地球表面（包括陆地和水面）都覆盖着计算机，那么 IPv6 允许每平方米拥有 7×10^{23} 个 IP 地址。如果地址分配速率是每微秒分配 100 万个，则需要 10^{19} 年的时间才能将所有可能的地址分配完毕。可见在想象到的将来，IPv6 的地址空间是不可能用完的。

为了体会一下 IPv6 的地址有多大，可以看一下目前已经分配出去的最大的地址块，法国电信 France Telecom 和德国电信 Deutsche Telekom 各分配到一个/19 地址块，相当于各有 35×10^{12} 个地址，远远大于全部的 IPv4 地址数量（IPv4 地址还不到 4.3×10^9 个）。

IPv6 地址范围很大，因此必须使维护互联网的人易于阅读和操纵这些地址。IPv4 所用的点分十进制记法现在也不够方便了，例如，一个用点分十进制记法的 128 位的地址为：

104.230.140.100.255.255.255.255.0.0.17.128.150.10.255.255

为了使地址再稍简洁些，IPv6 使用冒号十六进制记法（colon hexadecimal notation，简写为 colon hex），它把每个 16 位的二进制值用十六进制值表示，各值之间用冒号分隔。例如，如果前面所给的点分十进制数记法的值改为冒号十六进制记法，就变成了：

68E6:8C64:FFFF:FFFF:0:1180:960A:FFFF

在十六进制记法中，允许把数字前面的 0 省略。上面就把 0000 中的前三个 0 省略了。冒号十六进制记法还包含两个技术使它尤其有用。首先，冒号十六进制记法可以允许零压缩（zero compression），即一连串连续的零可以被一对冒号所取代，例如：

FF05:0:0:0:0:0:B3

可压缩为：

FF05::B3

为了保证零压缩有一个明确的解释，规定在任一地址中只能使用一次零压缩。该技术对 IPv6 地址分配策略特别有用，因为会有许多地址包含较长连续的零串。

其次，冒号十六进制记法可结合使用点分十进制记法的后缀。下面会看到这种结合在 IPv4 向 IPv6 的过渡阶段特别有用。例如，下面是一个合法的冒号十六进制记法：

0:0:0:0:0:0:128.10.2.1

注意：在这种记法中，冒号所分隔的每个值是两个字节（16 位）的值，但点分十进制每个部分的值是一个字节（8 位）的值。再使用零压缩即可得出：

::128.10.2.1

下面再给出几个使用零压缩的例子：

1080:0:0:0:8:800:200C:417A   记为   1080::8:800:200C:417A

FF01:0:0:0:0:0:101（多播地址）   记为   FF01::101

0:0:0:0:0:0:0:1（环回地址）   记为   ::1

0:0:0:0:0:0:0:0（未指明地址）   记为   ::

CIDR 的斜线表示法仍然可用。例如，60 位的前缀 12AB00000000CD3（十六进制表示的 15 个字符，每个字符代表 4 位二进制数字）可记为 12AB:0000:0000:CD30:0000:0000:0000:0000/60 或 12AB::CD30:0:0:0:0/60 或 12AB:0:0:CD30::/60。但不允许记为 12AB:0:0:CD3/60（不能把 16 位地址 CD30 块中最后的 0 省略）或 12AB::CD30/60（这表示 12AB:0:0:0:0:0:0:CD30/60）或 12AB::CD3/60（这表示 12AB:0:0:0:0:0:0:0CD3/60）。

但是，IPv6 取消了子网掩码。斜线的意思和 IPv4 的情况相似。例如，CIDR 记法的 2001:0DB8:0:CD30:123:4567:89AB:CDEF/60，表示 IPv6 的地址是 2001:0DB8:0:CD30:123:4567:89AB:CDEF，而其子网号是 2001:0D88:0:CD30::/60。

IPv6 的地址分类如表 4-4-1 所示 [RFC 4291]。

表 4 - 4 - 1   常用 IPv6 地址分类

地址类型	地址块前缀	前缀的 CIDR 记法
未指明地址	00…0（128 位）	∷/128
环回地址	00…1（128 位）	∷1/128
多播地址	11111111	FF00∷/8
本地站点单播地址	1111111011	FEC0∷/10
本地链路单播地址	1111111010	FE80∷/10
全球单播地址		如图 4 - 4 - 3 所示

对表 4 - 4 - 1 中所列举的几种常用地址简单解释如下：

（1）未指明地址。这是 16 字节的全 0 地址，可缩写为两个冒号"∷"。这个地址不能用作目的地址，只能被某台主机当作源地址使用，条件是这台主机还没有配置到一个标准的 IP 地址。这类地址仅此一个。

（2）环回地址。IPv6 的环回地址是 0∶0∶0∶0∶0∶0∶0∶1，可缩写为∷1。它的作用与功能和 IPv4 的环回地址 127.0.0.1 一样。这类地址也是仅此一个。

（3）多播地址。功能和 IPv4 的一样。这类地址占 IPv6 地址总数的 1/256。

（4）本地站点单播地址（site-local unicast address）。有些单位的内部网络使用 TCP/IP 协议，但并没有连接到互联网上。连接在这样的内部网络上的主机都可以使用这种本地站点地址进行通信，但不能和公共互联网上的其他主机通信。这类地址占 IPv6 地址总数的 1/1024，其用途和 IPv4 的私有地址是一样的。

（5）本地链路单播地址（link-local unicast address）。这种地址是在单一链路上使用的。当一个节点启用 IPv6 时就自动生成本地链路地址。

注意：这个节点现在并没有连接在某个网络上。当需要把分组发往单一链路的设备而不希望该分组被转发到此链路范围以外的地方时，就可以使用这种特殊地址。这类地址占 IPv6 地址总数的 1/1024。

（6）全球单播地址。IPv6 的这一类单播地址是使用得最多的一类。学者和业界曾提出过多种方案来进一步划分这 128 位的单播地址。根据 2006 年发布的草案标准 RFC 4291 的建议，IPv6 单播地址的划分方法非常灵活，可以是如图 4 - 4 - 3 所示的任何一种。这就是说，可把整个的 128 位都作为一个节点的地址。也可用 n 位作为子网前缀，用剩下的 $128 - n$ 位作为接口标识符（相当于 IPv4 的主机号），当然也可以划分为三级，用 n 位作为全球路由选择前缀，用 m 位作为子网前级，而用剩下的 $128 - n - m$ 位作为接口标识符。

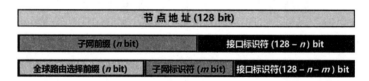

图 4 - 4 - 3   IPv6 单播地址的几种划分方法

4.4.3   从 IPv4 向 IPv6 过渡

由于现在整个互联网的规模太大，因此，"规定一个日期，从这一天起所有的路由器一律都改用 IPv6"显然是不可行的。这样，向 IPv6 过渡只能采用逐步演进的办法，同时，还必须使新安装的 IPv6 系统能够向后兼容。也就是说，IPv6 系统必须能够接收和转发 IPv4 分组，并且能够为 IPv4 分组选择路由。

下面介绍两种向 IPv6 过渡的策略，即使用双协议栈和使用隧道技术 [RFC 2473、RFC 2529、RFC 3056、RFC 4038、RFC 4213]。

1. 双协议栈

双协议栈（dual stack）是指在完全过渡到 IPv6 之前，使一部分主机（或路由器）同时装有 IPv4 和 IPv6 两种协议栈。因此双协议栈主机（或路由器）既能够和 IPv6 的系统通信，又能够和 IPv4 的系统通信。双协议栈的主机（或路由器）记为 IPv6/IPv4，表明它同时具有 IPv6 地址和 IPv4 地址，如图 4-4-4 所示。

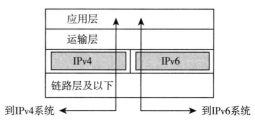

图 4-4-4 双协议栈系统

双协议栈的主机在与 IPv6 主机通信时采用 IPv6 地址，而与 IPv4 主机通信时则采用 IPv4 地址。但双协议栈主机怎样知道目的主机是采用哪一种地址呢？它是使用域名系统 DNS 来查询的。若 DNS 返回的是 IPv4 地址，则双协议栈的源主机就使用 IPv4 地址。若 DNS 返回的是 IPv6 地址，源主机就使用 IPv6 地址。

双协议栈需要付出的代价太大，因为要安装两套协议。因此在过渡时期，最好采用下面的隧道技术。

2. 隧道技术

向 IPv6 过渡的另一种方法是隧道技术（tunneling）。图 4-4-5 给出了隧道技术的工作原理。此方法的要点就是在 IPv6 分组要进入 IPv4 网络时，把 IPv6 分组报封装到 IPv4 分组中。现在整个 IPv6 分组变成了 IPv4 分组的数据部分。这样的 IPv4 分组从路由器 B 经过路由器 C 和路由器 D，传送到路由器 E，而原来的 IPv6 分组就好像在 IPv4 网络的隧道中传输，什么都没有改变。当 IPv4 分组离开 IPv4 网络中的隧道时，再把数据部分（即原来的 IPv6 分组）交给主机的 IPv6 协议栈。图中 IPv4 网络中的粗线表示在 IPv4 网络中好像有一个从 B 到 E 的"IPv6 隧道"，路由器 B 是隧道的入口，而路由器 E 是出口。

注意：在隧道中传送的分组的源地址是 B 而目的地址是 E。

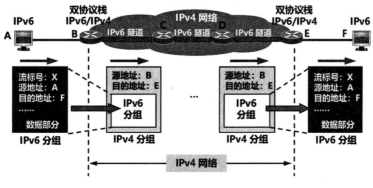

图 4-4-5 使用隧道技术从 IPv4 到 IPv6 过渡

要使双协议栈的主机知道 IPv4 分组里面封装的数据是一个 IPv6 分组，就必须把 IPv4 首部的协议字段的值设置为 41（41 表示分组的数据部分是 IPv6 分组）。

4.5　计算机网络安全

网络安全的根本目的就是防止通过计算机网络传输的信息被非法使用，涉及认证、授权及检测等几个核心概念。

（1）认证（authentication）。认证又称鉴别，是用来识别动作执行者的真实身份的方法。认证主要包括身份认证和信息认证两个方面。前者用于鉴别用户身份，后者用于保证通信双方信息的完整性和抗否认性。

（2）授权（authorization）。授权是指当用户身份被确认合法后，赋予该用户进行文件和数据等操作的权限。这种权限包括读、写、执行等。

（3）检测（detection）。检测是指对网络系统的检测和对用户行为的审查。

4.5.1　身份认证

身份认证在网络安全中占据十分重要的位置。身份认证是安全系统中的第一道防线。用户在访问安全系统之前，首先要经过身份认证系统识别身份，然后根据用户的身份和授权数据库判定用户是否能够访问某个资源。

1. 身份认证的概念

身份认证又称身份验证、身份鉴权，是指通过一定的手段，完成对用户身份确认的过程。身份认证包括用户向系统出示自己的身份证明和系统查核用户的身份证明的过程，它们是判明和确定通信双方真实身份的两个重要环节。

身份认证分为单向认证和双向认证。如果通信的双方只需要一方被另一方鉴别身份，这样的认证过程就是一种单向认证。在双向认证过程中，通信双方需要互相认证对方的身份。身份认证通过标记、鉴别用户的身份，防止攻击者假冒合法用户获取访问权限。

2. 身份认证的方式

身份认证的方式有很多，基本上可分为基于密钥的、基于行为的和基于生物学特征的身份认证。主要认证方法如下：

（1）密码验证。用户名＋密码是最简单也是最常用的身份认证方法，是一种静态的密钥认证方式。每个用户的密码是由用户自己设定的，只有用户自己知道。只要能够正确输入密码，系统就认为操作者是合法用户。实际上，许多用户为了防止忘记密码，经常采用如生日、电话号码等容易被猜测的字符串作为密码，或者把密码存放在一个自认为安全的地方，这样很容易造成密码泄露。

（2）短信验证。短信验证是一种动态密钥方式。用户请求系统将验证码发送到手机，收到的验证码即为用户登录系统的凭证。手机成为认证的主要媒介，这种验证方式的安全性比用户名＋密码的方式高。

（3）微信扫码验证。通过手机微信进行扫码登录已成为一种典型的身份认证方式。其核心思想是利用用户的微信账号作为身份认证的依据，从而实现其他系统对用户的身份认证。

（4）图案解锁验证。近年来，智能手机厂商纷纷推出了各种手机解锁方案，比如

iPhone 的左右滑动、Android 手机的图案解锁等。这些解锁方式无一例外地会在手机屏幕上留下指印，安全性也有待提升。图案解锁是通过预设好解锁图案之后，在解锁时输入正确图案的一种认证方式。图案解锁是利用九宫格中点与点之间连成的图案来解锁的，其图案的组合方式有 38 万种之多，从组合方式的数量来看，图案解锁要比密码解锁安全。但大部分用户为了节约解锁的时间或者为了方便记忆，通常会使用较简单的解锁图案，如 "z" 形状的图案，所以安全性也不够高。

（5）USB Key 验证。基于 USB Key 的身份认证方式是一种方便、安全的身份认证技术。它采用软、硬件相结合 "一次一密" 的强双因子认证模式，很好地解决了安全性与易用性之间的矛盾。USB Key 是一种 USB 接口的硬件设备，它内置单片机或智能卡芯片，可以存储用户的密钥或数字证书，利用 USB Key 内置的密码算法实现对用户身份的认证。

（6）生物特征识别。传统的身份认证技术，一直游离于人类体外。以 USB Key 方式为例，首先需要随时携带 USB Key，其次容易丢失或失窃，补办手续烦琐冗长。因此，利用生物特征进行身份识别成为目前的一种趋势。

生物特征识别主要利用人类特有的个体特征（包括生理特征和行为特征）来验证个体身份。每个人都有独特又稳定的生物特征。目前，比较常用的人类生物特征主要有指纹、人脸、掌纹、虹膜、DNA、声音和步态等。其中，指纹、人脸、掌纹、虹膜、DNA 属于生理特征，声音和步态属于行为特征。这两种特征都能较稳定地表征一个人的特点，但是后者容易被模仿，这就使仅利用行为特征识别身份的可靠性大大降低。

利用生理特征进行身份识别时，虹膜和 DNA 识别的性能最稳定，而且不易被伪造，但是提取特征的过程不容易让人接受；指纹识别的性能比较稳定，但指纹特征较易伪造；掌纹识别与指纹类似；人脸虽然属于个体的自然特点，但也存在被模仿问题，如双胞胎的人脸识别。

4.5.2　访问控制

访问控制（access control）就是在身份认证的基础上，依据授权对提出的资源访问请求加以控制。访问控制是网络安全防范和保护的主要策略，它可以限制对关键资源的访问，避免非法用户的侵入或合法用户的不慎操作所造成的破坏。

1. 访问控制系统的构成

访问控制系统一般包括主体、客体、安全访问策略。

（1）主体。指访问操作、存取要求的发起者，通常指用户或用户的某个程序。

（2）客体。指被调用的程序或欲存取的数据，即必须进行控制的资源或目标，如网络中的进程等活跃元素、数据与信息、各种网络服务与功能、网络设备与设施。

（3）安全访问策略。指一套规则，用以确定一个主体是否对客体拥有访问权限，它定义了主体与客体可能的相互作用途径。例如，授权访问有读、写、执行等权限。

访问控制根据主体和客体之间的访问授权关系，对访问过程做出限制。从数学角度来看，访问控制本质上是一个矩阵，行表示资源，列表示用户，行和列的交叉点表示某个用户对某个资源的访问权限，如读、写、执行、修改、删除等。

2. 访问控制的分类

（1）访问控制按照访问对象不同可以分为网络访问控制和系统访问控制。

①网络访问控制限制外部用户对网络服务的访问和系统内部用户对外部的访问，通常由防火墙实现。网络访问控制使用的属性有源 IP 地址、源端口、目的 IP 地址、目的端口等。

②系统访问控制为不同用户赋予不同的主机资源访问权限，操作系统提供一定的功能实现系统访问控制，如 UNIX 的文件系统。系统访问控制（以文件系统为例）的属性有用户、组、资源（文件）、权限等。

（2）访问控制按照访问手段的不同还可分为自主访问控制和强制访问控制。

①自主访问控制（discretionary access control，DAC）是一种最普通的访问控制手段，它的含义是由客体自主地确定各个主体对它的直接访问权限。DAC 基于对主体或主体所属的主体组的识别来限制对客体的访问，并允许主体显式地指定其他主体对该主体所拥有的信息资源是否可以访问及可执行的访问类型，这种控制是自主的。

②强制访问控制（mandatory access control，MAC）中，用户与文件都有一个固定的安全属性，系统利用安全属性来决定一个用户是否可以访问某个文件。安全属性是强制性的，它是由安全管理员或操作系统根据限定的规则分配的，用户或用户的程序不能修改安全属性。在 MAC 中，每一个数据对象被标以一定的密级，每一个用户也被授予某一个级别的许可证。对于任一个对象，只有具有合法许可证的用户才可以存取。因此 MAC 相对比较严格，它主要用于多层次安全级别的应用，预先定义用户的可信任级别和信息的敏感程度安全级别，当用户提出访问请求时，系统对二者进行比较以确定访问是否合法。

3. 用户级别分类

根据用户系统访问控制权限的不同，用户可以分为如下几个级别：

（1）系统管理员。系统管理员具有最高级别的权限，其可以对系统任何资源进行访问并具有任何类型的访问操作能力；负责创建用户、创建组、管理文件系统等所有的系统日常操作，授权修改系统安全员的安全属性。

（2）系统安全员。系统安全员负责管理系统的安全机制，按照给定的安全策略，设置并修改用户和访问客体的安全属性；选择与安全相关的审计规则。系统安全员不能修改自己的安全属性。

（3）系统审计员。系统审计员负责管理与安全有关的审计任务。这类用户按照制订的安全审计策略负责整个系统范围的安全控制与资源使用情况的审计，包括记录审计日志和对违规事件的处理。

（4）普通用户。普通用户就是系统的一般用户。他们的访问操作有一定的限制。系统管理员对这类用户分配不同的访问操作权限。

4. 访问控制的基本原则

为了保证网络系统安全，用户授权应该遵守访问控制的 3 个基本原则。

（1）最小特权原则。所谓最小特权，指的是在完成某种操作时所赋予网络中每个主体（用户或进程）的必不可少的特权。最小特权原则，是指应限定网络中每个主体所必需的最小特权，确保因可能的事故、错误、网络部件的篡改等造成的损失最小。

（2）授权分散原则。对于关键的任务必须在功能上进行授权分散划分，由多人来共同承担，保证没有任何个人具有完成任务的全部授权或信息。

（3）职责分离原则。职责分离是指将不同的责任分派给不同的人员以期达到互相牵制的目的，消除一个人执行两项不相容的工作的风险。例如，收款员、出纳员、审计员应由不同的人担任。计算机环境下也要有职责分离，为避免安全上的漏洞，有些许可不能同时被同一用户获得。

5. 贝尔-拉帕杜拉模型

贝尔-拉帕杜拉模型（Bell-Lapadula model）是由贝尔和拉帕杜拉于1973年创立的，是一种典型的强制访问模型。在该模型中，用户、信息及系统的其他元素都被认为是一种抽象实体。其中，读和写数据的主动实体被称为主体，接收主体动作的实体被称为客体。

贝尔-拉帕杜拉模型的存取规则是每个实体都被赋予一个安全级，系统只允许信息从低级流向高级或在同一级内流动。

贝尔-拉帕杜拉模型强制访问策略给每个用户及文件赋予一个访问级别，如最高秘密级（top secret）、秘密级（secret）、机密级（confidential）及无级别级（unclassified）。系统根据主体和客体的敏感标记来决定访问模式。访问模式包括以下类型：

下读（read down）：用户级别大于文件级别的读操作。

上写（write up）：用户级别小于文件级别的写操作。

下写（write down）：用户级别大于文件级别的写操作。

上读（read up）：用户级别小于文件级别的读操作。

依据贝尔-拉帕杜拉模型所制定的原则是利用不上读、不下写来保证数据的保密性，如图4-5-1所示。既不允许低信任级别的用户读高敏感度的信息，也不允许高敏感度的信息写入低敏感度区域，禁止信息从高级别流向低级别。强制访问控制通过这种梯度安全标签实现信息的单向流通。

图4-5-1　贝尔-拉帕杜拉模型

6. 基于角色的访问控制

基于角色的访问控制（role-based access control，RBAC）的基本思想是将用户划分成与其所在组织结构体系相一致的角色，将权限授予角色而不是直接授予主体，主体通过角色分派得到客体操作权限。由于角色在系统中具有相对于主体的稳定性，并更便于直观地理解，从而大大降低了系统授权管理的复杂性，降低了安全管理员的工作复杂性，减少了工作量。

图4-5-2给出了基于RBAC的用户集合、角色集合和资源集合之间的多对多的关系。理论上，一个用户可以通过多个角色访问不同资源。但是在实际应用系统中，通常给一个用户授予一个角色，只允许访问一种资源，这样就可以更好地保证资源的安全性。

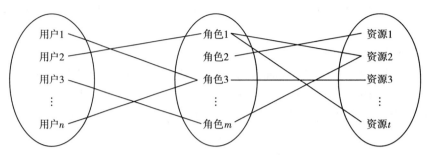

图 4-5-2 RBAC 中用户、角色和资源的关系

4.5.3 入侵检测与防护

入侵检测的概念首先是由詹姆斯·安德森（James Anderson）于1980年提出来的。入侵是指在网络系统中进行非授权的访问或活动，包括非法登录系统和使用系统资源、破坏系统等。入侵检测可以被定义为识别出正在发生的入侵企图或已经发生的入侵活动的过程。入侵检测包含两层意思：一是对外部入侵行为的检测；二是对内部破坏行为的检测。

1. 病毒检测与防护

计算机病毒（computer virus）是一种人为制造的、能够进行自我复制的、对计算机资源具有破坏作用的一组程序或指令的集合。计算机病毒附着在各种类型的文件上或寄生在存储媒介中，能对计算机系统和网络进行各种破坏，同时有独特的复制能力和传染性，能够自我复制和传染。

（1）计算机病毒的种类。

①引导型病毒：引导型病毒藏匿在硬盘的引导区，可以在每次开机时，在操作系统被加载之前被加载到内存中，这个特性使病毒可以针对操作系统的各类中断得到完全的控制，并且拥有更强的能力进行传染与破坏。

②文件型病毒：文件型病毒通常寄生在可执行文件（如 .com、.exe 文件等）中。当这些文件被执行时，病毒程序就跟着被执行。文件型病毒依传染方式的不同，又可分成非常驻型及常驻型两种。非常驻型病毒将自己寄生在 .com、.exe 或 .sys 文件中。当这些中毒的程序被执行时，就会尝试去传染另一个或多个文件。常驻型病毒躲在内存中，寄生在各类中断里，因此常驻型病毒往往会对磁盘造成更大的伤害。一旦常驻型病毒进入内存中，只要执行文件，它就对其进行感染。

③复合型病毒。复合型病毒兼具引导型病毒及文件型病毒的特性。它们可以传染 .com、.exe 文件，也可以传染磁盘的引导区。由于这个特性，这种病毒具有相当强的传染力。一旦感染，其破坏的程度将会非常严重。

④宏病毒：宏病毒主要利用软件本身所提供的"宏"功能来设计病毒，所以凡是具有写宏能力的软件都有宏病毒存在的可能，如 Word、Excel、PowerPoint 等。

⑤计算机蠕虫（worm）：随着网络的普及，病毒开始利用网络进行传播。"蠕虫"是典型的代表，它不占用除内存以外的任何资源，不修改磁盘文件，利用网络功能搜索网络地址，将自身向下一地址进行传播，有时也在网络服务器和启动文件中存在。

⑥特洛伊木马（trojan）：特洛伊木马病毒的共有特性是通过网络或者系统漏洞进入用户

的系统并隐藏，然后向外界泄露用户的信息，或对用户的计算机进行远程控制。随着网络的发展，特洛伊木马和计算机蠕虫之间的依附关系日益密切，有越来越多的病毒同时结合这两种病毒形态，达到更大的破坏能力。

（2）病毒检测。病毒检测的方法很多，典型的检测方法如下：

①直接检查法：感染病毒的计算机系统内部会发生某些变化，并在一定的条件下表现出来，因此可以通过直接观察法来判断系统是否感染病毒。

②特征代码法：采集已知病毒样本，抽取特征代码，对检测对象依次进行特征代码比对，依据比对结果，进行解毒处理。特征代码法是检测已知病毒的最简单、开销最小的方法，但用于未知病毒检测时开销大、效率低。

③校验和法：计算正常文件内容的校验和，将该校验和写入文件中或写入别的文件中保存。在文件使用过程中或每次使用文件前，通过定期地检查根据文件现在的内容算出的校验和与原来保存的校验和是否一致，来判断文件是否感染。这种方法遇到软件版本更新时会产生误报警。

④行为监测法：指利用病毒的特有行为特征来监测病毒的方法。通过对病毒多年的观察、研究，有一些行为是病毒的共同行为，而且比较特殊。在正常程序中，这些行为比较罕见。当程序运行时，监视其行为，如果发现了病毒行为，立即报警。该方法的优点为可发现未知病毒或预报未知的多数病毒。

⑤软件模拟法：多态型病毒每次感染都会改变其病毒密码，对付这种病毒，非常困难。为了检测多态型病毒，可应用软件模拟法，即用软件方法来模拟和分析程序的运行。

（3）病毒防护。对病毒的防护从技术上可以采用杀毒软件和防火墙等。为了提高病毒检测和防护效率，相关企业提出了"云安全"概念。云安全融合了并行处理、云计算、未知病毒行为判断等新兴技术和概念，摒弃传统的病毒"黑名单"模式，通过网状的大量客户端对网络中软件行为的异常进行监测，获取大量正常软件的特征，构建"白名单"模型，及时发现互联网中木马等恶意程序的最新信息，推送到服务器进行自动分析和处理，再把病毒的解决方案分发到每一个客户端。

传统的桌面杀毒软件将无法有效地处理日益增多的恶意程序。来自互联网的主要威胁正在由计算机病毒转向恶意程序。在这样的情况下，采用病毒特征库判别法显然很难满足互联网时代的杀毒需要。云安全技术应用后，识别和查杀病毒不再仅仅依靠本地硬盘中的病毒库，而是依靠庞大的网络服务，实时进行采集、分析及处理。整个互联网就是一个巨大的杀毒软件，参与杀毒的终端越多，整个互联网就会越安全。

2. 网络防火墙

网络防火墙是一种用来加强网络之间访问控制的特殊网络设备，它按照一定的安全策略对传输的数据包和连接方式进行检查，来决定网络之间的通信是否被允许。网络防火墙在计算机网络中的位置如图 4-5-3 所示。

图 4-5-3 网络防火墙的位置

网络防火墙能有效地控制内部网络与外部网络之间的访问及数据传输，保护内部网络信息不受外部非授权用户访问，并对不良信息进行过滤。但防火墙并不是万能的，也有很多防火墙无能为力的地方，主要表现在以下方面：

（1）不能防范内部攻击。内部攻击是任何基于隔离的防范措施都无能为力的。

（2）不能防范不通过它的信息。防火墙能够有效地防范通过它进行传输的信息，然而不能防范不通过它而传输的信息。

（3）不能防御新的威胁。防火墙被用来防御已知的威胁，但没有一个防火墙能自动防御所有的新威胁。

（4）不能防范病毒。防火墙不能防止感染了病毒的软件或文件的传输。

（5）不能防止数据驱动式攻击。如果用户"抓来"一个程序在本地运行，那个程序很可能包含一段恶意代码，对于此类攻击，防火墙无法防范。随着 Java、JavaScript 和 ActiveX 控件的大量使用，这一问题变得更加突出和尖锐。

4.5.4 网络安全协议

网络协议的弱安全性已经成为当前互联网不可信任的主要原因之一。为了提高网络的安全效能，国际标准化组织制定了多个网络安全协议，具体包括安全外壳（secure shell，SSH）协议、安全电子交易（secure electronic transacion，SET）协议、IP 安全协议（internet protocol security，IPSec）、安全套接层（secure socket layer，SSL）协议、超文本传输安全协议（hypertext transfer protocol secure，HTTPS）等。下面介绍 IPSec、SSL、HTTPS 三种安全协议。

1. IPSec

IP 分组本身没有任何安全特性，攻击者很容易伪造 IP 分组的地址、修改数据内容、重发旧的 IP 分组以及在传输途中拦截并查看 IP 分组的内容。因此，我们收到的 IP 分组可能不是来自真实的发送方、包含的原始数据可能遭到更改、原始数据在传输中途可能被其他人看过。

IPSec 是因特网工程任务组（Internet enginering task force，IETF）于 1998 年 1 月公布的 IP 安全标准，其目标是为 IPv4 和 IPv6 提供透明的安全服务。IPSec 在 IP 层上提供数据源地址验证、无连接数据完整性、数据机密性、抗重放和有限业务流机密性等安全服务，可以保障主机之间、网络安全网关（如路由器或防火墙）之间或主机与安全网关之间的数据安全。

使用 IPSec 可以防范以下几种网络攻击：

（1）Sniffer。IPSec 对数据进行加密以对抗 Sniffer（嗅探），保障数据的机密性。

（2）数据篡改。IPSec 用密钥为每个 IP 分组生成一个消息认证码（message authentication code，MAC），密钥为数据的发送方和接收方共享。对数据的任何篡改，接收方都能够检测出来，从而保证了数据的完整性。

（3）身份欺骗。IPSec 的身份交换和认证机制不会暴露任何信息，依赖数据完整性服务实现了数据来源认证。

（4）重放攻击。IPSec 可防止数据被捕获并重新发送到网上，即目的地会检测并拒绝旧的或重复的数据。

（5）拒绝服务攻击。IPSec 依据 IP 地址范围、协议，甚至特定的协议端口号，来决定哪些数据流需要受到保护，哪些数据流可以允许通过，哪些数据流需要拦截。

IPSec 通过对 IP 分组进行加密和认证来保护 IP 协议的网络传输协议，用于保证数据的机密性、来源可靠性、无连接的完整性并提供抗放播服务。

2. SSL 协议

SSL 协议是 Netscape 公司推出 Web 浏览器时提出的。SSL 协议目前已成为互联网上保密通信的工业标准。现行的 Web 浏览器普遍将 HTTP 和 SSL 相结合，来实现安全通信。

SSL 协议采用公开密钥技术。其目标是保证两个应用间通信的保密性和可靠性，可在服务器和客户端同时实现支持。它能使 C/S 模式应用之间的通信不被攻击者窃听，并且始终对服务器进行认证，还可选择对客户进行认证。

SSL 协议要求建立在可靠的运输层协议（如 TCP）之上。SSL 协议的优势在于它是与应用层协议独立无关的，高层的应用层协议（如 HTTP、FTP、Telnet）能透明地建立于 SSL 协议之上。SSL 协议在应用层协议通信之前就已经完成加密算法、通信密钥的协商及服务器认证工作。

SSL 协议提供的服务主要如下：

（1）认证用户和服务器，确保数据发送到正确的客户机和服务器。

（2）加密数据以防止数据中途被窃取。

（3）维护数据的完整性，确保数据在传输过程中不被改变。

SSL 协议的主要工作流程包括以下两个阶段：

服务器认证阶段：客户端向服务器发送一个开始信息 "Hello"，以便开始一个新的会话连接；服务器根据客户端发送的信息确定是否需要生成新的主密钥，如果需要，则服务器在响应客户端的 "Hello" 信息时将包含生成主密钥所需的信息；客户端根据收到的服务器响应信息，产生一个主密钥，并用服务器的公开密钥加密后传给服务器；服务器恢复该主密钥，并返回给客户端一个用主密钥认证的信息，以此让客户端认证服务器。

用户认证阶段：经认证的服务器发送一个提问给客户端，客户端则返回数字签名后的提问和其公开密钥，从而向服务器提供认证。

3. HTTPS

HTTPS 是以安全为目标的 HTTP 通道，是 HTTP 的安全版。HTTPS 应用了 Netscape 公司的 SSL 作为 HTTP 应用层的子层。HTTPS 使用端口 443，而不是像 HTTP 那样使用端口 80 来和 TCP/IP 进行通信。

HTTPS 是支持加密传输和身份认证的网络协议，主要通过数字证书、加密算法、非对称密钥等技术完成互联网数据传输加密，实现互联网传输安全保护。HTTPS 的设计目标主要有三个：

（1）数据保密性。保证数据内容在传输的过程中不会被第三方查看。就像快递员传递包裹一样，都进行了安全封装，别人无法获知里面装了什么。

（2）数据完整性。及时发现被第三方篡改的传输内容。就像快递员虽然不知道包裹里装了什么东西，但他有可能中途调包。数据完整性就是指如果被调包，我们能轻松发现并拒收。

（3）身份校验安全性。保证数据到达用户期望的目的地。就像我们邮寄包裹时，虽然是一个封装好的未调包的包裹，但必须确定这个包裹不会送错地方，通过身份校验来确保送对了地方。

4.6 软件定义网络——SDN

SDN（software defined network，软件定义网络）起源于 2006 年美国斯坦福大学的 Clean Slate 研究课题。2009 年，Mckeown 教授正式提出了 SDN 概念。

SDN 是一种新型网络创新架构，可通过软件编程的形式定义和控制网络，其控制平面和转发平面分离及开放性可编程的特点，被认为是网络领域的一场革命，为新型互联网体系结构研究提供了新的实验途径，也极大地推动了下一代互联网的发展。

传统网络世界是水平标准和开放的，每个网元可以和周边网元进行互连。而在计算机的世界里，不仅水平是标准和开放的，同时垂直也是标准和开放的，从下到上有硬件、驱动、操作系统、编程平台、应用软件等，编程者可以很容易地创造各种应用。在垂直方向上，网络是"相对封闭"和"没有框架"的，在垂直方向创造应用、部署业务是相对困难的。但 SDN 将整个网络（不仅仅是网元）的垂直方向变得开放、标准化、可编程，从而让人们更容易、更有效地使用网络资源。

因此，SDN 技术能够有效降低设备负载，协助网络运营商更好地控制基础设施，降低整体运营成本，成为最具前途的网络技术之一。

1. SDN 的体系架构

SDN 网络的整体架构分为三层，从上到下分别是应用平面、控制平面和转发平面。整个架构的核心是 SDN 控制器。

SDN 控制器向上与应用平面进行通信的接口，叫作北向接口，也叫 NBI 接口（northbound interface）。SDN 控制器向下与数据平面进行通信的接口，叫作南向接口，也叫 CDPI 接口（control-data-plane interface，控制数据平面接口）。

北向接口的主要功能：负责向应用层提供抽象的网络视图，使应用能直接控制网络的行为。北向接口是一个开放的与厂商无关的接口。北向接口的关键技术是 SDN 北向接口的设计，设计的目的是将网络能力封装后开放接口，供上层业务调用。目前 REST API 成为 SDN 北向接口的主流设计。

南向接口的主要功能：对所有的转发行为进行控制、设备性能查询、统计报告、事件通知等。南向接口的关键技术是转发面开放协议（南向接口协议），该协议允许控制器控制交换机的配置以及相关转发行为。比如 ONF 定义的 Openflow 协议，它将转发面抽象为一个或多个流表组成的转发模型。控制器通过 Openflow 协议下发流表到具体的交换机从而控制交换机的具体行为。

2. SDN 的实现思路

SDN 的实现思路是不改变传统网络的实现机制和工作方式，通过对网络设备的操作系统进行升级改造，在网络设备上开发出专用的 API 接口，管理人员可以通过 API 接口实现网络设备的统一配置管理和下发，改变原先需要一台台设备登录配置的手工操作方式。同时这些接口也可供用户开发网络应用，实现网络设备的可编程。以现行的 IP 网络为基础，在其上建立叠加的逻辑网络，屏蔽掉底层物理网络差异，实现网络资源的虚拟化，使得多个逻辑上彼此隔离的网络分区，以及多种异构的虚拟网络可以在同一共享网络基础设施上共存。当前 SDN 实现的主流方案基于开放的网络协议，实现控制平面与转发平面分离，支持控制全局化，获得了最多的产业支持，相关技术进展很快，产业规模发展迅速，业界影响力最大。

3. SDN 的实现方式及局限性

SDN 是靠转控分离、集中控制、开放可编程这三个途径来颠覆网络的。具体的实现有以下三个方案：

（1）基于开放协议的方案。此类协议方案根据 SDN 理念创建理想网络架构，能够真正意义、全方位地将控制层和转发层剥离，是最具有革命性意义的方案，能使用户摆脱厂商锁定而推出的方案，实现的方案包括 ONF SDN 和 ETSI NFV。当然了，这种方案要求也更高，目前能够推出此类方案的厂商屈指可数，代表企业有华为、博科、戴尔等。

（2）基于叠加网络的方案。这种方案通过在原有网络基础上创建虚拟网络隔离底层设备之间的不同和复杂性，从而实现网络资源池化。对已有的网络资源进行逻辑分离，并运用多租户的模式来管理网络，更好地满足大数据、云计算等新兴业务的需求。目前主要实现的方案包括 VXLAN、NVGRE、NVP 等，代表企业有 Vmvare 和微软。

（3）基于专用接口的方案。这种方案的实现思路和以上两种不太一样，它不会改变传统网络的实现机制和工作方式，而是通过改动网络设备和操作系统，在网络设备上开发出专用的 API 接口。管理人员可以通过 API 接口实现网络设备的统一配置管理和下发，替换了原先需要一台台设备登录配置的手工操作方式。同时，这些 API 接口也可供用户自主开发网络应用，将网络设备可编程化。这类方案由目前主流的网络设备厂商主导，应用最广。

尽管 SDN 在网络技术上的改变巨大，但不可否认的是，它自身仍存在着很多缺陷。

标准化：虽然 SDN 自被提出已经时隔多年，但仍旧没有一个统一的标准，各大厂家在细节上都有差异，很难对接。所以客户只能选择同一个厂家的控制器和硬件设备，造成的后果就是数据中心网络必须与一家网络厂商绑定，需要承担较大的风险。数据是非常重要的，一旦出现意外后果极其严重。在这种大环境下，SDN 部署的意愿不够强烈，很多人不愿意去试。这也是 SDN 始终不能做大的最主要原因。

安全性：这是个老生常谈的问题了，SDN 简化了操作层面，但 Underlay（物理网络）、Overlay（控制转发）在部署和运行中同样会发生故障，排查起来也有不小的难度。更关键的是，一旦 SDN 出现故障影响的就是网络全局，造成的后果远比传统网络严重得多，只能用灾难性来形容，尤其是核心网域。所以出于安全考虑，不少企业对 SDN 都心怀忌惮。

网络设备：SDN 是一种比较新颖的技术，它需要新式的网络设备支持，而现在的网络设备五花八门，品牌繁杂，想要全部更换是一个很长的过程，保守估计也得需要 10 年时间，这样的网络环境不具备部署 SDN 的条件。毕竟现在网络规模已经基本成型，转型绝非易事，在这种情况下选择支持 SDN 的设备自然也要比传统网络设备价格要高得多，投入的成本反而更高，这是厂家和客户都不能接受的。

综合以上种种原因，SDN 想要大规模普及并投入使用，还有很长的一段路要走。

4.7 本章习题

一、选择题

1. 局域网的英文缩写为（　　）。

A. LAN　　　　　　　　B. WAN　　　　　　　　C. ISDN　　　　　　　　D. MAN

2. 计算机网络中广域网和局域网的分类是以（   ）来划分的。

A. 信息交换方式　　　B. 网络使用者　　　　C. 网络覆盖范围　　　D. 传输控制方法

3. OSI（开放系统互连）参考模型的最底层是（   ）。

A. 传输层　　　　　　B. 网络层　　　　　　C. 物理层　　　　　　D. 应用层

4. 在因特网中，用来进行数据传输控制的协议是（   ）。

A. IP　　　　　　　　B. TCP　　　　　　　C. HTTP　　　　　　D. FTP

5. 在因特网的域名中，顶级域名 gov 代表（   ）。

A. 教育机构　　　　　B. 商业机构　　　　　C. 政府部门　　　　　D. 军事部门

6. 在 Web 服务网址中，http 代表（   ）。

A. 主机　　　　　　　B. 地址　　　　　　　C. 协议　　　　　　　D. TCP/IP

7. 超文本的含义是（   ）。

A. 文本中可含有图像　　　　　　　　　　　B. 文本中可含有声音

C. 文本中有超级链接　　　　　　　　　　　D. 文本中有二进制字符

8. 用因特网访问某主机可以通过（   ）。

A. 地理位置　　　　　B. 网卡地址　　　　　C. 从属单位名　　　　D. 域名

9. 在因特网电子邮件系统中，（   ）。

A. 发送邮件和接收邮件都使用 SMTP

B. 发送邮件使用 SMTP，接收邮件使用 POP3

C. 接收邮件使用 POP3，发送邮件使用 SMTP

D. 发送邮件和接收邮件都使用 POP3

10. 下列 IP 地址中，能够直接分配给主机的是（   ）。

A. 192.168.0.1　　B. 127.1.10.101　　C. 224.10.10.10　　D. 202.17.48.255

11. 以太网采用的介质访问控制方式为（   ）。

A. CSMA　　　　　　B. CSMA/CD　　　　C. CDMA　　　　　　D. CSMACA

12. 在 OSI 参考模型中，能实现路由选择、拥塞控制与互连功能的是（   ）。

A. 传输层　　　　　　B. 应用层　　　　　　C. 网络层　　　　　　D. 物理层

13. 在下面给出的协议中，（   ）属于 TCP/IP 的应用层协议。

A. TCP 和 FTP　　　　B. IP 和 UDP　　　　C. RARP 和 DNS　　　D. FTP 和 SMTP

14. 在下面对数据链路层的功能特性描述中，不正确的是（   ）。

A. 通过交换与路由，找到数据通过网络的最有效的路径

B. 数据链路层的主要任务是提供一种可靠的通过物理介质传输数据的方法

C. 将数据分解成帧，按顺序传输帧，并处理接收端发回的确认帧

D. 局域网数据链路层分为 LLC 子层和 MAC 子层

15. 网络层、数据链路层和物理层传输的数据单位分别是（   ）。

A. 分组、帧、比特　　　　　　　　　　　　B. 包、报文、比特

C. 消息、帧、比特　　　　　　　　　　　　D. 数据块、分组、比特

二、简答题

1. 简述五层计算机网络参考模型中各层的主要功能。

2. 局域网与广域网相比，其主要特点是什么？

3. 局域网体系结构的特点是什么？

4. 路由器的主要功能是什么？

5. 防火墙技术有什么作用？

6. 列举一些防御攻击的安全措施。

7. 什么是计算机病毒？

8. 访问控制技术有哪些？各有什么特点？

三、实验题

1. 在 Windows 10 系统中配置并验证网卡的 TCP/IP 参数。

2. 开启/关闭 Windows 10 系统防火墙。

参考答案

技术探索篇

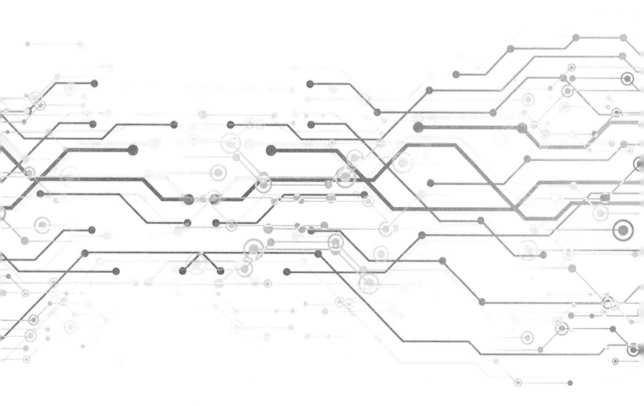

第 5 章　物　联　网

本章学习目标

- 理解物联网的概念与特征，明确物联网与互联网之间的关系。
- 了解物联网的起源与发展。
- 理解物联网的三层体系架构。
- 了解物联网的关键技术。
- 了解物联网的常见应用领域。
- 了解农业物联网的发展与应用。

本章学习内容

从计算机时代到互联网时代，信息技术的发展给我们的生活和工作带来了巨大的变化。如今，以互联网为依托的物联网，伴随着工业自动化和生活智能化进程的不断深入，已经融入我们的工作和生活的方方面面，如手机支付、刷脸进门、刷卡就餐、自动驾驶、运动计步、电子称重、微信交流等，成为人们生活不可或缺的一部分。本章介绍物联网的概念、特征及发展，讲解物联网的感知、传输以及应用相关的关键技术，并对物联网常见的应用特别是在农林领域的应用进行了说明。

5.1 物联网概述

本节从物联网的基本概念入手，探讨物联网的含义与主要特点，并介绍其起源与发展。

5.1.1 物联网的基本概念

物联网，最早被称为传感网，是继计算机、互联网与移动通信网之后的世界信息产业第四次技术革命。自 2009 年 8 月温家宝总理提出"感知中国"以来，物联网被正式列为国家五大新兴战略性产业之一。物联网在中国受到了全社会极大的关注，其在中国的受关注程度是其在美国、欧盟及其他各国不可比拟的。

物联网（internet of things，IoT），顾名思义就是物物相连的互联网。物联网的核心和基础仍然是互联网，我们可以把物联网看作在互联网基础的上通过对终端类型的延伸和扩展形成的新一代复合型网络。相比传统以计算机为主体的互联网，物联网将其用户端（客户端）延伸和扩展到了任何物品与物品之间。物联网使得通过网络互连能够进行信息交换的对象变成了万事万物，即实现了物物相连。

物联网利用感知设备获取无处不在的现实世界的信息，实现物与物、物与人之间的信息交流，支持智能的信息化应用，实现信息基础设施与物理基础设施的全面融合，最终形成统一的智能基础设施。

国际电信联盟（ITU）发布的 ITU 互联网报告，对物联网做了如下定义：物联网是通过二维码识读设备、射频识别（RFID）装置、红外感应器、全球定位系统和激光扫描器等信息传感设备，按约定的协议，把任何物品与互联网相连接，进行信息交换和通信，以实现智能化识别、定位、跟踪、监控和管理的一种网络。其概念如图 5-1-1 所示。

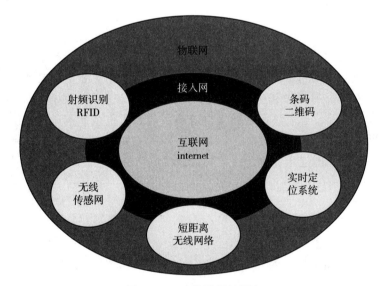

图 5-1-1　物联网的概念

根据国际电信联盟（ITU）的定义，物联网主要解决物品与物品（thing to thing，T2T）、人与物品（human to thing，H2T）、人与人（human to human，H2H）之间的互连。但是与传统互联网不同的是，H2T 是指人利用通用装置与物品之间的连接，从而使得物品连接更加简化；而 H2H 是指人之间不依赖 PC 而进行的互连。因为互联网并没有考虑到对于任何物品连接的问题，故我们使用物联网来解决这个传统意义上的问题。当前，许多学者在讨论物联网时，还会经常引入 M2M 的概念，此概念可以解释为人到人（man to man）、人到机器（man to machine）、机器到机器（machine to machine）。从本质上讲，人与机器、机器与机器的交互，大部分是为了实现人与人之间的信息交互。

通过对上述概念的归纳总结，我们可以得出：物联网是指通过各种信息传感设备，实时采集任何需要监控、连接、互动的物体或过程等各种需要的信息，与互联网结合而形成的一个巨大网络。其目的是实现物与物、物与人以及所有物品和网络的连接，使物品方便识别、管理和控制。

物联网是一个基于互联网、传统电信网等信息承载体，使所有能够被独立寻址的普通物理对象实现互连互通的网络，是互联网的应用拓展，具有智能、先进、互连三个重要特征。国际电信联盟曾描绘物联网时代的图景：当司机出现操作失误时汽车会自动报警、公文包会提醒主人忘带了什么东西、衣服会告诉洗衣机对颜色和水温的要求等。物联网通过智能感知、识别技术与普适计算等通信感知技术，实现了物理空间与数字空间的无缝连接，也因此被称为继计算机、互联网与移动通信网之后世界信息产业发展的第四次浪潮。

5.1.2 物联网的产生与发展

1. 物联网概念的产生

无论是物联网还是传感网，都不是最近才出现的新兴概念。传感器网络的构想最早由美国军方提出，起源于 1978 年美国国防部高级研究计划局资助卡内基梅隆大学进行的分布式传感器网络研究项目。

1995 年比尔·盖茨在《未来之路》一书中曾提及物联网，只是当时受限于无线网络、硬件及传感设备的发展，并未引起重视。

大概是 1995 年夏天，在美国卡内基梅隆大学的校园里有一个自动售货机，如图 5-1-2 所示，此机器出售可乐且价钱比市场上便宜一半。所以，很多学生都去此机器买可乐。但是大老远地跑过去，经常发现可乐已经售完，白跑一趟。于是有几个聪明的学生想了一个办法，他们在自动售货机里装了一串光电管，用来计数，看还剩下多少罐可乐。然后把自动售货机与互联网对接。这样，学生们去自动售货机前，可以先在网上查看一下还剩下多少罐可乐，免得白跑一趟。后来美国有限电视网（CNN）还专程来学校，实地拍摄了一段新闻。当时还没有物联网这个概念。大家最初的想法很简单，就是把传感器（sensors）连到互联网上去，提高数据的输入速度，扩大数据的来源。这是对于物联网的初次接触。

而明确的物联网概念被提出于 1999 年，来源于"internet of things"一词由美国麻省理工学院（MIT）的 Kevin Ashton 教授首次提出，其定义很简单，即把所有物品通过射频识别和条码等信息传感设备与互联网连接起来，实现智能化识别和管理。

1999 年美国麻省理工学院建立了"自动识别中心（Auto-ID）"，提出"万物皆可通过网络互连"的理念，阐明了物联网的基本含义。早期的物联网是依托射频识别（RFID）技术的物流网络，随着技术和应用的发展，物联网的内涵已经发生了较大变化。

图 5-1-2　美国卡内基梅隆大学的可乐自动售货机

2005 年 11 月 17 日，在突尼斯举行的信息社会世界峰会（WSIS）上，国际电信联盟（ITU）发布《ITU 互联网报告 2005：物联网》，引用了物联网的概念。此时，物联网的定义和范围已经发生了变化，覆盖范围有了较大的扩展，不再只是指基于 RFID 技术的物联网。该报告指出，无所不在的物联网通信时代即将来临，世界上所有的物体从轮胎到牙刷、从房屋到纸巾都可以通过因特网主动进行交换。射频识别技术（RFID）、传感器技术、纳米技术、智能嵌入技术将到更加广泛的应用。

物联网概念的问世，打破了人类之前的思维方式。过去，人们一直是将物理基础设施和 IT 基础设施分开：一方面是机场、公路、建筑物，而另一方面是数据中心、个人计算机、宽带等。而在物联网时代，钢筋混凝土、电缆将与芯片、宽带融合为统一的基础设施，实现人类社会与物理系统的整合。在此意义上，基础设施更像是一块新的地球工地，世界的运转就在它上面进行，并达到"智慧"状态，从而提高资源利用率和生产力水平，实现人与自然和谐统一。

2. 物联网的发展

根据美国研究机构 Forrester Research 预测，物联网所带来的产业价值将比互联网高 30 倍，将成为下一个万亿元级别的信息产业业务。物联网概念的问世，打破了人类之前的思维方式，是当今世界经济和科技发展的战略制高点之一。

（1）国外物联网发展。2003 年美国《技术评论》提出传感网络技术将是未来改变人们生活的十大技术之首。

2004 年日本总务省（MIC）提出 u-Japan 计划，该战略力求实现人与人、物与物、人与物之间的连接，希望建设成一个随时、随地、任何物体、任何人均可连接的泛在网络社会，实现从有线到无线、从网络到终端、包括认证与数据交换在内的无缝链接泛在网络环境。

2006 年韩国确立了 u-Korea 计划，该计划旨在建立无所不在的社会（ubiquitous society），在民众的生活环境里建设智能型网络（如 IPv6、BcN、USN）和各种新型应用（如 DMB、Telematics、RFID），让民众可以随时随地享受科技智慧服务。2009 年韩国通信委员会出台了《物联网基础设施构建基本规划》，将物联网确定为新增长动力，提出到 2012 年实现"通过构建世界最先进的物联网基础设施，打造未来广播通信融合领域超一流信息通信技术强国"的目标。

2008 年后，为了促进科技发展，寻找经济新的增长点，各国政府开始重视下一代的技术规划，将目光放在了物联网上。

2009 年欧盟执委会发表了欧洲物联网行动计划，描绘了物联网技术的应用前景，提出欧盟政府要加强对物联网的管理，促进物联网的发展。

2009 年 1 月 28 日，奥巴马就任美国总统后，与美国工商业领袖举行了一次"圆桌会议"，作为仅有的两名代表之一，IBM 首席执行官彭明盛首次提出"智慧地球"这一概念，建议新政府投资新一代的智慧型基础设施。当年，美国将新能源和物联网列为振兴经济的两大重点。

2009 年 2 月 24 日，在 IBM 论坛上，IBM 大中华区首席执行官钱大群公布了名为"智慧的地球"的最新策略。此概念一经提出，即得到美国各界的高度关注，甚至有分析认为 IBM 公司的这一构想极有可能上升至美国的国家战略，并在世界范围内引起轰动。今天，"智慧地球"战略被美国人认为与当年的"信息高速公路"有许多相似之处，同样被他们认为是振兴经济、确立竞争优势的关键战略。该战略能否掀起如当年互联网革命一样的科技和经济浪潮，不仅为美国关注，更为世界所关注。

（2）国内物联网发展。中国在物联网领域的起步很早，早在 1999 年，中国科学院上海微系统所拨款 40 万元进行传感网产品的研发，研发出的产品 2003 年开始在"动态北仑"等项目中得到应用，是物联网在中国的早期发展。

2004 年初，全球产品电子代码管理中心授权中国物品编码中心为国内代表机构，负责在中国推广 EPC（产品电子代码）与物联网技术。同年 4 月，北京建立了第一个 EPC 与物联网概念演示中心。

2005 年，国家烟草专卖局的卷烟生产经营决策管理系统实现用 RFID 出库扫描、商业企业到货扫描。许多制造业也开始在自动化物流系统中尝试应用 RFID 技术。

2008 年 11 月，在北京大学举行的第二届中国移动政务研讨会"知识社会与创新 2.0"提出移动技术、物联网技术的发展代表着新一代信息技术的形成，并带动了经济社会形态、创新形态的变革，推动了面向知识社会的以用户体验为核心的下一代创新（创新 2.0）形态的形成，创新与发展更加关注用户，注重以人为本。而创新 2.0 形态的形成又进一步推动新一代信息技术的健康发展。

2009 下半年，物联网概念开始在中国盛行。尤其是自 2009 年 8 月 7 日，温家宝总理在无锡调研时，对微纳传感器研发中心予以高度关注，提出了把"感知中国"中心设在无锡、辐射全国的想法，从此开启了我国物联网从技术研发到产业应用的发展大幕。温家宝总理做出"要早一点谋划未来，早一点攻破核心技术，要依靠科技和人才，占领科技和经济发展制高点，保证我国具有可持续发展的能力和可持续的竞争力"的指示之后，物联网、传感网等概念引起业内外的广泛关注，相关讨论此起彼伏，把我国物联网领域的研究和应用开发推向了高潮。无锡市率先建立了"感知中国"研究中心，中国科学院、运营商、多所大学在无锡建立了物联网研究院，无锡市江南大学还建立了全国首家实体物联网工厂学院。自温总理提出"感知中国"以来，物联网被正式列为国家五大新兴战略性产业之一，写入政府工作报告。物联网在中国受到了全社会极大的关注。

2009年9月11日，"传感器网络标准工作组成立大会暨'感知中国'高峰论坛"在北京举行，会议提出传感网发展相关政策。

2009年9月14日，《国家中长期科学与技术发展规划（2006—2020年）》和"新一代宽带移动无线通信网"重大专项均将传感网列入重点研究领域。

截至2010年，国家发展和改革委员会、工业和信息化部等部委会同有关部门，在新一代信息技术方面开展研究，以形成支持新一代信息技术的一些新政策措施，从而推动我国经济的发展。北京、上海、广东、浙江等省市已初步展开智能交通、智能电网、智能安防、智能物流等物联网的典型应用。2010年世博会，上海在世博会展馆和浦东机场布置的防入侵传感网，可以说是当前国际上规模最大的物联网应用系统。此外，无锡市正在启动"智慧之市"的物联网城市建设。

物联网作为一个新经济增长点的战略新兴产业，具有良好的市场效益，《2014—2018年中国物联网行业应用领域市场需求与投资预测分析报告》表明，2010年物联网在安防、交通、电力和物流领域的市场规模分别为600亿元、300亿元、280亿元和150亿元。2011年中国物联网产业市场规模达到2600多亿元。

2012年，中国物联网产业市场规模达到3650亿元，比上年增长40%。从智能安防到智能电网，从二维码普及到"智慧城市"落地，物联网正四处开花，悄然影响人们的生活。专家指出，伴随着技术的进步和相关配套设施的完善，在未来几年，技术与标准国产化、运营与管理体系化、产业草根化将成为我国物联网发展的三大趋势。

事实上，我国从21世纪初开始启动，2006年起全力推行的信息化战略就已经体现了"智慧地球"或物联网的精髓，上述两个概念本质上就是将信息化技术应用到各行各业，只不过在表述上更强调互连和智能管理而已。在科研上，基于近十年传感器网络领域相关研究，我国在技术上基本保持与国际同步。在产业上，不仅在无锡建立了中国的传感信息中心，各地也纷纷启动物联网产业项目。当前，物联网的概念已经是一个"中国制造"的概念，它的覆盖范围与时俱进，已经超越了1999年Ashton教授和2005年ITU报告所指的范围，物联网已被贴上"中国式"标签。

（3）物联网技术发展前景。物联网将是下一个推动世界高速发展的重要生产力，是继通信网之后的另一个万亿级市场。业内专家认为，物联网一方面可以提高经济效益，大大节约成本；另一方面也可以为全球经济的复苏提供技术动力。美国、欧盟等都在投入巨资深入研究、探索物联网。我国也正在高度关注、重视物联网的研究。此外，物联网应用普及以后，用于动物、植物和机器、物品的传感器与电子标签及配套的接口装置的数量将大大超过手机的数量。物联网的推广将会成为推进经济发展的又一个驱动器，为产业开拓了又一个潜力无穷的发展机会。当前，全球物联网仍保持高速发展的趋势，根据全球移动通信系统协会（GSMA）统计数据显示，2010－2020年全球物联网设备数量高速增长，复合增长率达19%。2020年，全球物联网设备连接数量高达126亿个。万物物联已成为全球网络未来发展的重要方向，据GSMA预测，2025年全球物联网设备连网数量将达到约246亿个。

3. 物联网的基本特点

与传统的互联网相比，物联网有其鲜明的特征：

（1）全面感知。利用 RFID、传感器、二维码，及其他各种感知设备随时随地采集各种动态对象，全面感知世界。物联网上部署了海量的多种类型传感器，每个传感器都是一个信息源，不同类别的传感器所捕获的信息内容和信息格式不同。传感器获得的数据具有实时性，按一定的频率周期性地采集环境信息，不断更新数据。

（2）可靠传输。即利用以太网、无线网、移动网将感知的信息进行实时传送。物联网是一种建立在互联网上的泛在网络。物联网技术的重要基础和核心仍旧是互联网，通过各种有线和无线网络与互联网融合，将物体的信息实时准确地传递出去。在物联网上的传感器定时采集的信息需要通过网络传输，由于其数量极其庞大，形成了海量信息，因此在传输过程中，为了保障数据的正确性和及时性，必须适应各种异构网络和协议。

（3）智能控制。即对物体实现智能化的控制和管理，真正达到了人与物的沟通。物联网不仅仅提供了传感器的连接，其本身也具有智能处理的能力，能够对物体实施智能控制。物联网将传感器和智能处理相结合，利用云计算、模式识别等各种智能技术，扩充其应用领域。从传感器获得的海量信息中分析、加工和处理出有意义的数据，以适应不同用户的不同需求，发现新的应用领域和应用模式。

此外，物联网的实质是提供不拘泥于任何场合、任何时间的应用场景与用户的自由互动，它依托云服务平台和互通互连的嵌入式处理软件，弱化技术色彩，强化与用户之间的良性互动，具备更佳的用户体验、更及时的数据采集和分析建议、更自如的工作和生活，是通往智能生活的物理支撑。

5.2 物联网体系架构及关键技术

物联网的价值在于让物体也拥有了"智慧"，从而实现人与物、物与物之间的沟通。物联网的特征在于感知、互连和智能的叠加。因此，物联网由三个部分组成：感知部分，即以二维码、RFID、传感器为主，实现对"物"的识别；传输网络，即通过现有的互联网、广电网络、通信网络等实现数据的传输；智能处理，即利用云计算、数据挖掘、中间件等技术实现对物品的自动控制与智能管理等。

5.2.1 物联网体系架构

目前，业界物联网体系架构大致被公认为有三个层次，底层是用来感知数据的感知层，第二层是数据传输的网络层，最上面则是内容应用层，如图5-2-1所示。

1. 感知层

物联网在传统网络的基础上，从原有网络用户终端向"下"延伸和扩展，扩大通信的对象、范围，即通信不仅仅局限于人与人之间的通信，还扩展到人与现实世界的各种物体之间的通信。这里的"物"并不是自然物品，而是要满足一定的条件才能够被纳入物联网的范围，例如有相应的信息接收器和发送器、数据传输通路、数据处理芯片、操作系统、存储空间等，遵循物联网的通信协议，在物联网中有可被识别的标识。现实世界的物品未必能满足这些要求，这就需要特定的物联网设备的帮助才能满足以上条件，并加入物联网。物联网

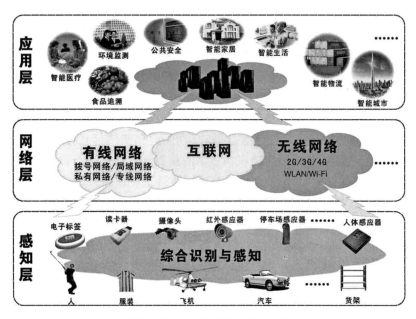

图 5-2-1　物联网的体系架构

设备具体来说就是嵌入式系统、传感器、RFID 等。物联网感知层解决的就是人类世界和物理世界的数据获取问题，包括各类物理量、标识、音频、视频数据。感知层处于三层架构的最底层，是物联网发展和应用的基础，具有物联网全面感知的核心能力。作为物联网最基本的一层，感知层具有十分重要的作用。

感知层一般包括数据采集和数据短距离传输两部分，即首先通过传感器、摄像头等设备采集外部物理世界的数据，通过蓝牙、红外、ZigBee、工业现场总线等短距离有线或无线传输技术进行协同工作或者传递数据到网关设备。感知层所需要的关键技术包括检测技术、中低速无线或有线短距离传输技术等。具体来说，感知层综合了传感器技术、嵌入式计算技术、智能组网技术、无线通信技术、分布式信息处理技术等，能够通过各类集成化的微型传感器的协作实时监测、感知和采集各种环境或监测对象的信息，通过嵌入式系统对信息进行处理，并通过随机自组织无线通信网络以多跳中继方式将所感知信息传送到接入层的基站节点和接入网关，最终到达用户终端，从而真正实现"无处不在"的物联网的理念。

2. 网络层

物联网网络层是在现有网络的基础上建立起来的，它与目前主流的移动通信网、国际互联网、企业内部网、各类专网等网络一样，主要承担着数据传输的功能。在物联网中，要求网络层能够把感知层感知到的数据无障碍、高可靠性、高安全性地进行传送，它解决的是感知层所获得的数据在一定范围内，尤其是远距离地传输问题。同时，物联网网络层将承担比现有网络更大的数据量和面临更高的服务质量要求，所以现有网络尚不能满足物联网的需求，这就意味着物联网需要对现有网络进行融合和扩展，利用新技术以实现更加广泛和高效的互连功能。由于物联网网络层是建立在 Internet 和移动通信网等现有网络基础上，除具有目前已经比较成熟的如远距离有线、无线通信技术和网络技术外，为实现"物物相连"的需求，物联网网络层将综合使用 IPv6、2G/3G、Wi-Fi 等通信技术，实现有线与无线的结合、宽带与窄带的结合、感知网与通信网的结合。同时，网络层中的感知数据管理与处理技术是实现以数据为中心的物联网的核心技术。感知数据管理与处理技术包括物联网数据的存储、查询、分析、挖掘、理解以及基于感知数据决策和行为的技术。

3. 应用层

应用是物联网发展的驱动力和目的。应用层的主要功能是把感知和传输来的信息进行分析与处理，做出正确的控制和决策，实现智能化的管理、应用和服务。物联网应用层解决的是信息处理和人机界面的问题。具体来讲，应用层将网络层传输来的数据通过各类信息系统进行处理，并通过各种设备与人进行交互。这一层也可按形态直观地划分为两个子层：一个是应用程序层，另一个是终端设备层。应用程序层进行数据处理，完成跨行业、跨应用、跨系统之间的信息协同、共享、互通的功能，包括电力、医疗、银行、交通、环保、物流、工业、农业、城市管理、家居生活等，可用于政府、企业、社会组织、家庭、个人等，这正是物联网作为深度信息化网络的重要体现。而终端设备层主要是提供人机界面，物联网虽然是"物物相连的网"，但仍然是要以人为本的，最终还是需要人的操作与控制，不过这里的人机界面已远远超出现在人与计算机交互的概念，而是泛指与应用程序相连的各种设备与人的反馈。物联网的应用可分为监控型（物流监控、污染监控）、查询型（智能检索、远程抄表）、控制型（智能交通、智能家居、路灯控制）、扫描型（手机钱包、高速公路停车收费）等。目前，软件开发、智能控制技术发展迅速，应用层技术将会为用户提供丰富多彩的物联网应用。同时，各种行业和家庭应用的开发将会推动物联网的普及，也给整个物联网产业链带来利润。

在物联网体系架构中，三层的关系可以这样理解：感知层相当于人体的皮肤和五官；网络层相当于人体的神经中枢和大脑；应用层相当于人的社会分工。感知层是物联网的皮肤和五官——识别物体，采集信息。感知层包括二维码标签和识读器、RFID 标签和读写器、摄像头、GPS 等，主要作用是识别物体、采集信息，与人体结构中皮肤和五官的作用相似。网络层是物联网的神经中枢和大脑——信息传递和处理。网络层包括通信与互联网的融合网络、网络管理中心和信息处理中心等。网络层将感知层获取的信息进行传递和处理，类似于人体结构中的神经中枢和大脑。应用层是物联网的"社会分工"——与行业需求结合，实现广泛智能化。应用层是物联网与行业专业技术的深度融合，与行业需求结合，实现行业智能化，这类似于人的社会分工，最终构成人类社会。

5.2.2 物联网关键技术

物联网是各种感知技术的集成，在物联网上部署了海量的多种类型传感器，每一个传感器都是一个独立的信息源，不同类别的传感器获取的信息内容和信息格式不同。物联网是一种建立在互联网基础之上的泛在网络，物联网技术的重要基础与核心依然是互联网，通过各种有线和无线网络与互联网融合，将物品的信息实时准确地传递出去。物联网不仅仅提供了传感器的连接，其本身也具有智能处理的能力，能够对物体实施智能控制。在物联网应用中有四项关键技术：

1. 传感器技术

到目前为止，绝大部分计算机处理的都是数字信号，这就需要传感器把模拟信号转换成数字信号后才能被绝大多数计算机处理。传感器是把非电学物理量（如位移、速度、压力、温度、湿度、流量、光照度等）转换成易于测量、传输、处理的电学量（如电压、电流、电容等）的一种组件，起自动控制作用。在物联网系统中，对各种参量进行信息采集和简单加工处理的设备，被称为物联网传感器。传感器可以独立存在，也可以与其他设备一体式呈现，但无论哪种方式，它都是物联网中的感知和输入部分。在物联网中，传感器及其组成的传感器网络在数据采集前端发挥重要的作用。分析当前信息与技术发展状态可知，物联网时代先进传感器必须具备微型化、智能化、多功能化和网络化等优良特征。为了能够与信息时代信息量激增、要求捕获和处理信息的能力日益增强的技术发展趋势保持一致，人们对于传感器性能指标（包括精确性、可靠性、灵敏性等）的要求越来越严格。与此同时，传感器系统的操作友好性也被提上了议事日程，因此还要求传感器必须配有标准的输出模式；而传统的大体积弱功能传感器往往很难满足上述要求，所以它们已逐步被各种不同类型的高性能微型传感器所取代；高性能微型传感器主要由硅材料构成，具有体积小、重量轻、反应快、灵敏度高以及成本低等优点。

2. RFID 标签技术

RFID 是射频识别（radio frequency identiication）的英文缩写，是 20 世纪 90 年代开始兴起的一种自动识别技术，它利用射频信号通过空间电磁耦合实现无接触信息传递并通过所传递的信息实现物体识别。RFID 技术是融合了无线射频技术和嵌入式技术的综合技术，可以通过无线电信号识别特定目标并读写相关数据，而无须识别系统与特定目标之间建立机械或者光学接触。从概念上来讲，RFID 类似于条码扫描，对于条码技术而言，它是将已编辑的条形码附着于目标物并使用专用的扫描读写器利用光信号将信息由条形磁传送到扫描读写器中；而 RFID 则使用专用的 RFID 读写器及专门的可附着于目标物的 RFID 标签，利用频率信号将信息由 RFID 标签传送至 RFID 读写器。RFID 是一种能够让物品"开口说话"的技术，也是物联网感知层的一个关键技术。在对物联网的构想中，RFID 标签中存储着规范而具有互用性的信息，通过有线或无线的方式把它们自动采集到中央信息系统中，实现物品（商品）的识别，进而通过开放式的计算机网络实现信息交换和共享，实现对物品的"透明"管理。在物联网时代，人们在超市购买物品时，随手拿起一块猪肉，用手机轻轻一扫 RFID 标签之后，即可报上该猪肉出自哪头猪，生前吃过哪些饲料、喝过哪儿的水；同时将生产、物流的全过程追溯得一清二楚，如果买家想了解，即刻可以查看这块肉包装过程的视频。最后当推着一辆装满商品的购物车，从结账通道一推而过时，设在出口处的读写器就会自动扫描购物车里的商品 RFID 信息，自动结算出购物款，不再需要营业员拿着商品一件件地扫描，然后买家即可结账，整个过程用时不到 30s。

3. 平台服务技术

物联网的运行，离不开各种基于计算机的服务平台技术，主要包括以下两种：

（1）M2M 平台。该平台属于一种中间平台，主要负责对终端进行管理与监控，并为相关应用系统提供数据信息转发等服务。在该平台的帮助下，能够实现对终端的多种控制操作，使其能够科学使用网络，并通过对终端流量进行监控，提供方便的终端远程维护操作工具。

（2）云服务平台。该平台以云计算技术为基础，主要负责为各种不同的物联网应用提供统一的服务交付平台，并且在云计算技术的帮助下，为物联网提供海量的计算和存储资源，确保物联网信息数据格式一致，促使整个物联网连接交付过程更加简单。同时，还能够利用云计算技术实现数据分布式存储以及并行处理，其数据处理框架是以本地计算方式处理大部分数据，因此不需要进行远程数据传输处理。在物联网应用不断发展的过程中，自身产生的数据信息势必会越来越多，对于这些信息的处理，采用传统硬件架构服务器，已经无法满足数据处理要求，需要应用到云计算服务平台，以显著提高物联网数据处理的效率，增强物联网整体性能。在物联网未来发展过程中，随着云计算服务平台的应用越来越深入，两者融合越来越紧密，物联网数据采集端将会越来越多样化，数据采集量会越来越大，数据处理效率也会越来越高，如此可有效提升物联网的整体性能。

4. 无线通信技术

物联网时代数据传输骨干网络为新一代信息传输网络，为有线网络。但在一个智慧家庭、智慧城市等布满成千上万个感知设备的区域，不可能让每个感知终端都挂着一个线缆尾巴。想象一下，每台手机都带着一条线缆会给手机用户带来极大的不便及限制。因此，感知终端设备与新一代信息传输骨干网络之间的数据传输需要使用是无线数据传输网络。ZigBee是一种短距离、低功耗的无线传输技术，是一种介于无线标记技术和蓝牙技术之间的技术，它是 IEEE 802.15.4 协议的代名词。ZigBee 的名字来源于蜂群使用的赖以生存和发展的通信方式，即蜜蜂靠飞翔与"嗡嗡"（zig）地抖动翅膀与同伴传递新发现的食物源的位置、距离和方向等信息，也就是说蜜蜂依靠这样的方式构成了群体中的通信网络。ZigBee 采用分组交换和跳频技术，可使用 3 个频段，分别是 2.4GHz 的公共通用频段、欧洲的 868MHz 频段和美国的 915MHz 频段。ZigBee 主要应用在短距离范围并且数据传输速率不高的各种电子设备之间。与蓝牙技术相比，ZigBee 更简单、传输速率更慢、功率及费用也更低。同时，ZigBee 技术的低传输速率和通信范围较小的特点，也决定了其只适合于承载数据流量较小的通信业务。ZigBee 技术具有成本低、组网灵活等特点，因此可以嵌入各种设备，在物联网中发挥重要作用，其目标市场主要有 PC 外设（鼠标、键盘、游戏操控杆）、消费类电子设备（电视机、CD、VCD、DVD 等设备上的遥控装置）、家庭内智能控制（照明、煤气计量控制及报警等）、玩具（电子宠物）、医护（监视器和传感器）、工控（监视器、传感器和自动控制设备）等非常广阔的领域。基于蜂窝的窄带物联网（narrow band internet of things，NB-IoT）是物联网领域的一个新兴技术，也是物联网无线通信领域的一个重要分支。NB-IoT 技术主要用于支持移动设备在广域网的蜂窝数据连接，只消耗大约 180kHz 的带宽，可直接部署于 GSM 网络、UMTS 网络或 LTE 网络，具有覆盖广、连接多、速率低、成本低、功耗低、架构优等特点，是一种可在全球范围内广泛应用的新兴技术。当前，移动通信正在从人与人的连接，向人与物以及物与物的连接迈进，万物互连是必然趋势。相比蓝牙、ZigBee 等短距离通信技术，移动蜂窝网络具备广覆盖、可移动等特性，能够带来更加丰富的应用场景，理应成为物联网的主要连接技术，这对于整个移动通信产业来说是一个巨大的机会。

5.3 物联网应用领域

物联网应用涉及国民经济和人类社会生活的方方面面，信息时代，物联网无处不在，用途广泛，遍及智能楼宇、智能家居、路灯监控、智能医院、智慧能源、智能交通、水质监测、智能消防、物流管理、政府工作、公共安全、资产管理、军械管理、环境监测、工业监测、矿井安全管理、食品药品管理、票证管理、个人健康等诸多领域，如图 5-3-1 所示。

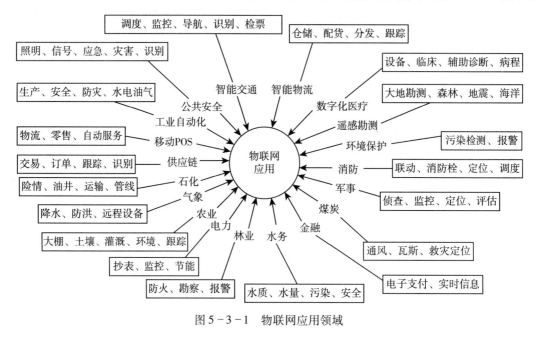

图 5-3-1 物联网应用领域

5.3.1 物联网的主要应用领域

1. 城市运行管理应用

在城市网格化管理中，利用智能终端、通信基站、显示屏等设备，深化城市部件监控，优化数据流程，提高对现场信息的采集、处理和监督能力，将信息化城市管理部件接入物联网，对城市管理的兴趣点进行统一标识，可以进一步明确网格化的权属责任，加强对城市管理部件状态的实时监控，降低信息化城市管理中对人工巡查的依赖程度，提高问题发现和处置的效率，进而提升网格化管理水平。此外，应用物联网可以对城市水、电、热力、燃气等重点设施和地下管线实施监控，提高城市生命线的管理水平和加强事故的预防预测，降低事故的发生概率，提高事故的处置效率。通过视频监控系统、传感器、通信系统、GPS 定位导航系统等掌握各类作业车辆、人员的状况，对日常环卫作业、扫雪铲冰、垃圾渣土消纳进行有效的监控。通过统一的射频识别和数据库系统，建立户外广告牌匾、城市地井等管理体系，以方便进行相关规划管理、信息查询和行政监管。

2. 生态环境应用

通过智能感知并传输信息，在大气和土壤治理、森林和水资源保护、应对气候变化和自然灾害中，物联网可以发挥巨大的作用，帮助改善生存环境。利用物联网技术，形成对污染排放源的监测、预警、控制的闭环管理。利用传感器加强对空气质量、城市噪声监测，在公共场所进行现场信息公示，并利用移动通信系统加强与监督检查部门的联动。加强对水库河流、居民楼二次供水的水质检测网络体系建设，达到实时监控的目的。加强对森林绿化带、湿地等自然资源的传感系统建设，并结合地理空间数据库，及时掌控绿化资源情况。利用传感器技术、通信技术等手段，完善对热力能源、楼宇温度等系统的监测、控制和管理。通过完善智能感知系统，合理调配和使用水利、电力、天然气、燃煤、石油等资源。

3. 公共安全应用

通过传感技术，物联网可以监测环境的不稳定性，根据监测情况及时发出预警，协助人员撤离，从而避免对人类生命财产造成威胁。将物联网技术嵌入城市智能管理系统，加强对重点地区、重点部位的视频监测及预警，增强网络传输和数据分析能力，实现公共安全事件监控；利用电子标签、视频监控、红外感应等手段，加强对危险物品排放、垃圾处理、可燃物排放、有毒气体排放、医疗废物排放等的全流程监控；利用公共显示屏幕、感应器等设备，加强对建筑工地、矿山开采、水灾火警等现场信息的采集、分析和处理；加强监察执法管理的现场信息监测，提高行政效能；通过智能司法管理系统，实现对矫正对象的监控、管理、定位、矫正，帮助各地各级司法机构降低刑罚成本，提高刑罚效率。

4. 城市交通应用

应用物联网技术，可以节约能源、提高运行效率、降低交通事故的损失。道路交通状况的实时监控可以减少拥堵，提高社会车辆运行效率；道路自动收费系统可以提升车辆通行效率；智能停车系统可以节约时间和能源，并减少污染排放；实时的车辆跟踪系统能够帮助救助部门迅速准确地发现并抵达交通事故现场，及时处理事故、清理现场，在黄金时间内救助伤员，将交通事故的损失降到最低。通过监控摄像头、传感器、通信系统、导航系统等掌握交通状况，进行流量预测分析，完善交通引导与信息提示，尽量避免交通拥堵等事件的发生，并快速响应突发状况；利用车辆传感器、移动通信技术、导航系统、集群通信系统等提高对城市公交车辆的身份识别能力，以及运营信息的感知能力，降低运营成本、降低安全风险和提高管理效率。提高对交通"一卡通"数据的分析与监测能力，优化公共交通服务。对出租车辆加强定位、车况等信息监测，丰富和完善出租车信息推送服务。通过传感器增强对桥梁道路健康状况、交通流、环境灾害、安全事故等全寿命监测评估。完善停车位智能感知，加强引导与信息显示，基本形成全市停车诱导服务平台。建设和完善城市交通综合计费系统。针对全市的交通企业、从业人员和运行车辆，统一配发电子标签，加强对身份的自动识别，提高管理水平。

5. 农业生产应用

物联网技术可以广泛应用于对农作物生长环境监测控制、动物健康监测、动物屠宰监测等农业生产领域。通过统一的射频识别和数据库系统，建立主要农副产品、食品、药品的追溯管理体系，以方便进行相关信息查询和行政监管。通过传感技术实现智能监测，可以及时感知土壤成分、水分、肥料的变化情况，动态跟踪植物的生长过程，为实时调整耕作方式提供科学依据。在食品加工各个环节，通过物联网，可以实时跟踪动植物产品生长、加工、销售过程，检测产品质量和安全。

6. 医疗卫生应用

物联网技术可用于医疗监管、药品监管、医疗电子档案管理、血浆的采集监控等。为病人监护、远程医疗、残障人员救助提供支撑，为弱势人群提供及时温暖的关怀，是物联网备受关注的先导应用领域之一，也因此在发达国家得到了前所未有的重视，并在隐私保护的立法基础上，予以推广应用。此外，在公共卫生突发事件管理、家庭远程控制、远程医疗、安全监控等方面，物联网也可以发挥重要的作用，从而提高政府部门的管理水平和人民的生活质量。以 RFID 为代表的自动识别技术可以帮助医院实现对病人不间断地监控、会诊和共享医疗记录，以及对医疗器械的追踪等，而物联网将这种服务扩展至全世界范围。RFID 技术与医院信息系统（HIS）及药品物流系统的融合，是医疗信息化的必然趋势。

7. 数字家庭应用

如果简单地将家庭里的消费电子产品连接起来，那么只是使用一个多功能遥控器控制所有终端，仅仅实现了电视与计算机、手机的连接，这不是发展数字家庭产业的初衷。只有在连接家庭设备的同时，通过物联网与外部的服务连接起来，才能真正实现服务与设备互动。通过物联网，就可以在办公室指挥家庭电器的操作运行，如在下班回家的途中，家里的饭菜已经煮熟，洗澡的热水已经烧好，个性化电视节目将会准点播放；家庭设施能够自动报修；冰箱里的食物能够自动补货等。

8. 现代物流管理应用

通过在物流商品中植入传感芯片（节点），供应链上的购买、生产制造、包装、装卸、堆栈、运输、配送、分销、出售、服务每一个环节都能无误地被感知和掌握。这些感知信息与后台的 GIS/GPS 数据库无缝结合，成为强大的物流信息网络。

5.3.2 物联网应用案例

物联网把新一代 IT 技术充分运用在各行各业之中，具体地说，就是把感应器嵌入和装备到电网、铁路、桥梁、隧道、公路、建筑、供水系统、大坝、油气管道等各种物体中，然后将物联网与现有的互联网整合起来，实现人类社会与物理系统的整合。在这个整合的网络中，存在能力超级强大的中心计算机群，能够对整合网络内的人员、机器、设备和基础设施实施实时的管理与控制，在此基础上，人类可以以更加精细和动态的方式管理生产与生活，达到"智慧"状态，提高资源利用率和生产力水平，改善人与自然的关系。下面将简述几个物联网的具体应用案例。

1. 物联网传感器在上海浦东国际机场防入侵系统中得到应用

上海浦东国际机场作为中国最繁忙的机场之一，飞行区围界长期单纯依靠物理围栏和人工巡逻防止入侵，缺乏有效的技术防卫手段。2008 年，上海机场集团与中国科学院上海微系统与信息技术研究所联合打造了基于物联网技术的周界防入侵系统，为机场周界防入侵带来革命性的技术创新。系统建设总长 27.1km，共铺设了 3 万多个传感节点，可以有效防止人员的翻越、偷渡、恐怖袭击等攻击性入侵。系统抗干扰能力强，虚警率、漏警率极低，系统应用以来，已成功协助安检部门抓捕了多名非法入侵人员，可满足全天候的监控要求。

2. ZigBee 路灯控制系统点亮济南国际园博园

ZigBee 无线路灯照明节能环保技术的应用是济南国际园博园中的一大亮点。园区所有灯盏都装备有通信节点设备，通过 ZigBee 协议进行自组网通信，配合传感器可以实现依据人流量及周边环境自动控制开关并调整亮度，路灯出现故障可及时报警。园区所有的功能性照明都采用了基于 ZigBee 技术的无线路灯控制系统，在有效改善园区照明环境的同时，明显降低了能耗与人力维护成本，成为园区的一大亮点。

3. 智能交通系统（ITS）

以现代信息技术为核心，利用先进的通信、计算机、自动控制、传感器技术，实现对交通的实时控制与指挥管理。交通信息采集被认为是 ITS 的关键子系统，是发展 ITS 的基础，成为交通智能化的前提。无论是交通控制还是交通违章管理系统，都涉及交通动态信息的采集。交通动态信息采集也就成为交通智能化的首要任务。

4. 首家高铁物联网技术应用中心在苏州投用

我国首家高铁物联网技术应用中心 2010 年 6 月 18 日在苏州科技城投用，该中心将为高铁物联网产业发展提供科技支撑。高铁物联网作为物联网产业中投资规模最大、市场前景最好的产业之一，正在改变人类的生产和生活方式。通过高铁物联网，以往购票、检票的单调方式，将在这里升级为人性化、多样化的新体验。刷卡购票、手机购票、电话购票等新技术的集成使用，让旅客可以摆脱拥挤的车站购票环境；与地铁类似的检票方式，则可实现使持有不同票据的旅客快速通行。此外，为应对中国巨大的铁路客运量，该中心研发了目前世界上最大的票务系统，每年可处理 30 亿人次，而目前全球在用系统的最大处理极限是 5 亿人次。

5. 国家电网首座 220kV 智能变电站投入运行

2011 年 1 月 3 日，国家电网首座 220kV 智能变电站——无锡市惠山区西泾变电站投入运行，并通过物联网技术建立传感测控网络，实现了真正意义上的"无人值守和巡检"。西泾变电站利用物联网技术，建立传感测控网络，将传统意义上的变电设备"活化"，实现自我感知、判别和决策，从而完成自动控制。完全达到了智能变电站建设的前期预想，设计和建设水平全国领先。

6. 首家手机物联网公司落户广州

将移动终端与电子商务相结合的模式，让消费者可以与商家进行便捷的互动交流，随时随地体验品牌品质，传播分享信息，实现互联网向物联网的从容过度，缔造出一种全新的零接触、高透明、无风险的市场模式。手机物联网购物其实就是闪购。广州闪购通过手机扫描条形码、二维码等方式，可以提供线上购物、比价、鉴别产品等功能。专家称这种智能手机和电子商务的结合，是"手机物联网"的一项重要功能。

7. 北京大兴精准农业示范区

从 2006 年 9 月起，北京市大兴区开始超前示范推广精准农业，16 项获得国家专利的信息化技术已经应用在 2000 亩农田上，全程监控瓜、果、菜、花生长过程。大兴农业示范区将大量的传感器节点构成监控网络，通过各种传感器采集信息，以帮助农民及时发现问题，并且准确地确定发生问题的位置，这样农业就逐渐地从以人力为中心、依赖于孤立机械的生产模式转向以信息和软件为中心的生产模式，从而大量使用各种自动化、智能化、远程控制的生产设备。

8. 物联网助力食品溯源系统

从 2003 年开始，中国已开始将先进的 RFID 射频识别技术运用于现代化的动物养殖加工企业，开发出了 RFID 实时生产监控管理系统。该系统能够实时监控生产的全过程，自动、实时、准确地采集主要生产工序与卫生检验、检疫等关键环节的有关数据，较好地满足质量监管要求，对于过去市场上常出现的肉质问题得到了妥善解决。此外，政府监管部门可以通过该系统有效地监控产品质量安全，及时追踪、追溯问题产品的源头及流向，规范肉食品企业的生产操作过程，从而有效提高肉食品的质量安全。

9. ofo 小黄车推动 NB-IoT 首次大规模商用编辑

2017 年 7 月 13 日，ofo 小黄车与中国电信、华为共同宣布，三家联合研发的 NB-IoT

（narrow band internet of things，窄带物联网）"物联网智能锁"全面启动商用。在此次三方合作中，ofo 负责智能锁设备开发，中国电信负责提供 NB-IoT 物联网的商用网络，华为负责芯片方面的服务。此前 ofo 已经开始使用这款物联网智能锁，而此次将启动全面的商用。三家联手打造的支持 NB-IoT 技术的智能锁系统具备三大特点：首先是覆盖更广，NB-IoT 信号穿墙性能远远超过现有的网络，即使用户深处地下停车场，也能利用 NB-IoT 技术顺利开关锁，同时可通过数据传输实现"随机密码"；其次是可以连接更多设备，NB-IoT 技术的连接能力比传统移动通信网络高出 100 倍以上，也就是说，同一基站可以连接更多的 ofo 物联网智能锁设备，避免出现掉线情况；三是更低功耗，NB-IoT 设备的待机时间在现有电池无须充电的情况下可使用 2 ~ 3 年，并改变了此前用户边骑车边发电的状况。

5.4 农业物联网的发展与应用

农业是物联网技术的重点应用领域之一，也是物联网技术应用需求迫切、技术难度大、集成性强等特征最明显的应用领域。物联网与现代农业领域和大田作物种植领域应用紧密结合，形成了农业物联网及大田作物相关应用。作为"互联网 +"农业的一个重要发展方向，农业物联网技术是计算机技术、微电子技术、互联网技术、移动通信技术、传感器技术、物联网技术等最新信息技术在农业生产、经营、管理和服务全产业链中的高度集成和具体应用，是实现传统农业向现代农业转变的助推器和加速器，是农业信息化、智能化的必要条件。

5.4.1 农业物联网的定义

目前，不同领域的研究者从不同侧重点出发提出了农业物联网的定义。

余欣荣从狭义和广义两方面给出了农业物联网的定义：狭义的农业物联网，或者从技术角度上看农业物联网是指应用射频识别、传感、网络通信等技术，对农业生产经营过程中涉及的内外部信号进行感知，并与互联网连接，实现农业信息的智能识别和农业生产的高效管理。而广义的农业物联网，或从管理角度看是指在农业大系统中，通过射频识别、传感器网络、信息采集器等各类信息感知设备与技术系统，根据协议授权，任何人、任何物，在任何时间、任何地点，实施信息互连互通，以实现智能化生产、生活和管理的社会综合体，是农业大系统中的人、机、物一体化的互联网。

李瑾等从技术角度和管理角度分别给出了农业物联网定义，他们认为农业物联网是指通过农业信息感知设备，采集农业系统中动植物生命体、环境要素、生产工具等物理部件和各种虚拟"物件"的相关信息，按照约定的协议进行信息交换和通信，实现对农业生产对象和过程的智能化识别、定位、跟踪、监控与管理的一种网络。

李道亮从农业物联网感知、传输、处理的层次结构方面给出了农业物联网的详细定义，他认为农业物联网是指综合运用各类传感器、RFID、视觉采集终端等感知和识别设备，广泛采集畜禽养殖、水产养殖、大田种植、设施园艺、农产品物流等不同行业的农业现场信息；按照约定数据传输和格式转换方法，集成无线传感器网络、电信网和互联网等信息传输通道，实现多尺度农业信息的可靠传输；最后将获取的海量农业信息进行融合、处理，并通过智能化操作终端实现农业的自动化生产、最优化控制、智能化管理、电子化交易，进而实现农业集约、高产、优质、高效、生态和安全的目标。

尽管不同研究者视角各异，也没有一个公认的、统一的农业物联网定义标准，农业物联网的内涵与外延也在不断发展完善，但从农业全生育期、全产业链、全关联因素方面考虑，运用系统论的观点对农业"全要素、全过程、全系统"的全面感知、可靠传输、智能处理和自动反馈控制是农业物联网的基本特征。

5.4.2　农业物联网的发展现状

当前，以欧美为代表的西方发达国家凭借起步优势，在农业信息网络建设、农业信息技术开发、农业信息资源利用等农业物联网应用方面发展迅速，全方位推进农业网络信息化的步伐，已在农业资源环境、精准作业、生产管理、流通交易等环节实现全面感知、数据自动获取和实时数据共享，取得了丰富的物联网农业应用经验。与之相比，我国当前农业物联网的应用研究仍处于初级阶段，但很多科研院所和高校等已经开展了相关研究，并在大田种植、设施园艺、畜禽养殖、农产品安全溯源、农机作业调度、病虫害监测预警等领域的农业物联网研究中取得了重要进展。具体到农业物联网技术相关应用领域可以看出，大田农业物联网技术与设施农业物联网技术等农业生产环境监控物联网目前发展较为成熟，其应用部署又分为单机应用和远程监控应用；动植物生命信息监控物联网中植物生命信息监控及农产品信息感知物联网研究与应用方面主要集中在数据获取和单机处理方面，系统完整的网络化应用还不多见；动植物生命信息监控物联网中动物生命信息监控物联网及农产品质量安全追溯物联网的研究与应用最为成熟，特别是在 RFID 应用方面，但也存在单个生产环节应用较好，全产业链物联网监控应用有待进一步加强的问题。智能农机物联网的研究与应用更多集中在几个单向技术的突破方面，综合各项技术的智能农机监控系统正在逐步推广应用。

1. 农业物联网在大田种植领域的研究进展

大田种植生产环境是一个复杂系统，具有许多不确定性和未知性，信息处理和分析难度较大，农业物联网在大田作物种植领域中，主要用于收集包括空气温湿度、土壤温湿度、氮浓度、风速风向、太阳辐射、降水量、图形图像和气压等信息并将这些信息传递到中央控制设备供农业生产者决策与参考，从而确保大田作物生长环境稳定，减少农药化肥使用量，达到节约、环保和产品质量提升的绿色、健康、高效发展的目的。此外，农业物联网还将被广泛应用于农产品质量安全保障和农业生产环境的改善方面，直接与农业可持续发展和人民群众健康相关。综合来说，农业物联网大田作物应用包括全面感知、可靠传输、智能处理，三者按照一定的规则有机地结合起来，形成一个能够发挥作用的综合整体。

目前我国已经发展了多项大田种植类农业物联网应用模式，涉及的作物种类包括水稻、小麦、玉米、棉花、果树、菌类等。研发形成的一系列应用技术包括农田信息快速获取技术、田间变量施肥技术、精准灌溉技术、精准管理远程诊断技术、作物生长监控与产量预测技术、智能装备技术等。形成的应用模式包括智能灌溉、土壤墒情监测、病虫害防控等单领域物联网系统，也包括涵盖育苗、种植、采收、仓储等全过程的复合物联网系统。通过应用这些农业物联网模式，可以实现对气象、水、土壤、作物长势等的自动感知、监测、预警、分析，实现智能育秧、精量播种、精量施肥、精准灌溉、精量喷药、精准作业、精准病虫害防治，从而有效降低成本，大幅提高收益。

美国的 Yun Seop Kim 等通过研究无线传感器网络、差分全球定位等关键技术，设计的精密变量灌溉系统可远程监测农田现场数据同时定点监测 6 个田间土壤参数，并可实时控制灌溉设备，以无线方式发送到基站开展科学决策和精确控制。Biggs（美国）等基于无线传感网络，开发了农业和土地检测系统，实现对农田信息的检测。韩国的 Jeonghwan Hwang 等设计了一种农田生产环境信息监测系统，将环境和土壤传感器等采集的环境参数、土壤信息、位置信息和图像信息等通过无线传感器网络传输到远端服务器，经过数据存储和分析决策后将结果提供给生产者，有助于提高农业生产的管理水平和作物的产量与质量。吴秋明等设计了一种为棉花灌溉决策与管理提供支持的微灌系统，并在新疆库尔勒棉花智能化膜下滴灌示范区的实际应用中取得了良好效果和用户体验。夏于等设计了一种基于物联网的小麦苗情远程诊断管理系统，通过对远程监控节点动态数据的采集、计算并进一步对小麦的生理生态特性、作物气象灾害等指标分析融合，对小麦生长生产过程和主要气象灾害进行精确监测、快速准确诊断，并以文字、视频、图片和数据表格等多种方式输出综合分析结果和生产管理调优方案。余国雄等为实现荔枝园环境的实时远程监控和精准管理，基于农业物联网设计的荔枝园信息获取与智能灌溉专家决策系统，实现计算作物需水量、预报灌溉时间、灌溉最佳定量决策、根据灌溉制度决策等功能，将决策结果反馈到控制终端模块进行智能监控。

2. 农业物联网在设施园艺领域的研究进展

设施园艺的物联网研究较多，主要是结合园艺品种在温室内通过无线传感器进行调控温度、湿度、光照、通风、二氧化碳补给、营养液供给等数据采集和智能控制等，突出体现将环境信息与智能系统全面结合。澳大利亚的 Taylor 等通过无线传感网络传输温度传感器等采集的参数信息，实时追踪草莓栽培园温室内的环境信息和草莓生长状况，同时系统还可根据空气和土壤信息反馈，实现温室的自动浇水、调节温度等智能控制。韩国的 Park 等构建了一个基于无线传感器网络的温室环境自动监测系统，由传感器节点采集数据并传输到服务器，数据经过存储和处理后计算出叶子露点，进而通过现场装置自动调节有效防止结露现象对作物叶片表面引发的疾病感染。孙忠富等基于 GPRS 和 Web 技术研发的远程数据采集和发布系统，能够通过 RS485 总线与环境传感器连接，并与监控计算机构成设施温室现场监控系统体系；王秀等设计出基于物联网的智能温室大棚控制系统。黎贞发等日光温室冬春季低温气象灾害监测预警及智能化加温技术体系等众多成果，提高了设施农业园区的管理效率、管理水平及应对低温灾害的能力。

3. 农业物联网在畜禽养殖领域的研究进展

畜禽养殖物联网研究主要包括自动供料、自动管理、自动数据传输和自动报警等系统研究和牲畜标识、数据传输等关键技术分析，并突出体现在对畜禽健康饲养的生理指标进行检测方面。英国的 Parsons 等对羊安装电子标签，实时跟踪羊群运动和饲养数据，提高了羊群管理效率。Bishop Hurleyg（澳大利亚）等设计了基于无线传感器网络的虚拟栅栏系统，通过对耕牛自动放牧的研究与测试分析，对提高耕牛放牧的智能化管理效率效果明显。美国的 Nagl 等利用体温传感器、呼吸传感器、电子地带、环境温度传感器和 GPS 传感器等为家养牲畜设计开发了一个远程健康监控系统。Taylor 等通过给每个动物身上安装一个无线传感器，设计了一种用于无线检测动物所处位置和各种健康信息的智能化动物管理系统。白红武等研发的蛋鸡健康养殖网络化管理信息系统通过对蛋鸡的品种、饲料、环境进行科学管理，从养殖的各环节上有效避免了重大疫病的发生，实现了蛋鸡养殖产前、产中和产后的全程智能化管理。尹令等为了能自动准确地识别奶牛是否发情或生病，提出了在奶牛颈部安装无线传感器节点，来监测奶牛的体温、呼吸频率和运动加速度等参数，建立的动物行为监测系统能准确区分奶牛静止、慢走等行为特征，从而可以长时间监测奶牛的健康状态。朱伟兴等采用 ZigBee 技术将猪场所有猪舍的各保育床内的传感器及周边设备组成无线网络系统，并将 ARM-LINUX 嵌入式服务器作为现场控制中心，基于物联网技术开发了保育猪舍环境可视化精准调控系统，实现了保育猪舍环境的远程实时监测和精准化、自动化调控。

4. 农业物联网在农产品安全溯源领域的研究进展

在农产品安全溯源领域，农业物联网研究主要体现在传感器、RFID、二维码等感知层，无线局域网、GPS、无线通信等传输层和农产品生产管理、流通销售等全产业环节应用层方面的研究。美国农业部启动构建家畜追溯体系，要求生产加工者、零售者做好相关信息记录，让消费者知晓家畜的出生、养殖、屠宰以及加工等信息。欧盟要求从 2004 年起，对所有市场销售食品进行跟踪与追溯，并于 2006 年初实施了《欧盟食品及饲料安全管理法规》，突出强调了食物从农场到餐桌的全过程可溯源。Spiessl mayr（新西兰）等运用 RFID 技术改进和优化了猪肉的可追溯系统。黄庆等分析了应用于农资产品溯源服务的物联网相关技术及网络体系架构，构建了由农资溯源防伪、农资调度和农资知识服务三个子系统组成的农资溯源服务系统。赵春江分析了我国农业物联网的主要发展问题，并从研究重点、推进路径、发展布局和可持续发展机制等方面提出了农业物联网应用对策。汪懋华指出，物联网就是要为居民餐桌上的食物提供产地环境、产后储存、加工流程、物流运输、营销供应链管理与品质安全的可追溯系统。

5. 农业物联网在智能农机领域的研究进展

近年来，随着土地流转的进行，农机作业范围不断扩大，农机作业信息滞后、时效性差、缺乏有效的监管手段，机收的组织者和参与者对信息快捷、准确、详细的要求难以满足等问题逐渐突显。如何通过技术手段有效地进行农机作业远程监控与调度，提高工作效率和作业质量尤其是保障农机夜间作业质量和农机装备的智能化水平，是农机物联网发展的迫切需求之一。农机物联网主要研究方向包括农机作业导航自动驾驶技术、农机具远程监控与调度，农机作业质量监控等方面。李洪等将精确算法应用于农机调度问题的求解过程中，以取得全局最优解，为农机作业提供一种切实有效的调度手段，设计并实现了一种基于 GPS、GPRS 和 GIS 技术的农机监控调度系统。在农业机械作业监控与联合收获机自动测产等方面，国家农业信息化工程技术研究中心研发了基于 GNSS（global navigation satellite system）、GIS 和 GPRS 等技术的农业作业机械远程监控指挥调度系统，有效避免了农机盲目调度，极大地优化了农机资源的调配。胡静涛等分析了农业机械自动导航技术的研究现状及存在的问题，并对未来农机导航技术的发展做出了展望，指出采用卫星导航技术，开展农机地头自动转向控制、障碍物探测及主动避障、多机协同导航等高级导航技术研究，以及引入先进的物联网技术，是现代农机自动导航技术发展的主要趋势。芬兰的 Juha Backman 等针对传统的路径生成方法——Dubins 路径没有考虑最大转向速率问题，提出了曲率和速率连续的平滑路径生成算法，该算法平均计算时间为 0.36s，适合实时和模拟方式使用。澳大利亚的 Andrew English 等通过一对前置的立体相机获取图像的颜色、纹理和三维结构描述符信息，利用支持向量机回归分析算法，估计作物行的位置，开发了基于机器视觉的农业机器人自动导航系统。2013 年，农业部在粮食主产区启动了农业物联网区域试验工程，利用无线传感、定位导航与地理信息技术开发了农机作业质量监控终端与调度指挥系统，实现了农机资源管理、田间作业质量监控和跨区调度指挥。

6. 农业物联网在农产品质量安全追溯领域的研究进展

农产品信息感知技术所针对的农产品信息主要包括农产品颜色、大小、形状及缺陷损伤等外观信息和农产品成熟度、糖度、酸度、硬度、农药残留等内在品质信息。在农产品质量安全与追溯方面，农业物联网的应用主要集中在农产品仓储及农产品物流配送等环节，通过电子数据交换技术、条形码技术和 RFID 电子标签技术等实现物品的自动识别和出入库，利用无线传感器网络对仓储车间及物流配送车辆进行实时监控，从而实现主要农产品来源可追溯、去向可追踪的目标。孙通等概述了近红外光谱分析技术在水果、鱼类、畜肉类、牛奶、谷物以及酒精发酵的在线品质检测、监控应用上的研究进展，指出了近红外光谱分析技术尚存在的问题，并对今后的近红外光谱分析技术做了展望。意大利的 Corrado Costa 等阐述了 RFID 技术在农产品质量安全与追溯方面的发展现状，分析了 RFID 技术面临的机遇和挑战，指出了其未来研究的方向。刘寿春等研究了检测冷却猪肉物流环节主要腐败菌和病原菌的数量变化，设计基于统计过程控制的均值-极差控制图，为监控猪肉冷链物流过程或操作工序的微生物污染提供科学的管理和控制方法。杨信廷等以蔬菜初级产品为研究对象，从信息技术的角度构建了一个以实现质量追溯为目的的蔬菜安全生产管理及质量追溯系统。印度的 Leena Kumari 等讨论了 RFID 标签的相关知识，包括标签的类型、数据传输频率范围和标准等，并对农产品管理中各种 RFID 的实现和阻碍其被广泛采用的障碍进行了分析。西班牙的 R. Badia-Melis 等对各种最新的射频识别技术进行了总结，包括能够促进面粉销售的创新性应用、通过同位素分析或者 DNA 序列分析了解食品的真实性应用，同时阐述了食品追溯领域的一些先进概念，包括集成了当前的技术规则，实现机构、环境记录器及产品三者之间互连互通的物联网系统通用框架，以及能够获取产品温度、剩余保质期信息的智能追溯系统等。

5.5 农业信息传感技术

传感技术是指从自然信源高精度、高效率、高可靠性地获取各种形式的信息，并对之进行识别和处理的一门多学科交叉的现代科学与工程技术。在农业领域，农业信息采集是农业信息化的源头，传感技术则是获取信息的关键，是农业物联网的基础。农业信息传感技术采用物理、化学、生物、电子等技术获取农业生产过程中的各种信息，包括养殖水质信息、土壤环境信息、农田气候环境信息、动植物生理信息等，实现农业生产信息的全面感知，为农业生产管理决策提供可靠信息来源及决策支撑。本节以大田种植为对象，分别对农业土壤信息、气象信息和图像信息等传感技术进行阐述，详细介绍了农业信息传感关键技术及其特点。

5.5.1 农业物联网与传感器

农业物联网是物联网技术在农业生产、经营、管理和服务中的具体应用，是农业信息化的重要组成部分。农业物联网的应用不仅提高了劳动生产率和土地利用率，还极大地推进了农业生产劳动方式和管理方法的变革，为农业现代化的发展提供强大支撑。农业物联网利用农业传感器对农业生产环节的多种信息进行感知，获取农田环境信息、农机作业信息、动植物生理信息、养殖水质信息等，分析和处理感知的各种信息，为精细农业提供实时信息和决策支持，实现农业生产的智能化管理。

作为农业物联网源头环节的农业传感器通过对土壤水分、电导率及氮磷钾等养分信息的感知，对农田气象环境的温湿度、光照度、降水量及风速风向等信息的感知，对养殖水体的溶解氧、电导率、酸碱度、氨氮、浊度等信息的感知，以及对动植物生理信息、农作物长势和产量信息、农机作业信息和农产品物流信息的感知，实现农业生产过程的全面感知，为农业生产自动化控制和智能化决策提供可靠数据。

根据检测对象的不同，农业传感器的基本原理也各不相同，常见的基本原理有电学与电磁学原理、光学与光辐射原理和热传学原理等。例如，检测土壤含水量、土壤电导率、土壤养分等土壤属性指标采用电学与电磁学原理，检测太阳辐射、光照度、降水量等气象信息采用光学与光辐射原理，测量土壤温度、空气温度以及风速风向等信息采用热传学原理等。

1. 电学与电磁学原理

在大田种植业中，所用传感器多遵循电学与电磁学原理，该类农业传感器主要是利用电流的变化来测量土壤颗粒导电或者积累电荷的能力，当传感器接触或接近土壤时，土壤便成为电磁系统的一部分，当地理位置发生变化时，电压或者电流也会相应地瞬时发生变化。

2. 光学与光辐射原理

该类农业传感器主要是利用光电效应将光信号或光辐射转换成可变量的物理效应，并最终转换为电信号。

3. 热传学原理

该类农业传感器主要是利用对温度敏感的元件检测温度变化，并将温度信息转变成电信号。

5.5.2 农业传感器的分类

农业传感器是农业物联网的重要组成部分，主要用于采集各农业要素信息，具体如下：

1. 农业水体信息传感器

（1）溶解氧传感器。溶解氧传感器用于检测水中分子态氧的含量，其检测结果是表征水质优劣的重要指标。目前，溶解氧传感器主要基于电化学原理和光学原理。其中，基于光学原理的溶解氧传感器可长期重复使用，是未来溶解氧传感器研究的主要方向。

基于电化学原理的溶解氧传感器主要有 Clark 型溶解氧传感器和原电池型溶解氧传感器两种。Clark 型溶解氧传感器以铂或金做阴极，银做阳极，KOH 溶液通常作为电解质。当阴阳两极间受到一定外加电压时，溶解氧会透过透氧膜，在阴极上被还原产生的扩散电流与氧浓度成正比，从而测定溶解氧含量。原电池型溶解氧传感器电极的阴极由对氧催化还原活性比较高的贵金属（Pt、Au、Ag）构成，阳极由不能够极化的金属（Pb、Cu、Cd）构成，电解质采用 KOH、KCl 或其缓冲溶液。原电池型溶解氧传感器通过氧化还原反应在电极上产生电流，生成 K_2HPO_3 时向外电路输出电子，这时会有电流产生，根据电流的大小就可以求出氧浓度。原电池型溶解氧传感器的电极不需要外部提供电压，也不需要添加电解液或维护更换电极膜，测量更加简单、方便，但是阳极的消耗会影响其使用寿命，因此如何延长使用寿命和输出稳定性是该类传感器比较重要的研究方向。图 5 - 5 - 1 为基于电化学原理的溶解氧传感器实物图。

基于光学原理的溶解氧传感器主要有分光光度法溶解氧传感器和荧光猝灭原理溶解氧传感器两种。分光光度法溶解氧传感器根据 I_3 与罗丹明 B 在硫酸介质中反应生成的离子缔合物在 360nm 波长处有最大吸收度，然后进行溶解氧的测定，结果发现该方法具有操作简单、测量快速、准确度高的优点。荧光猝灭原理溶解氧传感器是基于分子态的氧可以被荧光物质的荧光猝灭原理而设计的，具有稳定性好、可逆性好，以及响应时间短和使用寿命长的优点。待测溶液的溶解氧浓度既可以通过测量荧光的强度来检测，也可以通过测量荧光的寿命来检测。荧光淬灭法中最常见的检测方法是通过测量荧光强度来测量溶解氧的浓度，荧光强度随着溶解氧浓度的升高而降低。虽然这一检测方法已被证实有效，但利用荧光寿命来检测溶解氧的浓度具有更多的优势。通常外界环境会对荧光强度产生干扰，但不会影响荧光的寿命，是因为荧光寿命是荧光物质的本征参量，有很强的抗干扰性，虽然对荧光寿命的检测比荧光强度复杂，但溶解氧的检测仍然采用检测荧光寿命来测量。图 5 - 5 - 2 为基于光学原理的溶解氧传感器实物图。

图 5 - 5 - 1　基于电化学原理的溶解氧传感器　　图 5 - 5 - 2　基于光学原理的溶解氧传感器

（2）水体温度传感器。水体温度是水产养殖监测的基本参数，其传感器大致分为电阻式、辐射式、PN 结式、热电式和其他（电容式、频率式、表面波式、超声波式）等类型。这几类温度传感器的工作原理各不相同，电阻式温度传感器是根据不同的热电阻材料与温度间的线性关系设计而成的；PN 结式温度传感器以 PN 结的温度特性作为理论基础；热电式温度传感器利用了热电效，根据两个热电极间的电势与温度之间的函数，对温度进行测量；辐射式温度传感器的原理是不同物体受热辐射后其表面颜色变化深浅不一；其他温度传感器如石英温度计是利用石英振子的振荡频率受温度影响的线性关系；表面波温度传感器由表面波振荡器构成；超声波温度传感器由石英反射波的干涉原理设计而成。

（3）水体酸碱度传感器。酸碱度（pH）是指溶液中氢离子浓度，标示了水的最基本性质，对水质的变化、生物繁殖的消长、腐蚀性、水处理效果等均有影响，是评价水质的一个重要参数。目前，酸碱度传感器主要分为光学 pH 传感器、电化学 pH 传感器、质谱 pH 传感器、光化学 pH 传感器四种类型。其中光学 pH 传感器根据其原理不同又可分为荧光 pH 传感器、吸收光谱 pH 传感器、化学发光 pH 传感器三种。近年来基于光化学 pH 传感器的多种优点，许多学者对其进行了大量的研究，这将是未来水体酸碱度传感器重要的研究方向。图 5 - 5 - 3 为电化学 pH 传感器实物图。

图 5 - 5 - 3　电化学 pH 传感器

（4）水体电导率传感器。水体电导率即水的电阻的倒数，通常用其表示水的纯净度。水体电导率传感器可分为电极型、电感型以及超声波型。电极型电导率传感器采用电阻测量法对电导率进行测量；电感型电导率传感器依据电磁感应原理进行检测；超声波型电导率传感器根据超声波在水体中的变化进行检测。目前，随着国内外

图5-5-4 电极型水体电导率传感器

对新型磁性敏感材料研究的深入，以及集成电路的发展，感应式电导率传感技术获得飞速发展。图5-5-4为电极型水体电导率传感器实物图。

（5）水体氨氮传感器。氨氮是水产养殖中重要的理化指标，主要来源于水体生物的粪便、残饵及死亡藻类。水体的氨氮含量是指以游离态氨 NH^3 和铵离子 NH^{4+} 形式存在的化合态氮的总量，是反映水体污染的一个重要指标。游离态的氨氮的含量到一定浓度时对水生生物有毒害作用，例如游离态的氨氮浓度为 0.02mg/L 时即能对某些鱼类造成毒害作用，氨氮含量升高也是造成水体富营养化的主要环境因素。为促进水产养殖业的精准化发展，加强水体指标的检测日显重要，国内外学者针对水体氨氮含量的检测进行了大量研究，不断研究出新型的氨氮传感器。目前，氨氮传感器主要有金属氧化物半导体（MOS）传感器、固态电解质（SE）传感器和碳纳米管（CNT_S）气体传感器。图5-5-5为水体氨氮传感器实物图。

（6）水体浊度传感器。浊度是水的透明程度的量度。浊度是水中不同大小、形状、折射系数等的悬浮物、溶质分子、胶体物质和微生物等杂质对光所产生效应的表达语，是一种光子效应，衡量光线透过水层时受到阻碍的程度，表示水层对于光线散射和吸收的能力。它不仅与悬浮物的含量有关，而且还与水中杂质的成分和颗粒大小、形状及其表面的反射性能有关。浊度高的水会显得混浊不清，而浊度低的水则显得清澈透明。浊度的高低反映了水中有害物质含量的高低。所以浊度是一个重要的水质参数，检测水的浊度是测量水中各种有害物质并改善水质状况的有效手段。

常见的浊度检测方法有透射光法、散射光法、表面散射光法和透射光-散射光比较法。其中，透射光法易受水中色度的影响，表面散射光法适合浊度较高的情况，透射光-散射光比较法仅仅在某一特定的范围内有一定的线性相关性。散射光法可分为垂直90°散射式、前向散射式和后向散射式。其中，垂直90°散射式在接收散射光时受杂散光的影响最小，并且，散射光法符合国际标准 ISO 7027:1994《水质-浊度测定法》的规定，以近红外光作为散射光法的激发光来检测浊度时，可以将水样中色度的影响降至最小。图5-5-6为水体浊度传感器实物图。

图5-5-5 水体氨氮传感器

图5-5-6 水体浊度传感器

2. 农业土壤信息传感器

（1）土壤含水量传感器。土壤含水量是保持在土壤孔隙中的水分含量，其直接影响着作物生长、农田小气候及土壤的机械性能。在农业、水利、气象研究的许多方面，土壤含水量是一个重要参数。土壤含水量传感技术的研究和发展直接关系到精细农业变量灌溉技术的优劣。目前土壤含水量传感器主要采用介电特性法。该方法是利用土壤的介电特性进行间接测量，其特点是不易受土壤容重和土壤质地的影响，可实现对土壤水分的快速、无损测量。根据其测量原理的不同，又可分为基于电阻原理、基于电容原理、基于时域反射原理、基于频率反射原理和基于驻波原理的土壤含水量传感器。图 5-5-7 为土壤水分传感器实物图。

（2）土壤电导率传感器。电导率是指一种物质传送电流的能力。土壤电导率传感器主要有 EM38、Veris3100，它们主要是利用电流通过传感器的发射线圈，进而产生原生动态磁场，从而在大地内诱导产生微弱的电涡流以及次生磁场。位于仪器前端的信号接收圈，通过接收原生磁场和次生磁场信息，测量二者之间的相对关系，进而测量土壤电导率。图 5-5-8 为土壤电导率传感器实物图。

图 5-5-7　土壤水分传感器　　　　　图 5-5-8　土壤电导率传感器

（3）土壤养分传感器。土壤养分测定的主要是氮、磷、钾三种元素，它们是作物生长的必需营养元素。目前，测定土壤养分的传感器主要分为化学分析土壤养分传感器、比色土壤养分传感器、分光光度计土壤养分传感器、离子选择性电极土壤养分传感器、离子敏场效应管土壤养分传感器、近红外光谱分析土壤养分传感器，其各具优缺点。

化学分析土壤养分传感器的工作原理是利用常规化学滴定法，对待测样品进行测定，从而计算出待测成分的含量；比色土壤养分传感器的工作原理是以生成的有色化合物可产生的显色反应为基础，对物质溶液颜色深度进行比较或测量而确定待测样品含量；分光光度计土壤养分传感器的工作原理是利用溶液颜色的透射光强度与显色溶液的浓度成比例的特点，通过测定透射光强度来测定待测样品组分含量；离子选择性电极土壤养分传感器是将离子选择性电极、参比电极和待测溶液组成二电极体系（化学电池），根据电池电动势与待测离子活度（浓度）之间服从 Nernst 方程的原理，通过测量电池电动势计算溶液中待测离子的浓度；离子敏场效应管土壤养分传感器的工作原理是通过离子选择膜对溶液中的特定离子产生选择性响应改变栅极电势，控制漏极电流，漏极电流随离子活度（浓度）变化而变化，从而测定待测样品组分含量；近红外光谱分析土壤养分传感器的工作原理是利用田间作物反射光谱分析预测土壤养分含量或利用原始土样反射光谱分析预测土壤养分含量。

3. 农业气象信息传感器

（1）空气温湿度传感器。空气温湿度对动植物的生长发育有着至关重要的影响。空气温湿度的测量通常采用集成感知器件，诸如 SHT 系列传感器、HNP45 系列传感器。其中，

SHT11 是一种具有 I²C 总线接口全校准数字式单片湿度和温度传感器。该传感器采用高端的 CMOSENS 技术，实现了数字式输出、免标定、免调试、免外电路和全方位互换等功能。图 5-5-9 为空气温湿度传感器实物图。

（2）光照度传感器。光照是植物生长发育必不可少的条件，强烈影响着作物的生长势。光照度传感器是利用光线照射到敏感材料使电阻效应等发生变化而引起其他变化的原理制作的光电光敏传感器。图 5-5-10 为光照度传感器实物图。

图 5-5-9 空气温湿度传感器　　　　　图 5-5-10 光照度传感器

（3）风速风向传感器。风是作物生长发育的重要生态因子。风速风向传感器属于一种气象应用、测量气流流速和方向的流量传感器。风速风向传感器主要包括超声波风速风向传感器、热温差型风速风向传感器、热损失型风速传感器和热脉冲型风速传感器。图 5-5-11 为风速风向传感器实物图。

（4）降水量传感器。降水量（以毫米为单位）是指从天空降落到地面上的水水、雪水等，未经蒸发、渗透、流失而在水面上积聚的水层深度，可以直观地表示降水的多少。目前，降水量传感器主要有人工水量筒（SDM6 型）、双翻斗水量计（SL3-1 型）、称重式降水传感器（DSC2 型）、光学水量传感器四种类型。图 5-5-12 为翻斗式水量计。

图 5-5-11 风速风向传感器　　　　　图 5-5-12 翻斗式水量计

（5）二氧化碳传感器。二氧化碳是植物进行光合作用的重要条件之一，合适的二氧化碳浓度可以提高植物光合作用的强度，并有利于作物的早熟丰产，提高果实含糖量，改善品质。二氧化碳传感器主要有红外吸收型、电化学型、热导型、表面声波型和金属氧化物半导体型。图 5-5-13 为二氧化碳传感器实物图。

图 5-5-13　二氧化碳传感器

4. 动植物生理信息传感器

（1）植物茎流传感器。植物茎流的概念为在蒸腾作用下植物体内产生的向上升的植物液流，它反映了植物生理状态方面的信息。土壤中的液态水进入植物的根系后，通过茎秆的输导向上运送到达冠层，再由气孔蒸腾转化为气态水扩散到大气中去。在这一过程中，茎秆中的液体一直处于流动状态。当茎秆内液流在一点被加热时，液流携带一部分的热量向上传输，一部分与水体发生热交换，还有一部分则以辐射的形式向周围发散。根据热传输与热平衡理论通过一定的数学计算即可求得茎秆的水流通量，即植物的蒸腾速率。近年来，国内外在测量植株茎秆液流运动以确定作物蒸腾速率方面的研究进展很快。植物蒸腾量的热学测定法大致可分为热脉冲法、热平衡法和热扩散法三种。图 5-5-14 为植物茎流传感器实物图。

图 5-5-14　植物茎流传感器

（2）植物茎秆直径传感器。植物茎秆测量是利用位移传感器进行的。最常用的植物茎秆直径传感器主要是线性位移传感器（LVDT）。它由一个初级线圈、两个次级线圈、铁芯、线圈骨架、外壳等部件组成。LVDT 工作过程中，铁芯的运动不能超出线圈的线性范围，否则将产生非线性值，因此，所有的 LVDT 均有一个线性范围。初级线圈、次级线圈分布在线圈骨架上，线圈内部有一个可自由移动的杆状铁芯。当铁芯处于中间位置时，两个次级线圈产生的感应电动势相等，这样输出电压为零；当铁芯在线圈内部移动并偏离中心位置时，两个线圈产生的感应电动势不等，有电压输出，其输出电压与位移量成正比。图 5-5-15 为常见的线性位移传感器实物图。

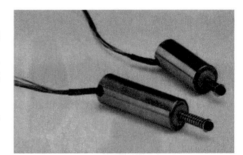

图 5-5-15　线性位移传感器

（3）叶绿素传感器。测定叶绿素含量的传感器主要有分光光度法叶绿素传感器、活体叶绿素仪叶绿素传感器、极谱法叶绿素传感器、光声光谱法叶绿素传感器。日本 Minolta 公司生产的 SPAD 叶绿素计是一种测量植物叶片叶色值的便携式设备，测量获得的 SPAD 值是相对叶绿素值，两者成正相关关系。它通过测量叶片在两种波长下的光谱透过率（650nm 和 940nm），来确定叶片当前叶绿素的相对数量。该仪器已广泛用于指导小麦、水稻、棉花等作物管理决策。图 5-5-16 为 SPAD 叶绿素传感器实物图。

（4）植物叶片厚度传感器。植物叶片厚度的变化与其水分状态有着一定的对应关系。在检测叶片厚度的同时，间接计算出植物体内的水分状况，有

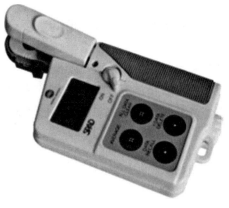

图 5-5-16 SPAD 叶绿素传感器

利于对植物生长进行及时、精确地控制。植物叶片厚度通常在 $300\mu m$ 以下，并且质地柔软。所以，在对叶片厚度进行测量时，传感器的选择就显得非常关键。一般将叶片的厚度值转为微位移量来进行测量，采用互感式电感传感器对叶片的厚度进行信号采集。

5.5.3 农业传感器的应用

传感器是把被测量的信息转换为另一种易于检测和处理的量（通常是电学量）的独立器件或设备。传感器的核心部分是具有信息形式转换功能的敏感元件。在物联网中传感器的作用尤为突出，它是物联网中获得信息的主要设备。物联网依靠传感器感知到每个物体的状态、行为等数据。

在大田种植方面，农作物的各种种植环节甚多，在整个过程中，可以利用各种传感器来收集信息，以便及时采取相应的措施来完成科学种植。如美国的科研人员通过埋入土壤中的离子敏传感器来测量土壤的成分，并通过计算机进行数据分析处理，从而来科学地确定土壤应施肥的种类和数量。此外，在植物的生长过程中还可以利用形状传感器、颜色传感器、重量传感器等来监测植物的外形、颜色、大小等，用来确定植物的成熟程度，以便适时采摘和收获。可以利用二氧化碳传感器进行植物生长的人工环境监控，以促进光合作用的进行。例如，在日常生活中，可以利用超声波传感器、音量和音频传感器等进行灭鼠、灭虫等；在农田水分管理中，可以利用流量传感器及计算机系统自动控制农田水利灌溉。

在设施园艺方面，可采用不同的传感器采集土壤温度、湿度、pH、降水量、空气湿度和气压、光照度、二氧化碳浓度等作物生长参数，为温室精准调控提供科学依据。中国农业大学、中国农业科学院、国家农业信息技术研究中心、浙江大学、华南农业大学和江苏大学等针对我国不同的温室种类研制了适用于我国温室环境的数据采集、无线通信技术解决方案，可以实现温室环境的状态监测和控制。

在畜禽养殖方面，运用各种传感器可以采集畜禽养殖环境以及动物的行为特征和健康状况等信息。利用传感器还可以监测畜、禽、蛋等的鲜度。例如，日本长崎大学研制出一种用来测定畜、禽肉鲜度的传感器。它可以高精度地测定出鸡、鱼、肉等食品变质时发出的臭味成分二甲基胺（DMA）的浓度，利用这种传感器可以准确地掌握肉类的鲜度，防止腐败变质。再如，美国的养鸡场利用鸡蛋检测仪来检测鸡蛋质量的好坏。这种仪器是由两个压电传

感器和一个监测器组成的。检查时，把鸡蛋放在两个传感器之间，其中一个传感器作为"发话人"，另一个传感器作为"受话人"，它们同时与监测器连接。如果鸡蛋没坏，监测器上就显示出一个共振尖波峰，如果鸡蛋受到沙门氏菌污染而变质，监测器上就出现一高一矮两个波峰，用它来检查鸡蛋既快又准。此外，在科学的饲养过程中，还需要测量水状况的温度传感器、溶解氧传感器、水的成分传感器等；监测饲养环境需用温度传感器、湿度传感器、光传感器等；测量饲养料的成分需要各种离子传感器；机械化的饲养机器人需用力传感器、触觉传感器、光传感器等。

在水产养殖方面，传感器可以用于水体温度、pH、溶解氧、盐度、浊度、氨氮、COD 和 BOD 等对水产品生长环境有重大影响的水质及环境参数的实时采集，进而为水质控制提供科学依据。中国农业大学李道亮团队开发的集约化水产养殖智能管理系统可以实现溶解氧、pH、氨氮等水产养殖水质参数的监测和智能调控，并在全国十几个省市开展了应用示范。

在果蔬和粮食储藏方面，温度传感器发挥着巨大的作用。制冷机根据冷库内温度传感器的实时参数值实施自动控制并且保持该温度的相对稳定。储藏库内降低温度，保持湿度，通过气体调节，使相对湿度（RH）、氧气浓度、二氧化碳浓度等保持合理比例，控制系统采集储藏库内的温度传感器、湿度传感器、氧气浓度传感器、二氧化碳浓度传感器等物理量参数，通过各种仪器仪表适时显示或作为自动控制的参变量参与到自动控制中，保证有一个适宜的储藏保鲜环境，达到最佳的保鲜效果。

在农业气象环境方面，应用的传感器主要有气压传感器、风速传感器、温度传感器、湿度传感器、光传感器等。总之，传感器在农业生产中的应用十分广泛，它可以深入农业生产的每一个环节中。近年来，随着国内对农业科技投入的增大和科技兴农战略的深入发展，传感器在农业方面具有广阔的应用市场。而国内传感器行业所面临的当务之急，就是要降低成本，向农业提供大量廉价适用的传感器，占领农业用传感器的市场，同时，也促进了农业的发展，利国利民。

总之，我国农业专用传感器技术的研究相对还比较滞后，特别是在农业用智能传感器、RFID 等感知设备的研发和制造方面，许多应用项目还主要依赖进口感知设备。目前中国农业大学、国家农业信息化工程中心和中国农业科学院等单位已开始进行农用感知设备的研制工作，但大部分产品还停留在实验室阶段，产品在稳定性、可靠性等性能参数方面还和国外产品存在不小的差距，离产业化推广还有一定的距离。

5.6 农业信息传输技术

在农田信息采集中，无线通信技术为农田信息的远程采集、实时处理与控制提供了重要支撑。近几年发展起来的无线传感器网络（wireless sensor network，WSN）综合了传感器技术、嵌入式技术、现代网络及无线通信技术、分布式信息处理技术等，能够通过随机分布的节点以自组织的方式构成网络，并借助于节点中内置的形式多样的传感器测量所在周边环境中的温度、湿度、噪声、光照强度、压力、土壤成分等信息，通过短距离的无线低功率通信技术（如 Wi-Fi、蓝牙、ZigBee）来实现数据的实时传输，具有广阔的应用前景，将会给人们的生活和社会带来极其深远的影响。

5.6.1 无线传感器网络

随着科学技术的不断发展，传感技术的不断增强，网络技术的不断成熟，无线传感器网络（WSN）技术应运而生。无线传感器网络是感知、通信和计算三大技术相结合的产物，是一种全新的信息获取和处理技术。无线传感器网络是由覆盖在特定目标区域的大量传感器网络节点组成的，这些节点大都是体积小、成本低，同时具有数据感知、数据处理、无线通信的能力。它们共同监控不同地理位置的各种状况。由于具备无线通信的能力，无线传感器节点之间可以进行信息共享和分工协作，也可以将相关数据传送到网络中的汇聚节点或总节点以进行进一步的处理。

无线传感器网络在国内外经历了不同的发展历程。该项技术产生最初是由美国军方提出的。美国国防部及美国各军事部门长期以来设立了众多无线传感器网络在军事领域上的研究课题，这些课题包括在指挥、控制、通信、计算、情报及监视与侦察的基础上所提出的方案，网型结构的传感器系统，灵敏传感器通信网络，智能传感器网络，传感器网络组网系统以及无人运作自动地面传感器组等。1998 年，加利福尼亚大学洛杉矶分校的 Gregory J. Pottie 教授从网络研究这一角度出发，重新定义与阐述了无线传感器网络的科学意义，掀起了一波新的无线传感器网络研究热潮，研究热点主要分布在组网技术、动态网络中的信息处理技术与新型传感器节点研发三个方面。

如今无线传感器网络已经是公认的 21 世纪最重要的技术之一，在国际上得到了更多的关注。欧盟自 2002 年起启动了名为"传感器网络的能量有效组织和协调"的三年规划，内容包括无线传输、分布式数据处理以及移动计算等。该项目主要集中研究无线传感器网络的体系结构，通信协议和软件，使无线传感器节点更加智能化，具有自组织能力，节点之间能够相互协作。2002 年美国 Sandia 国家实验室与美国能源部合作，共同开发了基于无线传感器网络的地铁与车站环境监测系统，以预防生化武器的袭击；美国自然科学基金委员会于 2003 年制订了无线传感器网络研究计划，在加州大学洛杉矶分校成立了传感器网络研究中心；美国康奈尔大学、南加州大学等多所高校重点开展了无线传感器网络通信协议的研究，提出了多种链路层、网络层和传输层通信协议。

由于无线传感器网络在众多方面取得的重大成就与突出作用，我国与其他一些发达国家几乎同时展开了对无线传感器网络技术及其相关应用的研究。20 世纪 90 年代末，中国科学院在信息与自动化领域的调查研究报告《知识创新工程试点领域方向研究》一文中，首次正式将无线传感器网络技术列为该领域未来的五个重大项目之一。

近年来，随着"知识创新工程试点领域方向研究"工作的不断深入落实，上海的微型系统研究所在中国科学院的帮助下新建了微型系统研究与发展中心，该中心主要从事无线传感器网络的研究。经过多年来的不断研究，国内自主研发的传感器网络系统研究平台已经初步建立，并在多个方面取得较大进展。21 世纪以来，国家发展和改革委员会、信息技术产业部等相关单位都在无线传感器网络领域建立了很多新的研究方向与研究项目。在《国家中长期科学和技术发展规划纲要（2006—2020 年）》一文中，"传感器网络及智能信息处理"被确立为中国未来信息工业与现代化服务业的重点研究方向之一。无线传感器网络技术的巨大价值，使其受到学术界以及产业界的广泛关注，因而使其得到了广大的发展空间。无线传感器网络技术在中国已经进入了快速发展期。受到这些外部环境的影响，我国众多知名高校也纷纷投入了无线传感器网络的研究之中。清华大学、上海交通大学、浙江大学、中国科技大学等众多一流名校均投入了大量科研力量到无线传感器网络与其相关方面的科学研究中。同时，华为、中兴等众多国内知名企业，也正在陆续开展对无线传感器网络技术的研究。

在农业环境领域，无线传感器网络是通过大量传感器协作，实时感知、监测作物环境信息，通过无线通信的方式进行传送信息，并通过嵌入式系统对信息进行智能处理，从而实现农业环境和作物信息的远程监测与管理。其体系结构如图5-6-1所示。

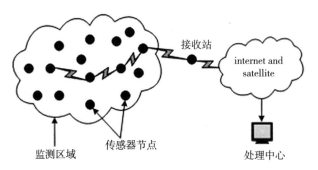

图5-6-1　传感器网络的体系结构

无线传感器网络已应用于农业生产，江苏大学的相关科研工作者针对农田灌区范围广、实时传输难、数据量大等问题，提出将无线传感器网络应用于节水灌溉控制系统中，利用无线传感器网络传送农作物需水信息。该方案的提出有效地解决了灌溉区信息实时传输的问题。北京市科学技术委员会的计划项目"蔬菜生产智能网络传感器体系研究与应用"，在温室蔬菜生产中引入了无线传感器网络系统。在温室环境里，采用不同的传感器节点对土壤湿度、土壤养分、pH、气压、空气湿度和降水量等参数进行采集，获得农作物生长的最适外部环境条件，为温室的科学精准调控提供有力依据。并实现了温室中传感器节点的标准化、网络化，从而达到了作物增产、效益提升的目的。华南农业大学科研人员针对传统土壤含水率监测中存在监测区域面积小、采样率低的问题，设计且开发了一套基于WSN的土壤含水率监测系统，实现了对监测区域含水率的自动获取和处理。

无线传感器网络的应用前景非常广泛，它将会给人们的生活和社会带来极其深远的影响。近些年嵌入式系统的计算存储能力不断增强，通信技术日新月异使得大数据的传输不再是难题。结合传感技术使得无线传感器网络已经广泛应用于军事、工业、农业等各方面，无线传感器网络已然成为目前信息领域研究与开发的一个热点。

5.6.2　蓝牙技术

蓝牙（Bluetooth）技术是一种适用于短距离无线数据与语音通信的开放性全球规范。它以低成本的近距离无线连接为基础，为固定或移动通信设备之间提供通信链路，使得近距离内各种信息设备能够实现资源共享。

蓝牙技术起源于1994年瑞典爱立信公司的移动通信部。1998年5月，爱立信、IBM、英特尔、诺基亚、东芝五大公司组成了蓝牙特殊利益集团SIG（special interest groups），他们联合制定了短距离无线通信技术标准，其目的是实现最高数据传输率为1Mbps（有效传输率为 721Kbps）、最大传输距离为 10m 的无线通信。该技术就被命名为蓝牙技术。相传蓝牙是中世纪丹麦一个国王的绰号，他统一了四分五裂的国家，立下了不朽的功劳。给该技术取名为蓝牙，暗示该技术必将统一世界，成为一种全球性的通信标准。

蓝牙技术是一种极其先进的大容量近距离无线数字通信的技术标准，蓝牙的有效范围的半径大约在 10m 内，最大可达 100m。其使用的收发器是不必经过申请便可使用 2.4GHz 的 ISM（工业、科学、医学）频带，在其上设立 79 个频带为 1MHz 的信道，以每秒切换 1600 次频率的调频扩频技术来实现电波的收发。通过蓝牙技术可以实现便携设备之间的无线连接，允许用户在无电缆连接的情况下，方便快捷地与自身周边的电子设备进行通信，如计算机、打印机、扫描仪、传真机等，使设备网络的移动接入与通信变得简单。

蓝牙规范是由蓝牙 SIG 开发的免费开放的蓝牙技术标准，用于计算机设备和通信设备之间的无线连接。蓝牙规范包括核心协议和应用框架两部分。核心协议详细说明了蓝牙无线技术的各个组成部分和协议，应用框架用以规定不同的蓝牙设备在各种应用场合所需的协议和运行方式。蓝牙规范在一定程度上是开放的，其他协议可以通过与蓝牙特定的核心协议或面向应用的协议互通而被包容进来。

5.6.3 Wi-Fi 技术

Wi-Fi 技术是一种可以将个人计算机、手持设备（如 PDA、手机）等终端以无线方式互相连接的技术。Wi-Fi（wireless fidelity，无线保真）实质上是一种商业认证，具有 Wi-Fi 认证的产品符合 IEEE 802.11b 无线网络规范，它是当前应用最为广泛的 WLAN 标准，采用的波段是 2.4GHz。IEEE 802.11b 无线网络规范是 IEEE 802.11 网络规范的变种，最高带宽为 11Mbps，在信号较弱或有干扰的情况下，带宽可调整为 5.5Mbps、2Mbps 和 1Mbps，带宽的自动调整，有效地保障了网络的稳定性和可靠性。

Wi-Fi 网络已经成为运用较为广泛的短距离无线网络传输技术，通过 Wi-Fi 网络结构中的几个组成部分：站点、基本服务单元、分配系统、接入点和关口，能够将个人计算机和手机等能无线接收信号的设备通过无线方式进行连接，可以让人们即使相隔很远也可以互相通信，而且随着网络技术的不断发展，网络传输速度越来越快也越来越有效率。

Wi-Fi 网络因为其传输速度非常快和覆盖范围广泛的特点被广泛运用到社会的多个领域，无论是在办公场所、商场、酒店、机场、休闲会所还是在车站、图书馆、超市、餐馆等人员密集的场所都会使用到 Wi-Fi，目前很多家庭都可以使用 Wi-Fi 网络。随着 Wi-Fi 网络技术的不断发展，各个领域的人群均可以通过无线网络进行远程无阻碍的交流，使社会的各种活动能够有序、有效地进行。

5.6.4 ZigBee 技术

在自然界，当蜜蜂发现花丛时会以 ZigZag 舞蹈的形式向同伴传递食物源信息。ZigBee 一词就源于蜜蜂的这种特殊的通信方式，这是一种短程、低速、低成本、低耗电的无线通信技术。

随着无线网络的普及以及技术的更新，越来越多的无线数字产品应运而生，用来对声音、视频等信号进行无线传输的协议标准也越来越完善。然而，传感和控制设备在无线网络中的信息与数据的传递却没有一个完善的协议标准。传感和控制设备之间的信息传递对带宽的要求不高，却严格要求设备的反应时间，希望在更短的时间内实现数据互传并且消耗较低的能量，并且可将设备分布在较大的面积上。现有的许多通信协议都无法更好地实现无线传感器网络中的数据通信。应此要求，ZigBee 以绝对优势解决了传感和控制设备在无线网络中的数据通信问题。

ZigBee 技术可以看作是对 IEEE 802.15.4 标准的创新与发展。作为一种新型无线数据交互协议，IEEE 802.154 是 IEEE 提出的低层次个人区域网络标准（network area personal）。该标准主要实现了数据交互的物理层与访问层的规范化定义。物理层标准的主要内容是对无线区域网络的数据信息交互所使用的频率范围以及基准速率的规定，访问层标准则是对同频段不同设备的无线信号识别与分享规则的定义。需要指出的是，物理层与访问层的规范定义，并不能保证满足设备互连、数据交互时的兼容需求，导致了无线通信的兼容困难。而解决这一问题正是国际 ZigBee 联盟成立的意义所在。从 2001 年 8 月开始，制定和推广基于 IEEE 802.15.4 标准的 ZigBee 标准化协议，为不同品牌设备的互连与数据交互创建良好的兼容基础，成为众多设备厂商的共同任务。ZigBee 联盟定义了通信的网络层和应用层，为组建无线网络、实现信息的安全传递提供了解决方案，并为通信设备的兼容性提供认证，保障设备的兼容合作。国际知名企业摩托罗拉、飞利浦、Invensys 公司等均是该联盟的主要成员，迄今为止，加入该联盟的企业已超过 200 家并且规模日益壮大。国内的一些知名企业也是该联盟的成员。

IEEE 802.15.4 协议规定，ZigBee 通信方式包含 2.4GHz、868MHz 和 915MHz 三个工作频段，不同频段具有不同数目的信道。而且由于频段间隔较大，所以在不同频段进行数据传输时采用不同的传输速率和调制方式。如在 2.4GHz 频段，数据以 250Kbps 的速率进行传输，而 868MHz 和 915MHz 频段上数据的传输速率则分别为 20Kbps 和 40Kbps。在通信速率方面，ZigBee 网络明显低于蓝牙设备。不过在网络规模方面，由于采用 mesh 型网络结构比蓝牙设备要大得多。综合来看，ZigBee 设备具备成本低、时延短、功耗低，而可靠性、安全性、网络容量高等优点。在传感控制领域，ZigBee 网络在带宽、成本、功耗等方面又有其他通信协议无法超越的优势。因此，以 ZigBee 作为核心通信协议以实现家电远程控制是可行的并且是网络构建的优选。

5.6.5 窄带物联网技术

窄带物联网技术是一种面向长距离、低速率、低功耗、多终端业务的物联网技术，它具有低功耗、低成本、高覆盖、强连接等优势，是一种最适合长距离、多终端物联网业务的通信技术。关于窄带物联网标准的发展，国内最早是华为推进的。华为于 2014 年 5 月提出了窄带技术 NBM2M，随后于次年的 5～7 月，分别融合 NBOFDMA 形成了 NB-CIOT，NB-LTE 跟 NE-CIOT 进一步融合形成 NB-IoT。2016 年 6 月，NB-IoT 标准核心协议的冻结，成为通信行业最大的热点。标准的冻结标志着标准化工作的完成，也预示着窄带物联网技术即将进入规模化商用阶段，物联网产业发展蓄势待发。NB-IoT 的商用也将构建全球最大的蜂窝物联网生态系统。企业通过参与该技术标准的制定，不仅推动了技术发展，引领了产业进步，更重要的是企业自身掌握了行业核心技术，取得了发展主动权。

传统的无线网络对物联网业务未进行专门设计和优化，因此无线传播功耗较大，成本较高，并不适用于大连接、低速率、低功耗、低成本的物联网业务场景。针对物联网的业务特点，NB-IoT 窄带物联网技术对网络层提供了新的解决方案。

NB-IoT 属于物联网的一种，其端到端系统架构如图 5-6-2 所示。感知层的 NB-IoT 终端通过 Uu 空口连接到网络层 E-nodeB 基站。NB-IoT 基站提供接入处理、小区管理等相关功能，通过 MI 接口与 IoT 控制器进行连接。IoT 控制器提供与终端非接入层交互的功能，并将 IoT 业务相关数据转发到 IoT 平台进行处理。IoT 平台汇聚各种接入网得到的 IoT 数据，根据不同类型转发至相应的应用层。业务应用是 IoT 数据的最终汇聚点，根据客户的需求进行数据处理等操作。

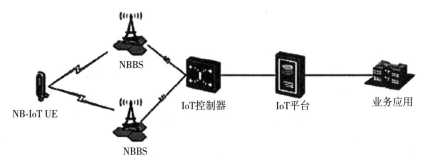

图 5-6-2　NB-IoT 网络架构

在覆盖方面，NB-IoT 对广度覆盖及深度提出了新的挑战。在干扰方面，因频段资源分配等问题，频带资源采用独立部署（stand-alone）。保护带部署（guard band）和带内部署（in-band）仍存在争议。在部署方式方面，由于 NB-IoT 定义了有限的移动性，对于低速率、低频次数据传输，通信网需改造邻区参数等，以提升系统稳定性。

总之，NB-IoT 的出现对物联网提供了新的发展机遇，但对现有的无线通信网络在数据传输的覆盖范围、稳定性及管理等方面提出了更高的要求。

5.7　农业物联网发展的需求与趋势

物联网技术在大田种植、设施园艺、畜禽养殖以及农产品安全溯源等主要现代农业领域应用，将有助于把握中国农业物联网发展趋势和内在需求，从而实现全面感知、可靠传输以及智能处理，为推动中国农业物联网的发展提供技术支撑和理论依据。未来农业物联网的研究应紧密围绕发展现代农业的重大需求，在农业物联网体系结构的基础上，加强基于 RFID 的识别技术与基于传感器的感知技术获取信息的无缝整合研究，实现农业生产、流通、加工、消费全产业链的信息深度融合与挖掘。面向不同应用对象，进一步精炼系统实现结构，利用大数据思维构建农业知识决策模型和阈值控制模型，开发成本低、易用性强的终端智能装备，在重点区域和典型产业中进行应用示范，推动农业物联网持续快速健康发展。

5.7.1　农业物联网发展的需求

我国农业物联网发展的关键在于结合中国国情和农业特点，实现关键核心技术和共性技术的突破创新，最终成为精细农业应用实践的重要驱动力。发达国家在农业物联网技术研发和产业化应用方面已经取得了较大的进展，相比我国存在以下优势：美国及欧洲发达国家在物联网的发展中非常重视基础技术的研发，尤其是传感器技术的研发，并投入大量支持经费；农业生产规模大，为农业物联网技术提供了广阔的应用空间，农业物联网技术进一步提高了农业机械的生产效率，形成了以平台推技术，以技术提高平台优势的良性循环；政府支撑强大，互联网基础网络环境完善、物流基础环境等各类硬件基础设施先进。以养殖大户、家庭农场为主的高级农村主体的互联网和电商知识扎实；农业物联网技术标准化体系完善，具备有国际影响力的标准体系，如 IEEE、EPC global、ETSI M2M、ITU-T 等，涵盖了 M2M 通信、标签数据、空中接口、无线传感网等农业物联网所需的关键数据与通信标准。

我国农业物联网的发展应重点对比发达国家农业物联网的优势，同时结合我国农业特点，在拉近与农业发达国家在农业物联网技术差距的同时，克服我国制约农业物联网发展的瓶颈。

（1）农业物联网应用重点改革各地农业小规模经营现状，应适当引导扩大农业种植规模，集中连片地大面积耕种，提高农业机械化程度和新技术采用率，增强种植的专业化水平和土地产出率，为农业物联网的实施提供适宜的环境。

（2）农业物联网标准化的重点是攻克农业物联网相关标准的研究与修订，缩短行业达成共识的时间，统一农业物联网技术和接口标准，掌握物联网在农业市场的控制权，加强国际合作，积极参与国际标准建设工作，借鉴和引进国际先进标准。

（3）农业感知技术重点发展高灵敏度、高适应性、高可靠性传感器，并向嵌入式、微型化、模块化、智能化、集成化、网络化方向发展，攻克数字补偿技术、网络化技术、智能化技术、多功能复合技术，完善制造工艺，提高环境适应能力与精度，在新材料应用、生产制造工艺与产业化技术水平上，也要形成明显的竞争优势。

（4）农业信息传输技术重点发展无线传感器网络在精细农业中的应用，具体可概括为：空间数据采集、精准灌溉、变量作业、数据共享与推送 4 个方面，以及攻克低功耗无线传输技术，推进传输节点的集成化与小型化，网络的动态自组织，信息的分布式处理与管理等相关技术。

（5）农业智能信息处理技术重点发展大数据技术、人工智能技术在农业物联网中的具体实现，深入研究深度学习算法，以深度学习算法提高农业模式识别准确度、业务模型准确度、复杂农业变量间关系的知识表示准确度，重点攻克海量数据的分布式存储系统与业务模型在智能装备中的嵌入技术，发展流数据实时处理技术。

（6）基于主流农业物联网嵌入式平台以统一的接口连接异构设备；结合深度学习算法处理非常规类型数据（语音、自然语言、图像）的异构数据，实现非常规异构数据间、非常规类型与常规类型数据的融合。

此外，国内农业物联网技术的先驱平台要理解农业行业本身，理解物联网，依托资源优势，渗透农村和农业市场，进而提升平台与技术优势，形成以平台推技术，以技术发展现代农业，以现代农业提升科研平台的良性循环。

5.7.2 农业物联网发展的趋势

1. 传感器将向微型智能化发展，感知将更加透彻

农业物联网传感器的种类和数量将快速增长，应用日趋多样。近年来，微电子和计算机等新技术不断涌现并被采用，将进一步提高传感器的智能化程度和感知能力。

具体到相关应用领域，在农业标识技术方面，作为现物联网规模化识别的主要技术，射

频识别（RFID）在质量追溯、仓储管理、物流运输、产品唯一性标识等领域的应用已取得令人瞩目的表现。基于 RFID 进行标识的研究热点已延伸至精准位置标识、定位及自主导航上，主要通过位置信息融合从而实现物体位置标识、定位以及自主导航。此外，针对 RFID 的链路及防碰撞协议、远距离通信、改进标签技术等方面的研究将进一步改进 RFID，使其适应更多的应用场景。

（1）电化学传感器领域。电化学传感器的感知机理是指通过检测目标物质的电学及电化学性能，转换待测物的浓度为电流、电位或者电阻等特征信号进行定性或定量分析。当前电化学传感器的主要特点是耗电小、操作简单、分析速度快、灵敏度高、选择性好、成本低、仪器可集成化与微型化。原电池法、极普法、荧光淬灭法是电化学感知的主要实现方法，大部分类型的电化学传感器的主要缺点是使用寿命较短。由于纳米材料与纳米技术的发展实现了单链 DNA 在电极表面的固定，各种类型的 DNA 电化学传感机理得以被广泛研究。当前电化学传感器制备工艺的研究热点是纳米片修饰电极工艺、分子印迹工艺、丝网印刷工艺。

（2）光感传感器领域。相比于电化学传感器，光感传感器不需要与被检测物质发生化学反应的电极，不存在电极表面钝化、中毒以及电极膜污染等问题，重复性与稳定性良好，能够实现长期在线监测。农业物联网所应用的光感传感器的光学感知机理主要包括荧光淬灭效应、分光光度法，另外光纤倏逝场效应已在氨气、湿度的检测上取得较大进展，且具有重量轻、灵敏度高、便于组网的优点，在农业领域具有极大的应用潜力。

（3）电感传感器领域。电感传感器电学感知机理在农业物联网中主要用于温度、湿度的测量。其中，空气温湿度的电学感知机理已经成熟，研究热点主要集中在土壤水分的检测上。由于土壤介电常数是土壤含水率的函数，同时介电法测量土壤水分具有响应速度快、安全性高、重复性好等优点，因此介电法是土壤水分定量检测的最佳机理。测量土壤含水率的方法主要包括时域反射法（TDR）和频域法（FD），基于 TDR 的土壤水分测量是国外的主流方法，也是国内亟须进行深入研究的热点。

2. 移动互连应用将更加便捷，网络互连将更加全面

移动宽带互连正在成为新一代信息产业革命的突破口。宽带化、移动化、智能化、个性化、多功能化正引领着信息社会的发展。与之相对应，农业物联网也在信息传输技术方面取得了一定的进展。

农业现场总线技术是为恶劣工作环境设计的，主要应用于农业控制系统的分散化、网络化、智能化，实现了农业机械控制系统的高可靠性和实时性。目前，农业现场总线技术主要包括控制器局域网（CAN）总线、RS485 总线。CAN 总线是农机自动化控制、农业物联网、精准农业应用最多的总线技术，基于 CAN 2.0B 协议，国际标准化组织制定了农林业机械专用的串行通信总线标准 ISO 11783 协议，广泛应用于农机数据采集传输、农机导航控制、分布式温室控制、农业环境监控、水产养殖监控系统等领域。RS485 总线是串口通信的标准之一，采用平衡传输方式。当采用二线制时，可实现多点双向通信，抗干扰能力强，可实现传感器节点的局域网兼容组网。由于 RS485 总线使用灵活、易于维护，因此被广泛应用于农业监控系统中。此外，对应于特定厂商的硬件产品，还有 LON 总线、Avalon 总线、1-wire 总线、Lonworks 总线。农业现场总线技术实现了农业控制系统的分散化、网络化、智能化，同时，由于其鲁棒性、抗干扰能力强，故障率低，因此它是确保农业物联网关键节点信息传输的必备技术。

无线传感器网络（WSN）是由大量具有片上处理能力的微型传感器节点组成的网络，其特点是易于布置、灵活通信、低功耗、低成本，广泛应用于农业信息的采集与传输领域。无线传感器网络技术是传感器技术、微机电系统技术、无线通信技术、嵌入式计算技术和分布式信息处理技术的集成。无线传感器网络的研究主要集中于通信、节能和网络控制三个方面。构建 WSN 的传输技术根据通信距离、覆盖范围可以分为无线局域网技术、无线广域网技术。无线局域网技术主要包括 ZigBee、Wi-Fi、Bluetooth，是主要频段为 2.4GHz 的短距离通信技术。无线局域网技术的网络扩展能力强，常用于短距离的设备组网，以满足多台设备的互连需求。无线广域网技术包括蜂窝移动通信网、LPWAN（低功耗广域网）；蜂窝移动通信技术目前经历了 4 代技术更新，以"万物互联"为目标的第 5 代移动通信技术（5G）也已在 2016 年公布，将为农业物联网进一步升级农业数据传输效率带来新的动力。以 LoRa、窄带物联网（NB-IoT）、Weightless、Sigfox 为代表的低功耗广域网（LPWAN）技术是近年来物联网研究的热点之一。低功耗广域网技术按协议调制方式可以分为扩频技术、超窄带技术、窄带技术。低功耗广域网技术具有传输距离远、功耗低、成本低、覆盖容量大以及传输速率低、延迟高的特性，适合应用于长距离发送小数据量的物联网终端设备间的数据传输，无线广域网技术必会随着通信技术的进步而获得新发展。

3. 物联网将与大数据深度融合，技术集成将更加优化

随着信息技术的不断普及，计算机存储技术快速发展，数据量跨入 ZB（1.024×10^{21} bit）时代，待处理的信息量超过了一般计算机在处理数据时所能使用的内存量，新的分布式系统架构 Hadoop 和计算模型 Map Reduce 应运而生。全新的技术条件使得对海量数据的整合、聚类、回归等变得可行。英国的舍恩伯格提出，大数据是人类学习新知识、创造新价值的源泉。大数据的主要特征可以概括为"4V"特征，即规模性（volume）、快速性（velocity）、多样性（variety）、真实性（veracity）。随着农业信息采集技术的不断推广普及，海量农业数据呈现出结构复杂、模态多变、实时性强、关联度高的特点，传统的农业数据统计方法已难以满足农业智能信息处理的需求。农业大数据是对多源异构的海量农业数据的抽象描述，通过挖掘农业数据价值，加快农业经济转型升级。农业大数据的主要处理技术是 Map Reduce 软件模型与 Hadoop 架构，主要包括 HDFS（hadoop distributed file system，分布式文件系统）与 Map Reduce 的并行计算框架。HDFS 的主要作用是整合不同地址的海量数据资源，为并行计算分配不同的数据资源并向用户共享可公开访问的数据；Map Reduce 框架包括 Mapper 主机、Reducer 主机、Worker 主机，Mppaer 主机根据用户请求转化为对应的计算任务，根据 Worker 主机数量建立任务池，并下发给各 Worker 主机，Worker 主机依照任务从 HDFS 资源池获取资源、进行运算，运算结果将提交给 Reducer 主机进行进一步的整合、统计，从海量数据中挖掘出的价值信息，并将价值信息反馈给用户或进行存储。

利用大数据技术发现农业新知识、新规律，对实现精准农业具有重大意义。我国于 2003 年启动农业科学数据共享中心项目，经过多年发展，数据量的积累已初见规模，截至 2016 年底，该项目共积累 2.9TB 的农业数据，其中包括 1.2TB 的高分辨率影像数据。农业大数据的来源包括农业生产环境数据、生命信息数据、农田变量信息、农业遥感数据、农产品市场经济数据、农业网络数据。海量多源的数据为农业大数据的研究奠定了基础，相关方面的研究主要集中在监测与预警、数据挖掘、信息服务等方面。农业数据体量大、结构复

杂、模态多变、实时性强、关联度高,通过大数据技术从海量农业数据中获取价值关系,是解决农业变量高维、强耦合问题的主要途径。农业大数据的本质在于针对特定农业问题,依托大体量农业数据与处理方法,分析数据变量间的关系,制订解决方案。农业大数据的规模性、多样性决定其复杂程度,农业大数据处理方法的快速性、真实性决定其质量。基于农业大数据技术,深入分析农业数据,发现潜在价值是农业物联网智能信息处理的研究重点。大数据的应用主要集中在精准农业可靠决策支持系统、国家农村综合信息服务系统、农业数据监测预警系统、天地网一体化农情监测系统、农业生产环境监测与控制系统。

4. 基于农业物联网大数据的人工智能技术将得到进一步发展

人工智能(aritificial intelligence,AI)指基于计算机技术模拟或实现的智能,也称人造智能或机器智能,AI 的三个核心技术:表示、运算、求解。农业人工智能是人工智能技术在农业生产、业务上的具体实现,农业人工智能的主要研究方向可概括为知识表现、模式识别、智能规划、信息搜索 4 个方面。农业知识表现的研究内容是农业知识的数字化及决策支持;农业模式识别的研究内容是农业对象的识别方法;农业智能规划的研究内容是农业机械的智能化作业;农业信息搜索的研究内容是农业主题信息的搜索。

近 5 年我国农业人工智能的重点研究方向是农业模式识别和农业智能规划。农业模式识别的研究热点趋向于同深度学习算法的结合,农业智能规划的研究热点侧重于建模与控制方法的研究,农业知识表现的最新研究热点是知识图谱,农业信息搜索的研究侧重点在于网络爬取技术及农业信息搜索引擎技术。在国际上,农业人工智能技术的研究始于 2000 年,农业发达国家已经出现商业化的耕作、播种、采摘等面向单一农业业务的智能机器人,也具备比较完善的智能土壤探测、病虫害识别、气候灾害预警的智能系统,用于畜禽养殖业的畜禽智能穿戴产品也已实现量产。农业人工智能技术在农业的产前、产中、产后、运维方面均有应用。产前业务的研究包括:土壤分析及土地景观规划、灌溉用水供求分析及河川日常径流量预报、种植品种鉴别。在产中业务的研究包括:水质预测预警、水产养殖投喂管理、作物种植及牧业管理专家系统、插秧系统、田间杂草管理。在产后阶段的研究包括:农产品收货、农产品检验、品种分类、染料提取及蒸馏冷点温度预测。运维业务包括:农业设施装备运行管控、农业设施装备故障诊断等。

随着大数据技术的成熟、海量基础数据技术的不断积累,深度学习算法迎来第 3 次科研成果爆发。深度学习算法是一种以人工神经网络数学原理为基础、以多层参数学习体系为结构、以海量数据为训练参数的机器学习算法。其特点是可自动抽取数据中蕴含的特征,并可对高维复杂变量间的关系进行数学表示,理论上可以通过深度学习算法获得对现实世界的一切过程进行数学表达。深度学习算法有许多变种,从有无人工标注的参与角度可以将深度学习分为监督学习、非监督学习;从算法输出角度可以将深度学习分为判决式学习、生成式学习。深度学习算法已在数据预测回归、图像识别、语音识别等模式识别方面应用成熟,在自然语言处理、图像内容的语义表达(看图说话)、图像问答等非数值型数据的特征提取、建模方面不断取得进展,为异构数据的融合提供更加强大的解决方案。我国农业人工智能的研究侧重点在由以往单一的知识表现研究向复杂系统规划、模式识别、机器学习迁移,这也与国际农业人工智能领域的研究热点相符合,同时我国农业人工智能技术主要侧重于农业产中业务,基于农业机器人的综合业务研究正处于基础性研究阶段。我国农业人工智能技术在农产品物流方面的研究比较欠缺。深度学习的研究成果与未来研究方向将对农业人工智能技术的发展具有重大意义。

5. 云计算助力农业业务模型实现智慧农业

农业业务模型是农业大数据技术、农业人工智能技术的结合，是农业智能决策、农业智能控制的重要依据，涉及知识表示、模式识别、机器学习、图像处理等领域，在作物栽培、节水灌溉优化、农业灾害预测预警、养殖场智能管理、饲料配方优化设计、土壤信息与资源环境系统管理以及农机信息化管理等方面进行了广泛应用。例如，通过挖掘特定农业业务的专业知识、变量间的关系，整合农业专家多年积累的知识、经验和成果，对专家知识库建模，模型以农业问题为输入，输出等同于专家水平的结论。云平台是农业业务建模的广泛数据资源，也为建模算法提供了更为有效的运算途径。当前国外物联网云平台，均具备实时数据获取、抓取、数据可视化功能，绝大多数都具备数据分析功能，开发费用均较低，多数为开发者开放了足够的免费开发支持。

在具体的应用方面，刘双印等以南美对虾养殖为研究对象，融合养殖环境实时数据、对虾疾病图像数据和专家疾病诊治经验等多种信息，构建了基于物联网的南美对虾疾病远程智能诊断模型。在一些发达畜牧业国家，已有通过在牛身上安装运动颈圈和 GPS 传感器，观察和记录牛的觅食、反刍、走动、休息和其他活动的行为（包括与物体磨蹭、摇头、梳理皮毛），对牛的行为分类进行建模，实现了对动物个体行为的准确掌握，提升了养殖场的管理水平。在一些发达畜禽养殖业国家已广泛存在针对各类畜禽动物的健康诊断模型，基于该业务模型的 ZigBee 监控系统可根据热湿度指数分析畜禽的应激水平。精准的农业业务模型有助于农业业务摆脱对传统主观经验的过度崇拜而导致的盲目性、不确定性，使农业业务各具体环节的决策依赖于科学的数据统计结果与专业业务知识，推进农业业务的智能化、集群化、跨媒体管理，提高自动化水平与精度，实现稳定的高产、高效、低成本。

6. 农业物联网嵌入式平台构建智能农业装备

农业智能机械是代替人力的直接农业劳动力来源，也是农业物联网底层控制网络的具体执行者。国际各大嵌入式平台与芯片平台开发商早已有意识抢占物联网嵌入式开发平台高地，推出一系列适用于物联网应用的产品，例如 Arduino、Uno、Arduino Yun 等，这些物联网平台已实现农机参数共享、农机信息融合、农机远程通信。农业物联网嵌入式平台推动了农业智能装备的研发、升级，农业智能机械的研究内容包括农机作业导航自动驾驶技术、农机具远程监控与调度、农机作业质量监控、农业机器人等。

在国内，白小平等在建立收获机群运动学模型的基础上，结合反馈线性化及滑模控制理论设计了渐进稳定的路径跟踪控制律和队形保持控制律，实现了联合收获机群协同导航作业；国家农业信息化工程技术研究中心研发了基于 GNSS、GIS 和 GPRS 等技术的农业作业机械远程监控指挥调度系统，有效避免了农机盲目调度，极大地优化了农机资源的调配。在双目视觉领域，已有学者研究通过一对前置的立体相机获取图像的颜色、纹理和三维结构描述符信息，利用支持向量机回归分析算法估计作物行的位置，并基于此进行农业机器人自动导航。农业物联网嵌入式平台将突破由于制造商不同而造成的设备数据共享屏障，为底层控制网络的组件、农业装备的智能化升级奠定了基础。

此外，政府部门是农业智能机械技术研究与推广的主力。2013 年农业部在粮食主产区启动了农业物联网区域试验工程，利用无线传感、定位导航与地理信息技术开发了农机作业质量监控终端与调度指挥系统，实现了农机资源管理、田间作业质量监控和跨区调度指挥。

该工程所取得的成功必然会推动各地农业主管部门对农业智能机械的推广，并因地制宜地应用。

7. 农业环境智能监控与决策平台实现农业物联网系统应用

农业环境智能监控指利用传感器技术采集和获取农业生产环境各要素信息，通过对采集信息的分析决策来指导农业生产环境的调控，实现高产高效。目前国内外已经有许多针对农业场景的环境智能监控平台，可以实现农业物联网基本的自动化环境监控业务，例如国外的Edyn 平台，已经具备一定的用户量，通过架设太阳能供电的底层监控网络，用户便可以在Edyn 平台上实时查看温室的土壤、供水、肥料、空气、光照信息，平台会根据这些信息向用户提出最佳的控制方案，用户也可以自行设定各执行器的工作时间与工作条件。同时，为确保饮用水的安全供应，国内外已存在低成本且技术成熟的实时水质监控物联网系统，监测参数包括水温、pH、浊度、导电率、溶解氧等，用户通过核心控制系统对监测数据进行处理，监测数据可以通过互联网被查看。此外，可再生、低成本、能量自给的土壤无线环境监控系统也已在国外初步实现，使用该项技术进行远程农田环境监控可以降低人工和传感器电池更换的成本。针对蔬菜温室的无线传感器网络架构，通过分析温室环境特点，国内外均已实现基于无线传感器网络技术的低成本温室环境监控系统，结合专家系统的指导，采取远程控制滴灌等适当的措施，实现科学栽培，降低管理成本。

农业环境信息的精度与实时程度，决定了农业业务执行的精度与实时性，农业环境监控的精细化程度决定了农业资源利用效率的高低，有效且精细的农业环境监控可提高农业资源利用率。通过上述分析可知，国外绝大多数农业环境智能监控平台能够实现农业物联网基本的智能环境监控业务，即做到农业环境数据实时共享、农业环境控制方案的辅助决策、用户对农业环境的实时与定制化控制，且绝大多数平台同时具备移动客户端。在各大科研院所的推动下，我国也已具备相同水平的农业环境监控平台，然而平台的用户量、普及率远远低于国外平台。普及农业环境智能监控平台，推动平台智能决策机理的进一步研究，以及平台的标准化、组件化、云化是国内农业物联网发展的重要任务之一。

8. 农产品物流与安全溯源实现舌尖上的安全

农产品物流与安全溯源层面的集成和应用主要体现在农产品包装标识信息化及农产品物流配送控制技术方面；农产品物流配送信息化的主要技术包括条形码技术、电子数据交换技术、个体标识技术、射频技术等；农产品物流配送控制技术主要包括冷链技术、农产品配送机器人分拣与自主行走技术等。通过电子数据交换技术、条形码技术和 RFID 电子标签技术等实现物品的自动识别和出入库，利用无线传感器网络对农产品配送机器人的分拣与自主行走进行控制，并通过冷链技术保证配送过程中农产品的质量与鲜活度，实现配送过程农产品的保质保量、来源可追溯、去向可追踪的目标。

国外对农产品可追溯系统进行了深入研究，如美国的农产品全程溯源系统、瑞典的农产品可追溯管理系统、澳大利亚的牲畜标识和追溯系统、日本的食品追溯系统等。RFID 技术在动物个体标号识别、农产品包装标识及农产品物流配送等方面得到了非常广泛的应用，如加拿大肉牛已从 2001 年起使用的一维条形码耳标过渡到电子耳标；日本 2004 年构建了基于RFID 技术的农产品追溯试验系统，利用 RFID 标签实现对农产品流通的管理和个体识别。

我国在北京、上海、天津等地相继采用条码技术、RFID 技术、IC 卡技术等建立了以农产品流通体系监管为主的质量安全溯源系统。国内学者针对各类农产品可追溯系统进行了较为全面的研究。例如，已有将数据网格技术与RFID技术相结合，构建了基于数据网格的RFID农产品质量跟踪与追溯系统，实现农产品跟踪与信息共享的物联网系统应用；以RFID电子标签为数据载体、结合EPC编码体系对猪肉进行唯一标识的基础上构建RFID/EPC物联网架构下的猪肉跟踪追溯系统，实现猪肉供应链各环节溯源信息数据的自动采集和猪肉生产全程的网络化管理；针对水产品冷链配送控制研究，汪庭满等基于RFID对每批次的冷链罗非鱼进行编码，实现了冷链配送过程中的实时温度监控及运输后罗非鱼的货架期预测；对于农资产品，我国已具备由农资溯源防伪、农资调度和农资知识服务3个子系统组成的农资溯源服务系统。

农业物联网技术的发展为现代农业的进步提供了前所未有的机遇。与此同时，现代农业品种的多样性、农业生产的时空差异性、农业生态区域的不稳定性也在很大程度上限制了农业物联网的应用发展，极度缺乏可复制性与易推广性的应用模式。目前，我国在农业物联网技术发展方面有较深入的探索，已将互联网技术、物联网技术融合应用于农业的生产、经营、管理、服务全过程。通过引导各方资本、创新要素向现代农业集聚，并利用物联网技术培育了一批电商农产品，创建了一批农业物联网示范基地，建设了农业物联网大数据综合服务平台，等等。但是，我国物联网技术核心基础薄弱，农业物联网技术的发展也面临挑战，应采取一定措施，确保更好地应用物联网技术，促进农业产业转型升级，促进农业供给侧结构性改革，营造现代农业新型生态。

5.8 本章习题

一、选择题

1. RFID属于物联网体系结构中的哪个层？（　　）

A. 感知层　　　　　　B. 网络层　　　　　　C. 业务层　　　　　　D. 应用层

2. 2009年8月7日，温家宝总理在江苏无锡调研时提出（　　）概念。

A. 感受中国　　　　　B. 感应中国　　　　　C. 感知中国　　　　　D. 感想中国

3. 智慧地球是由（　　）提出的。

A. 无锡研究院　　　　B. 温总理　　　　　　C. IBM　　　　　　　D. 奥巴马

4. ZigBee根据服务与需求使多个器件之间进行通信，属于物联网体系结构中（　　）的技术实现。

A. 物理层　　　　　　B. MAC层　　　　　　C. 网络/安全层　　　　D. 支持/应用层

5. 物联网中常提到的M2M概念不包括下面哪一项？（　　）

A. 人到人（man to man）　　　　　　　　B. 人到机器（man to machine）

C. 机器到人（machine to man）　　　　　　D. 机器到机器（machine to machine）

6. ZigBee的（　　）负责设备间无线数据链路的建立、维护与结束。

A. 物理层　　　　　　B. MAC层　　　　　　C. 网络/安全层　　　　D. 支持/应用层

7. 被称为世界信息产业第三次浪潮的是（　　）。

A. 计算机　　　　　　B. 互联网　　　　　　C. 传感网　　　　　　D. 物联网

8. RFID卡（　　）可分为有源标签与无源标签。

A. 按供电方式　　　　B. 按工作频率　　　　C. 按通信方式　　　　D. 按标签芯片

9. 智能物流系统（ILS）与传统物流显著的不同就是它能够提供传统物流所不能提供的增值服务。下面哪一项属于智能物流系统的增值服务？（　　）

A. 数码仓储应用系统　　　　　　　　B. 供应链库存透明化

C. 物流的全程跟踪与控制　　　　　　D. 远程配送

10. 力敏传感器接收（　　）信息，并转化为电信号。

A. 力　　　　　　B. 声　　　　　　C. 光　　　　　　D. 位置

11. （　　）年哈里、斯托克曼发表的"利用反射功率得通讯"奠定了射频识别 RFID 的理论基础。

A. 1948　　　　　　B. 1949　　　　　　C. 1960　　　　　　D. 1970

12. （　　）是负责对物联网收集到的信息进行处理、管理、决策的后台计算处理平台。

A. 感知层　　　　　B. 网络层　　　　　C. 云计算平台　　　　D. 物理层

13. 物联网的英文名称是（　　）。

A. internet of matters　　　　　　　B. internet of things

C. internet of theorys　　　　　　　D. internet of clouds

14. （　　）首次提出了物联网的雏形。

A. 彭明盛　　　　　B. 乔布斯　　　　　C. 杨志强　　　　　D. 比尔·盖茨

15. 物联网的核心技术是（　　）。

A. 射频识别　　　　B. 集成电路　　　　C. 无线电　　　　　D. 操作系统

二、判断题

1. RFID 技术具有无接触、精度高、抗干扰、速度快以及适应环境能力强等显著优点，可广泛应用于诸如物流管理、交通运输、医疗卫生、商品防伪、资产管理以及国防军事等领域，被公认为 21 世纪十大重要技术之一。（　　）

2. 当前物联网没有形成统一的标准，各个企业、行业都根据自己的特长定制标准，并根据企业或行业标准进行产品生产。这为物联网形成统一的端到端标准体系制造了很大障碍。（　　）

3. 传感器网：由各种传感器与传感器节点组成的网络。（　　）

4. 家庭网：用户在基于个人环境的背景下使用的网络。（　　）

5. 国际电信联盟不是物联网的国际标准组织。（　　）

6. 感知延伸层技术是保证物联网络感知与获取物理世界信息的首要环节，并将现有网络接入能力向物进行延伸。（　　）

7. 物联网中间件平台：用于支撑泛在应用的其他平台，例如封装与抽象网络和业务能力、向应用提供统一开放的接口等。（　　）

8. 物联网服务可以划分为行业服务与公众服务。（　　）

9. 奥巴马将"新能源"与"物联网"作为振兴经济的两大武器，投入巨资深入研究物联网相关技术。（　　）

10. 2010 年 12 月，欧盟委员会以政策文件的形式，对外发布了欧盟"数字红利"利用与未来物联网发展战略。（　　）

11. 2009 年 8 月 7 日，温家宝考察中国科学院无锡高新微纳传感网工程技术研发中心。

强调"在传感网发展中，要早一点谋划未来，早一点攻破核心技术，把传感系统与3G中的TD技术结合起来"。（　　　）

12. 2010年1月，传感（物联）网技术产业联盟在无锡成立。（　　　）

13. 物联网已被明确列入《国家中长期科学技术发展规划（2006—2020年)》与2050年国家产业路线图。（　　　）

14. 1999年，麻省理工Auto-ID中心提出"internet of things"的构想。（　　　）

15. 2006年，国际电信联盟（ITU）发布名为《Internet of Things》的技术报告。（　　　）

16. RFID技术、传感器技术嵌入式智能技术和纳米技术是物联网的基础性技术。（　　　）

17. 1998年，英国工程师Kevin Ashton提出现代物联网概念。（　　　）

18. 物联网是指通过装置在物体上的各种信息传感设备，如RFID装置、红外感应器、全球定位系统、激光扫描器等，赋予物体智能，并通过接口与互联网相连从而形成一个物品与物品相连的、巨大的分布式协同网络。（　　　）

19. 2009年6月，欧盟委员会向欧盟议会、理事会、欧洲经济与社会委员会及地区委员会递交了《欧盟物联网行动计划》（*Internet of Things-An action plan for Europe*），意在引领世界物联网发展。（　　　）

20. 蓝牙是一种支持设备短距离通信（一般10m内）的无线电技术，能在包括移动电话、PDA、无线耳机、笔记本电脑、相关外设等众多设备之间进行无线信息交换。（　　　）

21. 物联网服务支撑平台面向各种不同的泛在应用，提供综合的业务管理、计费结算、签约认证、安全控制、内容管理、统计分析等功能。（　　　）

三、简答题

1. 简述物联网的概念及其关键技术。

2. 物联网的三个主要特征是什么？请简述每个特征的含义。

3. 说明物联网的体系架构及各层次的功能。

4. 简述传感器的主要分类方法。

5. 什么是蓝牙技术？蓝牙技术有什么特点？

参考答案

第 6 章　云计算与大数据

- 了解云计算与大数据的概念和历史。
- 理解云计算和大数据的组成与关键技术。
- 了解云计算的类型。
- 掌握大数据的存储与管理方式。
- 掌握大数据分析与可视化过程和技术。
- 了解云计算与大数据的发展趋势。

本章学习内容

　　云计算与大数据作为新一代信息技术，已经成为社会发展的"新基建"。本章详细介绍了云计算与大数据的概念、原理；云计算与大数据的组成和关键技术；大数据的存储管理与可视化；云计算与大数据的主要研究热点和应用领域。

6.1 云计算概述

6.1.1 云计算的概念

云计算是一种基于分布式计算、网格计算、并行计算、效用计算、虚拟化、负载均衡等传统计算技术和网络技术发展融合的新型计算模式，它通过网络将大量的数据计算处理分解成多个小程序，再由多部服务器组成的系统处理运行这些小程序并返回处理结果，它通过任务分发并行计算为用户提供强大的数据处理服务，同时支持按需使用、按使用付费的模式。云计算通过互联网提供可配置计算资源共享池，包括网络、服务器、存储、应用软件等服务。

6.1.2 云计算的历史与特点

在过去的十几年中，云计算从被质疑到成为新一代 IT 标准，从只是单纯技术上的概念发展到影响整个 ICT（信息和通信技术）产业的业务模式。2006 年 IBM 和谷歌联合推出云计算的概念。2007—2009 年，Salesforce 发布 Force.com，即 PaaS 服务，Google 推出 GoogleAppEngine，然后云服务的全部形式出现。2009—2016 年，云计算功能日趋完善，种类日趋多样，传统企业开始通过自身能力扩展、收购等模式，纷纷投入云计算服务中。近几年间，通过深度竞争，出现了主流平台产品，标准产品功能比较健全，市场格局相对稳定，云计算进入成熟阶段。

目前云计算具备以下特点：

（1）虚拟化程度高。传统的计算机系统需要在特定的物理平台运行，系统功能与物理平台关联。而云计算体系内部依靠虚拟网络层实现功能，与物理平台之间没有固定联系。用户可以在任意的时空范围，通过移动终端来获取所需的服务。虚拟化包括应用虚拟化和资源虚拟化。

（2）按需服务。云计算依托分散的计算机形成云数据中心，在云数据中心的基础上，可以实现各种各样的功能，云计算是把信息技术作为服务提供的一种方式。从用户角度，调用功能资源，用户可以根据需求，得到服务。

（3）计算能力强。云计算将用户提交的计算任务分割成无数小个任务，然后分布到规模庞大的云计算中心的服务器上去执行。云计算中心的服务器能在数秒内完成大规模的计算任务，这种计算能力是传统单台计算机无法比拟的。云计算赋予了用户前所未有的计算能力。

（4）规模庞大。大多数的云计算中心都具有相当的规模，云计算中心能够通过整合和管理这些数目庞大的计算机群来赋予用户前所未有的计算能力与储存能力。

（5）性价比高。由于云计算本身容错能力较强，因此可以采用价格较低的硬件来构成庞大的"云"，并且可以使用网络环境中的闲置资源。对于用户而言，云计算不但可以根据需要进行各项应用及关联程序的调用，省去了不必要的能源消耗，而且还能根据企业的需要不断扩展服务。

（6）灵活可扩展。云计算可基于 IT 资源、软硬件虚拟化技术实现动态扩展资源存储和开发软硬件等，同时经过虚拟化后的设备统一放在云系统资源虚拟池中进行管理，实现了软硬件资源强兼容性，可以兼容低配置机器、不同厂商的硬件产品。

（7）可靠性高。云计算由于和物理平台没有直接关系，因此单点服务器故障不影响计算与应用的正常运行，同时在服务器出现故障时可通过虚拟化技术快速迁移或恢复，保证服务的可靠性。

6.2　云计算的类型

云计算按照服务模式主要可分为基础设施即服务（IaaS），软件即服务（SaaS）和平台即服务（PaaS）。按照运营模式，主要分为公有云、私有云、混合云等。

1. 基础设施即服务（IaaS）

IaaS（infrastructure as a service，基础设施即服务）是最能够清晰展示出传统 IT 基础设施与基于云的基础设施服务之间区别的云模型。按照前面所提到的 * aaS 服务方式，IaaS 表示将计算基础设施作为服务交付。

美国国家标准技术研究院（NIST）对 IaaS 的定义："为客户提供了一种供应处理器、存储、网络和其他基础计算资源的能力，客户能够在所提供的计算资源上部署和运行任何软件，包括操作系统和应用程序。客户不对底层云基础设施进行管理和控制，但是对操作系统、存储、部署的应用程序具有控制能力，可能对某些网络组件（如防火墙等）具备有限的控制能力。"

IaaS 的优势与其他的 * aaS 模型类似。小型企业现在可以拥有更高级别的 IT 人才和技术解决方案，可灵活扩展的动态基础设施能够在更细粒度的级别上定制 IaaS 用户的需求。

一般来说，企业在计算系统基础设施方面的投入占据了企业的大部分开销。专用硬件和软件的购买与租赁，雇用内部技术人员和购买技术咨询的费用成为企业的主要开支。采用 IaaS 模型（通常还附带 SaaS 或 PaaS 模型）能够提供一定程度的可扩展性，能够快速地随需应变，这种能力是传统 IT 基础设施在获取、实现以及维护等方面都无法企及的。

IaaS 厂商类型较为丰富，其中有些厂商提供大型数据中心类型的基础设施服务，例如 IBM、Oracle、Sun、Terremark 和 Joyent 等，而有些厂商则提供更多以终端客户为中心的服务，例如简单数据存储等，就像亚马逊简单存储服务 S3 和 Dropbox。

IaaS 可以通过因特网将基础的或复杂的存储能力作为服务进行交付，这将硬件资源，如服务器、存储设备（磁盘、磁带机和存储区域网 SAN）和周边设备（防火墙、路由器）的联合与共享变成了现实。图 6-2-1 展示了一个部署为 IaaS 的虚拟化基础设施。

2. 软件即服务（SaaS）

软件即服务（SaaS）解决方案是通过 Web 交付应用软件。SaaS 提供商通常利用某个许可收费模型、按照客户需求来部署软件。SaaS 提供商可以将应用程序部署到自己的服务器中，也可以使用其他厂商的硬件设备。

应用程序的许可既可以直接发放给一个组织、一个用户或一组用户，也可以通过第三方来管理用户和组织间的多个许可，例如应用程序服务提供商。用户通过任何事先约定的或授权的因特网设备来访问应用程序，通常都是利用 Web 浏览器。一个完整的 SaaS 服务应该将一个功能齐全的应用套件作为服务按需提供出来，在云上作为一个应用程序实例运行，为多个组织用户和个人用户提供服务。

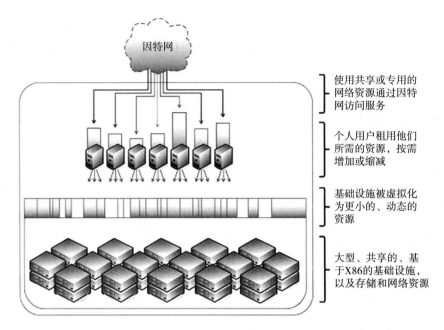

图 6-2-1　IaaS 架构图

NIST 将 SaaS 定义如下：为客户提供一种能力，使客户能够使用运行在云基础设施上的、由服务提供商所提供的应用程序。这些应用（如 Web 电子邮件）可以在各种客户端设备上通过一个客户端接口（如 Web 浏览器）被访问。用户无须管理和控制底层的云基础设施，包括网络、服务器、操作系统以及个别应用程序，一些较为有限的、用户相关的、应用程序配置设定除外。

从前面有关 SPI 框架的讨论可以看出，SaaS 模型和纯 ASP 交付模型具有非常重要的区别。与传统购买并安装软件的方式（通常是指购置费用或许可费用）不同，SaaS 用户通过营运费用模式（按使用付费或认购协议）租赁软件的使用权。按使用付费的许可模型也称为按需许可模型，是指某些通过 SaaS 模型交付的应用程序，其收费模型是通过计次使用或计时使用的方式，而不是传统许可的那种预支付费用的方式。

3. 平台即服务（PaaS）

SPI 框架中的 P 表示 PaaS（platform as a service，平台即服务）。PaaS 与 SaaS 类似，不过前者的服务是整个应用开发环境，而不仅仅是使用一个应用程序。PaaS 解决方案与 SaaS 解决方案的区别在于：PaaS 提供了一个可以通过 Web 浏览器访问的、云中的虚拟开发平台。

PaaS 解决方案提供商既要交付计算平台又要交付解决方案栈。这极大地促进了应用软件的开发和部署。利用 PaaS 理念，软件开发者无须在自己计算机中安装软件构建工具就可以创建 Web 应用，并且可以轻松地将他们的应用发布或部署到云中。PaaS 中封装了一个软件层并将其作为服务提供出来，可以利用其构建上层服务。

NIST 将 PaaS 定义如下："使客户有能力使用供应商支持的编程语言和工具，在云基础设施上部署客户所创建或购买的应用程序。客户无须管理和控制底层的云基础设施，包括网络、服务器、操作系统和存储设备，不过需要对已部署的应用程序进行控制，并且对应用程序所在的环境进行配置。"

PaaS 厂商为应用程序开发者提供如下服务：虚拟开发环境；应用程序标准，通常建立在开发者的需求上；为虚拟开发环境配置工具集；为公共应用程序开发者提供现成的发布渠道。

PaaS 模型为应用程序设计者和发布者提供了一个低成本的途径，通过支持完整的 Web 应用 SDLC（software development life cycle，软件开发生命周期），从而降低了使用硬件和软件资源的需求。PaaS 可以包含一个完整的端对端应用程序的解决方案，来对应用程序进行开发、测试和部署，它也可以是一个较小的、更加专业化的解决方案，聚焦在某个特定领域，如内容管理。

一个软件开发平台要想成为一个真正的 PaaS 解决方案，需要具有以下几个基本要素：对应用程序的使用情况进行基线监控，用以促进平台流程的改进；解决方案应该提供与其他云资源的无缝集成，例如 Web 数据库和其他 Web 基础设施组件与服务；支持动态多租户，通过云可以比较容易地在整个软件开发生命周期中实现开发者、客户端以及用户之间的协作；安全性、隐私性和可靠性必须作为基本服务进行维护；开发平台必须是基于浏览器的。

PaaS 模型的优势之一是为软件的销售和发布创建一个现成渠道。小型开发团队和刚起步的开发者可以通过 PaaS 提供商来访问一些开发资源，这些资源如果不通过 PaaS 服务是无法获取的。

PaaS 厂商可以提供各种类型的商品，既可以是一个相对完善的应用程序托管、开发、测试和部署环境，也可以是综合服务，包括可扩展性、维护和版本控制等。PaaS 厂商的数量没有 SaaS 厂商数量多，是因为 PaaS 产品具有更小的目标市场，针对开发者而不是大众用户。不过，有些 SaaS 厂商开始插手 PaaS 产品中，作为他们 SaaS 产品的一个合理延伸。就像前面我们提到过的，salesforce.com 开始在 force.com 中提供 PaaS 服务。

AWS（亚马逊 Web 服务）创立了面向开发者的 PaaS 服务，主要通过 AWS 的集成与协作在 AWS 上提供开发平台。例如，BPM（business process management，业务流程管理）软件解决方案提供商 Pegasystems 公司，提供运行在 AWS 之上的 SmartPass 平台即服务。Google App Engine 是另外一个 PaaS 产品，为谷歌基础设施之上的应用提供服务。

SUN 公司从服务生产者与服务消费者的角度描述了 PaaS 的两个层面：制造 PaaS 的某些人可能会通过将操作系统、中间件、应用软件甚至开发环境集于一个平台，然后将这个平台作为服务向客户提供；使用 PaaS 的某些人将会看到一个封装的服务，通过 API 的方式展现到他们面前。客户通过这个 API 与平台进行交互，为了提供指定级别的服务，平台需要做一些必要的管理和扩展。

4. 功能即服务（FaaS）

FaaS 是无服务器计算的云实例化，为 PaaS 增加了另一个抽象层，以便开发人员在堆栈中完全隔绝一切优先级低于他们所编写的代码的东西。不是去研究虚拟服务器、容器和应用运行时间，而是上传功能代码块，让它们被某个事件触发（如表单提交或上传文件）。所有主要云都会在 IaaS 之上提供 FaaS：AWS Lambda、Azure Functions、谷歌云 Functions 以及 IBM OpenWhisk。FaaS 应用的一个特殊的好处是，在事件发生之前不会使用 IaaS 资源，可通过降低资源使用率来减少费用。

5. 集成平台即服务（iPaaS）

数据集成是任何具备一定规模的公司面临的一个关键问题，尤其对于那些大规模采用

SaaS 的企业而言。iPaaS 供应商通常提供预先构建的连接器，为流行的 SaaS 应用程序和本地企业应用程序之间提供共享数据。

6. 身份即服务（IDaaS）

私有数据中心和公有云网站上，与云计算相关的最大的安全问题就是管理用户身份及其相关权利和权限。IDaaS 供应商保持基于云计算的用户配置文件，验证用户身份，并使访问资源或应用程序基于安全策略、用户组和个人的特权。能够集成各种目录服务，这是至关重要的。

7. 协作平台

协作解决方案如 Slack、Teams 和 HipChat 已经成为重要的信息沟通平台，使组织内部能够有效地沟通和合作。基本上，这些解决方案是相对简单的 SaaS 应用程序，支持聊天形式的消息传递以及文件共享和音视频交流。大多数提供 API 来促进与其他系统的集成，使第三方开发者创建和共享插件，增强平台功能。

8. 私有云

私有云（private clouds）是为一个客户单独使用而构建的，因而提供对数据、安全性和服务质量的最有效控制。该公司拥有基础设施，并可以控制在此基础设施上部署应用程序的方式。私有云可部署在企业数据中心的防火墙内，也可以将它们部署在一个安全的主机托管场所，私有云的核心属性是专有资源。

9. 公有云

公有云通常指第三方提供商为用户提供的能够使用的云，公有云一般可通过 Internet 使用，可能是免费或成本低廉的，公有云的核心属性是共享资源服务。这种云有许多实例，可在当今整个开放的公有网络中提供服务。

10. 垂直云

垂直云（vertical clouds）也称垂直 SaaS，在金融、医疗、零售、生命科学和制造行业等领域提供云服务。垂直云来源于微观经济学中的垂直整合概念。在一个十字坐标轴中，Y 轴代表公司 A 的供应链（针对不同类型的客户，公司 A 的销售方案完全不同）解决方案，X 轴代表市场中每种潜在的客户类型。如果做平行积分（沿着 X 轴去做积分），意味着公司 A 坚持做到自己能够做的（生产、物流、销售），即尽可能多地获取客户即可。但如果做垂直积分（即沿着 Y 轴去做积分），公司 A 需要更多地去关注如何把某一种类型的客户服务好。在这样的场景下，垂直 SaaS 公司需要集中精力服务于特定类型的行业客户，同时提供更加贴身、有针对性的行业解决方案去获得市场份额。

11. 多种云计算类型的关系

不同云计算类型之间的关系主要可以从两个角度进行分析：其一是用户体验角度，从这个角度而言，它们之间的关系是独立的，因为它们面对不同类型的用户；其二是技术角度，从这个角度而言，它们并不是简单的继承关系（SaaS 基于 PaaS，而 PaaS 基于 IaaS），因为 SaaS 可以基于 PaaS 或者直接部署于 IaaS 之上，而且 PaaS 可以构建于 IaaS 之上，也可以直接构建在物理资源之上。

按照云计算三大服务模式，IaaS 为门户系统提供网络资源、计算资源和存储资源服务，属于桌面云层面。PaaS 为门户系统提供高可用数据库集群服务和应用程序运行及维护所需要的平台资源。SaaS 提供基于 SharePoint 门户平台的门户集成应用服务。云计算管理平台对不同的计算资源和服务统一管理，根据门户系统业务和访问需求量的变化，自动地对计算资源进行分配和调度，实现高度"弹性"的缩放和优化使用。

6.3 云计算技术简介

6.3.1 常见的云计算技术

云计算的关键技术有虚拟化、分布式文件系统、分布式数据库、资源管理技术、能耗管理技术、信息安全调查等。

1. 虚拟化技术

虚拟化是云计算最重要的核心技术之一，它为云计算服务提供基础架构层面的支撑，是ICT服务快速走向云计算的最主要驱动力。很多人对云计算和虚拟化的认识都存在误区，认为云计算就是虚拟化。但实际上虚拟化只是云计算的重要组成部分，但不能代表全部的云计算。虚拟化最大的优点是增强系统的弹性和灵活性、降低成本、改进服务、提高资源利用效率。从表现形式上看，虚拟化又分两种应用模式：一是将一台性能强大的服务器虚拟成多个独立的小服务器，服务不同的用户；二是将多个服务器虚拟成一个强大的服务器，完成特定的功能。这两种模式的核心都是统一管理、动态分配资源、提高资源利用率。在云计算中，这两种模式都有比较多的应用。

2. 分布式数据存储技术

通过将数据存储在不同的物理设备中，能实现动态负载均衡，故障节点自动接管，具有高可靠性、高可用性、高可扩展性。因为在多节点的并发执行环境中，各个节点的状态需要同步，并且在单个节点出现故障时，系统需要有效的机制保证其他节点不受影响。这种模式不仅摆脱了硬件设备的限制，同时扩展性更好，能够快速响应用户需求的变化。此模式利用多台存储服务器分担存储负荷，利用位置服务器定位存储信息，它不但提高了系统的可靠性、可用性和存取效率，还易于扩展。

3. 资源管理技术

云计算需要对分布的、海量的数据进行处理、分析，因此，数据管理技术必需能够高效地管理大量的数据。云计算系统的平台管理技术，需要具有高效调配大量服务器资源，使其更好协同工作的能力。方便地部署和开通新业务、快速发现并且恢复系统故障、通过自动化、智能化手段实现大规模系统可靠地运营是云计算平台管理技术的关键。

4. 能耗管理技术

云计算的好处显而易见，但随着其规模越来越大，云计算本身的能耗越来越不可忽视。提高能效的第一步是升级网络设备，增加节能模式，降低网络设施在未被充分使用时的耗电量。除了降低数据传输的能耗，优化网络结构还可以降低基站的发射功率，因为基站是云端与终端之间传输信息的桥梁。新的低功耗缓存技术可以和现有技术相结合，在保持性能的同时降低能耗。使用紧凑的服务器配置，直接去掉未使用的组件，也是减少能量损失的好办法。

5. 分布式编程与计算

为了使用户能更轻松地享受云计算带来的服务，让用户能利用该编程模型编写简单的程序来实现特定的目的，云计算上的编程模型必须十分简单。必须保证后台复杂的并行执行和任务调度对用户与编程人员透明。当前各 IT 厂商提出的"云"计划的编程工具均基于 Map-Reduce的编程模型。

6. 分布式资源管理

云计算采用了分布式存储技术存储数据，那么自然要引入分布式资源管理技术。在多节点的并发执行环境中，各个节点的状态需要同步，并且当单个节点出现故障时，系统需要有效的机制保证其他节点不受影响。而分布式资源管理系统恰是这样的技术，它是保证系统状态的关键。

云计算系统所处理的资源往往非常庞大，少则几百台服务器，多则上万台，同时可能跨越多个地域。且云平台中运行的应用也是数以千计，要想有效地管理这批资源，保证它们正常提供服务，需要强大的技术支撑。因此，分布式资源管理技术的重要性可想而知。

全球各大云计算方案/服务提供商们都在积极开展相关技术的研发工作。其中 Google 内部使用的 Borg 技术很受业内称道。微软、IBM、Oracle/Sun 等云计算巨头都提出了相应解决方案。

7. 信息安全调查

目前，信息安全已经成为阻碍云计算发展的最主要原因之一。有数据显示，32%已经使用云计算的组织和45%尚未使用云计算的组织的 ICT 管理将云安全问题作为进一步部署云的最大障碍。因此，要想保证云计算能够长期稳定、快速发展，安全是首先需要解决的问题。

事实上，云计算安全也不是新问题，传统互联网存在同样的问题。只是云计算出现以后，安全问题变得更加突出。在云计算体系中，安全涉及很多层面，包括网络安全、服务器安全、软件安全、系统安全等。因此，有分析师认为，云安全产业的发展，将把传统安全技术提到一个新的阶段。

现在，不管是软件安全厂商还是硬件安全厂商都在积极研发云计算安全产品和方案。包括传统杀毒软件厂商、软硬件防火墙厂商、IDS/IPS 厂商在内的各个层面的安全供应商都已加入云安全领域。相信在不久的将来，云安全问题将得到很好的解决。

8. 云计算平台管理

云计算资源规模庞大，服务器数量众多并分布在不同的地点，同时运行着数百种应用，如何有效地管理这些服务器，保证整个系统提供不间断的服务对平台来说是巨大的挑战。云计算系统的平台管理技术，需要具有高效调配大量服务器资源，使其更好地协同工作的能力。其中，方便地部署和开通新业务，快速发现并且恢复系统故障，通过自动化、智能化手段实现大规模系统可靠地运营是云计算平台管理技术的关键。

对于提供者而言，云计算可以有三种部署模式，即公共云、私有云和混合云。三种模式对平台管理的要求大不相同。对于用户而言，由于企业对于 ICT 资源共享的控制、对系统效率的要求以及 ICT 成本投入预算不尽相同，企业所需要的云计算系统规模及可管理性能也大不相同。因此，云计算平台管理方案要更多地考虑定制化需求，能够满足不同场景的应用需求。

包括 Google、IBM、微软、Oracle/Sun 等在内的许多厂商都有云计算平台管理方案推出。这些方案能够帮助企业实现基础架构整合，实现企业硬件资源和软件资源的统一管理、统一分配、统一部署、统一监控和统一备份，打破应用对资源的独占，让企业云计算平台价值得以充分发挥。

9. 绿色节能技术

节能环保是全球整个时代的大主题。云计算也以低成本、高效率著称。云计算具有巨大的规模经济效益，在提高资源利用效率的同时，节省了大量能源。绿色节能技术已经成为云计算必不可少的技术，未来越来越多的节能技术还会被引入云计算中来。

碳排放披露项目（carbon disclosure project，CDP）发布了一项有关云计算有助于减少碳排放的研究报告。报告指出，迁移至云的某公司每年就可以减少碳排放 8570 万 t，这相当于2 亿桶石油燃烧所排放出的碳总量。

6.3.2　云计算技术对比

云计算技术经历了两代，第一代云计算技术的代表是虚拟化技术，第二代云计算技术的代表是容器技术，如表6-3-1所示。

表6-3-1　常见云计算的技术对比

虚拟机（第一代云计算技术）	云容器（第二代云计算技术）
重量级	轻量级
专属独立存储	专属独立存储
启动时间（以分钟为单位）	启动时间（以毫秒为单位）
表现有限	原生表现
每个 VM 都在自己的操作系统中运行	所有容器共享主机操作系统
硬件级虚拟化	操作系统虚拟化
固有 VM 云计算资源	LBS 优化云计算资源
分配所需的内存	需要更少的内存
完全隔离	进程级高级隔离
运营成本高	运营成本低

6.3.3　Google 的云计算技术架构分析

GFS 是 Google 自己设计的分布式文件系统，是大量安装 Linux 操作系统的普通 PC 构成的集群系统。整个集群系统由一台 Master（通常有几台备份）和若干台 ChunkServer 构成。GFS 中文件备份成固定大小的 Chunk 分别存储在不同的 ChunkServer 上，每个 Chunk 有多份拷贝，也存储在不同的 ChunkServer 上。Master 负责维护 GFS 中的 Metadata，即文件名及其 Chunk 信息。客户端先从 Master 上得到文件的 Metadata，根据要读取的数据在文件中的位置与相应的 ChunkServer 通信，获取文件数据。据介绍，Google 的每一份数据至少放在三个不同位置的机器上，所以可靠性是可以高度保证的，而且操作 GFS 和操作本地磁盘一样简单易行。

目前 Google 拥有超过 200 个的 GFS 集群，其中有些集群的计算机数量超过 5000 台。Google 现在拥有数以万计的连接池从 GFS 集群中获取数据，集群的数据存储规模可以达到5PB，并且集群中的数据读写吞吐量可达到每秒 40GB。

MapReduce 是一个编程模式，它与处理/产生海量数据集的实现相关。用户指定一个

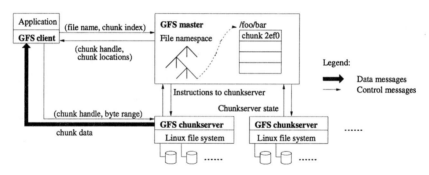

图 6-3-1　GFS 架构图

map 函数，通过这个 map 函数处理 key/value（键/值）对，并且产生一系列的中间key/value 对，并且使用 reduce 函数来合并所有的具有相同 key 的中间键/值对中的值部分。MapReduce的主要贡献在于提供了一个简单强大的接口，通过这个接口，可以把大尺度的计算自动地并发和分布执行。例如，在很大的文档集合中统计每一个单词出现的次数；map 函数检查每一个单词，并且对每一个单词增加 1 到其对应的计数器；reduce 函数把特定单词所有出现的次数进行合并。

URL 访问频率统计：map 函数处理 webpag 请求和应答（URL,1）的 log。Reduce 函数把所有相同的 URL 的值合并，并且输出一个成对的（URL,总个数）。

逆向 Web-Link 图：map 函数输出所有包含指向 target URL 的 source 网页，用（target, source）这样的结构对输出。reduce 函数输出所有关联相同 target URL 的 source 列表，并且输出一个（target, list（source））这样的结构。

分布式排序：map 函数从每条记录中抽取关键字，并且产生（key, record）对。reduce 函数原样输出所有的关键字对。

BigTable：一种用于管理超大规模结构化数据的分布式存储系统，它可以管理分布在数以千计服务器上的以 PB 计的数据。BigTable API 将包括用于创建、编辑表和列，改变群集、表、列元数据的函数。BigTable 不支持完全的关系数据模型，而是为客户提供了简单的数据模型，让客户来动态控制数据的分布和格式。BigTable 只支持大部分 SQL。

6.4　大数据的基本概念与特征

6.4.1　大数据的概念

信息时代，人们的衣食起居早已被数据化。人们平时的网络社交、网上购物、电话短信、娱乐等产生的海量数据呈爆炸式增长，使得现代社会的信息爆炸已经演变成了数据爆炸。数据爆炸在三维空间发生，包括同一类型数据量的快速增长，数据增长的速度不断加快，新的数据类型不断出现、数据多样性在不断地增加。由此，大数据的概念应运而生。

顾名思义，大数据即海量数据，指数据量的大小超出了传统意义上数据尺度，一般的软件工具难以捕捉、存储、管理和分析。IDC 研究报告提出，大数据技术描述了一种新一代技术及其架构，用于以很经济的方式，以高速的捕获、发现和分析技术，从各种超大规模的数据中提取价值。大数据的数量级应该是 PB 级别。但是，数据量的大小不是判断大数据的唯一指标。目前为人熟知的大数据五大特征是 volume（数据体量巨大）、variety（数据类型繁多）、velocity（时效性高）、value（数据价值密度低）和 veracity（数据准确性高），即大数据特征的 5V 定义。

英国经济学家卡罗塔·佩雷斯指出，人类社会相继出现五次技术革命。自 18 世纪中后期至今，人类已经通过四次工业技术革命一步步实现了工业化，丰富了人类的物质文明。第五次技术革命是信息与远程通信革命，是信息高度数据化的附属品。如今，人类的衣食起居都被信息化、数据化。在大数据技术诞生前，人类对数据的理解和认识存在明显的局限性，传统意义上的小数据或者零散数据，其生成都需要通过人类的记录行为或由人类预设好的机器来完成，数据所呈现的也只是客观现实的某种取舍或近似描述。与之相比，大数据不仅仅是"量"的积累，更是"质"的变化。这种差异性表现为，大数据具有规模整全性和实时流动性。大数据的整全性指的是大数据的"大"不是纯粹的量的概念，"大"意味着全，因为单纯的数据量并不是大数据与小数据的原则性区别。大数据与小数据的根本区别在于其基本特征是趋向规模整全。即大数据不仅意味着数据量大，而且意味着维度全。大数据之所以维度全，是因为大数据的获取只有最基本也是最少的在先预设。大数据的实时流动性则意味着数据的高速流动和实时获取，大数据作为人类现实生活的映射，提供了与现实生活同步的过程性。因此大数据所呈现的客观世界比传统小数据更全面，也更接近客观现实。

6.4.2 大数据的特征

区别于传统意义上的数据，大数据的数据类型复杂，是各种类型数据的集合。大数据的一个显著特点是包括了大量的非结构化或半结构化数据，如网络日志、图片、音频、视频、地理位置信息等。大数据的价值密度低。例如，在大量的视频监控数据中，真正有价值的信息可能只有其中有限的几帧，大量的视频数据是无价值数据。大数据的增长速度极快，尤其是电子商务实时交互数据、传感器实时采集数据铺天盖地。大数据要求处理速度快，大量的实时数据需要快速处理。

2001 年，美国麦塔集团（后被 Gartner 公司收购）分析师 Douglas Laney 在 *3D Data Management: Controlling Data Volume*，*Velocity and Variety* 中指出了大数据最早的 3V 特征：量（volume，数据大小）、速（velocity，资料输入输出的速度）与多样（variety，多样性）。在 Douglas Laney 的基础上，IBM 先后提出了大数据的 4V 和 5V 特征。大数据的 5V 特征具体如下：

（1）volume。数据规模大，包括采集、存储和计算的数据量都非常大。大数据的起始计量单位至少是 PB（1000 个 TB）、EB（100 万个 TB）或 ZB（10 亿个 TB）。就我国的电子馆藏档案而言，档案库存量已达到近 6 亿卷，以每卷 3cm 厚度计算，我国的馆藏档案能从长江源头至入海口铺个来回。据估算，我国档案正以每 5 年上涨 50% 的速度递增。

（2）velocity。数据速度一般指处理速度与产生速度。大数据往往和人工智能、物联网等行业结合应用，对数据的实时响应要求高。大数据的处理效率又称为"1 秒定律"，即可以在秒级时间内获取分析结果。数据增长速度快，数据的采集、存储和计算速度也快，对时效性要求高。比如，微博要求几分钟前的新闻能够被用户关注，个性化推荐算法要求尽可能实时完成推荐。这是大数据区别于传统数据挖掘的显著特征。

（3）variety。数据种类和来源多样化，数据类型繁多。全球 IT 技术的不断发展催生出各种交互产业，各种类型的数据随之产生，区别于传统 IT 时期的结构化数据，现在整个大数据产业中充满了半结构化和非结构化的数据。互联网时代加剧了档案数据的多样化，包括结构化、半结构化和非结构化数据，具体表现为网络日志、音频、视频、图片、地理位置信息，等等。多类型的数据对数据的采集、存储和计算提出了更高的要求。

（4）value。互联网大数据价值密度相对较低，或者说是浪里淘沙却又弥足珍贵。由于数据价值密度低，因此必定存在大量的非有效信息。

（5）veracity。数据的准确性和可信度高，即大数据中的内容与真实世界中发生的事情息息相关，研究大数据就是从庞大的网络数据中提取出能够解释和预测现实事件的过程。

6.4.3 大数据的价值

数据是有价值的，不仅仅是因为数据采集、加工和保存需要成本，而且数据就像一颗神奇的钻石，在开采、分选、切割、研磨、销售以及以后的使用过程中，不断地被赋予新的价值。同时还有稀缺性和唯一性等特殊价值。犹如海面上的冰川，肉眼所见的只是冰山一角，绝大部分隐藏在水面以下。我们所看见的数据价值可能只是其中的一小部分，这就是所谓的显在价值。显在价值是显性的、直观的，是数据的原始价值，通过完成数据的基本用途而实现价值。大部分的数据价值隐藏在数据内部，是隐性价值，需要通过数据分析才可能得以发现和揭露。数据资源作为无形的资源和资产，不同于有形资源和资产，它不会随着使用的增加而减少。数据在使用过程中没有损耗，可以不断使用、重复使用。随着使用次数的增加，数据的价值被不断地发现而使之增值。数据的价值只有在利用过程中才能被发现、发掘和实现价值。

大数据的价值分布与挖掘利用，超出了人们的常规思维范畴并突破了传统的理论方法，我们需要对数据的价值体现、价值蕴涵等有全新的认识。

1. 大数据的价值体现

大数据的价值主要表现在人类通过数据认知研究对象的本质程度方面。在大数据为经济社会发展带来诸多机遇的同时，人类也必须面对由此带来的冲击和挑战，需要有与更多、更深、更包容、更隐性的规律相呼应的观念、思维方式及认知渠道，来挖掘以相对低密度的形式分布的大数据的价值。对大数据可能带来的隐私泄露、形成垄断等问题，需要换个角度来看。因为所谓的隐私都具有个性化、多层次和超常性等特点，是在不断地交互演变中反映出的差异化的人文个性，人总是在不断产生新的信息，所以，也就不用担心个体信息的完全暴露和被盗用。同样的道理，对大数据企业和行业来说，虽然会存在一些历史积累的客观优势，但相关的数据不可能完全被垄断，因为大量的、不断出现的新的数据往往更有价值，从而也就不可能改变大数据共享的本质特征。从与相关学科的关联角度来看，大数据超越了数理统计意义上的随机试验条件等经典假设和传统的统计处理方法，其中占绝大比例的非结构化数据、文本数据、图像实物等其他载体和表现形式，也极大地超出了数据科学的研究范围。从行为科学角度看，精细、深化、全实景式的刻画和记录，是全局观念和一体化方法的表现，能弥补传统行为假设的逻辑缺失，实现理论逻辑和经验数据实证的有机融合，有助于让新兴的复杂性科学落地，从行为根源上揭示和彻底解开人类复杂决策之谜。相对于人类的应用需求和认知能力而言，大数据中所蕴含的海量信息足以使人们探索、认清和把握研究对象或问题的本质与规律。相应地，大数据采样和分析处理过程中也面临一些新问题，如采用降维等方法寻找与算法相适应的极小样本集，寻找影响和决定存储容量与算法效率的方式和途径，消解大数据中导致的算法失效和无解的不一致问题，由超高维导致的数据稀疏、算法复杂度增加、多维度数据并存、按任务定维难、可能存在非整数维等不确定维数的问题，以及可行解太多难以优化选择等不适定性问题。因此一些技术可能发生颠覆性的变化。

2. 大数据的价值蕴涵

从价值密度角度看，大数据的价值蕴涵至关重要。显然，大数据存储和计算的成本极高，大数据虽然总的价值量很高，但是其价值分布和存在形态与传统数据科学的处理对象大不相同。在大数据分析中，从某种意义上说，重要的不是如何分析数据，而是如何获得优质元数据和高权重数据。以股票市场为例，真正有价值的数据可能只是在很小范围内传播，极少会扩散到广大投资者中来。数据信息的价值是相对于需求及与之匹配的技术和工具而言的。一般说来，价值密度的高低与数据总量成反比，如金融数据、市场行情、人的行为模式以及视频资料、语音轨迹和天气数据等，虽然价值密度相对较低，但其体量要比常态数据高出足够多个数量级，因而对其进行挖掘获得的市场价值也远高于常态数据。再从人机交互的VR（virtual reality）及相关技术的发展来看，社会经济活动中行为大数据的价值挖掘，因一体化建模分析、科技与人文的融合和揭示多因素并发的深层复杂性而具有更加广阔和诱人的发展前景。大数据处理可零可整、可虚可实、可静可动，既可通过碎片化信息的关联整合，得到研究对象的整体特征和内在机理，又能将总体现象分解并聚焦在任何需要深入研究的微观主体或局部问题上，还可贯通虚拟与现实。因此，如果从大数据中看到的还只是数据和信息，那大数据就失去其存在价值了。

6.4.4 大数据技术

大数据技术就是采集、分析、处理这些庞大数据的信息，得出结论，从而应用到我们生活的方方面面，这对改善人们的生产生活起到了非常重要的作用。大数据技术主要包括数据挖掘、数据分析、数据存储、数据可视化以及大数据处理系统等。

1. 数据挖掘

数据挖掘（datamining）又称数据采矿，包含数据采集、数据预处理两个模块。一般是指从大量随机的可能不完全、有噪声或模糊的数据中通过算法将有潜在利用价值的、隐藏在背后的信息都搜索出来。

2. 数据分析

数据分析技术涉及对数据对象进行对比分析，通过对大量数据的分析，并对数据进行汇总和理解，从而最大化地开发数据的功能，发挥数据的资产价值。大数据分析的难点在于，其输入的数据可能是不完整的、有错误的、含有其他冗余信息的，因此需要对输入的数据进行清洗、融合等预处理操作，在大数据背景下，很多数据是以非结构化的形式存在的，这会造成分析难度更高。数据分析是提取有用信息和结论从而对数据进行归纳总结和信息升华的过程。

3. 数据存储

面对海量的数据资源，大数据存储就成了十分关键的问题。目前大数据领域主流方式为分布式架构，在分布式存储中，将大数据存储任务切分为小块，分配到集群中的各机器上去获取支持。常用的大数据存储技术包括分布式文件系统 HDFS 和分布式存储系统 HBase。

4. 数据可视化

可视化是帮助目标对象处理人工难以完成的海量大数据分析任务，让目标对象对大数据有更深刻的认识，将知识、信息和数据转变成为可见的格式。主要的可视化技术有信息可视化、数据可视化、知识可视化、科学计算可视化。

数据可视化作为一种知识表达、知识展示和知识传递的有效手段，促进了数据科学的大众化和推广应用。通过将复杂、抽象、枯燥、难以理解的数据转化为直观的图形，并呈现给普通用户，使得业务智能和决策分析不再是少数高级数据分析技术人员的专利，而是成为通俗易懂、人人可用的工具和手段，这是一个巨大的进步。

5. 大数据处理系统

在一定时间内，人类或者机器是无法通过常规数据软件对大规模数据进行获取、存储、管理以及处理的，需要专业的数据操作系统对其进行操作。大数据处理系统分为批处理系统和流式处理系统。当前主流的批处理系统是分布式计算架构 Hadoop，该系统可对完整的大数据集合进行分析，但无法获得实时数据，数据的迟滞高。流处理大数据系统的代表有 SparkStreaming、Storm，可对实时数据进行高效分析处理。

6.5 大数据的存储与管理

6.5.1 大数据的存储

目前采用行存储与列存储的非关系型数据库已经成为大数据存储的主流方式，能够更有效地处理海量数据，且兼顾安全、可靠、完整性，是选择具体存储方式的依据。

1. 行存储

行存储是传统的关系型数据库使用的存储方式，常使用的行存储大数据数据库例如 MongoDB，其数据是按行存储的。没有索引的查询使用大量 I/O 资源。比如一般的数据库表都会建立索引，通过索引加快查询效率。建立索引和物化视图需要花费大量的时间与资源。且面对查询需求，数据库必须花费大量存储空间才能满足需求。

2. 列存储

列存储型的数据库如 Hadoop 中的 HBase 是当下主流的大数据存储使用的数据库。其特点是数据按列存储，即每一列单独存放。数据即索引，访问时只访问查询涉及的列，可以大大降低对系统 I/O 资源的依赖。在每一列由一个线程来处理，查询的并发处理性能高，查询速度快。在数据类型一致、数据特征相似时可以高效压缩。比如有增量压缩、前缀压缩算法都是基于列存储的类型定制的，所以可以大幅度提高压缩比，有利于存储速度的提升和网络输出数据带宽的消耗。

3. 存储方式的比较

两种存储方式都有各自的优缺点，行存储的写入是一次性完成的，消耗的时间比列存储少，并且能够保证数据的完整性。缺点是数据读取过程中会产生冗余数据，如果只有少量数据，此影响可以忽略，数量大可能会影响到数据的处理效率。列存储在写入效率、保证数据完整性上都不如行存储，它的优势是在读取过程，不会产生冗余数据，这对数据完整性要求不高的大数据处理领域，比如互联网，尤为重要。

如果首要考虑的是数据的完整性和可靠性，那么行存储方式是不二的选择，列存储方式只有在增加磁盘并改进软件设计后才能接近这样的目标。如果以保存数据为主，则行存储方式的写入性能比列存储方式好很多。在需要频繁读取单列数据的应用中，列存储方式是最合适的。如果每次读取多列数据，则两个方案可酌情选择：采用行存储方式时，设计中应考虑减少或避免冗余列；采用列存储方式时，为保证读写效率，每列数据应尽可能分别保存在不同的磁盘上，多个线程并行读写各自的数据，这样就可在避免磁盘竞用的同时提高读写效率。无论选择哪种存储方式，将相同属性的数据存放在一起都是必需的，这样可减少磁头在磁盘上的移动，提高数据的读写效率。存储方式的比较如表6-5-1所示。

表6-5-1 存储方式的比较

比较对象	行存储	列存储
优点	写入效率高，保证数据完整性	读取过程没有冗余，适合数据定长的大数据计算
缺点	数据读取有冗余现象，影响计算速度	缺乏数据完整性保证，写入效率低
改进	优化存储格式，保证能够在内存中快速删除冗余数据	多磁盘多线程并行读写（需增加成本）

6.5.2 大数据的管理

1. 大数据管理技术的产生

从大数据快速发展以来，分布式架构都是中心化的设计，就是一个主控机连接多个处理节点。当主控机失效时，整个系统就无法访问了，所以保证系统的高可用性和数据的安全性是非常关键的。这就需要在大数据系统中有一个工具能够高效地管理协调各组件和数据，Zookeeper 应运而生。

2. 大数据管理技术 ZooKeeper

ZooKeeper 是一个高可用的分布式数据管理与系统协调框架。ZooKeeper 主要用来解决分布式集群中应用系统的一致性问题，它能提供基于类似于文件系统的目录节点树方式的数据存储，它的作用主要是用来维护和监控存储数据的状态变化。通过监控这些数据状态的变化，可以达到基于数据的集群管理（图6-5-1）。

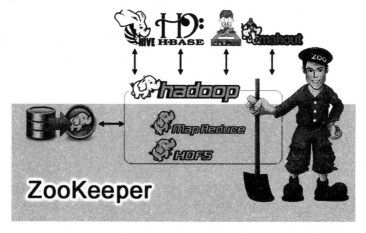

图6-5-1 ZooKeeper 简介

6.6 大数据分析与可视化

数据每时每刻都在产生，当数据在有限的时间内无法通过常规的工具与方法，对其进行管理、处理时大数据就产生了。数据分析的实现通常需要与行业结合，分析结论是基于非常有限的局部角度给出的，而不是全局角度。相对于传统的数据分析而言，大数据分析更关注针对非结构化数据获取更大的洞察力范围。大数据的分析流程如图6-6-1所示。

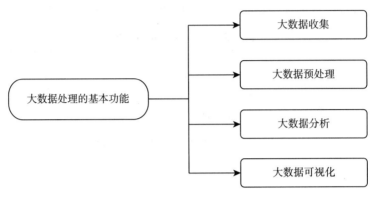

图6-6-1 大数据分析流程

数据信息爆发式增长，为了快速从海量数据中提取有价值的信息，应选取有效技术措施，做好数据分析工作，增强数据有效性。大数据的分析流程通常分为：①数据收集；②数据预处理；③数据分析；④数据可视化。

6.6.1 数据收集

数据源会影响大数据质量的真实性、完整性、一致性、准确性和安全性。数据获取的方法有很多，主要包括物联网感知和网络爬虫等。

1. 物联网感知

物联网是当前数据获取的主要方式之一，物联网感知的手段是采用监测的方法，即通过传感器、射频识别等设备对"物"的物理参数、化学参数、生物参数、空间参数等进行实时采集，所采集的这些参数表现了"物"的属性及运动状态，能客观、完整地描述"物"。同时物联网感知对象种类多样，监测数据需求较大，感知节点常被部署在空中、水下、地下等人员接触较少的环境中，应用场景复杂多变（图6-6-2）。因此，一般需要部署大量的感知节点才能满足全方位、立体化的感知需求。

2. 网络爬虫

网络爬虫是自动地抓取万维网信息的程序或者脚本（图6-6-3）。万维网包含庞大的数据信息，网络爬虫可以根据既定的抓取目标，有选择地访问万维网上的网页与相关的链接，获取所需要的信息。网络爬虫已经与互联网相伴相生、密不可分。伴随着大数据和智能化技术的发展，当前网络爬虫越来越向规模化和智能化方向发展。网络爬虫不只是会对开放融合环境下的海量数据进行数据爬取和存储，还会通过对数据的抽取、标注、去重、去噪、关联、转换等清洗过程，将数据转换成结构化的标准数据。为了得到更有价值的数据，可以进一步对数据进行分析和挖掘。融会贯通开放融合环境下的互联网数据孤岛，最终呈现出更加宏观和专业的数据挖掘可视化成果，可以作为决策和判断的重要依据。各种专业的爬虫网站和平台不断涌现，各种语言开发的爬虫工具也层出不穷。无恶意的普通爬虫和不遵守爬虫协议的恶意爬虫分散在互联网中，几乎占据所有网络流量的2/5。如果没有任何限制，网络爬虫的发展几乎是一发不可收的。

图 6-6-2 物联网感知节点

图 6-6-3 "蜘蛛"般的网络爬虫

6.6.2 数据预处理

收集的数据集呈现多元化，内部关联较为复杂，且数据质量不尽相同，造成数据解读、分析等多个环节中存在许多问题。因此，数据预处理作为数据分析、挖掘的重要准备工作，通过应用数据预处理措施，初期将海量数据中与最终挖掘、决策相关性较低的数据去除，为挖掘算法提供可靠性较高的数据信息。数据挖掘的前提条件是应保证数据可靠，去除其中"脏数据"，主要包含缺失数据、不确定数据等。对数据进行预处理的方法，主要包含以下几方面：

1. 数据清洗

数据清洗是采取高效的技术措施检测原始数据质量，删除数据中的重复数据，判定其是否存在错误、不一致等情况，选取各类清洗处理技术，将数据进行清洗，提高数据可靠性的过程。数据清洗技术内容较多，若想获取良好的数据清洗效果，应首先明确"脏数据"种类及形成因素，对其进行处理，转变为所需数据。随着信息业和商业的高速发展，进一步促进数据清洗技术的良好发展。

数据清洗的过程通常包括针对残缺数据的填补遗漏，噪声数据的平滑，不一致数据处理和去除异常值。这些处理环节可以有效检测出噪声数据、无效数据等，是保证大数据分析结果质量的有效措施。

2. 数据集成

数据集成是将对各数据源的数据进行合并统一形成新的数据集，提升数据的完整性与可用性。目前数据集成面临三个问题：集成模式的问题、数据冗余问题、数据值存在检测冲突问题。

3. 数据转换

数据转换是将数据进行转换或归并，形成适合数据处理的模式。常见的数据转换处理方法包括平滑处理、泛化处理、合计操作、归一化处理与重构属性。转换后的数据有效地保证了数据的统一性。通常数据转换方式较多，应依照数据属性的实际状况，选取科学、合理的数据处理措施，如函数变换、数据规范化等，规范化有助于数据实现合理划分类别，以及避免对度量单位的依赖性。

4. 数据归约

数据归约是指在保证数据集完整性的前提下对数据集的精简，进而提升数据分析的效率。常用的归约方法有维度削减、数据立方合计、数据块削减、数据压缩、离散化等。

数据预处理的方法都是相互结合使用的，单独使用一种结果会存在很大问题，同时数据源获取是数据预处理的重要节点，需严控其预处理各环节的质量，保证数据处理的高效性及可靠性。

6.6.3 数据分析

数据分析是从大量数据中挖掘出感兴趣的内容，可以让人们对数据产生更加优质的诠释。而具有预知意义的分析可以让分析员根据可视化分析和数据分析后的结果做出一些预测性的推断。

在现实的世界，数据可以以结构化的形式存在，也可以以非结构化的形式存在，这就意味着数据的类型可以是视频，也可以是图片，还可以是移动产生的信号或者其他形式。这些都可以用来进行大数据分析，那么这和传统的以关系型为基础的数据库就大不一样了。对于分析效率来讲，大数据分析对数据进行实时分析，这个有别于传统数据要等待数据仓库等技术完成工作后才能得到需要的分析信息并且传统的分析是定向批处理的。在对待硬件的需求上，大数据分析所需的系统可以由普通设备和分析软件构成，这个成本费用能小于需要花费高昂的设备来维持研究的传统的分析系统平台，可以节约硬件成本，使得大数据时代所需的设备，可以从高端服务器向中低端通用型主机组建的大规模集平台发展，而这也是为何大数据通常就意味着伴随着云计算。对于其涉及的技术，包括深度学习、知识计算、社会计算、多维数据可视化、计算智能等技术。

6.6.4 大数据可视化

可视化是一种能够处理大量科学数据集的工具，能够提高科学家从数据中发现现象的能力。数据分析是把隐藏在一大批看似杂乱无章的数据背后的信息集中和提炼出来，总结出研究对象的内在规律，经历明确目的和思路、数据收集、数据处理、数据分析、数据可视化、报告撰写的过程。如果把数据分析看作一个数学问题，数据可视化就是数据分析的子集，数据分析包括了数据可视化。

1. Power BI 数据可视化

由 Excel 衍生而来的 Power BI，整合了 Excel Power Query、Power Pivot、Power View 和 Power Map 等一系列工具，堪称微软第二次伟大的发明。它采用数据分析表达式，使得不懂编程但具备数据分析能力和商业直觉的分析人员能够便捷且快速地提取、清理和整合各种数据源，并创建复杂动态图形和仪表，堪称自助式 BI 商务智能，是 IT 傻瓜化和数据分析的完美结合。

2. Tableau 数据可视化

Tableau 是一款完全的数据可视化软件，专注于结构化数据的快速可视化，使用者可以快速实现数据可视化并构建交互界面，只需将数据直接拖放到工具簿中，通过一些简单的设置就可以获得想要的可视化图形，其核心是数据可视化技术，具有独创的 VizQL 数据库和用户体验良好且易用的表现形式，是一个人人都能学会的敏捷商务智能工具，如图 6-6-4 所示。

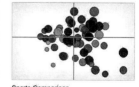

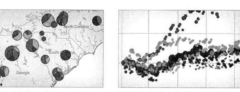

图 6-6-4 Tableau 可视化

3. ECharts 数据可视化

ECharts 是一个开放源代码的数据可视化工具（图 6-6-5），可用于 PC 端和移动端的大多数浏览器，它由 JavaScript 实现，底层依靠轻量级矢量图形库 ZRender，具有丰富的可视化类型，支持多种数据格式，具有流畅性强的数据前端显示、动态数据的动画显示、更强大的三维可视化功能，支持跨平台应用，有数据深度探索和无障碍访问功能，并提供了多种可视化图表，支持定制，易于使用，轻松满足数据大屏、智慧城市、VR、AR 等高品质展示需求。

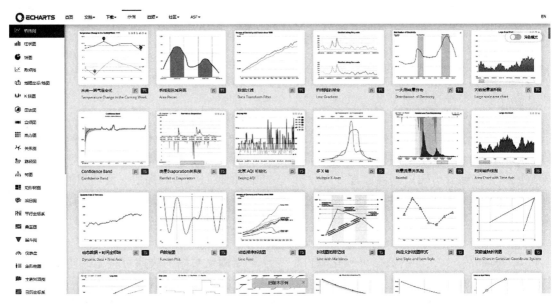

图 6 - 6 - 5　ECharts 可视化

4. Python 数据可视化

Python 语言强大而灵活，并有很强的扩展性，而且其语法相对简单易懂，即使没有编程基础的人也能通过适当的学习轻松掌握，被称为"胶水语言"。Pyecharts 和 Plotly 模块是Python数据可视化中的两个重要工具。Pyecharts 在 Python 和 ECharts 之间架起了一座桥梁，让 Python 用户也可以使用 ECharts 的强大功能。Plotly 是新一代 Python 绘图模块的王者之选，也是各种 Web 平台的优先选择绘图模块。Python 可视化效果如图 6 - 6 - 6 所示。

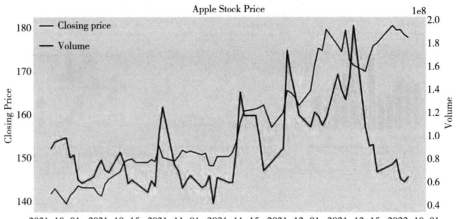

图 6 - 6 - 6　Python 可视化

6.7　云计算与大数据发展展望

云计算为体，大数据为用。大数据分析处理是云计算的有效应用，云平台是大数据的运行管理平台。云平台是大数据技术的基础，云计算技术的成熟使大数据存储和分析应用成为可能。从技术的角度来讲，我们相信云计算与大数据未来主要呈现以下几个发展趋势。

6.7.1　云计算未来的发展趋势

1. 云计算的标准化

目前，业界各方很难达成共识。正如俗话说"无规矩不成方圆"，因此，要实现云计算真正的产业化并步入平稳发展阶段，必须制定统一的技术标准和运营标准。确保云计算平台的互操作性以及云服务的可移植性和互操作性，即应优先制定云服务提供商之间的接口标准以及云服务提供商与用户之间的接口标准。

2. 云计算的未来属于 PaaS

云计算的 3 种基本服务模型即基础设施即服务（IaaS）、软件即服务（SaaS）和平台即服务（PaaS）正在快速演变。由于企业对软件开发和维护所投入的时间与资金有限，导致SaaS 的发展停滞不前。IaaS 为用户提供灵活性和自主权的同时，增添了复杂性。另外，IaaS可能无法通过门户提供系统实时编制（orchestration）能力。PaaS 屏蔽底层的硬件基础架构，为用户提供覆盖软件全生命周期中需求分析、设计、开发、测试、部署、运行及维护各阶段所需的工具，降低用户进行应用程序开发的技术难度及开发成本。因此，有理由相信，更多的中小企业将会在未来的几年采用 PaaS 云。PaaS 将是云计算的最终目标。在一个通用、可移植的平台上进行 SaaS 或私有软件的开发，将有助于打破基础架构的禁锢，并能使应用更具可移植性、健壮性和可扩展性。

云计算在实际运用中是以计算机为载体的，在与大数据相结合后最容易发生的问题就是数据安全问题。关于大数据的安全问题令人担忧，安全和隐私是永恒的问题。例如，大数据规模的密码学，分布式编程框架下的安全计算，非关系型数据的存储，数据的安全存储和事务日志，终端输入的确认/过滤，实时安全与合规监测，可扩展、可组合、敏锐的数据挖掘与分析，强制性访问控制与安全通信，粒度访问控制等。

大数据的保护越来越重要。随着大数据数量的不断增加，对数据存储的物理安全性要求越来越高，从而对数据的多副本与容灾机制提出更高的要求。网络和数字化生活使得犯罪分子更容易获得关于人的信息，也有了更多不易被追踪和防范的犯罪手段，可能会出现更高明的骗局。

6.7.2　大数据未来的发展趋势

1. 在整体发展态势方面

更大的数据量，数据资源化，数据价值突显，数据的私有化，数据共享联盟将逐渐壮大成为产业的核心一环。

2. 在大数据学术研究方面

最令人瞩目的学科是大数据分析与预测、分布式计算和社会计算，数据科学兴起，数学学科发生变革，自组织计算，基于海量知识的智能大数据分析的革命性方法，大数据学术活动盛行。

3. 在大数据人文方面

更奇妙的人机互连，数据分析的平民化，数据化生存。

4. 大数据的安全和隐私

大数据隐私问题，大数据安全，数据安全是国家安全。

5. 在大数据应用方面

最令人瞩目的应用是医疗、金融、电子商务、城市管理，决策支持，大企业大数据，精确个性化推荐系统，数据清洗，政府大数据，大数据加强军队，犯罪预测。

6. 大数据系统和处理

处理能力难以满足需要，处理模式多样化，网络压力突出。

7. 大数据对产业的影响

资本高度关注，产业政策，非结构化数据处理，数据产品丰富，数据外包，产业垂直整合，出现数据分析师、数据科学家、数据工程师等大数据新职业，大数据与云计算等深度融合。

展望未来，在信息文明社会，随着大数据技术的发展，人类社会将以信息文明的方式，向着更高级的社会不断发展。依托于大数据的背景，人们可以分析出数据背后的意义，获得对数据的更深层次的理解，服务于人类，形成新的技术变革之力。数据作为世界各国未来竞争的资源，其价值不低于石油、贵金属。大数据行业也必将成为未来国家之间竞争的领域之一。未来几年将会是我国大数据行业发展的重要时期，结合各行业的发展规律与特征，充分利用大数据技术有利于行业整体的品质提升与转型。

6.8 本章习题

简答题

1. 简述云计算与大数据的概念。
2. 简述云计算与大数据的发展历史。
3. 云计算主要有哪些类型？
4. 简述云计算的主要技术及其原理。
5. 大数据的主要特征有哪些？
6. 简述大数据的存储方式。
7. 简述大数据的管理方式。
8. 简述大数据处理与分析的过程。
9. 大数据可视化技术有哪些？
10. 简述大数据与云计算的未来发展趋势。

参考答案

第 7 章　人工智能

![本章学习目标] **本章学习目标**

- 理解人工智能的概念。
- 了解人工智能的发展历史。
- 理解典型机器学习算法的基本原理。
- 了解人工智能的典型应用。

![本章学习内容] **本章学习内容**

　　本章首先对人工智能的概念做了详细阐述，从"是否像人一样""是否具有理性""思考""行动"四个维度给出了理解人工智能概念的方法，并介绍了一种较为合理的人工智能定义；然后介绍了人工智能的哲学基础，从哲学中的数论思想、逻辑演绎思想、目的论和简单性原则等方面阐述了人工智能的哲学联系；进而从人工智能学科的建立开始，介绍了人工智能至今的发展历史及代表事件；接着对当前人工智能使用的典型机器算法做了简要介绍，包括线性回归、逻辑回归、支持向量机、随机森林和人工神经网络等；最后对互联网、农业、医疗、金融等行业中人工智能的主要应用场景和方法进行了介绍。

7.1 人工智能的概念

人工智能（artificial intelligence，AI）可以直观地理解为由人设计和制造的，通过机器呈现出的智能认知、决策和行为。它与自然智能——自然界中人类和动物所具有的智能，形成鲜明的对比。然而到目前为止，科学家们还不能对人工智能的概念给出标准的定义。其根本原因是很难讲清楚到底什么是智能。

在人工智能的发展历史中，人们从不同角度出发对人工智能的概念给出了多种描述。一些流行的人工智能定义包括：①人工智能是那些能够模仿并表现人类认知技能的机器，它们能够像人一样学习，像人一样解决各种抽象和现实的问题；②人工智能就是与人类行为相似的计算机程序；③人工智能就是能够像人一样思考的计算机程序或机器。对人工智能概念的这类描述实际上建立在承认人和智能同一化的基础上。但是，显然这两者并不能相互代表。人除了具有智能的属性之外，还具有本能的属性。更重要的是，因为人类对自身智能的工作原理和机制还知之甚少，所以自然无法清晰地以人的智能来定义人工智能。由于人不可避免地具有主观性，从"像人一样"的角度来定义人工智能无法对人工智能做出准确、客观描述。因此，对人工智能的这种主观、模糊的描述已经不被绝大多数学者所接受了。

人工智能的概念可以从"是否像人一样""是否具有理性""思考"和"行动"四个维度来理解。目前，学术界更倾向于从理性出发来定义和描述人工能力。其中一种人工智能的定义为：人工智能就是根据对环境的感知，做出合理的行动，并获得最大收益的计算机程序。这一定义从实证的角度来考量人工智能，回避了对智能本身概念的纠缠，通过证据收集（环境的感知）、理性决策和行为（做出合理的行动）、行为收益的最大化（获得最大收益）三个方面来界定人工智能。

人呱呱坠地时，既不具有任何知识，也不具有任何除本能以外的能力。然而，随着人的感官以及大脑的迅速发育，人类通过与外界的不断交互，可以很快具有说话、走路、歌唱和思考等能力，并最终成为智能健全的个体。通过在各个领域进行持续、深入的学习和自我学习，人群中逐渐产生哲学家、数学家、音乐家、文学家、运动健将等掌握不同领域高级智能的智能群体。基于这些实例，有理由认为人先天具有智能。这种智能与人所面对的场景和领域无关，是一种高度抽象、通用的智能。随着人类对自身智能的不断探索和了解，尤其是对通用智能研究的不断深入，人类对人工智能的认知也必将不断更新并以更加清晰、准确和客观的形式呈现。

7.2 人工智能的哲学基础

人工智能是21世纪最前沿的新兴技术，其通过对信息和符号的加工处理以实现人类的智能。人工智能的观点、理论、方法是建立在哲学基础之上的。从某种意义上讲，人工智能的产生和发展是人们对世界是如何表征的、意识是如何存在的等哲学问题思辨的结果。随着人工智能的快速发展，其对人类社会产生了巨大的影响，科技哲学中也产生了人工智能哲学这一分支。这充分说明，人工智能与哲学是相互促进、交互融通的关系。如今，各科学者开始从不同的角度对人工智进行思考，其中涉及对其进行的哲学思考。最先将人工智能从单纯技术领域引入哲学领域进行探究的是美国哲学家休伯特·德雷福斯（Hubert Dreyfus，1929—2017），他意图挖掘与人工智能技术相关的哲学基础。随着人工智能的发展，在哲学领域已经出现了专门研究人工智能与哲学关系的人工智能哲学学科。人工智能的产生和发展的确很大程度上受到哲学思想的影响。古希腊毕达哥拉斯主义的数论哲学思想对莱布尼茨、图灵、西蒙人工智能先驱有重要的启发意义。人工智能的基础是逻辑学，而逻辑学又是哲学的基础。最早提出逻辑学的是古希腊的哲学家亚里士多德。目的性的哲学思想和简单性哲学原则为人工智能提供了方法论上的基础。通过对人工智能哲学思想渊源的探究，可以从学科交叉的角度理解人工智能，有利于深入理解人工智能的理论、观念和方法，以更好地把握人工智能的发展内在规律。

7.2.1 数论哲学是人工智能产生和发展的基础

古希腊是哲学的发源地，世界的本原是当时的自然哲学家关注的主要问题之一。西方科学与哲学之父泰勒斯认为水是世界的本原。受其思想的影响，古希腊的哲学家还提出将气、火、土作为万物本原。同时期的数学家、哲学家毕达哥拉斯（Pythagoras，公元前580—公元前500）则转变了思辨方向，他脱离事物本身，将从万事万物中抽象出的数作为世界的本原，提出了万物皆数的哲学观点，从此人们开始在数的基础上展开对世界的认识。万物皆数的思想对古希腊乃至整个西方的自然科学的研究都产生了深远的影响。例如，古希腊亚里士多德（Aristotle，公元前384—公元前322）的逻辑学体系、欧几里得的几何体系、托勒密的天文学体系；科学革命以来的开普勒三定律、伽利略的自然数学化思想、莱布尼茨的二进制算法、牛顿的运动定律以及图灵的通用机和冯·诺依曼的数据处理程序。这些成就的哲学思想均与毕达哥拉斯的数论思想一脉相承。

1703年德国哲学家、数学家莱布尼茨（Gottfried Wilhelm Leibniz，1646—1716）在《皇家科学院记录》上发表了关于二进制的文章，这是西方关于二进制最早的一篇文章。莱布尼茨设计出一种二进制计算方法，即用二进制数"1"和"0"取代十进制数，他试图将日常的问题按照一定的方式用这两种简单的符号表示，然后通过一定规则的演算得到问题的答案，因此他还提出了"通用机"的设想。莱布尼茨将语言或者图片等信息处理单元转换为简单符号"0"和"1"的处理单元，由此可知数论思想对莱布尼茨在设计二进制过程中的思想有较大的影响。二进制的思想影响了整个计算机系统的发展，也奠定人工智能产生的思想基础。

英国计算机科学家图灵（Alan Mathison Turing，1912—1954）和美籍匈牙利数学家、计算机科学家、物理学家冯·诺依曼（John von Neumann，1903—1957）也深受毕达哥拉斯主义"数论"思想的影响。在莱布尼茨工作的基础上，图灵制造出了"图灵机"，冯·诺依曼设计出了一个物理模型 EDVAC 计算机，可以对数据进行复杂的操作。两人都将自己设计的机器比作人类的大脑，大脑思考的过程就类似于人工智能机器信息处理的过程，人工智能处理对象和处理机制的不同，意味着人工智能不同的发展程度。随着强人工智能的到来，人类的情绪、心理活动等必定要作为处理的对象，人类神经网络的联结机制将被应用到人工智能上来。将待认知对象转换成可识别处理的符号信息，然后通过对输入的数据按照一定规则进行加工处理，来模拟人类的思维的过程。不管人工智能发展到何种程度，其本质都是以可计算为基础将信息进行处理的过程，由此可见毕达哥拉斯的数论思想为人工智能发展奠定了基础。

7.2.2 逻辑演绎是人类和机器沟通的桥梁

人工智能的基础是逻辑学。人类思维的过程本质上是逻辑演绎的过程，所以说逻辑演绎是机器能够模仿人类的前提。逻辑演绎诞生之时是一种获取真知的方法，古希腊哲学家们都非常重视知识，伟大的哲学家苏格拉底（Socrates，公元前469—公元前399）曾经说过"无知是最大的恶"。对于如何获取真知则是当时谈论的热门话题。苏格拉底认为人类由灵魂和肉体构成，灵魂永恒不灭，只有通过灵魂人类才能获得真知，但是灵魂受到肉体的禁锢。苏格拉底的学生柏拉图（Plato，公元前427—公元前347）进一步将世界分为物质世界和理念世界，物质世界是理念世界的完美复制，真知来自理念世界。柏拉图放弃通过灵魂获得真知的路径，提出通过几何学的学习获得真知的方法。柏拉图的学生亚里士多德认为不能从静止不动的理念世界中获得真知，真知应该通过逻辑演绎的方法从经验世界中获得。亚里士多德在其著作《工具论》一书中设计了一套精准运用人类理性的演绎推理规则。其中最为著名的就是他的三段论（syllogisms），使得人们可以在给定的前提下，根据当前的情况推理出一个必然的结论。亚里士多德三段论的基本正向和逆向形式如下：

1. 三段论的基本正向形式

大前提：（已知）如果 A 成立，则 B 成立。

小前提：（当前）A 成立。

结论：B 成立。

2. 三段论的基本逆向形式

大前提：（已知）如果 A 成立，则 B 成立。

小前提：（当前）B 不成立。

结论：A 不成立。

亚里士多德的逻辑学经过经验主义休谟、实证主义孔德、逻辑主义密尔等人的吸收发展，到20世纪产生了分析哲学，以石里克和卡尔纳普为代表，分析哲学将逻辑学作为各个学科学习的基础。在人工智能领域，以冯·诺依曼为代表的人工智能专家致力于为机器设计逻辑方案。逻辑学在人工智能中的应用还包含西方哲学中理性主义和还原论思想。还原论的原则使得一切操作系统都可以还原成逻辑的形式，比如人工智能的代表人物数理逻辑学家皮茨与生理学家麦卡洛克认为神经网络可以用逻辑来表达。

7.2.3 目的论哲学思想在人工智能中的应用

目的论是最早由亚里士多德提出的一种唯心主义哲学学说，与唯物主义自然论相对立。他认为观念先于物质存在，自然界的一切是合乎目的的。世界上的一切事物、发生的现象、事物之间的联系都是某种观念的或者上帝事先预定的结果。自然论又叫偶然论，它认为世间万事万物都是偶然存在的，没有规律可循。比如，目的论主义认为因为需要嗅觉，所以人有鼻子，自然论主义则认为因为人长有鼻子，所以有了嗅觉。

目的论的思想对今天控制论和系统论具有重要的启发意义。冯·诺伊曼最先将生物目的性思想应用到机器的设计之中。生物目的性机制，是指生物在长期进化中，由于对环境的适应，很多行为已经固定为一种有意义的模式。比如人类自主性的活动实质是一种神经的应激反应，外界因素的刺激导致神经的反馈，进而影响激素水平的变化，结果表现为一种行为模式。冯·诺伊曼大量研究了生物处理信息的过程和生物的反馈机制，他发现生物系统和机器系统有很大的相似性，两者都存在反馈机制。16—17 世纪西方哲学界兴起的机械论思想，法国哲学家、数学家、物理学家笛卡儿（René Descartes，1596—1650）认为人体就是一台机器，这一观念更加佐证冯·诺伊曼认为机器通过模仿有机体的结构从而模仿人类的行为模式的观念。于是经过长期对自然自动机和人工自动机的研究后，冯·诺伊曼突破了生命与非生命的界限，成功制造出了可以通过信息储存系统和自动控制装置模仿人的行为的计算机，为人工智能的出现奠定了基础。

7.2.4 简单性原则为人工智能提供方法论上的基础

简单性原则作为一种方法论原则，指的是科学理论前提的简单性、科学定律的简单性、思维经济性以及逻辑简单性原则。简单性原则的思想从古希腊人以及我国古人将万事万物是由一种或者几种简单事物的聚合、分离中得以体现。从古希腊欧几里得的《几何原本》的公理化的研究范式开始，简单性原则逐渐得以确立并且一直贯穿到今天的科学研究中。爱因斯坦曾提出："从古希腊哲学到现代物理学的整个科学史中，不断有人力图把表面极为复杂的自然现象归结为几个简单的基本观念和关系。"

简单性哲学思想在人工智能上的应用上也有很多体现。比如，人工智能技术将人类的智能活动变成简单的一套指令，将人工智能系统中的数据、数量关系用简单的"0"和"1"表示，信息处理系统用简单的符号、数据进行逻辑计算。再比如，逻辑学上的奥卡姆剃刀原理为："如无必要，勿增实体"，意思是如果可以用更少的东西做同样的事情，那就不要浪费更多的东西去做。该原理运用在机器学习上便成了奥卡姆剃刀原则，即可以通过降低模型的复杂度来降低过拟合的风险。奥卡姆剃刀原则在机器学习算法上的意义在于：它指出了数据拟合与模型复杂度之间存在着一个最优的折中。由于算法设计者通常只会获得训练数据误差。由于过拟合的影响，如果不去选择能够使训练数据误差最小化的模型，而是选择复杂性低一点的模型（虽然这种模型在训练集上的数据拟合效果不是最好的），其算法的表现往往会更好。

7.2.5 主、客体及其关系是人工智能始终无法回避的问题

哲学上关于主体和客体的认识对人工智能的发展有至关重要的影响。符号主义人工智能认为人的认知过程就是符号逻辑的计算过程，人的认知能力来自大脑的计算和存储能力，任何知识都可以被形式化表达为数据。按照这种逻辑，人和人工智能没有本质的区别，那么人也就被工具化了，主体也就变成了客体。联结主义人工智能主要试图通过对人脑的研究，用机器来模拟人脑的结构和运作方式，从而制造出与人一样的智能机器。联结主义简单地认为，只要机器能够完全模拟人脑，那么就能获得与人脑相同的功能。然而，人作为主体，其对客体的认知并不完全是大脑的信息处理，其中还有人的情感因素和精神状态等。因此，不能仅仅通过模拟人脑来建立具有主体地位的人工智能。符号主义和联结主义把主体与客体割裂，从而把智能简单化为符号逻辑或人类大脑结构及运行方式，说明人对自身主体根源的认知还远远不够。行为主义人工智能基于控制论和进化论的思想，通过模拟人在适应环境过程中的智能行为，经过不断进化而实现人工智能。行为主义人工智能仅仅从行为上赋予机器类似智能的表象，但是它依旧与人的感知和认知不同。我们还是能清楚地分辨出行为主义人工

智能只不过是智能的机器，而不是主体。因此，什么是主体和客体以及它们之间是怎样的关系是人工智能始终无法回避的问题。对于这一问题，哲学上的思辨推理和人工智能的实证探索将交替融通，共同构成人类在这一根本问题上的认知途径。

7.3　人工智能领域的发展历史

7.3.1　开端和产生

在遥远的古代，人类就有了许多关于人工智能的神话和设想。公元前 850 年，古希腊就有制造机器人帮助人们劳动的神话传说。古埃及人认为祭祀用的雕像具有智慧和情感，人们只要"了解了神的本质"，就能制造出像人一样的机器人。公元前 900 多年，《列子·汤问》中记载的"偃师献技"是我国最早关于人工智能的传说。据记载，偃师制造的歌舞机器人"歌合律，舞应节，千变万化，惟意所适"，以至周穆王赞叹道"人之巧乃可与造化者同功乎？"

1950 年，图灵发表了一篇具有里程碑意义的论文——《计算机器与智能》（*Computing Machinery and Intelligence*）。他在论文中推测了创造会思考的机器的可能性，指出"思考"很难定义，并从外部现象出发设计了判断智能的方法，即著名的图灵测试。20 世纪 50 年代早期，大型商业电子计算机产品纷纷问世，其中较为著名的是 IBM 公司于 1953 年推出的 IBM 702 计算机，如图 7-3-1 所示。各种电子计算机产品的产生以及在科学计算、天气预报、航空设计、金融管理、军事计算等领域的广泛应用，是人工智能领域产生的直接条件。

图 7-3-1　IBM 702——第一代人工智能研究人员使用的计算机

学术界普遍认为 1956 年在美国召开的达特茅斯会议是人工智能作为一个学科被正式确立的标志。1955 年，时年 29 岁的美国达特茅斯学院数学系助理教授约翰·麦卡锡（John McCarthy）向洛克菲勒基金会提交了一份组织召开人工智能研讨会的申请。在这份申请中，麦卡锡首次提出了 Artificial Intelligence 这个术语，并写到"这项研究是根据一个推测开展的，即学习的每个方面或智能的任何其他特征都可以从原理上被如此精确地描述，以至于可以制造机器来模拟它们。我们将尝试如何让机器使用语言，形成抽象和概念，解决现在需要人类解决的各种问题，并能够自我改进"。1956 年夏，该研讨会在达特茅斯学院召开，先后参加达特茅斯会议的有麦卡锡、哈佛大学的马文·明斯基（Marvin Minsky）、IBM 公司的内森·罗切斯特（Nathan Rochester）、贝尔实验室的克劳德·香农（Claude Elwood Shannon）、卡内基梅隆大学的赫伯特·西蒙（Herbert Alexander Simon）和艾伦·纽厄尔（Allen Newell）

等20位科学家。这些与会科学家主要就可编程计算机、计算机编程语言、神经网络、计算规模理论等人工智能的重大问题展开了研讨。会议上的一大亮点是纽厄尔和西蒙展示他们设计的"逻辑理论家"程序。该程序可以模拟人证明数学逻辑定理的思维过程，并成功证明了数十个数学定理。这一成果引起了参会者的极大兴趣，被认为是计算机模拟人类智能活动的第一个真正成果。

达特茅斯会议之后，人工智能得到了各领域研究者的普遍关注。这些研究者从各自领域的理论和方法出发展开了人工智能的研究与探索，从而逐渐形成了符号主义、联结主义和行为主义三大学派。

1. 符号主义学派

符号主义学派又称逻辑主义、功能主义或计算机学派，其主张用符号表达和逻辑推理的方式来研究人工智能。符号主义学派假设人是一个物理符号系统，计算机也是一个物理符号系统。那么由于人类认知和思维的基本单元是符号，因此人工智能也是用计算机的符号操作来模拟人的认知过程。符号主义曾长期一枝独秀，为人工智能的发展做出重要贡献，对人工智能走向工程应用具有特别重要的意义。在人工智能的其他学派出现之后，符号主义仍然是人工智能的主流派别。符号主义学派的代表人物有赫伯特·西蒙和艾伦·纽厄尔等。

2. 联结主义学派

联结主义学派又称仿生学派或结构主义学派，其主张通过模拟人脑的结构、工作方式和功能来研究人工智能。联结主义学派认为神经元不仅是大脑神经系统的基本单元，而且是行为反应的基本单元；思维过程是神经元联结活动的过程，而不是符号运算的过程。在研究理念上，联结主义学派反对基于符号系统的人工智能模式，而以神经元及其联结机理为基础，进而研究神经网络模型和脑模型。当前被广泛应用的神经网络就是联结主义的代表成果。联结主义学派的代表人物是马文·明斯基、约翰·霍普菲尔德（John Joseph Hopfield）、杰弗里·辛顿（Geoffrey Everest Hinton）与大卫·鲁梅尔哈特（David Everett Rumelhart）。

3. 行为主义学派

行为主义学派又称进化主义或控制论学派，其主张基于"感知-行动"的行为智能模拟方法来研究人工智能。行为主义学派认为，智能是一种通过感知和行为实现对外界复杂环境适应的能力。人类智能是人类长期对外适应和进化的结果，人工智能也应当遵循适应和进化的规则来建立，而不是表示和推理。由于不同的行为表现出不同的功能和不同的控制结构，因此行为主义人工智能研究的结果直接催生了机器人学的出现。行为主义学派的代表人物可以追溯至控制论的创始人诺伯特·维纳（Norbert Wiener）和罗德尼·布鲁克斯（Rodney Allen Brooks）等。

7.3.2 符号主义人工智能的兴起（1956—1974）

符号主义学派认为人工智能源于数学逻辑，数理逻辑从19世纪末起得以迅速发展，到20世纪30年代开始用于描述智能行为。计算机出现后，又在计算机上实现了逻辑演绎系统。在达特茅斯研讨会之后，符号主义人工智能快速兴起并得到了大量的研究资助。在十几年中，符号主义研究者利用当时的计算条件开展了机器解决代数应用问题（algebraic word problems）、证明几何定理和学习说英语等研究工作。此时的研究人员对人工智能的发展表现出强烈的乐观情绪，他们表示将在不到20年的时间内制造出完全智能的机器。

人工智能研究的一个早期目标是让计算机能够用自然语言（人类语言）进行交流，这就是人工智能的一个重要研究领域——自然语言处理（natural language processing，NLP）。早期自然语言处理的著名成果是 Daniel G. Bobrow 在 1964 年博士毕业时设计的 STUDENT 程序，它被设计用来自动读入并求解高中代数课本中的代数应用问题。除此之外，Ross Quilian 编写了第一个语义网（semantic net）人工智能程序。所谓语义网是指用有向图或者无向图表达概念中语义关系的网络。语义网络将概念表示为节点，并将概念之间的关系（如 "has-a"）表示为节点之间的连接。1964—1966 年 Joseph Weizenbaum 在麻省理工人工智能实验室研发了第一个可以与人类对话的人工智能程序——ELIZA。该程序使用了模式匹配和替代法来模拟与人的对话。虽然 ELIZA 可以进行十分逼真的对话，以至于用户以为自己是在与人进行交流而不是程序，但这只是用户的错觉。实际上，ELIZA 完全不知道它在说什么，它只是根据预设的对话模式和语法规则来机械地与人对话，并不能理解语义环境。

日本早稻田大学于 1967 年发起了 WABOT 项目，并于 1972 年完成了世界上第一个全尺寸 "智能" 拟人机器人 WABOT-1。WABOT-1 由肢体控制系统、视觉系统和对话系统组成。它不但能够用日语与人交流，而且可以具有行走、搬运物体、辨别方向、测量距离等功能。

7.3.3　第一次人工智能寒冬（1974—1980）

1965 年人工智能迎来一个小高潮之后，研究人员对人工智能的发展和期望过于乐观，远远低估了他们所面临的困难。由于当时计算机的性能还很低，因此研究者对企业和政府承诺的过于乐观的技术期望不能兑现，从而招致社会对人工智能技术广泛的质疑。美国政府和美国自然基金会大幅削减了人工智能领域的研究经费。此外，明斯基对当时出现的第一代人工神经网络模型——感知机（perceptron）提出了严厉的批评，认为它并不能学习任何问题。人工智能的第一次寒冬时期来临，神经网络领域几乎完全停滞了 10 年的时间。然而，在 20 世纪 70 年代后期人工智能在逻辑编程、常识推理等方面的研究出现了新的思路和方法，从而为人工智能发展的第二次高潮做了铺垫。

7.3.4　专家系统带来的繁荣（1980—1987）

专家系统通常由人机交互界面、知识库、推理机、解释器、综合数据库、知识获取 6 个部分构成。其中尤以知识库与推理机相互分离而别具特色。专家系统的体系结构随专家系统的类型、功能和规模的不同，而有所差异。1960 年后，出现了运用逻辑学和模拟心理活动的一些通用问题求解程序，它们可以证明定理和进行逻辑推理。但是这些通用方法无法解决大的实际问题，很难把实际问题改造成适合于计算机解决的形式，并且难以解决巨大空间的搜索问题。1965 年，费根鲍姆（Edward A. Feigenbaum）等人在总结通用问题求解系统的成功与失败经验的基础上，结合化学领域的专业知识，研制了世界上第一个专家系统 Dendral，可以用来推断化学分子结构。在 1980 年代，卡内基梅隆大学约翰·麦克德莫特（John McDermott）为日本 DEC 公司设计了专家配置器（XCON）。这一系统配备了专用计算硬件，最初包含 2500 条规则，针对特定领域的知识求解。XCON 为 DEC 公司的计算机生产节省了大量经费，因此得到了大量企业的关注和订购，最终形成了一个数十亿美元的产业。人工智能也因专家系统的成功得以繁荣。同期，日本政府看到了人工智能行业的广阔前景和重要战略意义，制订了一个投资 8.5 亿美元的十年人工智能发展计划——第五代计算机项目，此计划通过在真空电子管、晶体管、集成电路、微处理芯片等技术上的突破，从而最终实现包括人机交流、语言翻译、图像理解和推理演绎功能的人工智能，力图在信息领域超过美国，建立全球领导地位。日本的第五代计算机项目引发了其他国家提出自己的新一代计算机研究计划。这一期间，美国国防部高级研究计划局（Defense Advanced Research Projects Agency，DARPA）再次启动了战略计算计划资助人工智能技术的研发，英国实施了 Alvey 计划支持大规模并行计算机和知识工程的研究。

7.3.5 第二次人工智能寒冬（1987—1993）

20 世纪 80 年代，计算机硬件的计算能力得到突破性发展，个人计算机也快速兴起和普及。美国 IBM 公司于 1981 年推出了世界上第一台个人计算机产品 IBM 5150，该计算机有 16KB 的内存，使用磁带和软盘存储数据。美国苹果公司于 1984 年发布的 Macintosh 个人计算机使用了摩托罗拉 68000 系列处理器，该处理器集成了 6 万 8 千个晶体管，并首次使用了 32 位指令集的处理器，其性能是同时期英特尔 8086 系列产品性能的 2 倍。IBM 公司与苹果公司的计算机产品迅速占领了小型机和个人计算机市场，其中央处理器的计算速度大幅提升，甚至比专用计算机器的数据处理速度还要快，这直接导致了价值昂贵的专家系统行业遭受毁灭性打击。

同时，当时的专家系统也存在着一些致命的缺点。首先，它们所应用的知识领域非常狭窄，无法迁移到其他应用场景中。其次，对这些系统的维护和管理成本很高，尤其是随着系统规模越来越大，导致对它们的管理和使用变得十分困难。由于这时的专家系统未与概率论、神经网络进行整合，还不具备自学能力，当系统出现决策分歧的时候，人们只能重新对底层逻辑模型进行更新，这极大地提高了系统使用成本，并提高了使用复杂性。到 1987 年，用于专家系统的专用计算机硬件的销售市场严重崩溃，许多初创公司合并或破产。

日本第五代项目与其他人工智能项目一样，期望远远高于实现的可能，其制订的宏伟目标未能实现。导致出现这一结果的一个深刻的原因是：当时对人工智能的理解过于简单，以为通过制造超级计算机增加算力就能实现各种人工智能的技术目标，忽略了对智能本身在算法和模型上的研究。然而，现在人们已经明白，这些智能算法和模型的研究需要漫长的过程，并不能一蹴而就。这一系列事件，致使人工智能领域再次陷入寒冬。到 1993 年底，已有 300 多家人工智能公司倒闭、破产或被收购，直接结束了人工智能的第一波商业浪潮，人工智能研究领域也再次遭遇了财政苦难。

7.3.6 机器学习和深度学习的发展（1993 至今）

自 20 世纪 90 年代开始，计算机在摩尔定律下的算力性能不断被突破。摩尔定律是指：每 18～24 个月，计算机的中央处理器的晶体管体积可以缩小二分之一，同样体积上的集成电路密集度扩大一倍，同样计算机的处理运算能力可以翻一倍。芯片处理能力呈指数级增长而成本则不断降低。2007 年，美国斯坦福大学吴恩达通过图形处理器（graphics processing unit，GPU）训练深度置信网络（deep belief networks，DBN），效率是普通 CPU 的 70 倍。目前谷歌搜索、街景等服务使用的张量处理器（tensor processing unit）效率又是 CPU 和 GPU 的 15～30 倍。软件方面，云服务的出现显著提高了信息存储和运算能力，而 MapReduce 和 Hadoop 等系统为处理大数据提供了平台。1992 年，在苹果公司任职的李开复利用统计学方法，设计了可支持连续语音识别的 Casper 语音助理（现在苹果 Siri 语音识别系统的前身）。1997 年，IBM 的国际象棋机器人深蓝战胜国际象棋冠军卡斯帕罗夫，这意味着人工智能第一次真正意义上战胜人类。同年两位德国科学家 Jürgen Schmidhuber 和 Sepp Hochreiter 提出了长短程记忆网络（long-short term memory，LSTM），是可用于语音识别和手写文字识别的递归神经网络。2005 年，斯坦福机器人在未曾走过的沙漠小径上实现了 131 mile* 的自动驾驶。两年后，卡内基梅隆大学的科研团队成功实现了无人车在城市中自主导航 55mile，同时遵守所有交通法规。2006 年，辛顿等提出基于深度置信网络的强化深度学习模型，同时他被尊称为"深度学习之父"。2011 年，IBM 公司的沃森计算机打败前冠军布拉德·鲁特和肯·詹宁斯，成为智力问答节目《危险边缘》的冠军。同年，苹果公司在 iPhone 4S 手机中安装了智能个人助理程序 Siri。

自 2006 年以来，深度学习技术发展迅速，受到学术界广泛关注。深度学习通过建立类似于人脑的分层模型结构，对输入的数据逐级提取从底层到高层的特征，从而能很好地建立从底层信号到高层语义的映射关系。近年来，谷歌、微软、IBM、百度等拥有大数据的高科技公司相继投入大量资源进行深度学习技术研发，并且在语音、图像、自然语言、在线广告等领域取得显著进展。从对实际应用的贡献来说，深度学习可以说是机器学习领域最近这 10 年来最成功的研究方向。在经济全球化背景下，人工智能领域得到了前所未有的发展和进步。新的时代对基于人工智能领域的深度学习提出了新的要求，让我们了解到深度学习这种机器学习方式的重要性，它的广泛应用将对科学技术的发展起到积极的推动作用。因此，进行基于人工智能领域的深度学习及其意义研究具有十分重要的实际意义。

7.4　机器学习算法简介

机器学习是人工智能的一个重要领域。近 30 年来，机器学习领域发展迅速，各种机器学习算法层出不穷。特别是近 10 余年，机器学习的一个分支——深度学习，在语音识别、图像分类、目标检测等任务上展现了强大的分析和预测能力，并获得了广泛应用。所谓机器学习是指：在面向某个确定任务的情况下，算法通过已经获得的大量数据样本，可以自动学习到这些数据样本中蕴含的经验信息，并能够进行自我改善，最终帮助人类完成具体任务的过程。典型的机器学习算法主要包括线性回归、逻辑回归、支持向量机、决策树、朴素贝叶斯、人工神经网络等。

7.4.1　线性回归

线性回归（linear regression）是利用线性方程建立输入变量（自变量）和输出目标变量（因变量）的关系，从而对新的输入变量的目标变量进行预测的方法。回归是机器学习中的一个基本概念，它是指预测结果可以在实数集上变化，希望预测结果与真实结果的距离越小越好。比如，在通过房屋面积来预测房屋的价格，或者通过身高来预测体重等情况下，这些要预测的价格和体重都是在实数范围上连续存在的。与回归相对应的另一个概念是分类，它是指预测结果存在于离散集上。比如，人脸识别系统判断当前的人脸图像是不是本人，其预

---

* mile（英里）为非法定计量单位，1mile = 1609.3m。

测结果只有是或不是两种类别。再比如，手写数字识别系统，其识别的类别只有 0~9 共 10 类。线性回归的输入变量一般是多个，这些变量一般用一个多维矢量表示，此时的线性回归称作多元线性回归。当输入变量只有一个时，输入变量就是一个标量，此时的线性回归称作一元线性回归或简单线性回归。

下面以由人体身高来预测体重为例，对一元线性回归进行简单介绍。如表 7-4-1 所示，现得知 12 名学生的身高和体重数据。每一个同学的身高和体重数据称为一个样本，其中身高称为这个样本的数据，体重称为这个样本的标签。这些数据即构成了训练集。那么现在的任务就是要用线性回归在训练集上学习到一个由身高预测体重的模型，从而使得我们可以用这个模型通过获取新样本的身高来预测其体重。

表 7-4-1　学生身高和体重数据

学生	身高/cm	体重/kg
样本 1	160	58
样本 2	165	63
样本 3	158	57
样本 4	172	65
样本 5	159	62
样本 6	176	66
样本 7	160	60
样本 8	162	59
样本 9	165	61
样本 10	167	64
样本 11	164	60
样本 12	171	63

一般地，我们用 x_i 表示第 i 个样本的输入变量，即第 i 个样本的身高；用 y_i 表示第 i 个样本的标签，即第 i 个样本的实际体重。线性回归就是要找到一个线性函数 $\hat{y} = f(x) = ax + b$，也就是确定线性函数中的待定系数 a 和 b，使得对于训练集上的每一个样本 x_i 而言，其预测值 $\hat{y}_i$ 都与真实值 y_i 的误差距离越小越好。这就引出了两个问题：①如何衡量这个误差距离？②如何表达训练集上每个样本的误差距离都尽可能小？

对于第 1 个问题，通常采用欧几里得距离，即平方距离来衡量误差距离。第 i 个样本的误差距离 d_i 表示为

$$d_i = (\hat{y}_i - y_i)^2$$

对于第 2 个问题，采用这些训练样本误差距离的统计均值来表示。假设共有 m 个样本，则它们的均值误差 $\bar{e}$ 为

$$\bar{e} = \frac{1}{m} \sum_{i=1}^{m} d_i$$

那么现在即求解在均值误差 $\bar{e}$ 最小的情况下，a 与 b 的最优解 a^* 与 b^*。这两个最优解可以利用数学中最优化的方法求得，于是我们就得到了如下所示的线性回归模型

$$\hat{y} = f(x) = a^* x + b^*$$

如图 7-4-1 所示，根据 12 名同学的身高和体重数据建立的线性回归模型由点线表示。从图中可以看出，这条直线反映了当前所有训练样本上体重随身高变化的趋势。当获得了一个新同学的身高后，我们可以根据这个模型来预测其体重。

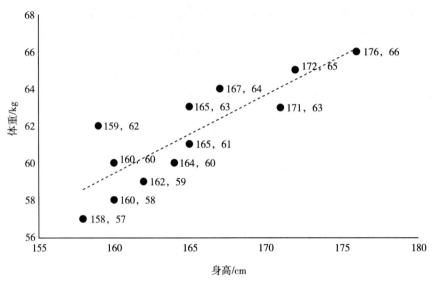

图 7-4-1　学生身高预测体重的线性回归模型示意图

7.4.2　逻辑回归

逻辑回归（logistic regression）是一种用于分类任务的广义线性回归分析模型。其推导过程与计算方式类似于回归的过程，但实际上主要用来解决二分类问题（也可以解决多分类问题）。通过给定的 n 组数据（训练集）来训练模型，并在训练结束后对给定的一组或多组数据（测试集）进行分类。其中每一组数据一般都由 p 个指标构成。

如图 7-4-2 所示，我们给出一个人的［身高，体重］这两个指标，然后判断这个人是属于"偏胖"还是"偏瘦"。对于这个问题，我们可以先测量 n 个人的身高、体重以及对应的指标"偏胖"和"偏瘦"，并把偏胖和偏瘦分别用 0 与 1 来表示。把这 n 组数据输入逻辑回归模型进行训练。训练之后再把待分类的一个人的身高、体重输入模型中，看这个人是属于"偏胖"还是"偏瘦"。图中的虚线即逻辑回归计算得到的分类判决面，在判决面上部的样本即被认为偏胖，下部的样本被认为偏瘦。

如果数据有 2 个指标，可以用平面的点来表示，其中一个指标为 x 轴，另一个为 y 轴；如果数据有 3 个指标，可以用空间中的点表示数据；如果是 p 维的话（$p>3$），就是 p 维空间中的点。从本质上来说，逻辑回归训练后的模型是平面的一条直线（$p=2$），或平面（$p=3$），或超平面（$p>3$）。并且这条线或平面把空间中的散点分成两半，属于同一类的数据大多数分布在曲线或平面的同一侧。逻辑回归的基本原理如下：

逻辑回归的输入为 $h(w) = w^T x + b = w_1 x_1 + w_2 x_2 + w_3 x_3 + \cdots + b$，其中 x 表示输入的多维样本数据，w 是待定系数。显然，逻辑回归的输入就是一个线性回归的结果。然后将这个输入送入 logistic 函数中，就构成了逻辑回归的基本形式 $g(w, x) = 1/(1 + e^{-h(w)})$。这时，逻

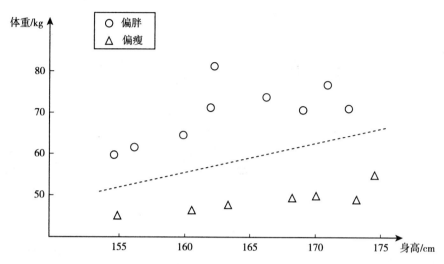

图 7-4-2 以学生身高和体重预测胖瘦的逻辑回归模型示意图

辑回归的输出 $g(w, x)$ 是在区间 0 到 1 上的实数，这相当于对输入数据 x 分配的概率。为了使其达到分类的目的，通常选取 0.5 为阈值。当 $g(w, x)$ 大于 0.5 时，判为正类；当 $g(w, x)$ 小于 0.5 时，判为负类。最后，使用最优化的方法，根据当前训练集的样本数据，找到最优的待定参数 w^*，即建立了一个逻辑回归模型。

逻辑回归是一种被广泛使用的分类模型，其主要优点包括：实现简单，广泛应用于工业问题；训练速度较快，分类速度很快；内存占用少；能够直接给出样本特征的权重，可解释性强。同时，逻辑回归还存在着一些缺点：当特征空间很大时，逻辑回归的性能不是很好；很难处理数据不平衡的问题。

7.4.3 支持向量机

支持向量机（support vector machine，SVM）是由 Cortes 和 Vapnik 在 1995 年提出的一种基于统计学习理论的机器学习方法。SVM 通过寻求结构化风险最小来提高泛化能力，实现经验风险和置信范围的最小化，从而达到在统计样本量较少的情况下，亦能获得良好统计规律的目的。

支持向量机原本是一种线性分类器，通过寻找样本之间的最大间隔来确定最优超平面作为分类器的判决标准。Vapnik 将核函数引入支持向量机，从而解决了支持向量机不能处理线性不可分情况的问题。同时，又增加惩罚因子和松弛因子，使支持向量机在寻找最优间隔的时候不会受到部分离群点和奇异点的干扰，保证了训练样本的最佳泛化性。

1. 最优分类面

SVM 是由线性可分情况的最优分类面发展而来的，用于两类问题的分类。下面用一个二维两类问题来说明 SVM 基本思想。

C1 和 C2 代表两类数据样本，各样本在二维中的显示如图 7-4-3 所示，图中的直线 P0、P1 就是分类函数。如果一个线性函数就完全可以把两类所有样本分开，那么就称这些数据是线性可分的；否则称为非线性可分。

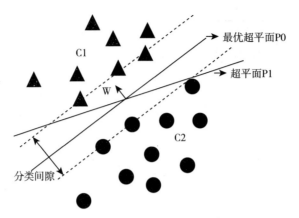

图 7 - 4 - 3　SVM 工作原理示意图

　　线性判别函数的值一般是连续的实数，而分类问题需要输出的是离散值。例如利用数值 -1 表示类别 C1，而用数值 +1 表示类别 C2。所有的样本都只能用数值 -1 和 +1 表示。这时我们可以设置一个阈值，通过判别函数的值大于或者小于这个阈值来判断样本属于哪一类。假设线性判别函数的一般表达式是 $f(x) = w \cdot x + b$，若我们取这个阈值为 0，即当 $f(x) < 0$ 时，判别样本为类别 C1（即 -1）；当 $f(x) > 0$ 时，判别样本为类别 C2（即 +1）。

　　当有少数样本使得原来线性可分的问题变成不可分问题时，分类器的性能会受到影响。这种少数的样本可能是由环境因素或人为因素造成的噪声点或奇异值点。为了忽略这些点对分类器的影响，并求得经验风险和泛化性能之间的平衡，松弛因子 ξ 被引入，它容许错分样本的存在。

2. 核函数

　　对于非线性分类问题，在原始空间中最优化分类面也许不能得到令人满意的分类结果。针对这种情况，一个解决思路是把原始空间中的非线性样本数据投影到某个更高维的空间中，在高维的空间中寻找一个最优超平面能线性地将样本数据分开。但是，这种变换可能非常复杂。支持向量机利用核函数巧妙地解决了这个问题。核函数变换的基本思想是将一个 n 维空间中的矢量 x 映射到更高维的特征空间中去，然后在高维空间中进行线性分类。

　　核函数变换的基本原理如图 7 - 4 - 4 所示。假设存在一个非线性映射将空间的样本映射到更高维的 H 空间中，即 $\Phi : R^n \rightarrow H$。在特征空间 H 中构造最优分类面时，计算的过程中仅使用了空间中的点积 $\langle \Phi(x_i), \Phi(x_j) \rangle$，而没有用到单独的 $\Phi(x_i)$。如果存在一个核函数 K，且 $K(x_i, x_j) = \langle \Phi(x_i), \Phi(x_j) \rangle$，那么在训练算法时，我们将仅仅需要使用核函数 K，且不需要知道具体的 Φ 是什么。这样在高维空间中只需要进行点积运算，且这种运算是用原来空间中的函数实现的。根据泛函的相关理论，只要核函数 $K(x_i, x_j)$ 满足 Mercer 条件，它就可以对应某一变换空间的点积，这样就能得到原输入空间中对应的非线性算法。

　　核函数作为支持向量机理论的重要组成部分得到了研究者们广泛的研究。常用的满足 Mercer 条件的核函数有线性函数、多项式函数、径向基函数、Sigmoid 函数等，选择不同的核函数可以构造不同的支持向量机。由这四种核函数可以构造出线性 SVM、多项式 SVM、RBF SVM 和感知 SVM。满足 Mercer 条件的核函数很多，目前没有明确的标准来指导核函数的选择。在模型不确定的情况下，RBF SVM 是一个推荐的选择。

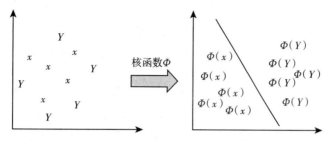

图7-4-4 核函数变换示意图

3. SVM 参数优化问题

在实际应用的过程中,选择合适的支持向量机参数是一项艰巨而又重要的工作,它会影响分类器的泛化能力和分类性能。SVM 参数选择实际上是一个优化搜索的过程,搜索空间中的每一个点都有可能是最佳模型的潜在解,并可由推广能力估计值做出相应的评估。所以,参数优化求解的过程在本质上是泛化误差最小化的求解问题。常用的 SVM 参数优化算法包括如下几种:

(1)网格搜索算法(grid search,GS)。网格搜索算法非常简单和直观,即设定参数遍历的范围和遍历的步长从而得到若干确定的参数值,然后对每一个参数值下的 SVM 识别性能进行考察,最终确定一个最优参数。

(2)遗传算法(genetic algorithm,GA)。遗传算法是 Michigan 大学的 Holland 教授及其学生受生物模拟技术的启发,提出的一种基于生物遗传和进化机制的自适应概率优化的技术。作为一种实用、高效、鲁棒性强的优化方法,遗传算法很快受到国内外学者的高度重视并迅速发展。利用遗传算法,可以大大缩短 SVM 参数优化的计算时间,并且降低了 SVM 对初始值的依赖度。但是遗传算法的操作往往比较复杂,对不同的优化问题需要设计不同的交叉或变异方式。

(3)粒子群算法(particle swarm optimization,PSO)。粒子群算法是计算智能领域的一种群体智能优化算法,该算法最早是由 Kenedy 和 Eberhat 在对鸟类捕食行为研究时提出的。PSO 算法从这种生物种群行为特征中得到启发,并应用于优化问题的求解。与遗传算法不同,PSO 通过个体间的协作来寻找最优解,这使得粒子群算法更加简单、效率更高且更容易实现。PSO 算法以其显著的优点被广泛应用于函数优化、模式分类等领域。

4. SVM 多分类问题

支持向量机是一种二类问题分类器,它只能回答样本属于正类还是负类的问题,但在实际的应用过程中还会遇到多类问题。由 SVM 推广到多分类 SVM 的方法主要有两种:①在一个优化公式中对所有的数据同时进行全局优化;②将多类问题分解成多个二值分类问题。在数据相同的情况下,前者的计算比后者复杂得多。所以在实际使用过程中,多分类 SVM 问题被分解成多个二值分类问题。多类分类器常用的二值分类器组合有一对多(one against all)和一对一(one against one)两种。

(1)一对多组合。这种方法由 n 个 SVM 分类器级联组成,第 i 层 SVM 的训练样本由正样本(第 i 类的数据样本)和负样本(其余所有类样本)组成。以4类样本为例,首先把样本类1作为正样本,把类2、3、4作为负样本,训练得到 SVM1;再将样本类2作为正样本,把类1、3、4作为负样本,训练得到 SVM2;按照这个方法训练得到4个二类分类器

SVM。所得到 SVM 数目和样本的类别数一致。这种方法的优点是每个优化问题的规模比较小，分类速度比较快。但是有时会出现这种尴尬的问题，对于一个待分类的样本，所有的类别都说不是自己的，或者所有的类别都说是自己的，这就会出现不可分类现象或重叠分类现象。其分类原理如图 7-4-5 所示。

（2）一对一组合。一对一方法的分类思想是每次从样本数据的 n 类别中挑出两个不同类别，对这两类用二值分类器 SVM 分类，这样可以构建出 $n(n-1)/2$ 个分类器。第一个SVM 分类器只说明别类是 1 或者 2，第二个 SVM 只说明别类是 1 或者 3，最后一个待识别的别类由这 $n(n-1)/2$ 个 SVM 共同投票决定。得票数最多的类别即待识别的类。显然，一对一的方法可能会出现分类重叠的现象，但不会出现所有别类的票数都是 0 的情况，所以不会有不可分的现象。其分类原理如图 7-4-6 所示。

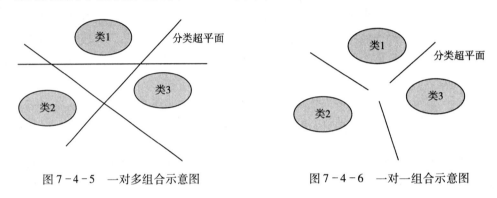

图 7-4-5　一对多组合示意图　　　　图 7-4-6　一对一组合示意图

7.4.4　随机森林

随机森林由 LeoBreiman 于 2001 年提出，它通过随机的方式建立一个由多个决策树组成的森林，且每一棵决策树之间没有关联。随机森林算法的本质是组合多个弱分类器以减小误差的一种分类算法。其工作原理如图 7-4-7 所示。

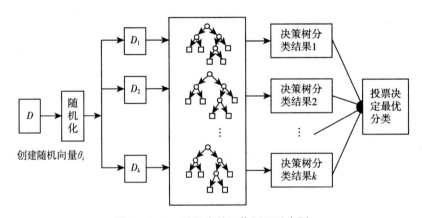

图 7-4-7　随机森林工作原理示意图

在得到森林之后，当需要对新样本进行分析判别时，森林中的每一棵决策树分别对该样本进行判别，选择判别结果最多的类别，作为该样本的输出类别。森林中的每棵树通过不同的训练集和特征集进行训练，分类误差取决于每一棵树的分类能力和它们之间的相关性。单棵树的分类能力可能很小，但在随机产生大量的决策树后，一个测试样品可以通过每一棵树的分类结果经统计后选择最可能的分类，使得分类性能大大提升。

决策树（decision tree）是一个树结构，其每个分支节点表示一个特征属性上的判别，每个分支代表这个特征属性在某个值域上的输出，而每个终端节点存放一个类别。使用决策树进行决策的过程就是从根节点开始，测试待分类项中相应的特征属性，并按照其值选择输出分支，直到到达叶子节点，将叶子节点存放的类别作为决策结果。

构造决策树的关键是进行特征选择度量。特征选择度量是一种选择分裂准则，是划分给定类标记训练数据的评判标准，它决定了拓扑结构及分裂点特征的选择。特征选择度量算法有以下几种：

（1）以信息增益为标准进行特征选择，选择分裂后信息增益最大的特征进行分裂。决策树的一种类型 ID3 算法就是在每次需要分裂时，计算每个特征的信息增益，然后选择信息增益最大的特征进行分裂。

（2）以信息增益率为标准进行特征选择，选择分裂后信息增益率最大的特征进行分裂。信息增益率使用"分裂信息"值将信息增益规范化。决策树的一种类型 C4.5 算法就是在每次需要分裂时，计算每个特征的增益率，然后选择增益率最大的特征进行分裂。

（3）以基尼系数为标准进行特征选择，选择分裂后信息增益最大的特征进行分裂。基尼系数是一种数据不确定度的度量方法。数据集中数据混合的程度越高，基尼系数也就越大；当数据集只有一种数据类型时，基尼系数的值为最低 0。决策树中的一种类型分类回归树（classification and regression tree，CART）就是在每次需要分裂时，计算每个特征的基尼系数，然后选择基尼系数最小的特征进行分裂。

随机森林在建立每一棵决策树的过程中，有两个重要步骤：采样与完全分裂。首先是两个随机采样的过程，随机森林对输入的数据进行样本和特征的随机采样。对于样本采样，采用有放回的方式，也就是在采样得到的样本集合中，可能有重复的样本。假设输入样本为 N 个，那么采样的样本也为 N 个。这种有放回的采样方式使得在训练的时候，每一棵树的输入样本都不是全部的样本，因此相对不容易出现过拟合（over-fitting）的情况。然后进行特征采样，从 M 个特征中，选择 m 个（$m < M$）。最后使用采样之后的数据训练决策树，直至决策树的某一个叶子节点无法继续分裂或是里面的所有样本属于同一类别为止。由于两个随机采样的过程保证了随机性，所以随机森林算法不会出现过拟合问题。

随机森林的生成过程分为以下 4 步：

步骤 1（Bagging 过程）：给定训练集 S、测试集 T、特征维数 F。使用到的参数有决策树的数量 t，每棵树的深度 d，每个节点使用到的特征数量 f。从 S 中有放回地抽取大小和 S 一样的训练集 S'，作为单个决策树的样本。

步骤 2（分裂属性选择过程）：假设特征向量是 m 维，选取 m_1 维作为子集指定给每个决策树（$m_1 < m$），从 m_1 中选择分类效果最佳的一维特征作为节点的分类属性，且保证在随机森林的生长过程中 m_1 保持不变。

步骤 3（决策树的生长过程）：当每个节点的分类纯度达到期望比例或者生长层数达到给定值时，则停止决策树的生长，保证每个决策树都能最大限度地生长，且没有剪枝情况。

步骤 4（生成随机森林过程）：重复步骤 1 至步骤 3，生长出多颗决策树，从而生成森林。

随机森林算法需要优化的参数则包括决策树的数量 t、每棵树的深度 d、每个节点使用到的特征数量 f。决策树的数量 t 越大则越能保证有更好的分类性能，但会使计算时间加长。树的深度 d 越大，发现的模式越多，但是会导致计算速度下降。增加特征数量 f 通常可以提高模型的性能，就像有更多的选项用来选择。然而，过多的特征输入会降低随机森林的个体树的多样性。同时，增加 f 也会降低算法的效率。为了避免上述现象的出现，可以通过网格优化法优化各个算法的参数值。

随机森林的预测过程分为以下两步：

步骤 1：将待测样本逐个送入每个决策树，并输出预测值。

步骤 2：重复执行步骤 1 直到所有 t 棵树都输出了预测值，实际预测结果为所有树中预测概率总和最大的那一个类。

随机森林具有如下优点：

- 每棵树都选择部分样本及部分特征，在一定程度上避免过拟合。
- 每棵树随机选择样本并随机选择特征，使得具有很好的抗噪能力，性能稳定。
- 能处理很高维度的数据，并且不用做特征选择。
- 适合并行计算。
- 实现比较简单。

7.4.5　朴素贝叶斯

贝叶斯方法最早起源于英国数学家托马斯·贝叶斯在 1763 年所证明的一个关于贝叶斯定理的一个特例。经过多位统计学家的共同努力，贝叶斯统计在 20 世纪 50 年代之后逐步建立起来，成为统计学中一个重要的组成部分。贝叶斯定理因为其对于概率的主观置信程度的独特理解而闻名。此后贝叶斯统计在后验推理、参数估计、模型检测、隐变量概率模型等诸多统计机器学习领域有广泛而深远的应用。此方法从 1763 年到现在已有 250 多年的历史，其间贝叶斯统计方法有了长足的进步。在 21 世纪的今天，各种知识融会贯通，贝叶斯学习方法将有更广阔的应用场景，将发挥更大的作用。

1. 贝叶斯学习基础

贝叶斯定理：用 Θ 表示概率模型的参数，D 表示给定的数据集。在给定模型的先验分布 $p_0(\Theta)$ 和似然函数 $p(D\,|\,\Theta)$ 的情况下，模型的后验分布可以由贝叶斯定理（也称贝叶斯公式）获得：

$$p(\Theta\,|\,D) = \frac{p(\Theta)p(D\,|\,\Theta)}{p(D)}$$

其中，$p(D)$ 是模型的边缘似然函数。

贝叶斯方法在人工智能领域有诸多应用，从单变量的分类与回归到多变量的结构化输出预测，从有监督学习到无监督及半监督学习等，贝叶斯方法几乎用于任何一种学习任务。下面简要介绍较为基础的共性任务。

（1）预测。给定训练数据 D，通过贝叶斯方法得到对未来数据 x 的预测。为了保证预测的准确性，需要从样本总体中抽取足够的独立同分布样本进行建模。

（2）模型选择。另一种很重要的贝叶斯方法的应用是模型选择，它是统计和机器学习领域一个较为基础的问题。用 M 表示一族模型（如线性模型），其中每个元素 Θ 是一个具体的模型。贝叶斯模型选择是通过比较不同族模型的似然函数来选取最优的结果。通过积分运算，贝叶斯模型选择可以避免过拟合。

2. 非参数贝叶斯方法

在经典的参数化模型中模型的参数个数是固定的，不会随着数据的变化而变化。以无监督的聚类模型为例，如果能通过数据本身自动学习得到聚类中心的个数，比参数化模型（如 K 均值、高斯混合模型等）根据经验设定一个参数要好得多；这也是非参数模型一个较为重要的优势。相比较参数化贝叶斯方法，非参数贝叶斯方法（nonparametric Bayesian methods）因为其先验分布的非参数特性，具有描述数据能力强的优点，非参数贝叶斯方法因此在 2000 年以后受到较多关注。例如，具有未知维度的隐式混合模型和隐式特征模型、描述连续函数的高斯过程等。需要强调的是非参数贝叶斯方法并不是指模型没有参数，而是指模型可以具有无穷多个参数，并且参数的个数可以随着数据的变化而自适应变化，这种特性对于解决大数据环境下的复杂应用问题尤其重要，因为大数据的特点之一是动态多变。下面将主要针对其中一些较为重要的模型和推理方法进行简要介绍。

（1）狄利克雷过程。狄利克雷过程（Dirichlet process，DP）是统计学家 Ferguson 于 1973 年提出的一个定义在概率测度 Ω 上的随机过程，其参数有集中参数 $\alpha > 0$ 和基底概率分布 G_0，通常记为 $G \sim DP(\alpha, G_0)$。狄利克雷过程得到的概率分布是离散型的，因此非常适合构建混合模型。例如，Antoniak 于 1974 年通过给每个数据点增加一个生成概率，构造了一个狄利克雷过程混合模型（Dirichlet process mixture，DPM）。

与狄利克雷过程等价的一个随机过程是中国餐馆过程（Chinese restaurant process，CRP）。中国餐馆过程是定义在实数域上的具有聚类特性的一类随机过程，也因为其特有的较好展示的特性而被经常使用。如图 7-4-8 所示，在中国餐馆过程中，假设有无限张餐桌和若干客人，其中第 1 名顾客选择第 1 张餐桌，之后的顾客按照多项式分布选择餐桌，其中选择每张餐桌的概率正比于该餐桌现在所坐的人数，同时以一定概率（正比于参数 α）选择一个没人的餐桌。可以看到，当所有的客人选择餐桌完毕后，我们可以按照餐桌来对客人进行一个划分。这里，每张餐桌代表一个聚类，每个客人代表一个数据点。

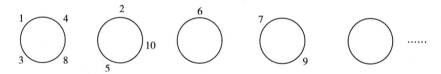

图 7-4-8　中国餐馆过程

另一种构造性的狄利克雷过程的表述是截棍过程（stick breaking construction）。具体来说，将一根单位长度的棍，第 k 次切割都按照剩下的长度按照贝塔分布的随机变量，按比例切割。如图 7-4-9 所示，对于一根长度为单位 1 的棍，第 1 次切割 β_1 长度，以后每次切割都切割剩下部分的 β_k 比例长度。狄利克雷过程的截棍表述是变分推理的基础。

（2）印度自助餐过程。与混合模型中每一个数据点只属于一个聚类不同，在特征模型中每一个数据点可以拥有多个特征，这些特征构成了数据生成的过程。这也符合实际情况中样本数据点有多个属性的实际需求。经典的特征模型主要有因子分析（factor analysis）、主

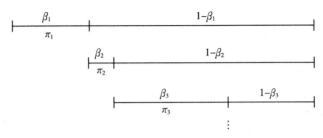

图 7 - 4 - 9　截棍过程示意图

成分分析（principal component analysis，PCA）等。在传统的特征模型中，特征的数目是确定的，这给模型的性能带来一定的限制。印度自助餐过程（Indian buffet process，IBP）是2005 年被提出的，因其非参数特性能从数据中学习得到模型中的特征个数，使得模型能够更好地解释数据，已经在因子分析、社交网络链接预测等重要领域中应用。

以二值（"0"或"1"）特征为例，假设有 N 个数据点，所有数据点的特征向量组成一个特征矩阵，IBP 的产生式过程可以形象地类比为 N 个顾客到一个无穷多个餐品的自助餐馆进行选餐的过程，用"1"表示选择，"0"表示不选择，具体步骤如下：

①第 1 名顾客选择 K_1 个餐品，其中 $K_1 \sim Possion(\alpha)$。

②第 2 名及以后的顾客有两种情况：

- 对于已经被选过的餐品，按照与选择该餐品的人数成正比的概率选择该餐品。
- 选择 K_i 个未被选过的餐品。

与中国餐馆过程类似，印度自助餐过程也有其对应的截棍过程，这里不再赘述。但是，与中国餐馆过程的截棍过程不同的是棍的长度之和并不为 1。印度自助餐过程也有其对应的采样方法和变分优化求解方法。

（3）应用及拓展。贝叶斯方法特别是最近流行的非参数贝叶斯方法已广泛应用于机器学习的各个领域，并且收到了很好的效果。下面简要介绍非参数贝叶斯方法的几点应用和拓展：

经典的非参数化贝叶斯方法通常假设数据具有简单的性质，如可交换性或者条件独立等。但是，现实世界中的数据往往具有不同的结构及依赖关系。为了适应不同的需求，发展具有各种依赖特性的随机过程得到了广泛关注。例如，在对文本数据进行主题挖掘时，数据往往来自不同的领域或者类型，我们通常希望所学习的主题具有某种层次结构，为此，层次狄利克雷过程被提出，它可以自动学习多层的主题表示，并且自动确定主题的个数。另外，具有多个层次的 IBP 过程也被提出，并用于学习深层置信网络的结构，包括神经元的层数、每层神经元的个数、层间神经元的连接结构等。其他的例子还包括具有马尔可夫动态依赖关系的无限隐马尔可夫模型、具有空间依赖关系的狄雷克雷过程等。

另外，对于有监督学习问题，非参数贝叶斯模型最近也受到了广泛的关注。例如，社交网络数据建模和预测是一个重要的问题，近期提出的基于 IBP 的非参数化贝叶斯模型可以自动学习隐含特征，并且确定特征的个数，取得很好的预测性能。使用 DP 混合模型同时做聚类和分类任务也取得了很好的结果。

3. 贝叶斯模型的推理方法

贝叶斯模型的推理方法是贝叶斯学习中重要的一环，推理方法的好坏直接影响模型的性能。具体地说，贝叶斯模型的一个关键性的问题是后验分布通常是不可解的。这时，就需要一些有效的推理方法。一般而言，主要有两类方法：变分推理方法和蒙特卡洛方法。这两类方法都在贝叶斯学习领域有广泛的应用，下面分别详细介绍这两类方法：

（1）变分推理方法。变分推理法是一种应用较广的近似优化方法，在物理、统计学、金融分析、控制科学领域解决了很多问题。在机器学习领域，变分方法也有较多应用：通过变分分析，可以将非优化问题转化成优化问题求解，也可以通过近似方法对一些较难的问题进行变分求解。

在变分贝叶斯方法中，给定数据集 D 和待求解的后验分布 $p(\Theta|D)$，变分方法界定其后验分布的近似分布 $q(\Theta)$。运用杰森不等式，可以得到对数似然的一个下界（evidence lower bound，ELBO）。通过最大化该对数似然下界或者最小化 $q(\Theta)$ 和 $p(\Theta|D)$ 之间的 KL 散度，就可以完成优化求解的过程。因此，变分推理的基本思想是将原问题转化成求解近似分布 $q(\Theta)$ 的优化问题，结合有效的优化算法来完成贝叶斯推理的任务。

很多时候，模型 Θ 中往往有一些参数 θ 和隐变量 h。这时变分问题可以通过变分期望最大化方法求解（variational EM algorithm），通过引入平均场假设（mean-field assumption）$q(\theta, h) = q(\theta)q(h)$，迭代进行 EM 算法。

（2）蒙特卡洛方法。蒙特卡洛方法是利用模拟随机数对未知的概率分布进行估计。当未知分布很难直接估计或者搜索空间太大、计算太复杂时，蒙特卡洛方法就成为重要的推理和计算方法。例如，贝叶斯机器学习通常需要计算某个函数在某种分布（先验或者后验）下的期望，而这种计算通常是没有解的。

蒙特卡洛方法中常用的采样方法有重要性采样（importance sampling）、拒绝采样（rejection sampling）、马尔可夫蒙特卡洛（Markov Chain Monte Carlo，MCMC）方法等。前两者在分布相对简单时比较有效，但是对于较高维度空间的复杂分布效果往往不好，面临着维数灾难的问题。下面重点介绍 MCMC 方法，它在高维空间中比较有效。

MCMC 方法的基本思想是构造一个随机的马尔可夫链，使其收敛到指定的概率分布，从而达到推理的目的。一种较为常用的 MCMC 方法是 Metropolis-Hastings 算法（MH 算法）。另一种常用的 MCMC 方法是吉布斯采样（Gibbs sampling），它是 MH 算法的一种特例。吉布斯采样已广泛应用在贝叶斯分析的推理中。吉布斯采样是对多变量分布中每一个变量在其他已经观察和得到采样的变量已知的条件下依次采样，更新现有的参数，最后收敛得到目标后验分布。

有很多贝叶斯模型都采用了 MCMC 的方法进行推理，取得了很好的效果。除此之外，还有一类非随机游走的 MCMC 方法——Langevin MCMC 和 Hybrid Monte Carlo。这一类方法往往有更快的收敛速度，但表述的复杂程度较高，因此受欢迎程度不及吉布斯采样。最近在大数据环境下发展的基于随机梯度的采样方法非常有效。

7.4.6 人工神经网络

人工神经网络（artificial neural network，ANN）简称神经网络（NN），是基于生物学中神经网络的基本原理，在理解和抽象了人脑结构和外界刺激响应机制后，以网络拓扑知识为理论基础，模拟人脑的神经系统对复杂信息的处理机制的一种数学模型。该模型以并行分布的处理能力、高容错性、智能化和自学习等能力为特征，将信息的加工和存储结合在一起，以其独特的知识表示方式和智能化的自适应学习能力，引起各学科领域的关注。它实际上是一个由大量简单元件相互连接而成的复杂网络，具有高度的非线性，能够进行复杂的逻辑操作和实现非线性关系。

神经网络由大量的节点（或称神经元）相互连接构成。每个节点代表一种特定的输出函数，该函数称为激活函数（activation function）。每两个节点间的连接都代表一个对于通过该连接信号的加权值，我们称之为权重（weight）。神经网络就是通过这种方式来模拟人类的记忆。网络的输出取决于网络的结构、网络的连接方式、权重和激活函数。而网络自身通常都是对自然界某种算法或者函数的逼近，也可能是对一种逻辑策略的表达。人工神经网络是把对生物神经网络的认识与数学统计模型相结合，借助数学统计工具来实现。在人工智能学的人工感知领域，我们通过数学统计学的方法，使神经网络能够具备类似于人的决定能力和简单的判断能力，这种方法是对传统逻辑学演算的进一步延伸。

在人工神经网络中，神经元处理单元可表示不同的对象，例如特征、字母、概念，或者一些有意义的抽象模式。网络中处理单元的类型分为三类：输入单元、输出单元和隐单元。输入单元接收外部世界的信号与数据；输出单元实现系统处理结果的输出；隐单元是处在输入和输出单元之间，不能由系统外部观察的单元。神经元间的连接权值反映了单元间的连接强度，信息的表示和处理体现在网络处理单元的连接关系中。

1. 多层前馈神经网络

多层前馈神经网络又称为多层感知机（multi-layer perceptron，MLP）。感知机是由美国心理学家罗森勃拉特（Frank Rosenblatt）为研究大脑的存储、学习和认知过程而提出的一类具有自学习能力的神经网络模型，它把神经网络的研究从纯理论探讨引向了在工程上的实现。Rosenblatt 提出的感知机模型是一个只有单层计算单元的前向神经网络，称为单层感知机。单层的感知机是一种线性模型，只能处理简单的二元分类问题，无法解决复杂的非线性问题。多层感知机通过增加隐藏层并使用激活函数，有效地提升了感知机的非线性表达能力，被广泛应用于数据挖掘、机器学习和模式识别等领域。

多层前馈神经网络内部的神经网络层可以分为三类：输入层、隐藏层和输出层，如图 7-4-10 所示。多层前馈神经网络的第一层即输入层，用来接收输入的数据；最后一层为输出层，用来输出神经网络处理后的数据；输入层与输出层之间为隐藏层，用来对输入数据进行运算。多层前馈神经网络的主要特点为：①相邻层之间的神经元节点是全连接的；②同一层内神经元节点无连接；③每一个连接都有一个相应的权重参数。

多层前馈神经网络中的每一个神经网络层都由许多个神经元构成，其中每个神经元的结构都包含四个部分：输入、加权求和、激活函数和输出，如图 7-4-11 所示。

（1）输入。x^1，x^2，x^3，$\cdots$，x^n 为神经元的输入。

（2）加权求和。神经元节点对上一层的向量进行加权求和，得到隐式表征值。公式为

$$z = \sum_{i=1}^{n} w^i x^i + b$$

其中，w^1，w^2，w^3，$\cdots$，w^n 为神经元的权重，b 为神经元节点的偏移量。

（3）激活函数。用于对加权求和后的隐式表征值进行非线性映射，提高神经元节点的非线性表达能力。激活函数根据需求有多种不同的选择，例如，Sigmoid 函数、Tanh 函数以及 Relu 函数。

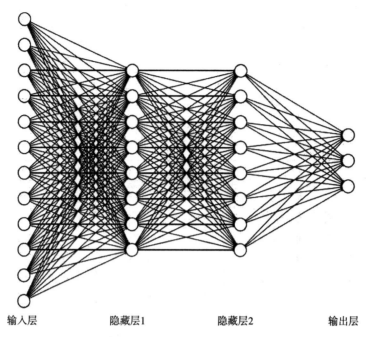

图 7 - 4 - 10 多层前馈神经网络的结构

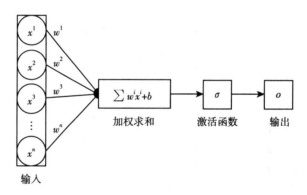

图 7 - 4 - 11 单个神经元的结构

（4）输出。用于传递激活函数处理之后的向量。

多层前馈神经网络通过前向传播算法（forward propagation algorithm）使信息从上一个神经元直接流转到下一个神经元，直到输出。前向传播算法的流程如图 7 - 4 - 12 所示。

2. 反向传播算法

反向传播算法通过前向传播算法得到的输出值来求解梯度，从而更新网络模型的权重参数，进行迭代优化。反向传播算法的核心是误差梯度下降法。其核心思想是：首先将学习样本的输入信号送入输入层，而后经隐藏层传递再到输出层，输出对应的预测值。当预测值和真实值（期望值）间的误差达不到预设的目标精度要求时，网络会从输出层逐层向输入层反馈该误差信息，并调整各层间的权值、阈值，通过反复循环迭代逐步降低网络的输出值与样本的期望输出值之间的误差，直至满足设定的循环次数或精度要求，此时网络的学习过程结束，并获取到优化后的权值，而后以该内在关系为基础，提取未知样本的输入信息，即可获得对未知样本的映射（预测）。反向传播算法的误差调整过程，如图 $7-4-13$ 所示。

输入：输入向量 x，网络层数 L，神经网络权重矩阵 W，偏移量 b；
输出：网络输出层的输出 o；
过程：
①初始化 $a^1 = x$；
②for l = 2 to L do
③$a^l = \sigma(z^l) = \sigma(W^l a^{l-1} + b^l)$；
④return $o = a^l$.

图 $7-4-12$ 前向传播算法流程

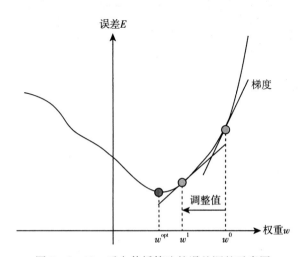

图 $7-4-13$ 反向传播算法的误差调整示意图

反向传播算法的运行具体可分为以下几个步骤：

（1）确定网络的拓扑结构，即确定隐藏层的层数以及输入层、输出层和隐藏层的神经元节点数，然后初始化相关网络参数。

（2）执行前向传播算法，使信息由输入层经隐含层传递到输出层，再经输出层计算后输出该过程网络的实际输出。

（3）计算网络数据实际输出与样本数据期望输出之间的误差，并依据得到的误差信息反向传播到输入层，同时调整各种网络之间的权重参数。

（4）循环迭代（2）、（3）两个步骤，逐步降低计算误差，直到误差达到设定的目标误差或循环迭代次数达到设定的最大次数。

（5）获取最优的网络权重参数。

反向传播算法是一种局部优化的搜索算法，因此，它很有可能会陷入局部极值的陷阱，最终造成网络学习失败。复杂的多维非线性问题的误差特征往往会是一个不规则的多维曲面，此外，在这个不规则的误差曲面中往往还隐藏着许多陷阱（局部极小值点）。反向传播算法在计算这类问题时极有可能会陷入这些埋伏的陷阱之中。网络的优化一旦陷入这些隐藏的局部极小值点中，就难以自行逃出该陷阱，最终导致神经网络不能有效地逼近目标输出。典型的误差曲面如图 $7-4-14$ 所示，其中 E 表示误差。

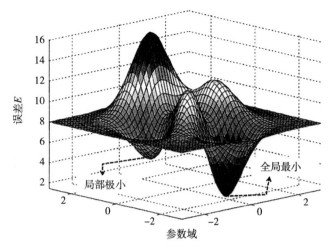

图 7 - 4 - 14　典型的误差曲面示意图

3. 卷积神经网络

卷积神经网络（convolutional neural network，CNN）是人工神经网络中的一种，也被称为旋转不变或空间不变人工神经网络（shift invariant/space invariant artificial neural network，SIANN）。卷积神经网络的建立源于早期研究者对动物大脑视觉皮层的信号传播原理进行分析，并在此基础上通过数学抽象化获得。与光信号在大脑的神经元传播相似，卷积层与池化层交替连接的结构形式，使得卷积神经网络具有权重共享、局部连接和空间下采样的特性。最基本的卷积神经网络模型是由输入层、卷积层、池化层、全连接层和分类器组成的，即多个前馈网络结构组成整体网络，且每个网络层中都包括若干个相互独立的神经元。典型的卷积神经网络包括 LeNet-5、AlexNet、VGG、GoogLeNet、ResNet 等。

（1）LeNet-5 网络。LeNet-5 模型是 Yann LeCun 教授团队于 1998 年提出的用于手写体字符识别的卷积神经网络，其在 MNIST 手写字符数据集上的识别准确率可达 99.2%。LeNet-5 模型一共有 7 层，其网络结构如图 7 - 4 - 15 所示。

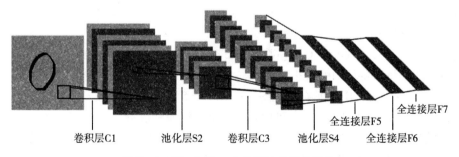

图 7 - 4 - 15　LeNet - 5 卷积神经网络结构

LeNet-5 网络包含了卷积神经网络中所有的基本层，即卷积层、池化层和全连接层，是一种非常好的基础参考模型。因此，理解 LeNet-5 网络每一层的操作有利于后续其他卷积神经网络的学习。下面对 LeNet-5 的每一层进行详细介绍。

输入层：该层输入图像，图像需要经过预处理，将尺寸归一化为 32×32，该层仅为输入识别对象，并不是 LeNet-5 网络的计算层。

卷积层 C1：输入图像后，经过 6 个可训练的 5×5 卷积核进行卷积操作，得到特征图 C1，卷积操作过程如图 7-4-16 所示。由于该层有 6 个卷积核，因此输出的特征图尺寸大小为 6×28×28。

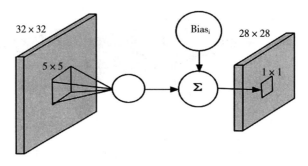

图 7-4-16　卷积计算操作示意图

池化层 S2：将 C1 层中 6 个尺寸为 28×28 的特征图，经过 6 个 2×2 采样区域，得到池化层 S2，计算过程如图 7-4-17 所示，首先是 2×2 单元里的值相加，然后再乘以训练参数 w，再加上一个偏置 b，然后经过 Sigmoid 函数操作，作为对应该单元的值。特征图经过该层后，尺寸变为原来的 1/4，即为 6×14×14。

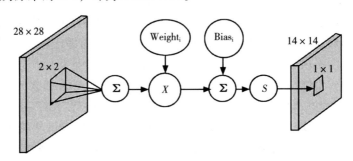

图 7-4-17　池化计算操作示意图

卷积层 C3：第一次池化后得到的 S2 再经过 16 个 5×5 卷积和进行卷积操作，得到特征图 C3，尺寸大小为 16×10×10。

池化层 S4：与 S2 层类似，C3 经过 16 个 2×2 池化操作之后得到 S4，该层与 C3 一样共有 16 个特征图，每个特征图的大小为 5×5，S4 的大小为 C3 的 1/4，操作与 S2 层类似。

全连接层 F5：将 S4 层的所有特征图经过 120 个 5×5 卷积核进行卷积之后得到 F5。该层输出的特征图大小为 120×1×1，可以看作一个一维向量。

全连接层 F6：F5 的 120 个神经元经过最后一次卷积操作得到 F6。该层计算输入向量和权重向量之间的点积，再加上一个偏置，结果通过 Sigmoid 函数输出。F6 层有 84 个神经元，输出向量的尺寸为 84×1。

全连接层 F7：该层由 10 个欧几里得径向基函数（radial basis function，RBF）核构成，其输出分别对应于手写体的 10 个数字。

（2）AlexNet 网络。AlexNet 网络模型由辛顿和他的学生 Alex Krizhevsky 设计，并获得了 2021 年 ImageNet 竞赛冠军，其物体分类错误率仅有 16.4%，这相比于传统的机器学习分类算法而言极其出色。AlexNet 网络结构如图 7-4-18 所示，该网络包括 8 个参数层：前 5 层是卷积层，剩下 3 层是全连接层。最后一个全连接层的输出被送到一个有 Np 个参数的 softmax 层，其产生一个覆盖 Np 类标签的分布，Np 即分类任务中的总类别个数。该网络使得多分类的逻辑回归（logistic regression）目标最大化。换句话说，该网络最大化了预测分布下训练样本中正确标签的对数概率平均值。

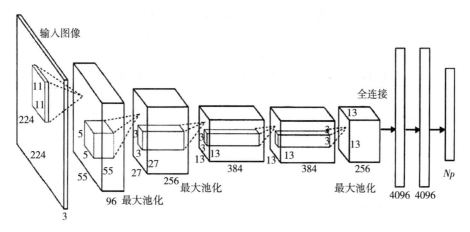

图 7-4-18　AlexNet 网络结构示意图

所有卷积层的核连接到前一个卷积层的核映射上。正是通过此种局部连接方式，实现了参数共享，从而在不影响性能的前提下减少了模型参数，减少了计算资源的消耗。第一和第二个卷积层后面跟有局部响应归一化层（local response normalization layer）。最大池化层则跟在局部响应归一化层以及第五个卷积后面。加入池化层的目的是对每个卷积层输出的特征图进行采样从而增大感受野（receptive field）。此外，池化操作还能使得学得的特征具有旋转、尺度不变性。最后，为了增强网络的非线性表达特性，ReLU 非线性激活层被应用于每个卷积层及全连接层的输出。

第一个卷积层拥有 96 个大小为 $11 \times 11 \times 3$（前两位分别为高和宽，第三位为通道数，下同）、滑动步长（stride）为 4 个像素（同一核映射中邻近神经元的感受野中心之间的距离）的卷积核。该层采用大小为 $224 \times 24 \times 3$ 的图像作为输入进行卷积滤波。第二个卷积层拥有 256 个大小为 $5 \times 5 \times 96$ 的卷积核，它将第一个卷积层的（包括之后的响应归一化层、最大池化层以及非线性激活层）输出作为输入进行滤波。第三、第四和第五个卷积层彼此相连，没有任何池化层与归一化层穿插其中。第三个卷积层有 384 个 $3 \times 3 \times 256$ 的核被连接到第二个卷积层（同样包含响应归一化层、最大池化层以及非线性激活层）的输出。第四个卷积层拥有 384 个大小为 $3 \times 3 \times 384$ 的核。第五个卷积层拥有 256 个大小为 $3 \times 3 \times 384$ 的核。两个全连接层各有 4096 个神经元。

此外，AlexNet 中的重叠池化、局部归一化处理以及在全连接层采用 dropout 等操作，大大减少了网络复杂度以及参数数量，提高了网络的训练速度，降低了过拟合概率。

（3）VGG 网络。VGG 网络由牛津大学的视觉几何实验室（visual geometry group）提出，在 ILSVRC-2014 比赛中分别获得定位（localization）任务第一名和分类（classification）任务第二名。与 AlexNet 相比，该网络的主要改进在于使用很小的卷积核（3×3），并且证明了增加网络深度可以有效提升模型的效果。VGG 网络在其他数据集上也表现出很好的泛化能力。

与 AlexNet 类似，VGG 网络同样采用卷积层与池化层交错的形式来组建网络，从而能够学习到有效的特征表达。VGG 网络有 6 种不同的深度结构配置，最常用的是 VGG-16 网络。下面详细介绍 VGG-16 网络。

VGG-16 的网络架构如图 7-4-19 所示，该网络具有 16 个权重层（13 个卷积层以及 3 个全连接层）。VGG-16 的输入为尺寸大小为 $224 \times 224 \times 3$ 的 RGB 图像。图像通过卷积滤波器的卷积核大小为 3×3。相比于 AlexNet 网络，该网络的卷积核非常小（是用来获取左右、上下和中心的最小尺寸）。卷积的滑动步长固定为一个像素，每个卷积层使用填充（padding）操作，以保持卷积后的特征的空间分辨率。VGG-16 网络有 5 个最大池化层，与 AlexNet 类似，它们仅接在部分卷积层的后面。最大池化层的滑动窗口大小为 2×2，滑动步长为 2。在所有卷积层之后是 3 个全连接层。前两个全连接层各有 4096 个神经元。第三个全连接层与 AlexNet 类似，Np 是分类任务中的总类别个数，因此包含 Np 个神经元（每个通道代表一类）。最后一层是 Softmax 层，与 AlexNet 类似。

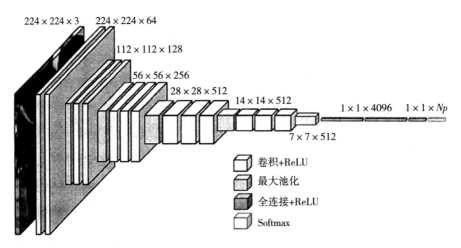

图 7-4-19　VGG-16 网络架构示意图

为了增强网络的表达能力，所有权重参数层后都应用了非线性激活层（ReLU）。局部响应归一化层被应用在非线性激活层之后以达到在局部神经元中引入竞争机制从而实现提高模型泛化能力的目的。

（4）GoogLeNet 网络。GoogLeNet 是 Google 公司深度学习团队提出的一种深度模型架构。GoogLeNet 的提出者认为，虽然 CNN 获得更优性能的途径是扩展模型的深度（更多的层次）和宽度（层内卷积核数目），但仅仅依照传统方式来堆栈更深层次的模型（例如 AlexNet 的堆栈方式），将不得不面临三个方面的问题：①在一般规模的数据集中，参数过多极易造成过拟合，而大量扩展数据集将导致过高的标注成本；②伴随 CNN 参数规模的扩大，模型学习过程中极易陷入较差的局部最优解，导致最终识别性能较差，同时对计算资源的需求也急剧上升；③所构建 CNN 架构层次越深，模型优化过程中的梯度信息在反向传播过程中所面临的梯度弥散问题越严重。因此，GoogLeNet 设计之初依据上述问题，针对性地设计网络架构，以期在扩展模型架构的同时，避免上述问题的出现。

如图 7-4-20 所示，GoogLeNet 采用了 22 层深度的模型架构，远远大于 AlexNet。为了有效避免由深度增加所带来的梯度弥散问题，除了最终分类层外，GoogLeNet 在模型中间层增加了两个辅助 Softmax 分类器（Softmax1、Softmax2）用于在训练阶段回传梯度。这样做的优势有三个：其一，通过在网络中间层加入分类器，可以有效地增加相对底层的特征对于类别信息的辨别力，也增加了特征的特异性；其二，处于中间的分类层在训练期间所计算得到的梯度信息，会用于对其之间各层的参数进行更新，令整个网络不至于因为过度依赖最终分类层所回传的梯度而发生弥散现象；其三，辅助分类器中的权重衰减实际上为网络提供了额外的正则化项，可以有效地避免了过拟合现象的发生。在测试阶段，辅助分类器将会被去除，而仅仅采用最终分类器 Softmax3 的判别作为结果。

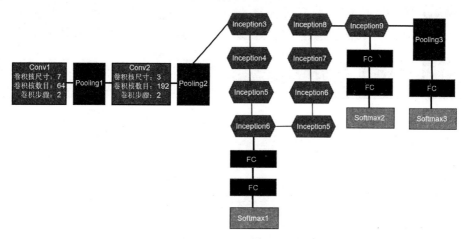

图 7 - 4 - 20　GoogLeNet 网络架构示意图

在宽度方面，GoogLeNet 的一个非常重要的创新来自它所提出的 Inception 结构。该结构的基本出发点在于，为了挖掘最优的局部特征，来自 CNN 每一层的输出应当基于某种统计特性被聚集为不同的群组加以分析，而这种统计特性通常构建于图像不同尺度的区域之上。因此，GoogLeNet 所采取的方法是分别利用不同尺寸的卷积核对前一层的输出特征图进行卷积运算后，获得后一层的输入。但该连接方式会极大地增加模型的运算量。因此，Inception 结构在对输入特征图进行 1×1 卷积运算的同时做非线性激活，意在保持信息不损失的情况下对特征进行降维，有效降低了 CNN 对于计算资源的需求。

（5）ResNet 网络。ResNet 是目前最为广泛使用的 CNN 架构，它是 2016 年由微软亚洲研究院所提出。相对于 GoogLeNet 来说，ResNet 的深度层次被进一步扩展。ResNet 目前共有 18 层、34 层、50 层、101 层和 152 层 5 种版本。ResNet 提出的原因与 GoogLeNet 类似，即认为更深层次的 CNN 架构会存在识别性能上的相对提升。但事实上目前大多数研究工作在尝试训练更深层次的逐层堆栈式 CNN 架构时，无论是训练误差还是测试误差都会比相对浅层的网络要大。显然，这种结果并不能被归结于过拟合现象（训练误差小但测试误差大），因而学术界将其称之为"退化现象"。

针对"退化现象"，ResNet 在受到残差学习的启发下而被提出。残差学习的思想认为，如果将深层次 CNN 架构中相对于浅层架构增加的部分视作恒等映射（identity map），那么前者便不会产生上述更多的损失。这种恒等映射看似并无明显意义，但残差学习将这种恒等映射视作浅层向深层变换的一种重要先验，即这种映射即便达不到恒等映射，也是添加了某种扰动信息后的恒等映射。

基于上述残差学习思想，ResNet 的架构应运而生。以 34 层的 ResNet 为例，其架构如图 7-4-21 所示。架构共采用了 5 组数目不同的卷积核，每经过一组卷积核，对输出特征图实现一次降采样。短路径连接每相隔 2 个卷积核实现一次。与恒等映射稍有差异之处在于，这种短路径连接是以 1×1 卷积实现，与 GoogLeNet 中的 Inception 结构有相似之处。当处于短路径连接两端的特征图尺度大小不一时，将 1×1 卷积核进行 1/2 采样以适应计算。最终分类层和 AlexNet、GoogLeNet 相同，采用 Softmax 分类器。

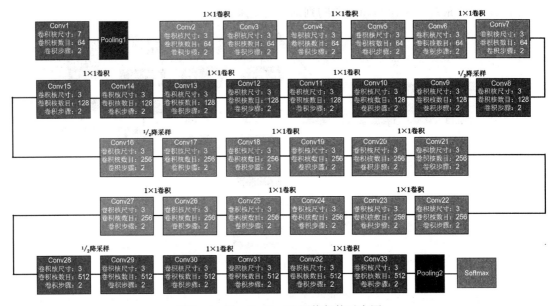

图 7-4-21　ResNet 34 网络架构示意图

4. 递归神经网络

卷积神经网络无法处理时间序列数据，因为它们都是单个输入并与相应输出对应，即上一时刻的输入信息无法对当前输入产生影响。而在包含连续数据的研究领域，如文本、音频和视频等都要求模型序列输入学习，因此在这种需要处理序列数据的情况下，递归神经网络（recurrent neural network，RNN）便应运而生了。递归神经网络体系结构的典型特征是循环连接，它使得递归神经网络能够根据历史输入和当前输入的数据更新当前状态，即所有输入会对未来输出产生影响。

递归神经网络应用于输入数据具有依赖性且是序列模式时的场景，即前一个输入和后一个输入是有关系的。与 CNN 结构不同的是，递归神经网络的隐藏层是循环的。这表明隐藏层的值不仅取决于当前的输入值，还取决于前一时刻隐藏层的值。具体的表现形式是，递归神经网络"记住"前面的信息并将其应用于计算当前输出，这使得隐藏层之间的节点是有连接的。递归神经网络的结构如图 7-4-22 所示。

从递归神经网络的结构可以得知，递归神经网络的下一时刻的输出值是由前面多个时刻的输入值共同影响的，而在有些情况下输出值可能还会受后面时刻的输入值的影响，结果会更加准确。例如，"小明的笔记本电脑坏了，他打算____一台新电脑。"如果只看横线前面的词并不能准确地判断出横线处是"买"，因为在这种语境下也可以是"修"或其他结果。

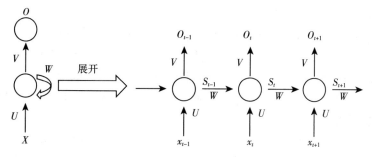

图 7 - 4 - 22　递归神经网络结构

由于单向递归神经网络无法对这种情况进行建模，故提出双向循环神经网络（bidirectional RNN，BRNN）。双向循环神经网络的结构如图 7 - 4 - 23 所示，可以看到 BRNN 的隐藏层需要记录两个值。A 参与正向计算，A′参与反向计算。最终的输出值 Y_2 取决于 A_2 和 A'_2。

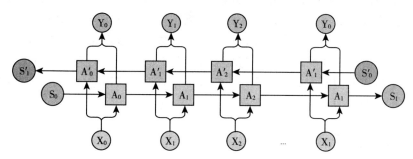

图 7 - 4 - 23　双向循环神经网络结构图

然而，在训练递归神经网络的过程中容易出现梯度爆炸和梯度消失的问题，导致在训练时梯度的传递性不高，即梯度不能在较长序列中传递，从而使递归神经网络无法检测到长序列的影响。梯度爆炸问题是指在递归神经网络中，每一步的梯度更新可能会积累误差，最终梯度变得非常大，以至于递归神经网络的权值进行大幅更新，程序将会收到 NaN 错误。一般而言，梯度爆炸问题更容易处理，可以通过设置一个阈值来截取超过该阈值的梯度。梯度消失的问题较难检测，可以通过使用其他结构的递归神经网络来应对，例如长短期记忆网络（long short-term memory，LTSM）和门控循环单元（gated recurrent unit，GRU）。下面详细介绍这两种网络。

（1）长短期记忆网络。由于存在梯度消失问题，递归神经网络只能有短期记忆，而存在"长期依赖"的问题。LSTM 在递归神经网络基础上进行了改进，与递归神经网络基本结构中的循环层不同的是，LSTM 使用了三个"门"结构来控制不同时刻的状态和输出，即"输入门""输出门"和"遗忘门"。LSTM 通过"门"结构将短期记忆与长期记忆结合起来，可以缓解梯度消失的问题。

"门"结构是一个使用了按位相乘的操作的 FCNN，其激活函数为 Sigmoid 函数。Sigmoid 函数将输出一个 0~1 的数值用来表示当前时刻能通过"门"的信息数。0 表示无法通过任何信息，1 表示可以通过全部信息。

"遗忘门"控制了前一时刻能传递到当前时刻的单元状态的信息数，"输入门"控制了当前时刻的输入能保存到单元状态的信息数，"输出门"决定了单元状态能输出到当前状态输出值的信息数。

（2）门控循环单元。GRU 在 LSTM 的基础上进行了改进，它在简化 LSTM 结构的同时保持着和 LSTM 相同的效果。相比于 LSTM 结构的三个"门"，GRU 将其简化至两个"门"，即"更新门"和"重置门"。"更新门"的作用是控制前一时刻的单元状态有多少信息能被带入当前状态中，"重置门"的作用是控制前一状态能被写入当前状态的信息数。

5. 生成对抗网络

生成对抗网络（generative adversarial networks，GAN）首先由 Goodfellow 等人于 2014 年提出。生成对抗网络的基本结构由生成模型和判别模型组成。生成模型的任务是学习已有数据的概率分布，然后根据学习的分布生成新的数据。判别模型用于学习判断输入数据为真实数据还是生成的数据。生成模型和判别模型以博弈的方式训练，试图在它们之间达到一种平衡的状态。

图 7-4-24 展示了生成对抗网络在图像生成应用中的框架。其中，生成模型以随机噪声作为输入，并生成与真实样本相似的伪样本。判别模型以真实样本和伪样本作为输入，并判断这些样本是真还是假。生成模型和判别模型的参数在逐步训练中得到优化。随着训练的进行，生成模型可将随机的噪声映射为与真实样本类似的数据，而判别模型几乎无法辨别样本是真实的还是生成模型所生成的。这样，在训练结束后，可以通过调节生成模型输入的噪声变量来获得不同的类似真实样本的数据。

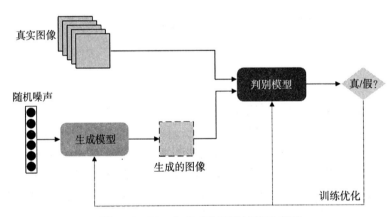

图 7-4-24　生成对抗网络结构示意图

假设生成模型的输入为一个随机噪声变量 z，其服从的概率分布为 $p_z(z)$。生成模型的映射函数可表示为 $G(z；\theta_g)$，它使用生成模型训练得到的参数 θ_g，将随机噪声变量 z 映射为类似真实样本的数据。判别模型的映射函数可表示为 $D(x；\theta_d)$，它使用判别模型训练得到的参数 θ_d 来判断输入的样本 x 来自真实数据的可能性。在判别模型训练阶段，需要给定真实数据和生成数据不同的标签，以便判别模型学会区分真实数据和生成数据。通常将真实数据的标签设置为 1，将生成数据的标签设置为 0。这样，$D(x)$ 就表示输入样本为真实数据的概率，其范围为 $[0，1]$。

对于生成模型来说，生成的数据 $G(z)$ 应尽可能地被判别模型识别为真实数据，即让 $D(G(z))$ 的值尽可能接近 1。因此，生成模型相应的优化目标是使 $\ln(1-D(G(z)))$ 最小化。对于判别模型，真实数据应尽可能被识别为真实的，即让 $D(x)$ 的值尽可能接近 1；而生成的数据应尽可能被识别为非真实的，即让 $\ln(1 - D(G(z)))$ 尽可能大。这样，生产对抗网络的目标函数可表示为

$$\min_G \max_D V(D, G) = \mathrm{E}_{x \sim P_{data(x)}}\big[\log D(x)\big] + \mathrm{E}_{z \sim p_{z(z)}}\big[\log(1 - D(G)(z)))\big]$$

其中，在训练生成模型时，目标函数的前半部分可视为常数，因为它与生成模型无关。

针对不同的应用，生成对抗网络的生成模型和判别模型可使用不同的模型来实现，如全连接神经网络、卷积神经网络以及一些机器学习模型。

7.5 人工智能的典型应用

7.5.1 智能搜索

在网络时代以前，由于缺乏信息交流的技术手段，人们能搜索和查阅的信息非常有限。互联网出现以后，虽然网络上充斥着浩如烟海的数据信息，但是用户却被大量无效信息包围，精准获得所需信息很困难。为了解决这一困难，人们在海量数据获取的基础上，依托人工智能技术对用户行为进行分析，研究开发了智能搜索引擎。智能搜索引擎允许人们能够以文字、语音、图像等多种媒介提交搜索线索，对用户的搜索行为和结果反馈进行智能分析，最终提交符合用户个性化需求的精准信息。搜索引擎的智能体现在其具有的一种综合能力，包括对网络信息环境及用户信息的感知能力，对感知到的环境与用户信息进行记忆和存储的能力，通过学习实现某一目标的知识获取与过滤能力等。目前，人工智能技术主要在智能搜索引擎中具体解决搜索排名、查询内容分析、语音和图像搜索等关键问题。

在智能搜索引擎领域，最具代表性的产品是谷歌搜索引擎。谷歌搜索引擎于 1997 年由美国斯坦福大学的博士生拉里·佩奇和谢尔盖·布林创立，目前支持 149 种语言，每天处理超过 35 亿次用户搜索，拥有全球搜索引擎市场 92% 的份额。谷歌搜索引擎在搜索精准度和搜索引擎优化水平上处于世界领先地位。它创立了一套独有的 PageRank 系统，能够对网页的重要性做出精准的评价。谷歌搜索引擎还为自定义搜索提供了许多不同的选项，使用符号来包含、排除、指定或要求某些搜索行为，并提供专门的交互体验，例如航班状态和包裹跟踪，天气预报，货币、单位和时间转换，单词定义等。

百度搜索是全球领先的中文搜索引擎，2000 年 1 月由李彦宏、徐勇两人创立于北京中关村。"百度"二字源于中国宋朝词人辛弃疾的《青玉案》诗句："众里寻他千百度"，象征着百度对中文信息检索技术的执着追求。百度的成功使中国成为除美国、俄罗斯和韩国之外，全球仅有的 4 个拥有搜索引擎核心技术的国家之一。百度每天响应来自 100 余个国家和地区的数十亿次搜索请求，服务 10 亿互联网用户，是网民获取中文信息和服务的最主要入口。在技术上，百度搜索引擎主要具有如下特点：

（1）采用了字词结合的信息处理方式，极大地提高了搜索的准确性与查全率。

（2）支持包括汉字内码扩展规范（GBK）、简体汉字编码（GB 2312）、繁体字编码（BIG5）等主流中文编码标准，并能够在不同编码之间转换。

（3）采用了基于内容和基于超链接分析结合的方法进行相关度评价，能够客观分析网页所包含的信息，从而最大限度地保证了检索结果的相关性。

（4）能够显示丰富的网页属性，如标题、网址、时间等，并突出显示用户输入的查询串。

（5）支持二次搜索，以便用户可以逐步缩小搜索范围从而达到更小的结果集。

（6）支持相关检索词智能推荐，用户可以通过推荐提升搜索效果。

（7）采用分布式系统架构和多线程技术。

7.5.2 语音识别

语音识别就是利用机器把人类语音信号转变为相应的文本或命令的技术。如图 7-5-1 所示，语音识别算法的一般工作过程可以总结为：语音信号预处理→语音特征提取→基于语音模型库下的模式匹配→基于语言模型库下的语言处理→完成识别。

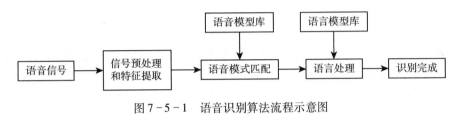

图 7-5-1 语音识别算法流程示意图

目前，语音识别方法可以大致划分为隐马尔可夫模型和人工神经网络两种类型。基于隐马尔可夫模型的语音识别通过对人类语音特征分布的概率进行统计，并对其进行算法处理，得到特定的语音信号序列，最终达到语音识别的目的。这种概率型的计算识别技术在一定角度上很容易得到语音序号，同时在语言识别的过程中的使用也很方便，但长时间、持续性的语音输出难免会出现对语音信号的遗漏。基于人工神经网络的语音识别技术出现较晚，它是依据生物神经网络的特征所构建的一种算法模型，通过学习和存储大量的输入-输出模式映射关系来实现语音的识别。基于神经网络的语音识别技术是当前研究的热点方向。由于神经网络具有强大的映射能力，因此它在语音识别中具有很高的技术价值和潜力，一旦搭建好全面、系统的人工神经网，则可以预见机器人的语音识别几乎可以达到完全正确。

我国在语音识别技术上处于世界领先水平，科大讯飞、阿里巴巴、百度等公司都在语音识别领域做出了重要的贡献。2016 年，科大讯飞提出深度全序列卷积神经网络（DFCNN），使用大量的卷积网络直接对整句语音信号进行建模。同年，阿里巴巴提出 LFR-DFSMN 模型，将低帧率算法和 DFSMN 算法进行融合，语音识别错误率相比上一代技术降低 20%，解码速度提升 3 倍。2019 年，百度提出了流式多级的截断注意力模型 SMLTA，该模型在 LSTM 和 CTC 的基础上引入了注意力机制来获取更大范围与更有层次的上下文信息。在在线语音识别率方面，该模型比百度上一代 DeepPeak2 模型的识别率提升 15%。2021 年，科大讯飞申请"语音识别方法及系统"专利，通过"静态 + 动态"网络空间实时融合路径解码寻优算法解决了面向多领域、多用户、多场景下识别效果差、反应速度慢、系统构建时间长等技术问题，显著地提升了语音识别效果。

7.5.3 游戏人工智能

游戏中的人工智能，也称作游戏 AI，可以理解为所有由计算机在游戏中所做出的智能行为，它使得游戏表现出与人的智能行为、活动相类似，或者与玩家的思维、感知相符合的特性。在计算机游戏的设计和开发中应用人工智能技术，可以提高游戏的可玩性，改善游戏开发的过程，甚至会改变游戏的制作方式。

1951 年，英国曼彻斯特大学的计算机科学家克里斯托弗·斯特雷奇（Christopher S. Strachey）编写的国际跳棋程序被认为是最早的游戏人工智能。游戏人工智能的先驱者、著名计算机科学家阿瑟·塞缪尔（Arthur Lee Samuel）在 1950—1960 年研发的国际象棋程序最终达到了挑战人类业余棋手的水平。1996 年和 1997 年 IBM 公司的深蓝（Deep Blue）超级计算机与国际象棋冠军卡斯帕罗夫（Garry Kasparov）的两场世纪人机大战引发了全世界的关注。经历第一场失败后，深蓝最终在第二场对战中战胜了人类棋手。深蓝的胜利被认为是人工智能接近人类智能的重要标志。在此之后，人工智能游戏科学家将目标转移到更具挑战的围棋游戏中。

长期以来，人工智能与人类在围棋上的对战可谓是举步维艰。围棋虽然规则简单，棋盘仅仅由纵横各等距离、垂直交叉的 19 条平行线构成，但是围棋的游戏变化却纷繁复杂、无穷无尽。英国人工智能公司 DeepMind 基于深度强化学习技术开发的 AlphaGo 是第一个击败人类顶尖棋手的围棋人工智能程序。AlphaGo 不但能通过人类棋手比赛记录学习棋艺，而且能够自己与自己进行比赛，并在这个过程中不断学习。因此在某种程度上讲，AlphaGo 的棋艺不是开发者教给他的，而是自学成才。2016 年 3 月 9 日至 15 日在韩国首尔进行的五番棋比赛中，AlphaGo 以总比分 4∶1 战胜韩国九段棋手李世石；2017 年 5 月 23 日至 27 日在中国嘉兴乌镇进行的三番棋比赛中，AlphaGo 以总比分 3∶0 战胜当时世界排名第一的我国九段棋手柯洁。目前人工智能的围棋水平已经超越了人类，而它仍在不断改进和进化。2017 年，AlphaGo 的改进版本程序 AlphaGo Zero 经过了 3 天的自我学习之后，以 100∶0 的成绩击败了 AlphaGo。AlphaGo Zero 的先进之处在于，它完全摆脱了对历史棋谱的学习，不需要人类的知识引入，完全靠自己的强化学习能力，通过自己与自己博弈来学习棋艺，最终达到无人能敌的水平。

在传统棋类游戏领域取得成功之后，人工智能开始进军更为复杂的视频对战类游戏。2022 年 6 月，我国人工智能公司商汤科技基于监督学习和强化学习，研发了《星际争霸 2》人工智能模型 DI-star。该模型的训练过程分为 2 个阶段：在第一阶段中，DI-star 通过人类玩家录像进行学习，并达到人类玩家平均水平；在第二阶段中，算法研究人员将之前学习到的模型复制多份，并为每一个模型赋予不同的优化策略（比如一些模型偏向进攻，一些模型偏向防守），然后让这些人工智能模型对战，从而进化出数百个不同风格和水平的模型。经过 5 周的训练，最终版本的 DI-star 模型达到了人类顶尖玩家的水平。

7.5.4 智慧农业

人工智能在现代农业中有广泛的应用场景。通过使用人工智能技术，能够减少农业上繁重的人力劳动，实现对农作物的精细化管理，保护农业生产环境与资源再利用，从而降低农业生产成本，提高生产效率，对促进精准农业、绿色农业和农业可持续发展有重要的作用。

1. 智能灌溉

灌溉是农业生产中最重要的工作之一。我国是农业大国，灌溉对于保障我国粮食生产安全具有重要的意义。我国大部分地区的灌溉方法以采用人工控制的浇灌和漫灌为主，这种方法通过人工经验来判断是否需要对农田灌溉、需要灌溉多少水量；部分地区采用基于时间控制的自动浇灌方法，其还是需要依据人工经验来设定浇灌时间。这些灌溉方式从效果上看十分粗糙，饱受灌溉不足或灌溉过量问题的困扰，无法满足精准农业的需求。我国也是水资源匮乏的国家，人均水资源占有量只有世界水平的四分之一。而我国的农业耗水量占据了总耗水量的75%。据测算，传统灌溉方式的水利用率大概只有45%，这意味着传统灌溉方式造成了极大的水资源浪费。智能灌溉系统不但能够实现精准农田灌溉，而且能够极大地节省水资源，避免水资源浪费。

智能灌溉系统是基于现代控制技术、物联网技术和人工智能技术等的新型农业灌溉系统。它可以不依赖于人工的具体控制，能够通过预测和判断农作物的灌溉需求，实时地做出灌溉决策并自动执行，并且能够从灌溉行为和效果中不断地自我优化，最终实现精准水肥一体化的灌溉。一个典型的智能灌溉系统主要包括灌溉控制单元、灌溉现场环境感知单元和基于人工智能的智能灌溉决策单元。智能灌溉系统可以实时监测土壤墒情，实现周期灌溉、定时灌溉、自动灌溉等多种模式，既节省了灌溉用水，又能保证农作物有良好的生长环境。同时，用户还可根据需要灵活选用灌溉模式，提高灌溉精准度和水的利用率。长短程记忆网络是智能灌溉系统中普遍使用的人工智能技术，该技术能够根据检测到的时序气候指数和水文气象观测数据，以及时序农作物的生长状态数据，制订最佳灌溉规划策略。

2. 病虫害检测

农作物病虫害是导致粮食减产的主要因素之一。近年来，我国农作物病虫害呈重发态势，农业病虫害的防治任务非常艰巨。2021年，全国农作物重大病虫害总体偏重发生，发生面积达60亿亩，特别是上半年小麦条锈病、赤霉病同时严重发生，下半年水稻螟虫、稻飞虱、稻瘟病、南方水稻黑条矮缩病，以及草地贪夜蛾、玉米螟和玉米穗期病虫在部分地区发生严重。2022年我国小麦、水稻、玉米、马铃薯等粮食作物重大病虫害仍然呈重发态势。

精准、高效的农作物病虫害识别是实施作物防治的基础，具有重要的现实意义。传统农作物病害识别主要由植物保护专家根据个人经验做出判断。这种主观的人工方法效率低下，成本昂贵，不但很难做到病虫害的早期识别，而且无法完成大规模作物场景下的识别任务。

利用人工智能技术对农作物病虫害识别是当前各个国家学者研究的热点。从方法上看，基于人工智能的农作物病虫害检测技术主要涉及前端传感技术和后端人工智能识别技术两部分。在前端传感技术中，主要采用图像和光谱传感技术来获取农作物病虫害的数据。这些获得的数据经过去噪、增强、归一化等预处理操作之后，通过人工智能技术进行识别。在后端人工智能技术中，主要采用传统机器学习方法和深度学习方法。其中，在病虫害识别中应用的传统机器学习方法包括支持向量机、K紧邻算法、决策树、朴素贝叶斯算法等；应用的深度学习方法包括AlexNet、VGG、Inception、DenseNet、YOLO等。为了研究和开发出更好的病虫害人工智能识别方法，世界各国研究者收集和建立了很多农作物病虫害数据集，如AI Challenger、Plant Village、IDADP、CGIAR等。然而，虽然目前已经有大量研究证实了人工智能技术在病虫害识别上大有可为，但是这些研究还大体上停留在实验室阶段。在技术上，真正实现人工智能技术在病虫害识别领域的落地，还需要进行大量技术攻关，比如人工智能识别模型的抗环境干扰问题、海量病虫害数据的融合问题、不同传感设备的一致性校正、深度模型的轻量化和知识迁移问题等。

3. 智能采收

当前，农作物采收大多可以通过具备机器视觉、感知、操作等多项功能的采收机器人实现。智能机器人可按照期望的轨迹行进，避免与农作物碰撞而造成农作物损坏。在采收过程中，机器人的彩色摄像装置可检测果实的成熟度。此外，内置的压力传感器能够防止采摘过程中压力过大损坏果实。智能机器人可在农忙季节快速对农作物进行抢收，节约更多的人力和时间。

采用人工智能技术开发的瓜果采摘机器人，既可以提高瓜果采摘速度，并且不会破坏果树和果实，可实现对瓜果类产品进行无损采摘作业。这些采摘机器人通过摄像装置获取果树的照片，可采用双目立体视觉在果园中对果实进行定位，用图片识别技术去判断瓜果成熟度，定位瓜果中哪些是适合采摘的，然后利用机械手臂和真空管道进行采摘，一点都不会伤到果树和果实。虽然从单个瓜果的采摘时间来看机器人比人工采摘稍慢，但可以24h运作的机器人从整体效率上来看，是会高过人工采摘的。

4. 土壤分析

人工智能应用于土壤分析，是调整农作物生产结构、选择适宜种植的作物品种、进行合理的耕作施肥、保障农作物高质高产的前提。其指标包括铵态氮、硝态氮、有效磷、速效钾、有机质、腐殖酸、重金属、含盐量和农药残留等。

德国柏林的 PEAT 农业科技公司开发了名为 Plantix 的深度学习应用程序，它可根据用户用智能手机拍摄的图像诊断土壤的营养缺陷，并与植物病虫害、作物生长等相关联。同时，它向用户提供土壤修复技术、缺陷提醒及其他可能的解决方案。美国加利福尼亚州的 Trace Genomics 公司可为农户提供土壤中主要营养元素的含量，以及病原体筛检和微生物评估报告。随着多种高新技术的逐步应用，土壤分析检测仪的操作更加便利，诊断项目更加丰富，准确度、稳定性、分辨率和工作效率不断提高，而且能够降低人为误差。

7.5.5 智慧医疗

每年我国各类医疗机构诊疗总人次超过 70 亿，且存在医疗资源分配不均、布局结构不合理等问题，医疗卫生行业面临巨大的服务需求压力。随着医疗信息化的快速发展，以及电子病历和健康档案的实行，产生了大量的文档、表格、图像、语音等多媒体信息。利用人工智能技术辅助开展医疗过程，对数据进行整合分析，为提升医疗卫生服务能力、解决医疗资源紧缺带来了新契机。

1. 皮肤疾病诊断

皮肤癌是最为常见的人类恶性肿瘤，病因迄今不明，近年来很多国家的皮肤癌病发率都呈现升高趋势。皮肤癌通常由肉眼观察诊断，然后通过活体组织切片和组织学检查确诊。

在皮肤病的诊断治疗中，人工智能技术具有明显的技术优势。人工智能技术可以帮助许多优秀的皮肤科医生摆脱日常护理临床工作中复杂、低价值的重复性工作，让他们有更多的自由时间独立思考，积极从事有临床价值的工作，如荨麻疹、痤疮等常见皮肤病的诊治。即人工智能技术能够有效缓解我国目前医学技术资源的短缺问题。随着技术的发展，皮肤科患者可以通过使用医学信息社区的人工智能网站，或通过实时收集医疗信息和远程在线咨询，获得常见类型皮肤病的科学诊断和临床治疗的技术指导。

（1）Google 检测皮肤癌系统。研究人员过去曾试图开发自动分类系统，但由于皮肤病变的外观差异很大，因此实现这一目标并非易事。而美国斯坦福大学的研究人员安德鲁·伊斯特瓦及其同事，基于谷歌推出的 GoogleNet Inceptionv3 CNN 架构，用来自 2032 例不同皮肤癌病例的 12.9 万张图像，编写了一套能够应用于医学界检测皮肤癌变的机器学习算法。该算法可识别出最常见和病死率最高的皮肤癌类型（分别为角质形成细胞皮肤癌和恶性黑色素瘤），其准确率与 21 位专业临床医生的表现相当。

（2）皮肤病人工智能辅助诊断系统。中南大学湘雅二医院联合丁香园等发布了我国首个皮肤病人工智能辅助诊断系统，该系统主要实现以红斑狼疮为代表的皮肤病人工智能辅助诊断。该系统利用了湘雅二院的皮肤病图像资源、临床数据以及专家资源，特别是关于红斑狼疮的临床研究数据和基础研究资料。大拿科技提供人工智能应用数据模型，丁香园在合作中协同各方优势资源。通过建立疾病智能诊断模型、患者服务流程、系统推向行业应用等几个阶段，将该系统的识别准确率提高到 85% 以上。

（3）其他人工智能皮肤诊断系统。北京协和医院与北京航空航天大学合作，开发出皮肤病图片的自动识别系统；武汉协和医院研发出皮肤智能检测系统——Dr. Skin，已经可以有效地进行常见皮肤病的图像智能诊断；南开大学与北京协和医院合作开发的皮肤病人工智能诊断系统对色素性皮肤痣的辨识准确率已经达到 92% 以上；北京协和医院、中日友好医院、中南大学湘雅二院等成立中国医疗保健国际交流促进会华夏皮肤影像人工智能协作组（Huaxia Skin Image and Artificial Intelligence Cooperation，HSIAIC）致力于开发基于皮肤影像资源的人工智能系统；中日友好医院崔勇教授发起的中国人群皮肤影像资源库（CSID）项目，旨在建立可用于辅助诊断模式的、中国人群特异性的皮肤影像资源，为皮肤病人工智能系统提供可利用的重要学习资源等。

2. 医学影像智能分析

视网膜"糖网"病变是糖尿病的一种典型症状。Google DeepMind Health 团队将深度学习模型应用到视网膜"糖网"病变分类问题当中，通过准确检测视网膜眼底图像的病变情况对糖尿病黄斑水肿程度进行分级，对测试者进行病情预警和诊断。该研究团队利用 12.8 万张视网膜眼底图像对深度学习模型进行训练，在测试过程中取得了 97.5% 的灵敏性和 93.4% 的特异性，判断准确率与专业医生相当。国内利用人工智能技术开展医学影像分析的研究也已收获成果。中山大学和电子科技大学研究团队研发的人工智能诊断平台能够利用深度学习模型对先天性白内障进行检测，利用晶状体不透明面积、深浅和位置三大指标对患者的患病概率进行评估，并根据诊断结果辅助眼科医师进行治疗决策。通过实验对先天性白内障的诊断准确率达到 98.87%，对不透明面积、深浅和位置等三项指标的识别准确率分别为 93.98%、95.06% 和 95.12%，为医师提供辅助决策建议的准确率达到 97.56%。

3. 新药发现

由于通常不知道哪种化学结构将具有所需的生物学效应和成为有效药物所需的特性，因此将有希望的化合物提炼成候选药物的过程既昂贵又耗时。最新数据显示，目前将一种新药推向市场的平均成本为 26 亿美元。此外，即使一种新候选药物在实验室测试中显示出潜力，当它进入临床试验时仍可能失败。事实上，只有不到 10% 的候选药物在初期试验后进入市场。考虑到这一点，专家们现在将 AI 系统无与伦比的数据处理潜力视为加速发现新药和降低发现新药成本的一种方式也就不足为奇了。据 Bekryl 市场研究公司分析称，预计到 2028年，人工智能有可能为药物发现过程节省超过 700 亿美元。

SYNTHIA™逆合成软件由化学家和计算机科学家设计了超过 15 年，由复杂的算法提供支持，可以帮助专家访问和利用经过数十年研究整理的大量化学合成数据。该工具通过利用由超过 10000 条手动编码的反应规则，提供相适应的高级算法来工作，筛选出逆合成的可能性，同时检查已经完成的工作、可以完成的工作以及可用的起始材料。

SYNTHIA™逆合成软件提供了宝贵的制药信息，这些信息可以帮助药物研发人员最大限度地降低成本，减少研发步骤，增加制造具有所需特性的药物成分的机会。这可以显著缩短药物学家、生化学家的研发时间，即能够帮助人类在更短的时间里发现新药物。德国科学家弗里德里希·里普曼（Friedrich Rippmann）团队和世界著名的生物化学科技公司默克（Merck）合作开展研究，已经提供了近300个用于评估化合物特性的新模型，这些模型具有帮助预测药物与特定疾病相关靶点结合的能力。

4. 医疗数据管理

医疗机构缺乏有效数据共享、互通机制，医疗数据的生产、收集和标注缺乏统一标准。对此，电子病历（electronic medical record，EMR）为人工智能在医疗领域中的应用提供了重要数据源。相较于传统病历，电子病历更加主动和动态，并且具有更强的数据关联性与数据共享性。它不仅能实现医疗信息的电子存储，将病人的疾病描述、诊断检验结果、住院记录、手术记录以及医嘱等进行长期保存并实现共享化，更能够借助这些信息，让医疗过程全面信息化。使它们能够服务于临床科学研究、医院的现代化管理、远程会诊等现代化医疗活动。人工智能利用机器学习和自然语言处理技术可以自动抓取来源于异构系统的病历数据，并形成结构化的医疗数据库，构建知识图谱，最终服务于临床决策支持系统的设计构建，从而为医生的诊断提供辅助，包括病情评估、诊疗建议、药物禁忌等。

5. 传染病流行预测

自有人类以来，各种传染病的流行对人类的生存造成了巨大危害。在与传染病的长期斗争中发现，对传染病流行趋势的预测始终发挥着重要的作用。最常见的传染病流行预测方法有三大类：人工智能方法、传统曲线拟合（curve fitting），以及传染病动力学模型（epidemic dynamics model）。近十余年来，基于人工智能方法的传染病流行预测逐渐得到了人们的重视，并显现出强大的预测能力和重要的技术价值。

2008年，Google公司开发了"谷歌流感趋势"（Google flu trends，GFT）软件。该软件通过利用Google数量庞大的用户搜索数据，实现了提前1~2周准确预测美国流感样病例比例的变化趋势。2011年Signorini等以美国境内发表的含有流感相关关键词的信息占美国Twitter信息总量的比例作为预测因子，采用支持向量机回归（support vector regression，SVR）算法建立了涵盖全美国及其他地区的流感样本病例数量的实时跟踪预测模型。2019年，陆军军医大学和重庆市疾控中心等单位共同研发出了我国第一个基于人工智能技术和大数据技术的流感活动水平实时预测系统。该系统收集了多种与重庆市流感相关的数据源，包括历史流感数据、天气数据、百度搜索索引数据、新浪微博数据等。在该系统中，研究者在集成自回归滑动平均混合模型（auto regressive integrated moving average model，ARIMA）和XGBoost模型的基础上，设计了一种自适应人工智能模型（self-adaptive AI model，SAAIM）。该模型能够对未来一周的流感活动水平进行预测，预测准确率达到90%以上。2020年，国家呼吸疾病临床研究中心和澳门理工大学等单位针对新型冠状病毒肺炎（corona virus disease 2019，COVID-19）的流行预测问题，设计了一种基于长短期记忆网络的COVID-19预测模型。该模型利用2003年SARS数据进行了人工智能算法训练，预测2020年疫情将在2月底达到高峰，湖北省将在当年3月中旬出现第二次高峰。复旦大学等单位采用改进的自编码器（modified auto-encoders，MAE）实时预测了100多个国家COVID-19的新增确诊病例数及累计病例数，有效地为新冠肺炎防治提供了决策支持。

加拿大人工智能公司 BlueDot 在 2019 年底就预计了 COVID-19 的爆发流行。BuleDot 公司的人工智能预测系统可以自动搜索互联网上的各种与疫情相关的信息源，并对这些信息进行汇总和自动分析。同时，该系统还大量使用全球机票数据，从而挖掘出被感染人群的行动轨迹，并对感染者可能的出行地点进行预测。然而，BlueDot 公司的预测机制并不完全依赖于人工智能，而是采用了人工智能和人工分析相结合的方式。COVID-19 不是 BlueDot 公司的第一个成功预测的对象。数年前，BlueDot 公司的预测系统已成功预测赛卡病毒将在 2016 年传播到美国佛罗里达州，比病毒的实际流行发生早了 6 个月。除此之外，它还成功预测了 2014 年埃博拉疫情将传播出西非。BlueDot 公司旨在定位、跟踪和预测传染病的传播，其人工智能预测系统每天 24h 每 15min 收集一次全球 150 多种疾病和综合病征的数据，这包括来自国家疾病控制中心或世界卫生组织等机构的官方数据。事实上，BlueDot 公司的人工智能预测系统所需要的数据大多来自官方医疗机构的数据源之外，这包括每年全球超过 40 亿商业航班旅客的流动情况、动物和昆虫种群数据、来自卫星的气候数据以及来自医护人员的本地信息等。BlueDot 的技术人员手动对数据进行分类，开发了一种分类法，以便有效地扫描相关关键字，进而应用机器学习和自然语言处理来训练预测系统。BlueDot 公司会定期向医疗机构、政府、企业和公共卫生客户发送警报，这些警报提供了其人工智能预测系统发现的疾病暴发及相关风险的信息。

7.5.6 智慧交通

智慧交通是构建在智能运输系统上的未来交通系统的发展方向。所谓智能运输系统是指，在一定交通基础设施之上，将先进的信息技术、计算机技术、通信技术、自动控制技术、人工智能等有效地综合运用于交通运输领域的一项新兴交叉学科和产业。通过加强车辆、道路、使用者三者之间的联系，从而形成定时、准确、高效的综合运输系统。

智慧交通是以智慧路网、智慧出行、智慧停车、智慧装备、智慧物流、智慧管理为主要内容，以信息技术高度集成、信息资源综合运用为主要特征，依托先进的人工智能技术使交通系统在区域、城市甚至更大的时空范围具备感知、分析、预测、控制等能力，以充分保障交通安全、发挥交通基础设施效能、提升交通系统运行效率和管理水平，为通畅的公众出行和可持续的经济发展服务。

1. 车联网

汽车移动互联网（车联网）是指利用车载电子、标准信源、传感网络等技术实现车辆的信息采集，利用无线射频识别、专用短程通信、广域无线通信等技术实现车辆的信息互联，基于信息网络平台完成车辆的静态、动态信息的深度挖掘和综合利用，并根据不同的功能需求实现车辆的综合信息服务和监管。车联网是智能交通发展的高级阶段。车联网覆盖城市级广域范围内的车辆终端，会实时产生海量的数据信息。这些消息几乎全部都需要通过各种无线通信手段传输到数据中心，以便于综合分析利用。随着车联网应用服务内容的不断扩展，车辆相关的信息双向量也将同时增加，这都需要 5G 等强大而可靠的广域无线通信网络技术。

2. 城市交通信息服务系统

城市交通信息服务系统是通过通信、车载装置、路测通信设备、电子图文等媒体实时向出行者提供交通出行相关信息，使出行者从出行前、出行中直至到达目的地的整个出行过程中，随时能够获得道路交通状态，以及出行时间、最佳换乘方法、所需费用等信息，指导出行者选择合适的交通方式和路径，以最高的效率和最佳的方式完成出行。

动态交通信息分析包括了数据预处理、数据融合、数据挖掘、数据预测、动态分析等丰富的内容，其目的在于对实时交通状态进行估计与预测，对交通事件进行及时检测与影响分析，对交通状态进行判别，并形成信息。目前常用的技术有数据融合技术、数据挖掘技术、数据仓库技术、数据可视化技术等。此外，还需要通过不同的交通信息分析模型、方法和理论，如城市道路网络动态交通模型、动态交通流预测理论方法、城市道路网络仿真等。

3. 交通智能管理

21 世纪初，美国交通部门为了解除上述几种实时交通路线决策和分流策略方法中存在的种种限制，研制开发了一种实时路线决策支持系统。这一系统采用了基于实例推理系统和随机搜索算法的人工智能方法。C/3R 是一种新型的推理程序和解决计算问题的方法，近年备受人们的关注。它可以根据问题的类似性，从所储存的实例库中选出最接近的实例，利用其解决方案解决问题，并考察所建议的方案，在此基础上总结提炼合理成分，产生一种或几种新的实例，并加以储存作为备选。随机搜索算法是一种启发式的搜索算法，它虽然并不能保证获得最优方案，但是在大多数情况下可以产生良好的结果。有代表性的两种启发式搜索算法包括遗传法和模拟退火法。

人们为了实现智慧城市交通，采用了各种人工智能技术（比如，人工神经网络、决策树模型、因果推理模型，以及各种智能搜索算法）对大量的交通数据进行分析，实现了对城市交通状态的实时判断和预测。基于人工智能模型的分析结果，智慧交通系统即可为人们的公共出行、自动交通、车流量控制等提供不同的解决方案，这在一定程度上可避免交通拥堵问题。其中，图像识别是人工智能技术体系中的一种关键技术。随着现代网络技术快速发展，越来越多的信息化场合都需要对各种图像进行数据识别，比如在交通领域，采用人脸识别技术，对移动互联网场景下的驾驶人员、行人进行人脸识别和身份验证，可提高交通安全性。另外，基于图像识别这一人工智能技术对各种不同的对象和移动目标进行识别，可控制复杂交通网络下的车流量，减少工作人员交通控制工作量。基于特定算法条件下的图像识别技术，可提高交通控制准确度，有助于建设人工智能指挥交通通行网络。

4. 自动驾驶汽车

自动驾驶的概念最早由美国工业设计师诺曼贝尔格迪斯（Norman Bel Geddes，1893—1958）在 1939 年提出。从此之后，美国、英国等国家先后开始进行自动驾驶汽车的研究。现代自动驾驶汽车的研究几乎是随着人工智能领域的建立而开始的。早在 1961 年，第一辆自动驾驶汽车 Stanford Card 出现在美国。它利用摄像头和当时的人工智能技术实现了障碍物避让功能。但 Stanford Card 正常工作的移动速度很慢，移动 1m 就需要 20min。1995 年，卡内基梅隆大学的研究者驾驶自行研发的自动驾驶汽车 NavLab5 成功行驶近 3000mile 横穿美国。NavLab5 被认为是真正意义的自动驾驶汽车，它可以利用摄像头自动寻找车道线，驾驶者驾驶它时只需要控制油门和刹车。20 世纪初，各种自动驾驶汽车研究成果纷纷出现在大众的视野中，比较著名的有斯坦福大学的 Stanley、卡内基梅隆大学的 Sandstorm 和 Boss 自动驾驶汽车。在这期间，自动驾驶系统的雏形已经形成，它包括了采用摄像头、雷达和激光测距雷达的传感系统，以及基于人工智能算法的识别系统。

美国电气与电子工程师协会（Institute of Electrical and Electronics Engineers，IEEE）预

测，至 2040 年，全球范围内 75% 的新款汽车都将具备自动驾驶功能。自动驾驶拥有很多人工驾驶无法比拟的优势，如按照既定路线行走，避免交通拥堵，减少驾驶人员的驾驶压力，提升安全性等。自动驾驶技术发展迅速的另一个原因是物联网、大数据和云计算的快速融合发展极大地促进了自动驾驶技术的发展。同时自动驾驶汽车产业的发展还将带动智能制造、信息技术和新材料产业的进一步发展。自动驾驶汽车的普及对现代城市交通具有重要的意义：①传统人工驾驶模式导致城市需要提供大量的空间用来停车，因此消耗了大量的空间和能源，尤其是在交通拥堵时占据了稀缺的路面交通资源并造成了能源浪费。而自动驾驶汽车由于配备统一的交通管理系统，可以对路面交通做出最优的配置和调度，有利于缩短汽车闲置时间、提高汽车和城市道路交通资源的利用效率，从而减少不必要的城市管理开销；②自动驾驶技术的应用与推广可使高效率的出行成为可能，大大节省人们的出行时间；③自动驾驶汽车可以推动太阳能、风能、潮汐能等新型能源技术的发展，缓解能源短缺压力；④自动驾驶汽车及其管理系统的发展，有利于城市环境的保护与改善。

　　谷歌公司是较早开展自动驾驶技术研究的公司之一，其代表了目前自动驾驶技术领域的前沿水平。谷歌从 2009 年发起了自动驾驶汽车项目预研。该项目最初由斯坦福大学的塞巴斯蒂安·特伦（Sebastian Thrun）领导。特伦担任斯坦福大学人工智能实验室主任，也是谷歌街景的共同发明人，被赞誉为自动驾驶汽车的创始人。2011 年 10 月，谷歌在美国内华达州和加利福尼亚州的莫哈韦沙漠进行自动驾驶汽车的技术测试。2012 年 4 月，谷歌公司宣布其研制的自动驾驶汽车已经开了 20 万 km 且已经申请和获得了多项相关专利。2014 年，谷歌向公众展示了没有方向盘、油门以及刹车的无人驾驶汽车原型，这意味着谷歌实现了真正的无人自动驾驶。2016 年 12 月，谷歌公司的母公司 Alphabet 宣布，其将内部的自动驾驶汽车项目剥离出来，单独成立了专注于自动驾驶汽车业务的公司——Waymo（图 7-5-2）。Waymo 即谷歌公司内部对自动驾驶项目的称呼，它代表"A new way forward in mobility"（未来新的移动方式）。目前，Waymo 正在测试的自动驾驶汽车已累计行驶超过 160 万 km。这些自动驾驶的原型汽车包括了 23 辆在丰田、雷克萨斯品牌汽车的基础上改造的自动驾驶汽车和 30 辆谷歌自主研发的自动驾驶汽车。

图 7-5-2　谷歌 Waymo 无人驾驶汽车

　　随着谷歌自动无人驾驶项目的发展，市场对自动驾驶领域展现出极大的兴趣。特斯拉、亚马逊、Uber、百度、NVIDIA 等公司也迅速加入了自动驾驶汽车研发的阵营。各大传统汽车厂商，如奔驰、宝马、丰田等公司，也意识到了自动驾驶将对汽车行业产生颠覆性的变革，随即立刻调整自己的技术发展布局和战略，开展了自动驾驶技术的研究。国际上自动驾驶汽车领域的技术研究和市场竞争已经呈现出群雄逐鹿的局面。

而在国内，百度公司于 2014 年 4 月正式开启了自动驾驶研究项目。百度所研发的自动驾驶汽车已经可以实现在环路、城市路及高速公路的混合路况下自动驾驶。2017 年 12 月 2 日，国内首辆自动驾驶客运巴士 Alphabus 正式在深圳福田进行信息采集和试运行。在这次试运行中，共有 4 辆配有 Alphabus 智能公交系统的公交车在 1.2km 的线路上运行，其车速被限制在 10～30km/h，途中设置了 3 个停靠站。

将深度学习应用于无人驾驶领域的代表公司有 Mobileye、NVIDIA 等。这些公司把基于深度卷积神经网络的方法用于汽车的视觉系统中，取得了非常理想的效果。其中，Mobileye 公司生产的基于多核架构芯片 EyeQ4，每秒浮点运算可达 2.5 万亿次，而功耗仅有 3W。通过一系列的算法，EyeQ4 可以同时处理 8 部摄像头产生的图像数据。英伟达 DRIVE PX2 无人驾驶汽车平台，支持 12 路摄像头输入、激光定位、雷达和超声波传感器，包括两颗新一代 NVIDIA Tegra 处理器和基于 Pascal 架构的 NVIDIA GPU。

2016 年 9 月 13 日，NVIDIA 在 GPU 技术大会上推出了体积更小的节能型车载深度学习计算平台 NVIDIA DRIVETM PX 2 AUTOCRUISE。该平台采用了新型单处理器配置，每小时功耗仅为 10W。此外许多移动终端产品芯片供应商已经开始为自动驾驶技术提供带有 GPU 单元的嵌入式处理器。一些大公司（如高通、三星）也推出了各自带有 GPU 单元的嵌入式处理器。三星处理器芯片目前主要研发汽车智能硬件、车机互连系统来拓展面向汽车的产品组合，实现多系统支持的感知功能。由于深度学习方法对图像处理的高效性，使得无人驾驶汽车可以利用单/双摄像头初步实现对自动控制的需求，减轻了传统方法中对用昂贵的激光扫描仪来建立 3D 全景地图的依赖性。虽然相比于激光扫描仪，利用摄像头采集的信息精度稍低，但完全可以满足日常无人驾驶的需要，而改进的深度学习算法通过对多摄像头信息进行融合处理，模拟人的双眼生成立体空间图像，从而轻松判断距离，实现更好的自动控制功能。

7.5.7 智慧物流

人工智能技术在物流领域的发展日益成熟，应用领域越来越广泛，在物流现代化过程中发挥了巨大的作用。物流作为企业的"第三利润源"，蕴含着巨大的发展空间。由于企业物流成本相当一大部分是隐性的，因此需要通过对整个物流系统进行整体优化才能够降低成本。这意味着智慧物流的发展必须建立在大数据、云计算、物联网和人工智能等技术的协同应用的基础上。随着"工业 4.0"的不断发展，与之配套的智慧物流也面临着前所未有的战略机遇期。目前，智慧物流的主要研究和应用场景包括智能仓储、分拣、配送等。

1. 智能仓储

国家邮政局监测数据显示，2020 年"双 11"大促期间，全国邮政及其他快递企业共处理快件 39.65 亿件。其中 11 月 11 日当天共处理快件 6.75 亿件，同比 2019 年增长 26.16%，再创历史新高。飞速发展的电商行业正紧逼和推动着物流行业的技术进步。物流行业从以前对"双11"期间业务的不堪重负，已经升级到现在游刃有余地应对逐年递增的快递量。这显著的变化离不开智慧物流技术的有力支持。电商巨头京东、淘宝等都对智能仓储非常重视，如何利用智能技术抢占发货先机，拥有畅通的物流渠道是各大电商必须解决的问题。

智能仓储即采用先进的信息技术手段对仓储设备与仓储管理过程进行智能化改进，通过构建一套流程标准化的现代信息管理系统，提升仓储管理与调度水平。一般包含两条相互映射与作用的主链，分别是包含采集、处理、流通、管理、分析的信息加工链与包含入库、出库、移库、盘点、挑选、分发的业务环节链。智能仓储的实现对提高货物流转率、降低物流成本与资源消耗、提升物流服务水平有十分重要的作用。人工智能技术在智能仓储的具体应用包括入库、存储和出库等重要环节，这涉及规模庞大的物流机器人、自动仓储设备、运输设备和运输人员。智能仓储涉及的其他关键技术还包括物联网技术、射频识别技术、传感技术等。

得益于机器视觉等人工智能技术的赋能，智能仓储中的搬运机器人、分拣机器人、无人叉车等一系列物流机器人均可对仓库内的物流作业实现自我感知、自我学习、自我决策、自我执行，实现更高效的自动一体化。此外，人工智能可以基于历史消费数据，通过深度学习、宽度学习等算法建立库存需求量预测模型，并最终形成一个智能仓储需求预测系统，以实现根据实际数据自主生成最佳的订货方案，从而对智能仓储的库存水平进行实时调整。同时，这些人工智能模型还能够随着订单数据的不断增多而进行自我修正和再学习，其预测结果的灵敏性与准确性也能够得到进一步提高，从而保证企业在高物流服务水平下运转的同时，还能降低企业的库存成本。

智能分拣系统是智能仓储的重要组成部分，其主要涉及分拣过程中需要使用的运输设备，如智能分拣车、传送带等，以及分拣过程中的信息流。在智能分拣系统中，机器视觉、路径规划等技术是其主要关键技术。菜鸟公司自主研发的 AGV（automated guided vehicle，自动牵引车)，如图 7-5-3 所示，以及缓存机器人和播种机器人正在逐渐取代传统仓库里的拣货员。在菜鸟网络浙江海宁智慧仓，分拣员已经被机器完全取代。360°运行的拣选机械臂会从 500 个缓存箱位中把周转箱放到流水线上。在流水线两边，分布着播种机器人。它们通过真空吸盘，把周转箱里的货品转移到消费者的快递箱内。快递箱会走向自动包装区域，在这里贴上电子面单，就可以出库发货了。引入这些自动搬运机器人后，仓库空间的利用率能够极大地提升。这是因为，自动搬运机器人能托举货架360°旋转，使得货架的 4 个面都能存储商品，从而智能仓库的货物储量翻了一倍。AGV 集装箱牵引车备有电磁或光学等自动导引装置，一般可通过计算机来控制其行进路线以及行为，或利用电磁轨道来设立其行进路线。这些电磁轨道被安装在地板上，无人搬运车能够自动读取地面上电磁轨道的路径信息，从而进行移动。

2. 智能配送

配送是物流系统末端的最后一个环节。长期以来，随着电子商务的快速发展，物流企业的末端配送压力非常巨大。为了应对这巨大的压力，物流企业不得不增加营业网点，招聘大量的配送人员，购置配送设备。然而，虽然企业投入了大量的人力、物力，却并没有明显减轻末端配送的压力，提高用户的满意度。

为了解决这一问题，国内外研究者和企业着手研发以人工智能技术为核心的各种智能配送设备，如图 7-5-4、图 7-5-5 所示。早在 2013 年，亚马逊公司就开始研发自主飞行器

图 7 - 5 - 3 菜鸟公司自动牵引车

配送设备，并于 2019 年推出了能够飞行 24km、载重 2.3kg 的配送无人机。美国谷歌公司的无人机配送企业 Google Wing 在 2019 年 4 月获得全美首份无人机配送许可。该送货无人机顶部配置 14 个螺旋桨，其翼展约 1m、重量约 5kg。这种无人机由电力驱动，最多可载重 1.5kg。当送货无人机到达客户指定位置时，无人机可垂直起降并悬停在半空中，通过绳索将货物送下。美国初创科技公司 Zipline 的无人机已经在非洲等地飞行 30 万次以上，主要完成药品配送等工作。美国硅谷的初创公司 Nuro 推出了全自动无人配送车 R-1，该无人配送车可以在绝大多数城市内的地面道路上行驶。2017 年 6 月 18 日，京东研发的配送机器人在中国人民大学完成了配送任务。2019 年 4 月，美团无人配送车"小袋"通过了北京智能车联产业创新中心的测试，并获得全国首份服务型电动自动行驶轮式车测试报告，成为国内首家通过该项测试的企业。美团无人配送车"小袋"配备了激光雷达、摄像头、超声波雷达、GPS、IMU 等各类传感器，通过人工智能算法进行感知、定位和决策规划，可以应对各种道路上常见的场景。在遵守交通规则的情况下，它能够自主规划路径，避让行人、非机动车和机动车等障碍物，安全地在路上行驶。

图 7 - 5 - 4 各种室内配送机器人

根据工作环境不同，配送机器人可分为室内配送机器人和室外配送机器人两类。室内配送机器人主要由配送机器人在封闭空间中提供配送服务。其应用场景包括办公楼、酒店、餐

图 7-5-5　各种室外配送无人机

厅、医院、机场等。室外配送机器人则可以分为半封闭场所的近途配送和远距离配送机器人。其中，半封闭场所的近途配送是指在校园、社区、工业园区等环境配送；远距离配送是指行驶在城市交通道路上以及在偏远地域进行配送。目前，配送机器人主要涉及的关键技术包括 3D 环境地图生成、机器人自我定位、机器人自主导航、3D 空间路径规划、碰撞检测、人类身份识别、语音识别等。

7.5.8　智慧金融

金融行业在人工智能和大数据带来的技术浪潮中，有着极其迫切的技术升级需求。其根本原因是金融体系内部多年来沉淀了海量标准化数据，金融企业非常需要利用人工智能技术对这些数据的价值进行深入挖掘，从而进一步提高决策效率、及时应对市场变化，更好更精准地服务客户。以云计算为算力的人工智能技术从根本上颠覆了传统的科学技术，成为金融科技领域中影响金融机构内部资源配置和组织模式的广为青睐的技术。由于金融业务流程的各个环节都是处理数据，因此人工智能技术在这方面有着绝对的优势，在提高效率、降低成本、防控风险、促进普惠金融等各个金融业务流程环节中（客户端、运营端、交易端、监管端）发挥着重要作用。

1. 自助便利服务

任何一项智能金融技术所应用到的都不是单一类型的人工智能技术，自助服务类产品研发更是需要多种技术的结合。目前我国的人工智能技术已经渗透至产品的研发、营销、风险防控等核心业务中。

智能客服是人工智能提供自助便利服务的一个典型成果，智能客服系统利用机器学习、语音识别和自然语言处理等人工智能技术，处理金融客户服务中重复率高、难度较低且对服务效率要求较高的事务。目前市场上的典型企业有智企客服、网易七鱼、Genius digital 等。中国银行业协会此前发布的《中国银行业客服中心与远程银行发展报告（2018）》显示，2018 年银行业客服中心的智能技术使用率为 69%，其中 65% 的客服中心应用了智能语义理解技术和机器人服务，已成为文字在线客服的主要服务方式之一。

精准营销是金融公司降低获客成本、提高服务效率的一个重要场景。其主要通过建设丰富的客户标签，利用"大数据 + AI"快速进行数据分析，根据消费者个性分析，前瞻预测客户需求，推送潜在需求产品。据 Garter 调研数据显示，到 2020 年，85% 的消费者与企业的关系不再是人与人之间的交互，而是人与机器的交互。随着机器学习能力不断增强，机器完成任务的能力也在不断提升。在 Bank4.0 时代，银行的网络金融服务将向全平台智能化迈进，通过智能决策引擎，实现"人工智能 + 机器人服务"，做到客户营销"千人千面、时时不同"，客户服务"实时响应"。

金融搜索引擎是提供自助便利服务的另一个典型成果，主要应用知识图谱技术，其主要功能是理财产品发布及搜索金融电商和资讯平台，代表公司有好贷、融 360 等。在金融征信及风控方面，自助便利服务机制主要应用了机器学习技术，其主要功能是以数据形式呈现的全方位信息关联维度及风险评估，代表企业有启信宝、zest finance 等。

2. 业务预测服务

在我国，智能风控是人工智能技术在银行、金融业务预测方面的典型应用。数据信息处理、风险防控、信用等级评价和风险资产定价以及金融监管过程都离不开人工智能技术的参与。如信贷业务，传统信贷存在很高的信用风险，并且申请、审批复杂，耗时长，而通过运用智能技术，如知识图谱技术、机器学习技术，可以从异源异构的众多数据中探索发现相关信息，分析借款人特质与信用等级，在贷款前预警、贷款过程中实时监控，贷款业务完成后详细记录，从而提高各个环节风险识别的精准程度。这种技术应用的最大优点是可以替代相关人力，降低人力与物力成本。其次的优点是能有效缩短业务处理时间，机器的效率远远高于人工，也降低了客户办理业务的时间成本，改善用户体验。例如，ZRobot 是京东数科旗下的智能大数据服务公司，它可以利用数据挖掘和机器学习等人工智能技术，为银行、金融公司、汽车金融等金融机构提供智能化风控管理解决方案，提升企业的整体风控能力。

3. 投资顾问业务

智能投顾业务是指在一定程度上可以取代人工投顾的智能业务，根据不同客户的资金状况、风险偏好、效用曲线等因素，运用各种投资组合策略，将人工智能技术应用在构建模型、组合分析等各个方面，为客户提供个性化、智能化的理财顾问服务。随着人们对于财富增值需求的关注，商业银行、基金公司、资产管理公司等金融机构都陆续推出了智能投顾服务，在不久的将来，智能投顾一定会成为居民资产配置的重要工具。由于智能投顾的成本较低，在费用方面大大低于人工投顾，因此这极大地扩大了客户群体的范围，许多普通用户也可以参与到投资理财当中。而且，人工投顾往往存在非理性因素。人不同于机器，即使再理性的人也会受到环境影响，从而在分析金融问题时容易产生行为金融学中的认知偏差。而智能投顾将算法大数据作为投资依据，在避免了人工投资顾问非理性因素的同时，也减少了由于投资经验不足导致的问题。在我国，典型的开展智能投顾业务的金融机构有广发证券的"贝塔牛"、招商银行的"摩羯智投"等。

7.6　本章习题

1. 简述人工智能的概念。
2. 古希腊哲学中数论的思想对人工智能的产生和发展有什么意义？
3. 人工智能有哪三大学派？它们各自开展人工智能研究的基本观点是什么？
4. 人工智能领域从 1956 年至今大体上经历了哪些历史阶段？
5. 人工智能算法涉及的回归和分类的含义各是什么？

6. 逻辑回归用于解决回归问题还是分类问题？它和线性回归的联系是什么？

7. 支持向量机是一种二分类模型，它能否解决多分类问题？如果能，是怎样解决的？

8. 请简述语音识别的概念和语音识别的一般过程。

参考答案

实践应用篇

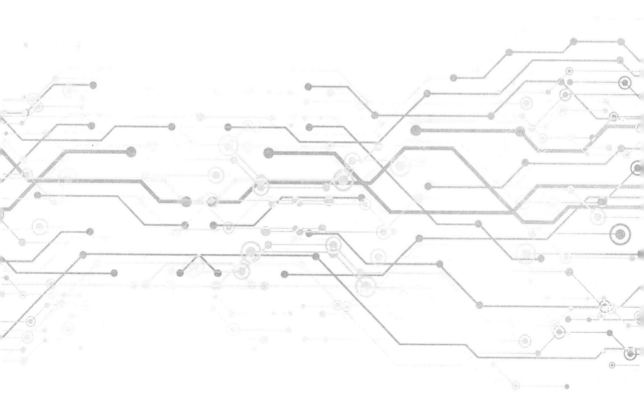

第 8 章 Windows 10 系统基本操作

- 了解 Windows 10 操作系统。
- 掌握操作窗口、对话框和设置汉字输入法的方法。
- 掌握 Windows 10 文件管理、系统管理、系统备份与还原的相关操作。
- 掌握 Windows 10 网络设置和资源共享的操作。

操作系统是管理计算机硬件与软件资源的计算机程序,同时也是计算机系统的内核与基石。操作系统需要处理许多基本事务,如管理与配置内存、决定系统资源供需的优先次序、控制输入与输出设备、操作网络与管理文件系统等。

8.1 操作系统简介

操作系统（operating system，OS）是一种系统软件，它管理计算机系统的硬件与软件资源，控制程序的运行，改善人机操作界面，为其他应用软件提供支持等，从而使计算机系统的所有资源得到最大限度的发挥，并为用户提供方便、有效、友善的服务界面。操作系统是一个庞大的管理控制程序，它直接运行在计算机硬件上，是最基本的系统软件，也是计算机系统软件的核心，同时还是靠近计算机硬件的第一层软件。

8.1.1 操作系统的功能

操作系统的主要功能：处理器管理、存储管理、设备管理、文件管理和网络管理。

1. 处理器管理

处理器管理即对系统中的处理器及其状态进行管理。计算机的处理器也称为中央处理器，即 CPU，它是计算机系统中最宝贵的硬件资源，提高 CPU 的利用率是操作系统的主要功能之一。

（1）单道程序系统。在早期的计算机系统中，一旦某个程序开始运行，它就占用了整个系统的所有资源。但在单道程序系统中，大量的资源在许多时刻都处于闲置状态，资源利用率较低。

（2）多道程序系统。为了提高系统资源的利用率，现代操作系统都允许同时有多个程序被加载到内存中执行。例如，用户可以边听音乐，边浏览网页，同时还可以运行聊天软件等，这样的操作系统被称为多道程序系统。即在系统中同时有多道程序运行，它们共享系统资源，提高了系统资源的利用率。

（3）进程与线程。处理器管理的主要功能是把 CPU 的时间有效、合理地分配给各个正在运行的程序。在许多操作系统中，包括 CPU 在内的系统资源是以进程（process）为单位分配的。因此，处理器管理在某种程度上是进程的管理。简单来说，进程就是一个正在运行的程序。一个程序被加载到内存后，系统就为它创建了一个进程，程序执行结束后，该进程也就消失了。在 Windows 10 系统下，打开任务管理器，窗口中显示的就是当前系统中正在执行的进程。

随着硬件和软件技术的发展，为了更好地实现并发和资源共享，提高 CPU 的利用率，许多操作系统将进程再细分成线程（thread）。线程又被称为轻量级进程，用于描述进程内的执行过程，是操作系统分配 CPU 时间的基本单位。将线程作为分配 CPU 时间的基本单位，可以充分共享资源，减少内存开销，提高系统并发性，加快切换速度。

2. 存储管理

存储管理的实质是对存储空间的管理，主要指对内存的管理。现代操作系统中存储管理的主要功能包括四个方面：存储器分配、地址转换、信息保护和虚拟内存。

（1）存储器分配。存储器分配是存储管理的重要部分。程序只有被加载到内存中才可以被执行，数据也只有被加载到内存中才可以被直接访问。在单道程序系统中，除操作系统占用的空间之外的全部空间被一道程序占用，内存分配很简单。但在多道程序系统中，系统中允许有多个进程并存。把有限的内存合理地分配给各个进程，提高内存的利用率，直接影响着系统的运行效率和用户的体验。

（2）地址转换。当程序被调入内存时，操作系统需要将程序中的逻辑地址变换成存储空间的真实物理地址。

（3）信息保护。在多道程序系统中，由于内存中有多个进程，为了防止一个进程的存储空间被其他进程占用或非法修改，而引起进程的执行错误甚至整个系统的崩溃，操作系统必须有效地保护信息。

（4）虚拟内存。CPU 只能直接和内存通信，因此，正在执行的程序和有关数据必须驻留在内存中。但由于组成内存的器件比较昂贵，因此其容量一般有限，不能满足多道程序的需求。现在采取的较为普遍的做法是只将程序的一部分调入内存，把当前不被执行的部分暂时存放在辅助存储器（如硬盘）中，使用时再立即调入内存中。当一个新的程序段或数据需要加载到内存，而内存中又没有空间时，就必须置换出已在内存中的某一段程序或数据，这种存储管理技术称为虚拟内存。

3. 设备管理

外部设备是系统中最有多样性和变化性的部分，设备管理指对硬件设备的管理，包括对各种输入/输出设备的分配、启动、完成和回收。设备管理是操作系统中最底层、最琐碎的部分。设备管理主要解决如下两个问题：

（1）设备无关性。用户向系统申请和使用的设备与实际操作的设备无关。例如，在Windows 的文件资源管理器中，硬盘、U 盘、大容量存储设备都用盘号表示，保存文件和打开文件的方法是一样的，但它们的内部操作是不同的。这一特征为用户使用设备提供了方便，也提高了设备的利用率。

（2）设备分配。一般情况下，外设的种类和数量是有限的，而用户程序在运行期间都有可能申请使用外设，所以这些设备如何正确分配是很重要的。例如，打印机的使用，一般一台机器上只配有一台打印机，如果有多个打印任务，操作系统要保证这些打印任务能按顺序正确地完成。

4. 文件管理

文件管理又称信息管理，指利用操作系统的文件管理子系统，为用户提供一个方便、快捷、可共享、可保护的文件使用环境。文件管理的主要任务是对用户文件和系统文件进行管理，实现按文件名存取，并以文件夹的形式实现分类管理；实现文件的共享、保护和保密，保证文件的安全；向用户提供一整套能够方便使用文件的操作和命令。

5. 网络管理

随着计算机网络功能的不断加强，网络应用不断深入人们生活的各个角落，因此操作系统必须提供计算机与网络进行数据传输和网络安全防护的功能。

8.1.2　操作系统的分类

经过多年的升级换代，操作系统已发展出了众多种类，其功能也相差较大。根据不同的分类方法，操作系统可分为不同的类型。

1. 根据使用界面分类

操作系统根据使用界面可分为命令行界面操作系统和图形界面操作系统。在命令行界面操作系统中，用户只可以在命令符后输入命令才可操作计算机，用户需要记住各种命令才能使用系统，如 DOS 系统。图形界面操作系统不需要记忆命令，可按界面的提示进行操作，如 Windows 系统。

2. 根据用户数目进行分类

操作系统根据用户数目可分为单用户操作系统和多用户操作系统。多用户操作系统就是在一台计算机上可以建立多个用户，如果一台计算机只能建立一个用户，就称为单用户操作系统。

3. 根据能否运行多个任务进行分类

操作系统根据能否运行多个任务可分为单任务操作系统和多任务操作系统。如果用户在同一时间可以运行多个应用程序（每个应用程序被称作一个任务），则这样的操作系统被称为多任务操作系统；如果在同一时间只能运行一个应用程序，则称为单任务操作系统。

4. 根据使用环境进行分类

操作系统根据使用环境可分为批处理操作系统、分时操作系统、实时操作系统。批处理操作系统是指计算机根据一定的顺序自由地完成若干作业的系统。分时操作系统是一台主机包含若干台终端，CPU 根据预先分配给各终端的时间段，轮流为各个终端进行服务。实时操作系统是指在规定的时间内对外来的信息及时响应并进行处理的系统。

5. 根据硬件结构进行分类

操作系统根据硬件结构可分为网络操作系统、分布式操作系统、多媒体操作系统。网络操作系统是指管理连接在计算机网络上的若干独立的计算机系统，能实现多个计算机之间的数据交换、资源共享、相互操作等网络管理与网络应用的操作系统。分布式操作系统是指通过通信网络将物理上分布存在、具有独立运算能力的计算机系统或数据处理系统相连接，实现信息交换、资源共享与协作完成任务的系统。多媒体操作系统是对文字、图形、声音、活动图像等信息与资源进行管理的系统。

8.1.3　常用的微型机操作系统

微型机使用的操作系统很多，下面介绍几种常用的操作系统：

1. Mac OS 操作系统

Mac OS 操作系统是美国苹果公司为其 Mac 系列产品开发的操作系统。Mac OS 操作系统是基于 UNIX 内核的图形化操作系统，目前其版本已经到了 OS 10，代号为 Mac OS X（X 为 10 的罗马数字表示）。2011 年，Mac OS X 已经正式被苹果公司改名为 OS X，目前最新版本为 10.9。

2. Windows 操作系统

微软公司为了克服 DOS 系统的局点，提供更人性化的操作环境，成功地开发了 Windows 操作系统。

（1）Windows 操作系统的产生和发展。Windows 的发展经历了以下阶段：

①1985 年底，Windows 1.0 问世，当时人们反应冷淡。

②1988 年，Windows 386 问世，它独具特色的图形界面和鼠标操作，使人耳目一新，但它内部的缺陷还是很明显的。

③1990 年 5 月，Windows 3.0 问世，由于硬件的快速发展，计算机性能已能与 Windows 的要求相匹配，Windows 开始得到 PC 用户的欢迎。

④1992 年，Windows 3.1 问世，而 3.1 版本还不是一个真正的图形界面操作系统，它是依赖于 DOS 环境的一个操作平台。

⑤1995 年，Windows 95 问世，它是一个真正的 32 位个人计算机环境的操作系统。它开创了 Windows 的新纪元。

⑥1998 年，Windows 98 问世，它的性能进一步提升。

⑦2000 年，微软公司推出了 Windows 2000 版，它增加了许多新特性和新功能。2001 年又推出了 Windows XP，与 Windows 2000 相比，Windows XP 在许多方面功能更加强大。

⑧2006 年 11 月底，微软公司推出了 Windows Vista 系统。该系统相对 Windows XP，内核几乎全部重写，带来了大量的新功能。但由于兼容性的问题，它被认为是一个失败的操作系统版本。

⑨2009 年 10 月，Windows 7 出现，同时服务器版本 Windows Server 2008 R2 也发布了。Windows 7 操作系统一经推出，就以其易用、快速、简单、安全等特性赢得了用户的青睐，并在兼容性上也做了很多的努力。

⑩2012 年 10 月，Windows 8 出现。

⑪2015 年 7 月，Windows 10 出现，Windows 10 操作系统在易用性和安全性方面有了极大的提升，除了针对云服务、智能移动设备、自然人机交互等新技术进行融合外，还对固态硬盘、生物识别、高分辨率屏幕等硬件进行了优化完善与支持。

（2）Windows 操作系统的特点。Windows 是以视窗形式来表述信息的。在系统设计方面，构思巧妙，具有多任务处理能力，多个应用程序可以同时打开，并运行于各自的窗口中。

Windows 的每一次升级都增加了一些新特性，下面以 Windows 10 为例介绍它的特点。

①具有多任务处理和多屏幕显示能力：Windows 允许在前、后台同时运行不同的应用程序，允许同时使用几台显示器以增大桌面尺寸，用户可以在不同的显示器上运行不同的程序。

②虚拟内存管理：打破了 DOS 的 640KB 内存的限制，可以访问更多的内存并实现虚拟内存的管理。

③操作灵活、简便：Windows 提供了一个非常友好的用户界面，即使是初学者，也很容易学会用鼠标操作它。

④灵活的窗口操作：在 Windows 运行时，所有的程序都具有自己的运行窗口，窗口操作非常灵活。

⑤灵活的快捷菜单操作：在任何一个窗口中，只要单击右键就可以弹出一个快捷菜单，快捷菜单中包含了完成各项操作的常用命令。

⑥Windows 具有强大的设备管理功能：支持新一代的硬件技术，如 DVD 存储技术、USB 接口、Microsoft 个人 Web 服务器等。具有全面的即插即用支持，包含了大多数硬件的驱动程序。

⑦更强大的文件资源管理器：进入"文件资源管理器"主页，可以看到原先默认显示的"我的计算机"内容，现在已默认显示为"快速访问"内容（也可以使用"查看"选项卡中的"选项"命令，经过设置后，默认显示"此电脑"内容）。以前的"菜单+任务栏"形式现在变成了"选项卡+功能组+功能按钮"的功能区。在"主页"选项卡上，可以看

到"剪贴板""组织""新建""打开""选择"等功能组。在"共享"选项卡上，可以看到"发送""共享""高级安全"等功能组。在"查看"选项卡上，可以看到"窗格""布局""当前视图""显示/隐藏""选项"等功能组。这些功能组的使用非常方便。

⑧增强的网络功能：Windows 简化了网络设置，使连接局域网和访问 Internet 更加容易，并且提高了网络的安全性和控制性。

3. UNIX 操作系统

UNIX 操作系统是一个多用户、多任务的分时操作系统。它的应用十分广泛，而且具有良好的可移植性，从各种微型机到工作站、中小型机、大型机和巨型机，都可以运行 UNIX 操作系统。

UNIX 操作系统具有如下特点：

（1）短小精悍，与核外程序有机结合。UNIX 系统在结构上分为两大层：内核和核外程序。UNIX 系统内核设计得非常精巧，合理的取舍使之提供了基本的服务。核外程序充分利用内核的支持，向用户提供了大量的服务。

（2）文件系统采用树状结构。

（3）把设备看作文件。系统中所配置的每一个设备，包括磁盘、终端和打印机等，UNIX 都有一个特殊文件与之对应。用户可使用普通的文件操作手段，对设备进行 IO 操作。

（4）UNIX 是一个真正的多用户、多任务的操作系统。

（5）UNIX 向用户提供了一个良好的界面。它包含两种界面：一种是用户在终端上通过使用命令和系统进行交互作用的界面；另一种是面向用户程序的界面，称为系统调用。

（6）良好的可移植性。UNIX 系统的所有系统实用程序及内核的 90% 都是用 C 语言编写的。由于 C 语言编译程序具有可移植性，因此 C 语言编写的 UNIX 系统也具有良好的可移植性。

4. Linux 操作系统

Linux 也是一个真正的多用户、多任务的操作系统。它一开始仅仅是为基于 Intel 处理器的 PC 而设计的操作系统，在世界各地的大量优秀软件设计工程师的不断努力下，以及目前计算机软件和硬件厂商的大力支持下，Linux 发展迅速，其提供的功能和用户可以获得的各种应用软件不断增加和完善。目前，它支持多种处理器。

第一版 Linux 的核心在 1991 年 11 月被放在 Internet 上免费供用户下载和使用。这样，很快形成了一支分布在世界各地的 Linux 爱好者的队伍，这进一步为 Linux 的发展提供了力量和源泉。在这些人中，有的人为 Linux 核心程序提供各种补丁程序，并修改了 Linux 核心，使 Linux 能够提供更强大的功能并具备更好的稳定性，同时还有大量的用户开始使用 Linux，不断地测试和报告系统程序的错误。所有这些都是 Linux 能够飞速发展的重要原因。

经过多年的发展，大量的免费软件已经被移植到 Linux 上，使 Linux 成为一个完整的系统。

（1）Linux 现在包括以下部分：

①各种语言的编译程序和强大的开发工具：如 C 语言和 C++ 语言的编译软件 gcc，Java 编译软件和开发包，Perl 语言解释程序，人工智能的开发语言 LISP 的编译程序等。可以说目前世界各地存在并广泛使用的编程语言的编译或解释系统，都可以在 Linux 平台上找到。随着各大软件厂商对 Linux 支持力度的不断加大，越来越多的集成开发工具和平台也被移植

到 Linux 上来。

②大量数据库管理系统：在 Linux 中存在多种数据库管理系统，这为用户管理大批数据提供了方便。有的数据库管理系统是免费的，属于免费软件的一部分，如 MySQL 关系数据库系统和 PostgreSQL 面向对象的数据库管理系统。由于大量的软件厂商对 Linux 的支持，因此 Linux 系统目前还有许多可用的商业数据库系统。

③图形用户界面：Linux 为用户提供了两种形式的界面，即图形用户界面和命令行控制界面。Linux 使用 XWindow 系统作为标准的图形界面。几乎所有的 Linux 发行版都提供了 XWindow 软件和多种形式的窗口管理器。

④网络通信工具和网络服务器软件：Linux 本身的发展依赖于 Internet 这个大环境，可以说 Linux 是 Internet 的产物。Linux 对网络的支持是非常完整和强大的。

⑤办公自动化软件：为了使 Linux 能够用于不同的场合，Linux 系统提供了多种办公自动化软件，如多种排版系统、传真系统和会议安排系统等。

（2）Linux 和 Windows 系统相比，具有以下特点：

①操作系统性能：Linux 开始是由一群学生开发出的系统核心，由于条件的限制，他们在系统的设计过程中必须考虑硬件的性能。因此在性能上，Linux 比 Windows 好。

②系统稳定性：从系统稳定性角度比较，Linux 也比 Windows 好很多。据统计，对于长时间地不间断工作，Linux 比 Windows 有更好的表现。Linux 系统极不容易崩溃，而相比之下 Windows 系列的操作系统在这方面的表现就差了很多。

③系统对硬件的支持：从操作系统支持的硬件来看，Linux 支持几乎所有的处理器平台，其不足之处在于外设驱动程序比较少，但随着更多厂商的支持，这种情况会逐步改善。Windows NT 也支持多处理器平台，而且 Windows 操作系统的外设驱动程序比 Linux 要多。

④系统的可维护性：Linux 系统的维护比较复杂和困难，往往需要用户具有较多的专业知识才能够完成。在这方面，Linux 开发人员正在开发大量图形方式的管理工具，使用户能够方便地管理该系统。对于 Windows 来说，系统管理比较简单，几乎不需要过多的专业知识。

⑤系统中包含的应用软件：目前在 Linux 下包含的应用软件相对于 Windows 来说还是少一些。

⑥系统对网络的支持：Linux 对网络的支持功能非常强大，目前网络上常见的网络软件和协议，Linux 几乎都可以完整地实现，尤其在服务器方面，Linux 表现得更为出色，性能也十分稳定。对于 Windows 来说，就 Windows NT 操作系统而言，其网络的支持功能还比较完善，但就其性能和网络服务支持的数量上来说还是比 Linux 要逊色一些。

8.2　Windows 10 的基本操作

Windows 10 是由微软公司开发的具有震撼性变化效果的操作系统。该系统旨在让用户的日常计算机操作更加简单和快捷，为用户提供高效易行的工作环境。它在 Windows 其他版本的基础上做了很大的改进，不论是在视觉上，还是功能上，都得到了用户的认可。

Windows 10 的设计主要围绕 5 个重点：针对笔记本电脑的特有设计、基于应用服务的设计、用户的个性化、视听娱乐的优化、用户易用性的新引擎。

相比于其他 Windows 操作系统，Windows 10 具体有如下特点：

（1）更易用。Windows 10 做了许多方便用户的设计，如快速最大化、窗口半屏显示、跳转列表（jump list）、系统故障快速修复等，这些新功能使 Windows 10 成为最易用的新系统。

（2）更快速。Windows 10 大幅缩短了系统的启动时间。据实测，在中低端配置下运行，系统加载时间一般不超过 20s，这与 Windows 以往的版本相比较，是一个很大的进步。

（3）更简单。Windows 10 使搜索和使用信息更加简单，包括本地、网络和互联网搜索功能，直观的用户体验将更加高级，还会整合自动化应用程序提交和交叉程序数据透明性。

（4）更安全。Windows 10 改进了安全和功能的合法性，把数据保护和管理扩展到外设。Windows 10 改进了基于角色的计算方案和用户账户管理，在数据保护和协作的固有冲突之间搭建了沟通桥梁，同时也开启了企业级的数据保护和权限许可。

（5）更节约成本。Windows 10 可以帮助企业优化它们的桌面基础设施，具有无缝连接操作系统和应用程序的功能以及数据移植功能，并简化了 PC 供应和升级，进一步对应用程序进行更新和打补丁。

（6）更好的连接。Windows 10 进一步增强了移动功能，无论在何时何地，任何设备都能访问数据和应用程序。无线连接、管理和安全功能会进一步加强，使当前功能以及新兴移动硬件得以优化，从而实现多设备同步、管理和保护数据的功能。

8.2.1　Windows 10 的界面组成

1. 桌面

当系统登录成功后，屏幕将显示 Windows 10 的桌面，如图 8-2-1 所示。Windows 10 的桌面主要由"此电脑""网络""回收站""任务栏"和"时钟"组成。Windows 10 的桌面上也可以放置其他一些应用程序，用户可以根据需要，将一些经常使用的应用程序的图标放置在桌面上。

图 8-2-1　Windows 10 桌面

桌面是指 Windows 10 屏幕的背景。就像是办公桌的桌面，办公桌的桌面上摆放了文档、记事本等办公工具，每个工具都具有不同的功能。

2. 桌面图标

图标是代表 Windows 10 各个应用程序对象的图形。双击应用程序图标可启动一个应用程序，打开一个应用程序窗口。用户可以把一些常用的应用程序和文件夹所对应的图标添加到桌面上。

3. 任务栏

任务栏是位于桌面最下方的小长条，主要由"开始"菜单、快速启动区、应用程序区、托盘区和显示桌面按钮组成。通过"开始"菜单可以打开大部分安装的软件与控制面板；应用程序区是多任务工作时存放正在运行程序的最小化窗口；托盘区则是通过各种小图标，形象地显示计算机软硬件的重要信息，主要有时钟、音量控制器、杀毒软件等相应的小图标。

4. "开始"菜单

桌面左下角的"开始"菜单是运行程序的入口，用户的一切工作都可以从这里开始，如图 8-2-2 所示。"开始"菜单的主要组成如下：

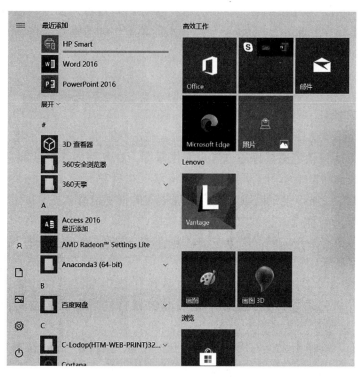

图 8-2-2 "开始"菜单

（1）高频使用区。根据用户使用程序的频率，Windows 会自动将使用频率较高的程序显示在该区域中，以便用户能快速地启动所需程序。

（2）所有程序区。选择"所有程序"命令，高频使用区将显示计算机中已安装的所有程序的启动图标或程序文件夹，选择某个选项可启动相应的程序，此时"所有程序"命令也会变为"返回"命令。

（3）搜索区。在搜索区的文本框中输入关键字后，系统将搜索计算机中所有与关键字相关的文件和程序等信息，搜索结果将显示在搜索区上方的区域中，单击即可打开相应的文件或程序。

（4）切换"开始"菜单。如果用户不适应 Windows 10 的"开始"菜单，可单击"切换"按钮，在打开的列表中选择相应选项后，切换至 Windows 7 系统的菜单样式。

（5）账户设置。单击"账户"图标，可以在打开的列表中进行账户注销、账户锁定和更改用户设置三种操作。

（6）文件资源管理器：文件资源管理器主要用来组织和操作系统中的文件与文件夹。通过使用文件资源管理器可以方便地完成新建文件、选择文件、移动文件、复制文件、删除文件以及重命名文件等操作。

（7）Windows 设置。用于设置系统信息，包括网络和 Internet、个性化、更新和安全、Cortana、设备、隐私以及应用等。

（8）系统控制区。显示了"此电脑""控制面板""安装与卸载软件"等系统选项，选择相应的选项可以快速打开或运行程序，便于用户管理计算机中的资源。

下面介绍启动应用程序的方法：

在 Windows 10 中，程序按照首字母的方式排序，用户可以单击所有程序区中的首字母实现快速查找所需程序。此外，Windows 7"开始"菜单中的搜索功能在 Windows 10 中已被放置在了系统桌面的任务栏中。

8.2.2 鼠标和键盘的操作

1. 鼠标的基本操作

鼠标的基本操作包括移动定位、单击、拖动、右击和双击 5 种，具体操作如下：

（1）移动定位。移动定位鼠标的方法是握住鼠标，在光滑的桌面或鼠标垫上随意移动，此时，在显示屏幕上的鼠标指针会同步移动，将鼠标指针移到桌面上的某一对象上停留片刻，这就是定位操作，被定位的对象通常会出现相应的提示信息。

（2）单击。单击俗称点击，方法是先移动鼠标，让鼠标指针指向某个对象，然后用食指按下鼠标左键后快速松开按键，鼠标左键将自动弹起还原。单击操作常用于选择对象，被选择的对象呈高亮显示。

（3）拖动。拖动是指将鼠标指向某个对象后按住鼠标左键不放，然后移动鼠标把对象从屏幕的一个位置拖动到另一个位置，最后释放鼠标左键即可。拖动操作常用于移动对象。

（4）右击。右击即单击鼠标右键，方法是按一下鼠标右键，松开按键后鼠标右键将自动弹起还原。右击操作常用于打开右击对象的相关快捷菜单。

（5）双击。双击是指快速、连续地按鼠标左键两次，双击操作常用于启动某个程序、执行任务和打开某个窗口或文件夹。

在 Windows 10 系统中执行的命令不同，鼠标光标所处的位置就会不同，鼠标光标的外形也会发生变化，以便用户更容易辨别当前所处的状态。

2. 键盘的操作

在 Windows 10 中，通过键盘可以完成许多操作，这种操作方式称为快捷方式，以下为较常用的快捷方式：

（1）Alt + 空格键：打开应用程序窗口的控制菜单。

（2）Alt + - ：打开文档窗口的控制菜单。

（3）Alt + 菜单上有下画线的字母：打开菜单。

（4）Alt + Tab：弹出一个窗口缩放列表，可切换当前窗口。

（5）Alt + Esc：直接按顺序切换当前窗口。

（6）Alt + F4：结束当前应用程序窗口。

（7）Ctrl + F4：关闭文档窗口。

（8）Ctrl + Esc：打开"开始"菜单。

（9）Ctrl + 空格键：切换中英文输入法。

（10）Ctrl + Shift：切换输入法。

（11）F1：启动帮助。

（12）Windows 键 + 空格键：透明化所有窗口，并快速查看桌面。

（13）Windows 键 + D：最小化所有窗口，并快速查看桌面。

（14）Windows 键 + 数字键：按顺序打开快速启动栏中的相应程序。

（15）Windows 键 + T：依次查看已经打开程序的预览图。

（16）Windows 键 + G：依次显示桌面小工具。

（17）Windows 键 + ↑：使当前使用的窗口最大化。

（18）Windows 键 + ↓：使当前使用的最大化窗口恢复正常显示；如果当前窗口不是最大化状态，则会将其最小化。

8.2.3　窗口的操作

在 Windows 10 中，窗口一般分为系统窗口和程序窗口。二者功能上虽有差别，但组成部分基本相同。如图 8 - 2 - 3 所示，为 Windows 10 系统窗口。

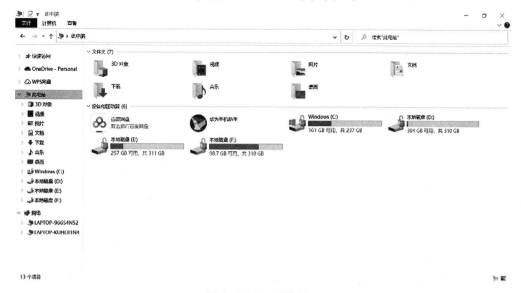

图 8 - 2 - 3　系统窗口

1. 窗口的主要组成

（1）标题栏。标题栏位于窗口顶部，左侧有一个控制窗口大小和关闭窗口的"文件资源管理器"按钮，紧邻该按钮右侧的是一个快速访问工具栏，通过该工具栏可以快速设置所选项目属性和完成新建文件夹等操作，最右侧是窗口最小化、窗口最大化和关闭窗口的按钮。

（2）功能区。功能区是以选项卡的方式显示的，其中存放了各种操作命令，要执行功能区中的操作命令，只需单击对应的操作名称即可。

（3）地址栏。用来显示当前窗口文件在系统中的位置。其左侧包括"返回"按钮←、"前进"按钮→和"上移"按钮↑，用于打开最近浏览过的窗口。

（4）搜索栏。用于快速搜索计算机中的文件。

（5）导航窗格。通过单击鼠标可快速切换或打开其他窗口。

（6）窗口工作区。用于显示当前窗口中存放的文件和文件夹内容。

（7）状态栏。用于显示当前窗口所包含项目的个数和项目的排列方式。

2. 窗口的操作

窗口的操作包括以下几种：

（1）移动窗口。移动窗口就是将窗口从屏幕上的一个位置移到另一个位置。先将光标移到窗口的标题栏内，然后按住鼠标左键不放，拖动即可移动窗口的位置。但要注意，窗口处于最大化或最小化状态时，不能移动。

（2）窗口的最大化。窗口的最大化是指：若是应用程序窗口，其窗口将充满整个屏幕；若是文档窗口，其窗口将充满包含此文档窗口的应用程序的窗口工作区。单击窗口右上角的"最大化"按钮即可实现窗口的最大化。

（3）窗口的最小化。窗口最小化是把应用程序的窗口以一个图标按钮形式缩放到任务栏的程序按钮区。单击窗口右上角的"最小化"按钮即可实现窗口的最小化。

（4）还原窗口。在已经最大化的窗口中，原来的"最大化"按钮变成了"还原"按钮，可以单击此按钮使窗口恢复到原来的大小。

（5）调整窗口大小。将指针移至要改变窗口的边框或四个角上，此时指针会变成双箭头形状。然后按住鼠标左键不放进行拖动，使窗口变为所需要的大小时释放鼠标，即可调整窗口大小。

（6）排列窗口。在使用计算机时常常需要打开多个窗口，为了使桌面更加整洁，可以对打开的窗口进行层叠、堆叠和并排等操作。在任务栏空白处单击鼠标右键，在弹出的快捷菜单中选择"层叠窗口"命令，即可以层叠的方式显示窗口，如图 8-2-4 所示。在弹出的快捷菜单中选择"堆叠显示窗口"命令，即可以堆叠的方式显示窗口，如图 8-2-5 所示。在弹出的快捷菜单中选择"并排显示窗口"命令，即可以并排的方式显示窗口，如图 8-2-6 所示。

（7）切换窗口。要将某个窗口切换成当前窗口，除了可以通过单击窗口进行切换外，在 Windows 10 中还提供了以下三种切换方法：

①通过任务栏中的按钮切换：将指针移至任务栏左侧按钮区中的某个任务图标上，此时将展开所有打开的该类型文件的缩略图，单击某个缩略图即可切换到该窗口，在切换时其他同时打开的窗口将自动变为透明效果，如图 8-2-7 所示。

图 8 - 2 - 4 以层叠方式显示窗口

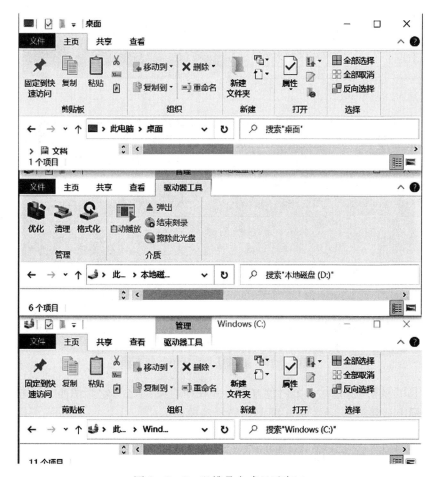

图 8 - 2 - 5 以堆叠方式显示窗口

②按"Alt + Tab"组合键切换：按"Alt + Tab"组合键后，屏幕上将出现任务切换栏，系统当前打开的窗口都以缩略图的形式在任务切换栏中排列出来，此时按住"A"键不放，

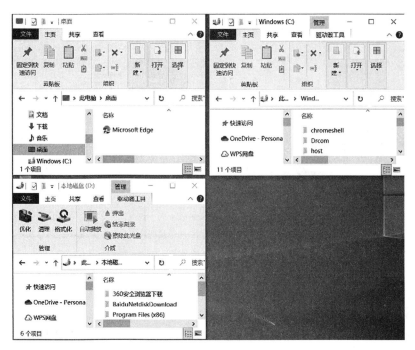

图 8 - 2 - 6　以并排方式显示窗口

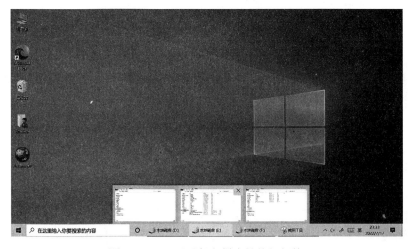

图 8 - 2 - 7　通过任务栏中的按钮切换

再反复按"Tab"键,将显示一个白色方框,并在所有图标之间轮流切换,当方框移动到需要的窗口图标上后释放"Alt"键,即可切换到该窗口。

③按"Win + Tab"组合键切换:按"Win + Tab"组合键后,屏幕上将出现操作记录时间线,系统当前和稍早前的操作记录都以缩略图的形式在时间线中排列出来,若想打开某一个窗口,可将指针定位到要打开的窗口中,如图 8 - 2 - 8 所示,当窗口呈现白色边框后单击鼠标即可打开该窗口。

(8)关闭窗口。关闭应用程序窗口就是退出应用程序,关闭文档窗口就是关闭文档。单击窗口右上角的"关闭"按钮或按"Alt + F4"快捷键即可。

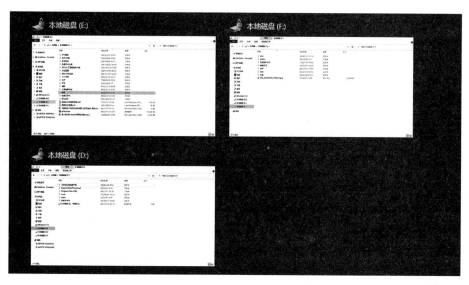

图 8-2-8 按"Win+Tab"组合键切换

8.2.4 对话框的使用

对话框也是一个窗口，它是供用户输入和选择命令的窗口。系统可以通过对话框向用户提供一些提示或警告信息。在用户操作系统的过程中，在多种情况下都会出现对话框。如图 8-2-9 所示，为"文件夹选项"对话框。

对话框通常包含下列对象：列表框、复选框、单选按钮、数值框、命令按钮、选项卡和下拉列表框等。

（1）列表框。列表框显示可供用户选择的选项，当选项过多而列表框无法显示时，可使用列表框的滚动条进行查看和选择。

（2）复选框。复选框一般位于选项的左边，用于确定某选项是否被选定。若该选项被选定，则用"√"符号表示，否则是空白的。单击复选框即可选中此复选框，再单击一下则取消选中。

（3）单选按钮。单选按钮是一组互相排斥的功能选项，每次只能选中一项，被选中的标志是选项前面的圆圈中会显示一个黑点。若要选中某个单选按钮，只需单击它即可，再次单击则会取消选中。

（4）数值框。要改变数字时，通过单击数值框中的上箭头按钮或下箭头按钮，可以增大或减小输入值，也可以在数字框中直接输入数值。

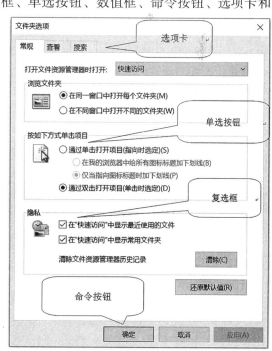

图 8-2-9 "文件夹选项"对话框

（5）命令按钮。命令按钮代表一个可立即执行的命令，一般位于对话框的右方或下方，当单击命令按钮时，就立即执行相应的功能。例如，"确定""取消"和"应用"等都是命令按钮。若命令按钮后面带有省略号，则表示单击此按钮后可打开另一个对话框。

（6）选项卡。对于内容较多的对话框，通常通过选项卡来进行设置。单击选项卡上的某一选项，便可打开此选项。

（7）下拉列表框。下拉列表框和列表框一样，都含有一系列可供选择的选项，不同的是下拉列表框最初看起来像一个普通的矩形框，只显示了当前的选项，只有在单击后才能看到所有的选项。单击下拉列表框右侧的向下箭头后，通过单击即可在下拉列表中选择相应的选项。

8.2.5 菜单的组成与操作

菜单是 Windows 10 窗口的重要组成部分，是一个应用程序的所有命令的分类组合。几乎所有的应用程序窗口都包含"文件""编辑"和"格式"等菜单。用户可以通过执行菜单命令完成想要的任务。

1. 菜单的组成

菜单由一个菜单栏和一个或一个以上的菜单项组成。菜单栏是含有应用程序菜单项的一个水平的条形区域，它位于标题栏的下方。菜单栏中的每个菜单项都对应一组菜单命令，如图 8-2-10 所示是"记事本"程序中"文件"菜单的各项命令。

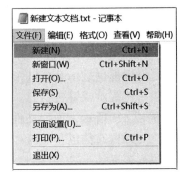

图 8-2-10 "文件"菜单

2. 菜单的约定

Windows 应用程序中的菜单具有统一的符号和约定。

（1）以特殊背景颜色（如浅蓝色）显示的命令。例如，图 8-2-10 中的"新建(N)"命令行的背景颜色与其他行都不相同，背景颜色为浅蓝色，表示在"文件"菜单中它是当前被选中的命令，此时按"Enter"键或单击它，就可以执行与这个命令相对应的操作。

（2）命令后带有省略号。例如，图 8-2-10 中的"打开(O)…"命令，表示选择该命令后，并不马上执行相应的操作，而是会弹出一个对话框，等待用户继续选择。

（3）灰色显示的命令。灰色显示的命令表示在当前条件下，不能执行该命令。

（4）带快捷键的命令。快捷键所包含的按键或按键组合代表该菜单项的键盘命令（快捷键），按下某个命令对应的快捷键，就可以在不打开菜单的情况下，执行该命令。例如"新建(N)"命令，后面的(N)表示按下"Ctrl + N"就可以执行"新建"命令的操作。

（5）带下画线的字母命令。在打开菜单的情况下，在键盘上输入"Alt + 带下画线的字母"，就可以选择此菜单，这是选择菜单的快捷方法。

3. 菜单的类型

Windows 10 的菜单主要有以下 4 种类型：

（1）下拉式菜单。下拉式菜单是目前应用程序中最常用的菜单类型。

（2）弹出式菜单。弹出式菜单是附在某一菜单项右边的子菜单。

（3）快捷菜单。在 Windows 10 中，右击某一个对象后，一般可以弹出一个菜单，此菜单称为快捷菜单。快捷菜单中列出了所选目标在当前状态下可以进行的所有操作。

（4）级联式菜单。有的菜单命令右侧有个实心三角符号 ▶，这个符号表示该菜单项还有下一级菜单，通常也称为级联式菜单。

4. 菜单的操作

在 Windows 下，所有的菜单操作都可以通过两种途径实现：鼠标和键盘。菜单操作包括选择菜单、关闭菜单。

（1）选择菜单。单击菜单项，打开菜单，然后单击可使用的菜单命令即可。

（2）关闭菜单。单击菜单以外的任何位置，即可关闭该菜单。

8.2.6 工具栏的操作

Windows 中的应用程序一般都有工具栏，可以通过单击工具栏上的按钮，对其进行操作。例如，Word 的工具栏如图 8-2-11 所示。

图 8-2-11 Word 的工具栏

8.2.7 帮助系统

Windows 10 提供了非常方便的帮助功能。如果用户在使用 Windows 10 时遇到问题，可以使用 Windows 的帮助系统。

使用帮助系统可进行如下操作：

（1）按 F1 键。如果在打开的应用程序中按下 F1 键，而该应用程序提供了自己的帮助功能，则会打开帮助功能。否则，Windows 10 会调用用户当前的默认浏览器打开搜索页面，以获取 Windows 10 中的帮助信息。

（2）询问 Cortana。Cortana 是 Windows 10 自带的虚拟助理，它不仅可以帮助用户安排会议、搜索文件，也可以回答用户提出的问题。因此有问题找 Cortana 是一个不错的选择，可以让它给出一些帮助。

（3）使用任务栏上的搜索框。在任务栏上的搜索框中输入问题或关键字，使用搜索功能，便可以访问各种联机帮助系统，便可以联机向微软技术支持人员寻求帮助。

8.2.8 Windows 10 的退出

在关闭或重新启动计算机之前，一定要先退出 Windows 10，否则可能会丢失一些未保存的文件和正在运行的程序。

退出 Windows 10 的操作步骤如下：

（1）单击"开始"按钮，弹出"开始"菜单。

（2）单击"开始"菜单中的"电源"命令。

（3）用户可以选择关机、重启或睡眠等选项。

8.3 Windows 10 对程序的管理

Windows 10 是一个多任务的操作系统，用户可以同时启动多个应用程序，打开多个窗口，但这些窗口中只有一个是活动窗口，它在前台运行，而其他窗口都在后台运行。对应用程序的管理包括启动应用程序、切换应用程序窗口、排列应用程序窗口、使用滚动条查看窗口中的内容、最小化所有应用程序窗口、退出程序、使用 Windows 任务管理器强制结束任务、使用快捷菜单执行命令、创建应用程序的快捷方式、剪贴板及其使用等。

8.3.1 启动应用程序

Windows 10 提供了多种启动应用程序的方法，最常用的方法有：从"开始"菜单启动应用程序、从桌面启动应用程序、使用"文件资源管理器"启动应用程序、从"此电脑"启动应用程序、从控制台中通过输入命令启动应用程序等。

1. 从"开始"菜单启动应用程序

从"开始"菜单启动应用程序的具体操作如下：

（1）单击"开始"按钮，打开"开始"菜单。

（2）单击要启动的程序项（可能会弹出程序的级联菜单），如图 8-3-1 所示。

（3）在程序的菜单中选择要启动的应用程序选项，单击它即可。

2. 从桌面启动应用程序

在 Windows 10 的桌面上，有许多可执行的应用程序图标。有一些图标是 Windows 系统创建的，还有一些是用户自己创建的。双击某个应用程序图标即可启动该应用程序。

3. 使用"文件资源管理器"启动应用程序

使用"文件资源管理器"启动应用程序的具体操作如下：

（1）右击任务栏中的"开始"按钮，会出现"文件资源管理器"命令，如图 8-3-2 所示。

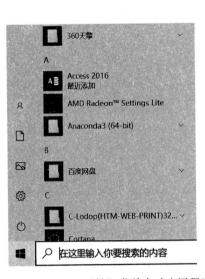

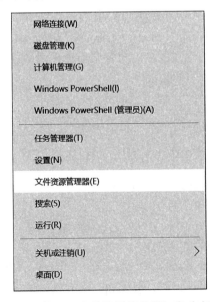

图 8-3-1　从"开始"菜单启动应用程序　　图 8-3-2　使用"文件资源管理器"启动应用程序

（2）选择"文件资源管理器"命令，打开"文件资源管理器"窗口。

（3）在"文件资源管理器"中双击所要运行程序的文件名，即可运行该程序。

4. 从"此电脑"启动应用程序

从"此电脑"启动应用程序的具体操作如下：

（1）双击桌面上的"此电脑"图标，打开"此电脑"窗口。

（2）在"此电脑"窗口中双击文件夹，打开"文件夹"窗口。

（3）找到要运行程序的文件名，然后双击它即可。

5. 从控制台中启动应用程序

控制台（console）是系统提供的一个字符命令界面程序。从控制台中启动应用程序的具体操作如下：

（1）单击"开始"按钮。

（2）选择"开始"菜单中的"Windows 系统"子菜单，单击其中的"命令提示符"命令，进入"控制台"程序。

（3）使用 CD 命令可以选择目录，输入需要运行的程序名，然后按"Enter"键。

8.3.2 使用滚动条查看窗口中的内容

当窗口中的内容太多无法全部显示时，在窗口的边缘处就会自动出现滚动条。滚动条分为水平滚动条和垂直滚动条两类。一个滚动条又由三部分组成：滚动块、滚动框和滚动箭头。

用户可以通过滚动条来控制和调整窗口中显示的内容。下面以垂直滚动条为例说明滚动条的使用方法。

垂直滚动条的主要操作方法有以下几种：

（1）将鼠标移到滚动框两端向上（或向下）的滚动箭头上，单击该箭头，则窗口里的内容将向上（或向下）滚动一行。若按住鼠标左键不放，则窗口里的内容将连续滚动。

（2）单击滚动框的上面或下面部分，内容将向上或向下滚动一屏。

（3）将鼠标移到滚动块上，进行拖动，则窗口中的内容也随之向上或向下翻滚，当待查找的内容出现在窗口中时，松开鼠标。此时，要查找的内容即在窗口中显示出来。

8.3.3 退出程序

Windows 10 提供了多种退出当前应用程序的方法，基本的退出方法有以下 4 种：

（1）单击程序窗口右上角的"关闭"按钮。

（2）选择"文件"菜单下的"退出"命令。

（3）按"Alt + F4"快捷键。

（4）右击任务栏上的应用程序按钮，然后从弹出的快捷菜单中选择"关闭窗口"命令。

8.3.4 使用 Windows 任务管理器强制结束任务

当在 Windows 10 下同时运行多个程序时，可以使用 Windows 任务管理器来强制结束程序，但是如果数据没有保存，将会丢失这些数据。具体操作步骤如下：

（1）按"Ctrl + Alt + Delete"组合键，然后单击"任务管理器"选项，打开"任务管理器"对话框，如图8-3-3所示。

（2）打开"进程"选项卡，选中"应用"列表框中要结束任务的应用程序名。

（3）单击"结束任务"按钮，即可将所选程序强制结束。

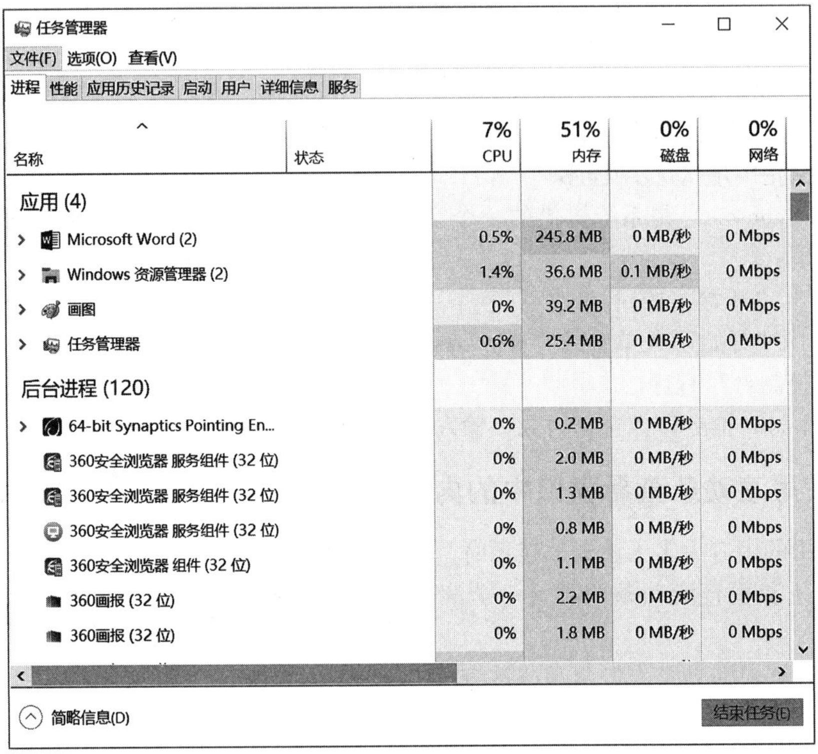

图8-3-3　使用"任务管理器"强制结束任务

8.3.5　使用快捷菜单执行命令

当在Windows 10的程序上右击时，将显示一个菜单，这个菜单称为快捷菜单。在"文件资源管理器"或"此电脑"中，使用快捷菜单可以完成应用程序的打开、共享、还原以前的版本、复制和发送到等操作。例如，若要打开某个文件或文件夹，可以进行如下操作：

（1）将鼠标指针移到需要执行操作的文件或文件夹上，右击文件或文件夹。

（2）从弹出的快捷菜单中选择"打开"命令。

8.3.6　创建应用程序的快捷方式

1. Windows 10 的快捷方式

Windows 10的快捷方式是对各种系统资源的链接，一般通过某种图标来表示，使用户可以方便、快速地访问有关资源。这些资源包括应用程序、文档、文件夹、驱动器等。

2. 快捷方式的属性

快捷方式本身实际上是链接文件，其扩展名为lnk。在桌面上右击某个快捷方式的图标，在弹出的快捷菜单中选择"属性"命令，屏幕将显示如图8-3-4所示的"属性"对话框。单击"常规"选项卡，可以看到这个快捷方式的文件名、文件类型、创建和修改文件的时间、文件的大小等。单击"快捷方式"选项卡，可以看到文件存放的具体位置等。

3. 通过"向导"来新建快捷方式

（1）在桌面的空白位置右击，弹出一个快捷菜单。

（2）选择"新建"|"快捷方式"命令，打开"创建快捷方式"对话框，如图 8 - 3 - 5 所示。

图 8 - 3 - 4　"属性"对话框

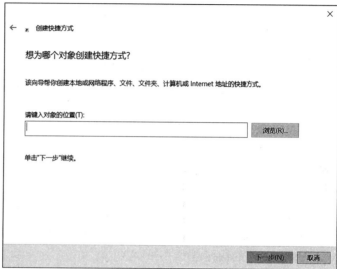

图 8 - 3 - 5　"创建快捷方式"对话框

（3）在"请键入对象的位置"下面的文本框中输入一个确实存在的应用程序名或通过"浏览"按钮获得应用程序名。

（4）单击"下一步"按钮，在"键入该快捷方式的名称"文本框中输入该快捷方式的名称。

（5）单击"完成"按钮即可。

4. 在"文件资源管理器"（或"此电脑"）中创建快捷方式

通过使用"文件资源管理器"（或"此电脑"），也可以创建快捷方式。在"文件资源管理器"（或"此电脑"）中选中快捷方式对象，快捷方式的对象可以是文件、文件夹、程序、打印机、计算机或驱动器等。右击选中该快捷方式对象，在出现的快捷菜单中选择"创建快捷方式"命令，然后将快捷方式的图标拖动到桌面上。

8.3.7　剪贴板及其使用

剪贴板是在 Windows 10 环境下用来存储剪切或复制的信息的临时存储空间。这个存储空间可被所有的 Windows 10 程序使用。因此，剪贴板也就成了 Windows 10 程序之间交换信息的工具。剪贴板中能保存的内容可以是文本信息、图形信息或其他形式的信息。

1. 剪贴板的基本操作

剪贴板的基本操作有剪切、复制和粘贴 3 种。

（1）剪切。将信息从原来的位置剪切下来，存入剪贴板，原来位置上的信息不再存在。

（2）复制。将信息复制到剪贴板，原来位置上的信息依然存在。

（3）粘贴。将信息从剪贴板粘贴到指定位置，剪贴板中的信息依然存在。

组合以上3种操作可以完成信息的移动或复制。

信息的移动：先将指定的信息剪切到剪贴板，再粘贴到新位置。原来位置上的信息就不存在了，而在新位置上出现了指定的信息。

信息的复制：先将指定的信息复制到剪贴板，再粘贴到新位置。原来位置上的信息依然存在，而在新位置上也出现了指定的信息。

2. 剪贴板操作的实现

在 Windows 10 环境下，剪贴板操作是一种规范的操作。即无论对象是什么类型，无论在什么位置，都可以用同样的方式完成剪贴板操作。

无论用什么方式完成剪贴板操作，都必须遵循"先选择，再操作"的原则，即先选择剪切或复制的对象，再进行剪贴板操作。

（1）可通过"编辑"菜单完成剪贴板操作，具体如下：

①选定信息。

②在"编辑"菜单中选择"剪切"或"复制"命令，完成相应的操作。

③选择粘贴的目标位置。

④选择"编辑"菜单中的"粘贴"命令。

（2）还可以通过快捷键完成剪贴板操作，具体如下：

①剪切操作的快捷键为"Ctrl + X"。

②复制操作的快捷键为"Ctrl + C"。

③粘贴操作的快捷键为"Ctrl + V"。

3. 将屏幕或当前活动窗口复制到剪贴板

Windows 10 支持两种特殊的剪贴板操作，即将整个屏幕或当前活动窗口复制到剪贴板。然后，可以将剪贴板中的图形，粘贴到"画图"程序窗口，在"画图"程序中进行编辑或修改。

如果要复制整个屏幕的图像到剪贴板，应按下 Print Screen 键。

如果要复制当前活动窗口的图像到剪贴板，应按下"Alt + Print Screen"快捷键。

8.4 Windows 10 对文件的管理

"文件资源管理器"是用来管理文件和文件夹的工具。通过这种树状结构的文件管理系统，很容易查看各驱动器、文件夹和文件之间的关系。使用"文件资源管理器"可以方便地对文件夹和文件进行选定、复制、移动与删除等操作。

8.4.1 Windows 10 的文件资源管理器

Windows 10 提供的"文件资源管理器"，可以实现管理资源的目的。

本地资源包括硬盘、文件、文件夹、控制面板和打印机等。网络资源包括映射驱动器、网络打印机、共享驱动器、文件夹和 Web 网页等。

单击"开始"按钮，出现"开始"菜单后，选择"Windows 系统"之下的"文件资源管理器"命令，打开"文件资源管理器"窗口，如图 8-4-1 所示。

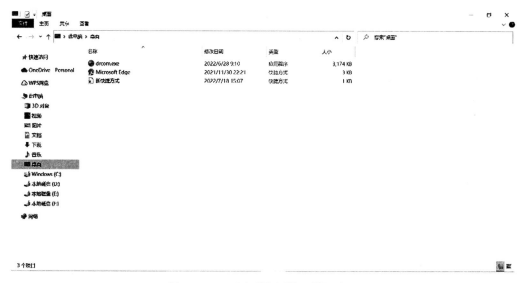

图 8-4-1 "文件资源管理器"窗口

资源管理器由左右两个窗口组成,左边窗口有一棵文件夹树,显示计算机资源的组织结构;右边窗口显示左边窗口中选定的对象所包含的内容。

1. 分隔条

如图 8-4-1 所示,在编辑窗口中,通过分隔条将其窗口分成左右两个窗口。移动分隔条可以改变两个窗口的大小。将鼠标指针指向分隔条处,鼠标指针会变成双箭头,进行拖动,分隔条即随着双箭头左右移动。当分隔条移至目标位置时,松开鼠标,则完成了这次移动。

2. 显示或隐藏工具栏

工具栏是提供给用户的一种操作捷径,其中的按钮在菜单中都有等效的命令。

单击菜单栏中的"查看"命令,会显示如图 8-4-2 所示的"导航窗格"子菜单,子菜单中有多个选项。凡是在左侧有符号"^"的项,表示该项内容已经展开显示;若想将其隐藏,只需单击该项,该项左侧的符号"^"即消失;若想使其再展开显示,可再次单击子菜单中的该项,使该项左侧的符号"^"再次出现。

图 8-4-2 "导航窗格"子菜单

3. 改变文件和文件夹的显示方式

文件和文件夹的显示方式有"超大图标""大图标""中图标""小图标""列表"和"详细信息"等。"详细信息"方式显示文件或文件夹的名称、大小、类型和修改时间等。如果要改变显示方式,可在"查看"选项卡中选取"超大图标""大图标""小图标""中图标""列表"和"详细信息"中的某个命令,如图 8-4-2 所示。

使用"详细信息"方式显示文件和文件夹时,可以修改"名称""大小""类型"和修改日期等各栏目的宽度，以便显示出所需要的信息。修改的方法是将鼠标光标放在"名称""大小""类型"和"修改日期"等各栏目的交界处，然后进行拖动，当拖动到合适的宽度时，松开鼠标即可。

4. 文件和文件夹的排序

用户可以对文件和文件夹进行排序，排序方式有名称、修改日期、类型、大小等，可从"排序方式"下拉列表中进行选择，如图8-4-3所示。

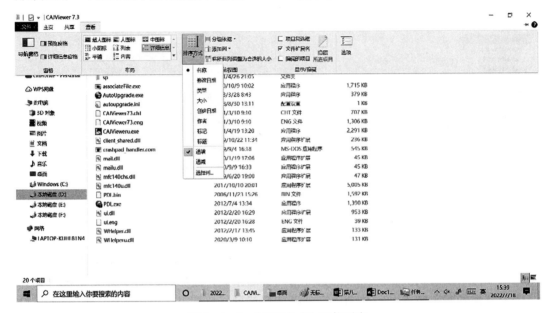

图8-4-3 "排列方式"下拉列表

8.4.2 Windows 10 的文件和文件夹

1. 文件和文件夹

计算机中的大部分数据都是以文件的形式存储在磁盘上的。在计算机的文件系统中，文件是基本的数据组织单元。

文件是一系列信息的集合，在其中可以存放文本、图像、声音和数值数据等各种信息。磁盘或光盘等是存储文件的大容量存储设备，可以存储很多文件。

为了便于管理文件，可以把文件放到目录中。在文件系统下，目录也称为文件夹。为了方便组织信息，操作系统允许用户在目录中再建立目录，这种新建的目录称为子目录，也称子文件夹。

用户的文件可以按不同类型或不同应用，分门别类地保存在不同的文件夹中。而且，文件夹中存储的文件个数一般可以不限，只受磁盘空间的限制。文件夹中还可存放除文件及文件夹之外的其他对象，如打印机、回收站、网络等。

2. 文件的类型

Windows系统可以支持多种类型的文件。文件类型是根据其信息类型的不同而分类的，不同类型的文件要用不同的应用软件打开。同时，不同类型的文件在屏幕上的缩略显示图标也是不同的。文件大致可以分为下列两大类：

（1）程序文件。程序文件是由二进制代码组成的。当用户查看程序文件的内容时，往往会看到一些不明意思的符号，这是二进制代码对应的 ASCII 符号。在系统中，程序文件的文件扩展名一般为 exe 或 com。一般双击程序文件名就可以启动该程序。

（2）数据文件。数据文件是存放各种类型数据的文件，它可以是由可见的 ASCII 字符或汉字组成的文本文件，也可以是以二进制数组成的图片、声音、数值等各种文件。例如，Windows 10 中自带了多种字体，这些字体文件通常存放在 C：\ Windows \ Fonts 文件夹下。打开 Fonts 文件夹，可以看到其中的各种字体文件的图标，当双击某一字体文件图标时，可以打开该字体的样式说明窗口。

3. 文件及文件夹的命名

为了存取保存在磁盘中的文件，每个文件都必须有一个文件名，才能做到按名存取。文件名由主文件名和扩展名两部分组成，中间用"."作为分隔。扩展名一般用于表示文件的类型，它一般是由生成文件的软件自动产生的一种格式标识符。文件生成后，一般不能通过改变其扩展名来改变文件类型，但可以通过相应的软件进行类型的变换。

Windows 10 允许文件名长达 255 个字符。为 Windows 10 设计的各种应用程序都可以通过这些长文件名进行访问。

在 Windows 10 中，文件和文件夹的命名规则如下：

（1）文件名或文件夹名，最多可使用 255 个字符。

（2）组成文件名或文件夹名的字符可以是英文字母、数字及 $、'、&、@、!、% 、（、）、+、,、;、=、]、[、–、下画线、空格、汉字等字符。但不能使用下列 9 个符号：

?　\　*　|　"　<　>　/　:

（3）文件名的首尾空格符将被忽略不计，但主文件名或扩展名的中间均可包含空格符。

（4）引用文件名时，其主文件名不能省略，但扩展名可以省略。

（5）" * "和"?"字符不能作为文件名或文件夹名中的字符，但可以表示多义匹配字符，用来说明一组文件。它们被称为文件的通配符。

"?"字符代替文件名某位置上的任一个合法字符。" * "代表从" * "所在位置开始的任意长度的合法字符串的组合。例如，"x? y. tx?"代表文件名的第二位和扩展名的第三位可以为任意合法字符的一组文件。" * . exe"代表所有以 exe 为展名的文件，而" * . * "则表示当前目录下的所有可显示的文件名。

在 Windows 10 中并不忽略" * "号后的字符，例如，" * prg * . * "可代表 aprgwen. exe. xyzprgone. xt 等，只要文件名中含有 prg 字符即可。

4. 设备文件名

计算机配备的设备也被赋予了一个文件名，称为设备文件名。设备名具有与文件名同样的作用，可用于命令中，但是用户不能将它作为自己的文件名或目录名，否则会发生混乱。例如设备名"CON"代表控制台，输入时，CON 代表键盘，输出时，CON 代表显示器。

每个磁盘驱动器或光盘也都被赋予了一个确定的名字，通常用英文字母来命名磁盘或光盘驱动器，其中"A:"和"B:"表示软盘驱动器，"C:"表示硬盘、光盘、虚拟盘或者压缩盘。当前正在直接使用的驱动器，称为当前驱动器或默认驱动器。在 Windows 10 中，各设备都有对应的特定图标。

5. 文件路径

目录（文件夹）是一个层次式的树状结构，目录可以包含子目录，最高层的目录通常称为根目录。根目录是在磁盘初始化时由系统建立的，如"C：\"和"D：\"等。用户可以删除子目录，但不能删除根目录。文件都存放在文件夹中，如果要对某个文件进行操作，就应指明被操作文件所在的位置，这就是文件路径。

把从根目录（最高层文件夹）开始到达指定的文件所经历的各级子目录（子文件夹）的这一系列目录名（文件夹名）称为目录的路径（或文件夹路径）。路径的一般表达方式如下：

\ 子目录1 \ 子目录2 \ ……\ 子目录 n

或

\ 子文件夹1 \ 子文件夹2 \ ……\ 子文件夹 n

在使用文件的过程中经常需要给出文件的路径来确定文件的位置。常常通过浏览的方式查找文件，路径会自动生成。

8.4.3 管理 Windows 10 的文件和文件夹

1. 创建文件夹

在"此电脑"或"文件资源管理器"窗口中，选中需要创建新文件夹的位置，如桌面或某一个文件夹。使用下列方法均可以创建新文件夹。

（1）通过菜单创建。单击窗口左上角快速访问工具栏中的"▼"按钮，如图8-4-4所示，在出现的下拉菜单中选择"新建文件夹"命令。

图8-4-4 通过菜单新建文件夹

（2）在桌面空白处右击，出现快捷菜单后，选择"新建"|"文件夹"命令，如图8-4-5所示。

创建新文件夹后会出现新文件夹图标，并显示蓝色的"新建文件夹"几个字作为新文件夹的临时名称。此时可以输入所创建文件夹的名称来代替"新建文件夹"几个字。

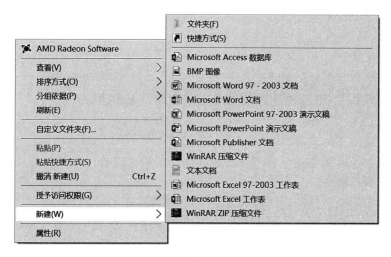

图 8-4-5 单击右键新建文件夹

2. 文件和文件夹的选定与撤销

（1）选定文件或文件夹的方法。在对文件或文件夹进行操作之前，首先要选定文件或文件夹。一次可以选定一个或多个文件或文件夹，被选定的文件或文件夹的背景呈淡蓝色显示。下面介绍几种选定的方法：

①选定一个文件或文件夹：单击所要选定的文件或文件夹即可。

②选定多个不连续的文件或文件夹：单击第一个要选定的文件或文件夹，然后按住"Ctrl"键不放，然后单击要选定的其他文件或文件夹即可。

③选定多个连续的文件或文件夹：单击第一个要选定的文件或文件夹，然后按住"Shift"键不放，单击最后要选定的文件或文件夹，则在这两项之间的所有文件或文件夹将被选定。

④反向选定多个不连续的文件或文件夹：有时，在一个文件夹中要选定的文件很多，而只有几个不选时，可以先选定不需要的文件，然后再利用"编辑"菜单中的"反向选择"命令进行选定。

⑤选定驱动器：单击要选定的驱动器图标即可选定该驱动器。

在"文件资源管理器"窗口的左窗格中的"此电脑"中，单击某个驱动器图标就可选定该驱动器。当前选定的驱动器图标所在行的背景将呈现浅蓝色，在右窗格中可以看到该磁盘上包含的文件及文件夹，并且窗口标题名称、状态栏内容都将随之更新。在左窗格中单击想要查找的文件夹图标，该文件夹的内容也会显示在右窗格中，也可以通过双击右窗格中的某个文件夹图标来显示其中的内容。

⑥选定某个文件夹中的全部内容：打开该"文件夹"窗口，单击"主页"选项卡，选择功能区中的"全部选择"命令或按"Ctrl + A"快捷键，即可选定文件夹中的所有内容。

（2）撤销选定项。撤销选定项的具体操作如下：

若要撤销一个选定项，则先按住 Ctrl 键，然后单击要取消的项。

若要撤销多个选定项，则先按住 Ctrl 键，然后分别单击要取消的项。

若要撤销所有选定项，则单击未选定的任何区域即可。

3. 移动文件和文件夹

移动文件或文件夹就是把文件或文件夹从一个位置移到另一个位置。

（1）使用菜单命令移动文件或文件夹。具体操作如下：

①选中要移动的文件或文件夹。

②选择"剪贴板"功能组中的"剪切"命令。

③双击目标驱动器或目标文件夹。

④选中"剪贴板"功能组中的"粘贴"命令，即可完成移动。

（2）使用快捷菜单移动文件或文件夹。具体操作如下：

①选中要移动的文件或文件夹。

②在选中的文件或文件夹上右击，出现快捷菜单后，选择"剪切"命令，将选定的文件或文件夹放到剪贴板中。

③选中目标驱动器或目标文件夹。

④在选中的目标驱动器或文件夹上右击，出现快捷菜单后，选择"粘贴"命令，将剪贴板中的内容粘贴到目标驱动器或目标文件夹中。

（3）使用鼠标拖动实现文件或文件夹的移动。具体操作如下：

①选定要移动的文件或文件夹。

②移动窗口之间的滚动条，使目标位置可见。

③将选定的文件或文件夹直接拖到目标驱动器或目标文件夹中。

4. 复制文件和文件夹

复制是给要复制的文件或文件夹制作一个备份，存入一个新的位置，原文件或文件夹仍然保存在原来位置。

（1）使用剪贴板命令复制文件或文件夹（单击"主页"选项卡，可看到"剪贴板"功能组）。具体操作如下：

①选中要复制的文件或文件夹。

②选择"剪贴板"功能组中的"复制"命令。

③选中目标驱动器或目标文件夹。

④选择"剪贴板"功能组中的"粘贴"命令即可。

（2）使用快捷菜单复制文件或文件夹。具体操作如下：

①选中要复制的文件或文件夹。

②在选中的文件或文件夹上右击，出现快捷菜单后，选择"复制"命令，将选定的文件或文件夹放到剪贴板中。

③选中目标驱动器或目标文件夹。

④在选中的目标驱动器或目标文件夹上右击，出现快捷菜单后，选择"粘贴"命令，将剪贴板中的内容粘贴到目标驱动器或目标文件夹中。

（3）使用鼠标复制文件或文件夹。具体操作如下：

①选定要复制的文件或文件夹。

②移动窗口之间的滚动条，使目标驱动器或目标文件夹可见。

③先按住"Ctrl"键，然后将选定的文件或文件夹拖到目标驱动器或目标文件夹中。

5. 删除文件和文件夹

（1）使用"文件资源管理器"删除文件或文件夹。具体操作如下：

①在"文件资源管理器"中选定要删除的文件或文件夹。

②在"主页"选项卡的功能区中选择"删除"命令按钮，单击"删除"命令按钮的向下箭头，在出现的列表中选择"永久删除"或"回收"。

③若选择"永久删除"，屏幕上会出现一个"删除文件"对话框，询问用户是否将文件永久删除。单击"是"按钮将永久删除文件，单击"否"按钮将取消删除操作。

④若选择"回收"，则将选定的文件或文件夹放到回收站。

（2）使用鼠标删除文件或文件夹。具体操作如下：

①选定要删除的文件或文件夹。

②将选定的文件或文件夹直接拖到"回收站"图标上即可。

（3）使用键盘删除文件或文件夹。具体操作如下：

①选定要删除的文件或文件夹。

②按"Delete"键即可删除文件或文件夹。

以上介绍的删除方法都是将删除的文件或文件夹放到回收站中，这是一种不完全删除的方法。如果还需要使用已放入回收站中的文件或文件夹，可以从回收站将其恢复到原来的位置。

（4）永久删除文件或文件夹。具体操作如下：

①选定要删除的文件或文件夹。

②按住 Shift 键不放，再按 Delete 键将彻底删除所选的文件或文件夹。

6. 文件和文件夹重命名

重命名文件或文件夹的方法很多，具体操作如下：

（1）使用"文件资源管理器"重命名。具体操作如下：

①选定一个要重命名的文件或文件夹。

②在"主页"选项卡的功能区中选择"重命名"命令按钮。

③在名称文本框中输入新的文件名或文件夹名，然后按"Enter"键。

（2）使用鼠标重命名。具体操作如下：

①选定一个要重命名的文件或文件夹。

②单击文件或文件夹的名称。

③在名称文本框中输入新的名称，然后按"Enter"键。

7. 搜索文件和文件夹

在计算机中，文件和文件夹都存储在磁盘或光盘中。要快速搜索到用户所需要的某个文件或文件夹，可使用"开始"按钮右侧任务栏的搜索框来完成搜索操作，也可以使用"文件资源管理器"中的搜索框。

使用"开始"按钮右侧任务栏的搜索框搜索文件或文件夹时，在搜索框中输入搜索内容即可。

在"文件资源管理器"中完成搜索操作的方法是：在"文件资源管理器"的搜索框中输入搜索内容，然后单击搜索框右侧的按钮。如图 8-4-6 所示，搜索的范围是"本地磁盘（E:）"，搜索的关键词是"新建 Word 文档"。

搜索时，如果记不清完整的文件名，可以使用"?"通配符代替文件名中的一个字符，或使用"＊"通配符代替文件名中的任意字符，也可以输入待搜索文件中存在的部分内容和关键词。

图 8 - 4 - 6 搜索结果

8. 发送文件和文件夹

发送文件和文件夹的具体操作步骤：选定要发送的文件或文件夹，右击，在出现的快捷菜单中选择"发送到"命令，如图 8 - 4 - 7 所示。

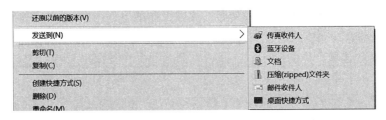

图 8 - 4 - 7 选择"发送到"命令

9. 使用回收站

回收站是一个系统文件夹，其作用是把删除的文件或文件夹临时存放在一个特定的磁盘空间中。用户可以对回收站中的文件或文件夹进行管理。如果用户想恢复某个文件，可以从"回收站"中恢复。如果确实不想再保留"回收站"中的文件，可以永久删除。还可以打开回收站的属性窗口，根据用户需要，设置回收站的大小，设置删除时不将文件移入回收站等。

（1）还原"回收站"中的文件。具体操作如下：

①双击桌面上的"回收站"图标，打开"回收站"窗口。

②选定要恢复的文件或文件夹。

③选择"文件"选项卡中的"还原"命令，该文件将被恢复到原来的位置。

（2）清空回收站。具体操作如下：

①双击桌面上的"回收站"图标，打开"回收站"窗口。

②选择"文件"选项卡中的"清空回收站"命令，屏幕上将显示确认清空的对话框。

③单击"是"按钮或按"Enter"键将删除所有文件。

（3）设置回收站属性。具体操作如下：

①在桌面上右击"回收站"图标，出现一个快捷菜单。

②在快捷菜单中选择"属性"命令，出现"回收站属性"对话框，如图8-4-8所示。

③在删除文件或文件夹时，如果删除内容不放到回收站，可选中"不将文件移到回收站中。移除文件后立即将其删除"选项。

④如果不希望在删除时出现确认对话框，则取消"显示删除确认对话框"复选框的选中状态。

10. 查看并设置文件和文件夹的属性

在 Windows 10 中，文件和文件夹都有各自的属性，根据用户需要，可以设置或修改文件或文件夹的属性。了解文件或文件夹的属性，有利于对它们进行操作。

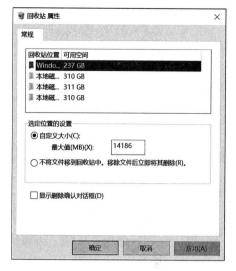

图 8-4-8 "回收站属性"对话框

查看文件或文件夹属性的具体操作：右击文件或文件夹，弹出快捷菜单。在该快捷菜单中，选择"属性"命令，打开相应的属性对话框，如图8-4-9所示，图8-4-9(a)是文件属性对话框，图8-4-9(b)是文件夹属性对话框。

（a）文件属性对话框

（b）文件夹属性对话框

图 8-4-9 属性对话框

文件或文件夹的属性有：文件类型、文件或文件夹的名称、文件夹中所包含的文件和子文件夹的数量、创建时间、修改或访问的时间。如果该文件夹是共享的，则"共享"选项卡中列出了其他用户通过网络访问文件夹内容时必须使用的共享名、用户数限制等。

11. 设置文件或文件夹的只读属性

对于具有只读属性的文件或文件夹，用户只能浏览其内容而不能修改其内容。通常情况下，把用户的某个文件或文件夹、网络的共享文件夹，以及共享驱动器设置为只读属性。

设置只读属性的具体操作如下：

（1）选定某个文件或文件夹。

（2）右击所选的文件或文件夹，弹出一个快捷菜单。

（3）在该快捷菜单中选择"属性"命令，出现如图8-4-9所示的属性对话框。

（4）在"属性"对话框中选中"只读"复选框。

（5）单击"确定"按钮即可。

8.5　Windows 10 对磁盘的管理

8.5.1　查看磁盘空间

在使用计算机的过程中，掌握计算机的磁盘空间信息是非常必要的。如在安装比较大的软件时，首先要检查各磁盘空间的使用情况。一般将系统软件安装在C盘，其他软件安装在D、E、F等盘。

查看磁盘空间的具体操作如下：

（1）双击"此电脑"图标，打开"此电脑"窗口（或"文件资源管理器"窗口）。

（2）右键单击各磁盘驱动器图标，选择"属性"，将分别显示各磁盘驱动器的存储空间及使用情况，如图8-5-1所示为C盘的空间大小。

在"此电脑"窗口顶部的"查看"选项卡中选择"详细信息窗格"（否则不显示详细信息），再单击C盘图标，则在窗口右侧的"详细信息"中将显示C盘的可用空间为161GB，总大小为237GB等。

图8-5-1　C盘的空间大小

8.5.2　格式化磁盘

格式化磁盘就是在磁盘上建立可以存放文件或数据信息的磁道和扇区。

对于一个没有被格式化的新磁盘，Windows和应用程序无法向其中写入文件或数据信息，必须先对其进行格式化，才能存放文件。如果要对已用过的磁盘重新进行格式化，将会清除磁盘上的所有信息。

格式化磁盘的具体操作如下：

（1）双击"此电脑"图标，打开"此电脑"窗口。

（2）右击所要格式化的磁盘，在弹出的快捷菜单中选择"格式化"命令，将弹出"格式化"对话框。若选中"快速格式化"复选框，表示将删除磁盘上的所有内容，但不检测坏的扇区。只有磁盘在此之前曾格式化过，此选择才起作用。

（3）"格式化"对话框中的"卷标"用于为执行格式化的磁盘命名或改变原来的名称。

（4）设置完毕后，单击"开始"按钮，进行格式化。此时，对话框底部的格式化状态栏会显示格式化的过程。完成格式化后，单击"关闭"按钮退出格式化程序。

8.5.3 资源监视器

可以使用资源监视器实时查看磁盘、CPU、内存和网络等硬件资源的使用情况，以及软件资源的使用情况。可以使用资源监视器了解进程和服务如何使用系统资源，以便监视、启动、停止、挂起和恢复指定的进程与服务。

打开"开始"菜单，找到"Windows 管理工具"，选择"Windows 管理工具"下面的"资源监视器"选项，出现"资源监视器"窗口。"资源监视器"窗口中有"概述""CPU""内存""磁盘""网络"五个选项卡，用户可通过选项卡查看磁盘等资源的使用情况。

8.5.4 碎片整理和优化驱动器

"碎片整理和优化驱动器"是 Windows 提供的磁盘工具之一，主要使文件存储在连续的磁盘族中，重新安排文件和硬盘上的未用空间，以提高文件的访问速度。

打开"开始"菜单，找到"Windows 管理工具"，选择"Windows 管理工具"下面的"碎片整理和优化驱动器"选项，出现"优化驱动器"对话框，按照提示进行操作即可。

在"此电脑"窗口中也可优化驱动器，方法是在"此电脑"窗口中选定某个驱动器，这时出现"管理驱动器工具"选项卡，单击该选项卡功能区中的"优化"按钮，出现"优化驱动器"对话框，按照提示进行操作即可。

8.6 Windows 10 系统设置

在 Windows 10 系统中，用户需要的大部分设置可以在系统的"设置"菜单中实现，实现方式比之前的操作系统更简便、更直观。单击桌面任务栏的"开始"按钮，选择"设置"选项，即可进入"Windows 设置"窗口，如图 8-6-1 所示。

图 8-6-1 "Windows 设置"窗口

8.6.1 设置桌面显示

1. 屏幕背景的设置

设置屏幕背景的具体操作如下：

（1）在如图 8-6-1 所示的"Windows 设置"窗口中选择"个性化"，打开"个性化"

对话框。

（2）在"个性化"对话框中，有"背景""颜色""主题"等选项，如图8-6-2所示。

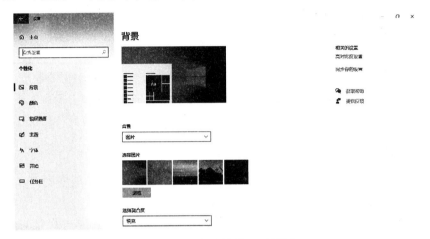

图8-6-2 "个性化"对话框

（3）选择"个性化"下面的"背景"选项，此时窗口右侧会出现设置"背景"的有关内容。

（4）窗口右侧"背景"下面的列表框中会出现三种选择：图片、纯色、幻灯片放映。根据需要，用户可选择一种，例如选择图片，用户可在出现的图片中选择一张作为背景。

（5）用户也可单击"浏览"按钮，在磁盘上选择图片文件作为屏幕的背景。

（6）在"选择契合度"下拉列表中可以选择背景的显示方式，包括填充、适应、平铺、居中和拉伸等。

也可以不选图片作为背景，而选择纯色作为背景，或者选择幻灯片放映作为背景。

2. 屏幕保护的设置

在Windows 10中，如果在一段时间内既没有按键输入，也没有移动鼠标光标，那么屏幕保护程序将在屏幕上显示指定的图片。

设置屏幕保护的具体操作步骤如下：

（1）在"个性化"对话框中，单击"锁屏界面"选项，显示如图8-6-3所示的界面。

（2）在图8-6-3右侧的"背景"下拉列表中选择"图片"选项（也可选择其他选项），表示将以图片作为锁屏界面。

（3）在"背景"下拉列表的下面会出现一些图片，用户可选中其中的某一张图片，在上面的"预览"中会看到图片的效果。

（4）用户也可单击"浏览"按钮，在磁盘上选择其他图片。

3. 窗口颜色和字体的设置

在"个性化"对话框中，单击"颜色"，显示"颜色"设置窗口。在该窗口中可设置Windows 10窗口颜色方案。

用户可在该窗口右侧的"选择颜色"下拉列表中选择"深色""浅色"或"自定义"。如图8-6-4所示，本次选择的是"浅色"。用户可在窗口右侧"选择你的主题色"的下面进行主题色的选择。

图 8 - 6 - 3　"锁屏界面"设置

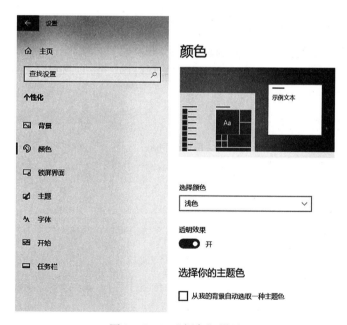

图 8 - 6 - 4　"颜色"设置

在"个性化"对话框中，单击"字体"，显示"字体"设置窗口。在"字体"设置窗口中，用户可在"可用字体"下面列出的字体中进行选择。

4. 显示的设置

在如图 8 - 6 - 1 所示的"Windows 设置"窗口中选择"系统"，打开"系统"设置窗口，单击其中的"显示"选项，会出现如图 8 - 6 - 5 所示的窗口。在该窗口中，可以通过左右拖动滑动模块来更改显示器的亮度，可以设置夜间模式。可以通过缩放来更改文本、应用等项目的大小，可以改变屏幕的分辨率，可以改变屏幕的显示方向等。

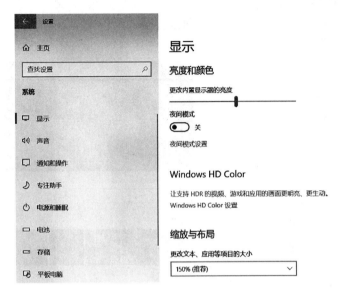

图 8 - 6 - 5　"显示"设置

8.6.2　设置日期和时间以及时区

在 Windows 10 中设置日期和时间的具体操作步骤如下：

（1）在图 8 - 6 - 1 所示的"Windows 设置"窗口中，单击"时间和语言"图标，可以打开如图 8 - 6 - 6 所示的设置窗口。

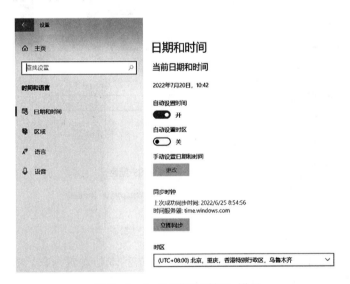

图 8 - 6 - 6　"日期和时间"设置

（2）在图 8 - 6 - 6 所示的"日期和时间"设置窗口中，可以打开或关闭"自动设置时间"开关，也可以打开或关闭"自动设置时区"开关。

（3）当"自动设置时间"开关关闭时，可以单击"手动设置日期和时间"下面的"更

改"按钮,出现如图8-6-7所示的对话框时,
可在该对话框中更改日期和时间。

(4)当"自动设置时区"开关关闭时,可以
更改时区。此时在"时区"下面的列表中进行选
择即可。

图8-6-7 更改日期和时间

8.6.3 设置鼠标和键盘

1. 设置鼠标

单击"开始"按钮,在出现的"开始"菜单
的左侧选择"设置",单击"设置"后出现"Windows 设置"窗口。单击"Windows 设置"
窗口中的"设备"选项,出现"设备"设置窗口。在该窗口的左侧单击"鼠标"选项,则
可以在该窗口的右侧设置鼠标。

设置鼠标包括如下内容:

(1)可以选择主按钮,允许选择左或右,默认是左。

(2)设置滚轮一次滚动多行还是滚动一个屏幕。

(3)设置滚动滑轮滚动一个齿格所滚动的行列数。

(4)更改鼠标指针的大小和颜色,更改光标的大小。

(5)更改鼠标指针的形状、双击速度和移动速度。

2. 设置键盘

在"开始"菜单的左侧选择"设置"选项,单击"设置"后出现"Windows 设置"窗
口。单击"Windows 设置"窗口中的"设备"选项,出现"设备"设置窗口。在"设备"
设置窗口的左侧单击"输入"选项,即可在该窗口的右侧设置键盘。

8.6.4 添加或删除程序

在"开始"菜单的左侧选择"设置",单击"设置"后出现"Windows 设置"窗口。
单击"Windows 设置"窗口中的"应用"选项,在出现的"应用"设置窗口的左侧单击
"应用和功能"选项,即可在该窗口的右侧进行添加或删除程序操作了,如图8-6-8所示。

图8-6-8 "应用和功能"设置

打开"控制面板"窗口，也可添加或卸载应用程序。

1. 删除程序

如图 8-6-9 所示，列表中列出了已经安装的应用程序。按照提示，单击某个应用程序，然后单击"卸载"即可卸载该程序。如图 8-6-9 所示，选择了"360 安全浏览器"应用程序，若单击"卸载"按钮即可卸载该程序。

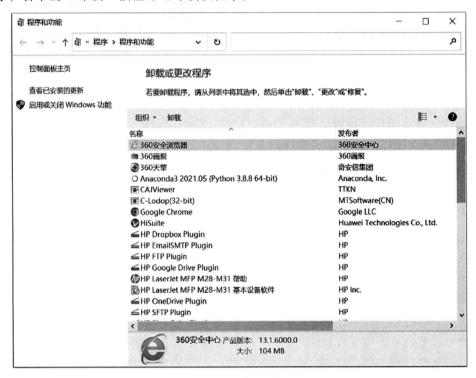

图 8-6-9　"程序和功能"窗口

或者在"开始"菜单中找到某个应用程序，在该应用程序上右击，出现快捷菜单后单击其中的"卸载"选项，也可删除该应用程序。

2. 添加或删除 Windows 组件

（1）在图 8-6-10 所示的窗口中，单击右侧的"程序和功能"，在打开的窗口左侧单击"启用或关闭 Windows 功能"按钮，打开如图 8-6-10 所示的"Windows 功能"对话框。

（2）在组件列表框中列出了 Windows 10 的功能，若要启用某一功能，可在其左边的复选框中单击选中相应选项。若要关闭某一功能，取消选中复选框即可。

图 8-6-10　"Windows 功能"对话框

8.6.5　管理账户

Windows 有 4 种不同的账户，分别是管理员账户、标准账户、来宾账户和 Microsoft 账户，不同的账户具有不同的权限。

管理员账户：拥有对计算机的最高操作权限，可以对计算机进行任何设置。

标准账户：可以使用大多数软件，可以更改不影响其他用户或计算机安全的系统设置。

来宾账户：适用于暂时使用计算机的情况，拥有最低的使用权限，不能对系统进行修改，只能进行最基本的操作。

Microsoft 账户：使用微软账号登录的网络账户。

1. 账户的创建

可以在计算机中创建多个账户，不同的用户可以在各自的账户下对计算机进行操作。

账户的创建过程如下：打开"Windows 设置"窗口，单击"账户"选项，打开"账户"设置窗口，单击"家庭和其他用户"选项，打开如图 8-6-11 所示的窗口。

若要为家庭成员添加账户，在图 8-6-11 所示的窗口右侧，单击"添加家庭成员"选项，然后按照提示进行操作即可。若要为其他用户添加账户，可在图 8-6-11 所示的窗口右侧，单击"将其他人添加到这台电脑"选项，然后按照提示进行操作即可。

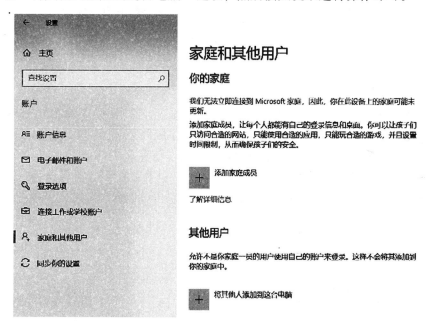

图 8-6-11　"家庭和其他用户"窗口

2. 登录选项设置

打开"Windows 设置"窗口，单击"账户"选项，打开"账户"设置窗口，单击"登录选项"选项，打开如图 8-6-12 所示的窗口。在图 8-6-12 所示的窗口右侧，可以对登录计算机的方式进行设置，例如，人脸识别方式、指纹识别方式、密码方式等。

3. 通过控制面板管理账户

可以通过控制面板管理账户，具体操作如下：打开"控制面板"窗口，在该窗口中单击"用户账户"按钮。在出现的"用户账户"对话框中，可以更改账户信息、更改账户类型，可以管理其他账户，还可以更改用户账户控制信息等。

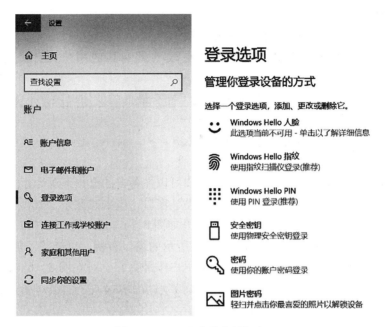

图 8 - 6 - 12 "登录选项"窗口

8.6.6 查看系统信息

打开桌面的"此电脑"窗口,单击"计算机"选项卡下面的"属性"选项(也可在"控制面板"中选择"系统和安全"选项,再单击"系统"选项),打开如图 8 - 6 - 13 所示的窗口。通过此窗口可以查看计算机系统的软硬件基本信息。"Windows 版本"显示计算机所安装的操作系统的信息;"系统"显示 CPU、内存,以及制造商等信息;另外,计算机的名称、域和工作组设置,以及 Windows 激活的相关信息也可以从中获取或者进行设置。

图 8 - 6 - 13 "系统"窗口

单击图 8 - 6 - 13 中"计算机名、域和工作组设置"区域中的"更改设置"按钮,可以打开如图 8-6-14 所示的"系统属性"对话框。在该对话框中，可以设置计算机在网络中的标识名称。单击该窗口中的"更改"按钮，打开如图 8-6-15 所示的对话框，在该对话框中可以进行计算机的重命名、工作组或域的更改。

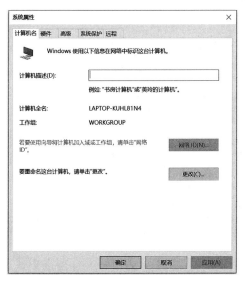

图 8-6-14　"系统属性"对话框

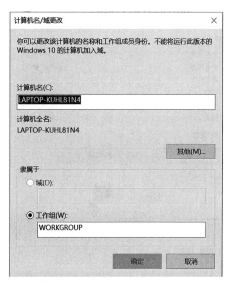

图 8-6-15　"计算机名/域更改"对话框

8.6.7　查看网络信息

打开"控制面板"窗口，选择"网络和 Internet"选项，再单击"网络和共享中心"命令，打开如图 8-6-16 所示的"网络和共享中心"窗口。

图 8-6-16　"网络和共享中心"窗口

从"网络和共享中心"窗口中可以查看网络信息并设置网络连接。单击"查看活动网络"中的连接，可以打开如图 8-6-17 所示的"WLAN 状态"对话框。在该对话框中，显示了当前网络连接为"IPv4 连接：Internet"，速度为 300Mbps，还显示了已发送、已接收数据的字节量等信息。

在图 8-6-17 中单击"详细信息"按钮，将出现图 8-6-18 所示的"网络连接详细信息"对话框,从中可以获取网卡的物理地址、IP 地址、子网掩码、默认网关、DNS 服务器等信息。

图 8 - 6 - 17 "WLAW 状态"窗口

图 8 - 6 - 18 "网络连接详细信息"对话框

8.7 Windows 10 对打印机的管理

Windows 10 提供了较强的打印机管理功能。在 Windows 10 中正确地安装、设置打印机后,就可以很方便地在本地打印机或网络打印机上进行各种打印操作。

8.7.1 安装和删除打印机

一般在 Windows 10 的安装过程中就可完成打印机的安装和设置,如果用户当时没有选择安装,也可以在以后任何时候进行安装。

用户安装到计算机上的打印机无论是本地打印机还是网络打印机,都可以使用"添加打印机"向导。

在 Windows 10 中删除打印机也很简单,就像删除一个文件或文件夹那样方便。

1. 安装打印机

安装打印机有两种方式:一种是在本地安装打印机,也就是在个人计算机上安装打印机;另一种是安装网络打印机,此种情况下,打印作业要通过打印服务器完成。

如果要将正在安装和设置的打印机作为网络打印机,供其他计算机共享使用,则首先应该将此打印机作为本地打印机来安装和设置,然后再将该打印机共享为网络打印机。

安装打印机的具体操作步骤如下:

(1) 在"Windows 设置"窗口中选择"设备"选项,再选择"打印机和扫描仪"选项,出现图 8 - 7 - 1 所示的"打印机和扫描仪"窗口。

（2）单击窗口右侧的"添加打印机或扫描仪"选项。

图 8 - 7 - 1　"打印机和扫描仪"窗口

（3）按照提示即可完成添加打印机和扫描仪的操作。

2. 删除打印机

删除打印机的具体操作步骤如下：

（1）打开"控制面板"窗口，在该窗口中选择"硬件和声音"选项，再单击"设备和打印机"选项，打开"设备和打印机"窗口，如图 8 - 7 - 2 所示。

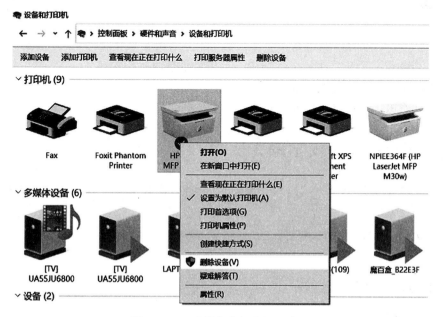

图 8 - 7 - 2　"设备和打印机"窗口

（2）选择所要删除的打印机图标，再选择"删除设备"命令按钮；或者在选定的打印机上右击，从弹出的快捷菜单中选择"删除设备"命令，如图8-7-2所示。

（3）从弹出的提示框中，单击"是"按钮，即可删除该打印机。

8.7.2　配置打印机

在如图8-7-2所示的"设备和打印机"窗口中，右击选定的打印机，在出现的快捷菜单中选择"打印首选项"和"打印机属性"命令，可以完成打印机的各种功能和属性的设置。

8.7.3　指定默认打印机

在如图8-7-2所示的"设备和打印机"窗口中，右击即将设置为默认打印机的打印机图标，在弹出的快捷菜单中选择"设置为默认打印机"命令。这样，一个复选标记"√"就会出现在"设置为默认打印机"命令的左边，该打印机即被设为默认打印机。

8.7.4　共享打印机

在如图8-7-2所示的窗口中，右击即将设置为共享的打印机图标，从弹出的快捷菜单中选择"打印机属性"命令，在弹出的对话框的"共享"和相关选项卡中进行设置即可。

8.7.5　管理和使用打印机

打印机在打印文件时有一个显示其打印状态的窗口，该窗口中列出了等待打印的任务。通过打印状态窗口可以对打印任务进行管理，如观察打印队列情况、暂停打印任务和删除打印任务等。

1. 显示打印机的状态

在图8-7-2所示的"设备和打印机"窗口中，右击要查看的打印机，从弹出的快捷菜单中选择"查看现在正在打印什么"命令，即可显示打印状态窗口。

2. 暂停、重启、取消打印任务

在打印状态窗口中选定的任务上右击，在弹出的快捷菜单中选择相应的选项即可。

8.8　Windows 10 的汉字输入法

Windows 10中文版提供了多种汉字输入法，如微软五笔输入法、微软拼音输入法等，还有一些其他国家语言的输入法。另外，一些其他公司的输入法由于其灵活性和个性化的特点，得到了更为广泛的应用，例如，搜狗输入法、QQ 输入法、谷歌输入法、百度输入法等。

8.8.1　添加或删除输入法

1. 添加输入法

用户可根据需要，任意添加或删除某种输入法。汉字输入法的添加步骤如下：

（1）在"Windows 设置"窗口中单击"时间和语言"图标，打开"时间和语言"窗口，在该窗口中选择"语言"选项，出现"语言"窗口，如图 8-8-1 所示。

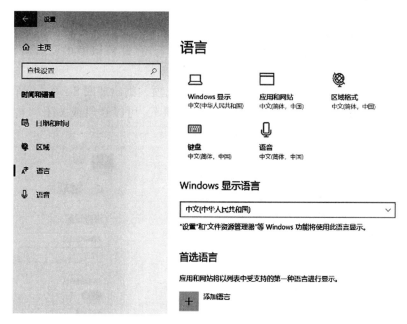

图 8-8-1 "语言"窗口

（2）单击需要添加输入法的语言，出现"选项"按钮后，单击该按钮。

（3）在出现的如图 8-8-2 所示的窗口中单击"添加键盘"图标，选择需要添加的输入法即可。

Windows 10 操作系统自带的输入法只有微软拼音和微软五笔两种，若用户使用起来感觉不习惯，可以添加第三方输入法。这些第三方输入法只需从网络下载并安装后即可使用。

2. 删除输入法

（1）在图 8-8-2 所示窗口中选择要删除的某输入法，此时会出现"删除"按钮。

（2）单击"删除"按钮，即可完成对该输入法的删除。

8.8.2 输入法的切换

安装输入法后，用户可以在 Windows 的工作环境中使用不同的输入法输入汉字。

用户可以通过按"Ctrl + 空格键"来启动或关闭汉字输入法，可以通过按"Ctrl + Shift"快捷键在各种输入法之间进行切换。

图 8-8-2 "语言选项"窗口

用户也可以单击任务栏上的输入法图标，在弹出的输入法列表中选择所需的输入法。

8.8.3 设置输入法

在图 8-8-2 所示的窗口中，单击"微软拼音"图标，出现"选项"按钮，单击该按钮，出现如图 8-8-3 所示的"微软拼音"设置窗口。在此窗口中可以对微软拼音输入法进行设置。

在图 8-8-3 所示的窗口中，若单击"常规"选项，则出现图 8-8-4 所示的"常规"设置窗口。在该窗口中，可以选择"全拼"或"双拼"，可以开启或关闭"自动拼音纠错"开关，也可以开启或关闭"超级简拼"开关，等等。

图 8-8-3 "微软拼音"设置窗口　　　　图 8-8-4 "常规"设置窗口

在图 8-8-3 所示的窗口中，若单击"按键"选项，可以进行与"按键"有关的多项设置。

若在图 8-8-2 所示的窗口中，单击"微软五笔"图标，则会出现"选项"按钮，单击该按钮，可出现对微软五笔输入法进行设置的窗口。

8.9 Windows 10 的多媒体功能

Windows 10 具有强大的多媒体处理功能，该系统中包含"录音机""画图""Groove 音乐""相机"和"屏幕截图"等应用程序。

8.9.1 录音机

启动录音机的具体操作如下：

单击"开始"按钮，在"开始"菜单中找到"录音机"命令选项，单击该命令选项，打开"录音机"程序，出现如图 8-9-1 所示的窗口。

若在图 8 - 9 - 1 所示窗口中单击窗口正中间的按钮，便开始录音，出现如图 8 - 9 - 2 所示的窗口。

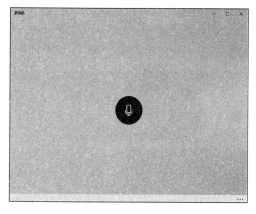

图 8 - 9 - 1　"录音机"窗口

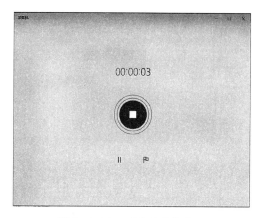

图 8 - 9 - 2　正在录音的窗口

若要暂停录音，可在进行录音的窗口中，单击暂停按钮，再次单击暂停按钮，则可继续录音。完成录音后，单击停止录音按钮，会出现如图 8 - 9 - 3 所示的窗口。

在图 8 - 9 - 3 所示的窗口中，录音得到的音频文件显示在窗口左上部，名称为"录音"。右击该音频文件，在出现的快捷菜单中可以选择"重命名"选项，对该音频文件重命名。也可以选择"打开文件位置"选项，查看音频文件存放的位置。还可以选择"删除"选项，删除该音频文件。

若要重新开始录音，则在图 8 - 9 - 3 所示窗口单击下部的录音按钮即可。

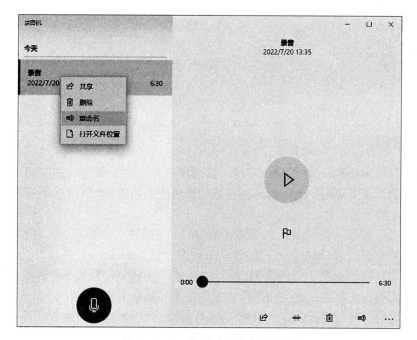

图 8 - 9 - 3　选择"重命名"选项

8.9.2 相机

Windows 10 自带一个"相机"软件，该软件具有拍照与录制视频的功能。

单击"开始"按钮，在"开始"菜单中找到"相机"命令选项，单击该命令选项，打开"相机"程序，窗口中间的画面是"相机"的摄像头当前看到的景象。若要拍照，可单击窗口右侧的按钮 ⊙；若要录制视频，可单击窗口右侧的按钮 ▣；若要查看所拍的照片和所录制的视频，可单击窗口右下侧的方框按钮，若单击窗口左上侧的按钮，可对"相机"进行设置。

8.9.3 Groove 音乐

"Groove 音乐"是 Windows 10 自带的一个音乐播放器。

单击"开始"按钮，在"开始"菜单中找到"Groove 音乐"命令选项，单击该命令选项，打开"Groove 音乐"程序，出现如图 8-9-4 所示的窗口。

该窗口左侧的菜单为用户提供了多种选择，用户可以根据需要进行操作。

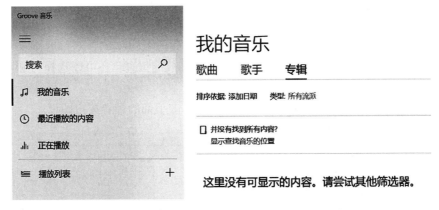

图 8-9-4 "Groove 音乐"窗口

8.9.4 画图 3D

"画图 3D"是 Windows 10 系统自带的一款画图软件，其在原有绘图工具的基础上做出了优化调整，加入了全新的、全面的画图工具，能够将平面的 2D 图像逐渐演变成 3D 图像，可以用它进行三维模型制作。

单击"开始"按钮，在"开始"菜单中找到"画图 3D"命令选项，单击该命令选项，打开"画图 3D"程序，出现如图 8-9-5 所示的窗口。

"画图 3D"可以像拍照一样创建 3D 图片，还能修改和定制修改 3D 图像，软件支持触摸操作，配合系列设备可以快速完成创作，操作简单，易学易用。

画图完成之后，可以进行保存、编辑、翻转/旋转、拉伸/扭曲、缩放、反色、打印等操作，也可以打开其他图片文件，对其进行各种编辑操作。还可以使用"粘贴"命令按钮，将使用"Alt + Print Screen"快捷键复制的当前活动窗口，或使用"Print Screen"键复制的整个屏幕粘贴到"画图"工作区中，经过编辑后，保存起来。

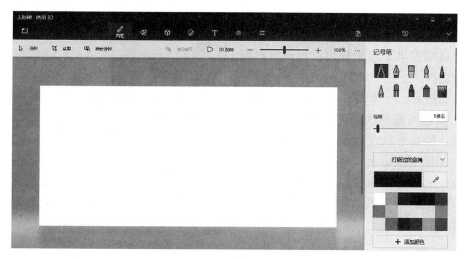

图 8-9-5　"画图 3D"窗口

8.9.5　截图工具

"截图工具"软件是 Windows 10 自带的一个工具软件，可以用它在屏幕上截取图片，还可以用它对图片进行简单的操作。

打开一幅图像，准备截取该图像中的一部分。单击"开始"按钮，在"开始"菜单中找到"截图工具"命令选项，单击该命令选项，打开"截图工具"软件，出现如图 8-9-6 所示的窗口。此时屏幕的背景是刚才打开的图像，图 8-9-6 所示的窗口浮在该图像的上一层。

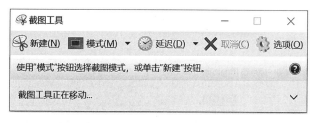

图 8-9-6　"截图工具"窗口

在图 8-9-6 所示的窗口中，可以设置"延迟"时间，可以设置截图"模式"。如图 8-9-7 所示设置了"矩形截图"模式。

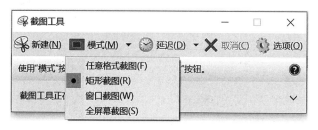

图 8-9-7　选择"矩形截图"模式

若在图8-9-6中单击"选项",则出现如图8-9-8所示的"截图工具选项"对话框,该对话框提供了多个选项,用户可根据需要进行选择。

若在如图8-9-6所示的窗口中,单击"新建",则进入截图状态。此时,背景屏幕变为灰色,鼠标形状变为十字形,在背景屏幕显示的图像上选定位置后,拖动鼠标,截取所要的一个矩形区域(因为前面设置的是"矩形截图"模式),然后松开鼠标,该矩形区域即所截取的图像。

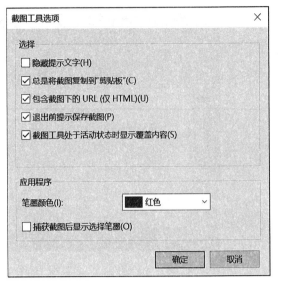

图8-9-8 "截图工具选项"对话框

8.9.6 音量控制

在Windows 10中,通过以下两种方法可以控制播放的声音:

(1)使用任务栏中的声音图标调节声音大小。单击任务栏上的音量控制器的图标,出现如图8-9-9所示的音量控制框,通过拖动音量滑动按钮,可调节音量的大小。

(2)右击任务栏中的声音图标,在弹出的快捷菜单中选择"打开音量合成器"命令,出现如图8-9-10所示的"音量合成器-扬声器"窗口。

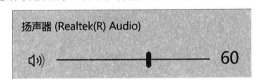

图8-9-9 音量控制框

"音量合成器-扬声器"窗口可以控制多个输入的音量,可以通过拖动滑动按钮来调节音量的大小以及各种平衡等。

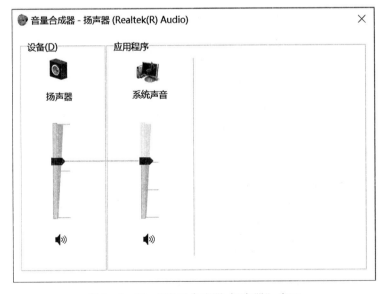

图8-9-10 "音量合成器-扬声器"窗口

8.10　本章习题

一、选择题

1. 关于 Windows 10 操作系统，下列说法正确的是（　　）。

A. 是用户与软件的接口　　　　　　　B. 不是图形用户界面操作系统

C. 是用户与计算机的接口　　　　　　D. 属于应用软件

2. 在 Windows 10 中，下列叙述错误的是（　　）。

A. 可支持鼠标操作　　　　　　　　　B. 可同时运行多个程序

C. 不支持即插即用　　　　　　　　　D. 桌面上可同时容纳多个窗口

3. 在 Windows 10 中，如果要删除桌面上的图标或快捷图标可以通过（　　）。

A. 鼠标右键单击桌面空白区，然后选择弹出式菜单中相应的命令项

B. 在图标上单击鼠标左键，然后选择弹出式菜单中相应的命令项

C. 在图标上单击鼠标右键，然后选择弹出式菜单中相应的命令项

D. 以上操作均不对

4. 用户可以通过（　　）来进行窗口切换。

A. 单击任务栏中的按钮　　　　　　　B. 按"Alt + Tab"组合键

C. 按"Win + Tab"组合键　　　　　　D. 以上均可

5. 在 Windows 10 中，要在同一个屏幕上同时并排显示多个应用程序窗口的正确操作方法是（　　）。

A. 在任务栏空白区单击鼠标右键，在弹出的快捷菜单中选"堆叠显示窗口"命令

B. 在任务栏空白区单击鼠标右键，在弹出的快捷菜单中选"并排显示窗口"命令

C. 在桌面空白区单击鼠标右键，在弹出的快捷菜单中选"并排显示窗口"命令

D. 右击"开始"按钮，选"打开文件资源管理器"命令，在出现的窗口中排列

6. 关于"开始"菜单，说法正确的是（　　）。

A. "开始"菜单的内容是固定不变的

B. "开始"菜单中的"常用程序"列表是固定不变的

C. 在"开始"菜单的"所有程序"菜单项中用户可以查到系统中安装的所有应用程序

D. "开始"菜单可以删除

7. 在 Windows 10 中，选择多个连续的文件或文件夹，应首先选择第一个文件或文件夹，然后按（　　）键不放，再单击最后一个文件或文件夹。

A. Tab　　　　　　　B. Alt　　　　　　　C. Shift　　　　　　　D. Ctrl

8. 在 Windows 10 中文输入方式下，若需要在几种中文输入方式之间切换应按（　　）键。

A. Ctrl + Alt　　　　B. Ctrl + Shift　　　C. Shift + Space　　　D. Ctrl + Space

9. 关于快捷方式的说法，正确的是（　　）。

A. 它就是应用程序本身

B. 是指向并打开应用程序的一个指针

C. 其大小与应用程序相同

D. 如果应用程序被删除，快捷方式仍然有效

10. 在 Windows 中，对文件的存取方式是（　　）。

A. 按文件夹目录存取　　　　　　　　B. 按文件夹内的内容存取

C. 按文件名进行存取　　　　　　　　D. 按文件大小进行存取

二、操作题

管理文件和文件夹，具体要求如下：

（1）在计算机 D 盘中新建 FENG、WARM 和 SEED 三个文件夹，再在 FENG 文件夹中新建 WANG 子文件夹，在该子文件夹中新建一个 JIM. txt 文件。

（2）将 WANG 子文件夹中的 JIM. txt 文件复制到 WANG 文件夹中。

（3）将 WANG 文件夹中的 JIM. txt 文件删除。

参考答案

第 9 章　WPS

- 理解 WPS 软件，了解 WPS 软件的发展过程。
- 了解 WPS 软件的特色和主要组成部分。
- 能够熟练使用 WPS 中的文字处理软件。
- 能够熟练使用 WPS 中的电子表格处理软件。
- 能够熟练使用 WPS 中的演示文稿处理软件。

　　使用 WPS 处理日常工作和学习中的文字编辑、表格计算、内容展示等任务是用户必须掌握的基本技能。本章讲解 WPS 办公软件的相关知识，将通过对文字处理软件、电子表格处理软件和演示文稿处理软件等工具的介绍，让用户掌握基础办公软件的使用方法。

9.1 WPS Office 简介

WPS 是 word processing system（文字处理系统）的缩写。WPS Office 是由金山软件股份有限公司自主研发的一款办公软件套装，可以实现办公软件最常用的文字处理、表格处理、演示等多种功能。它集编辑与打印为一体，具有丰富的全屏幕编辑功能，而且还提供了各种控制输出格式及打印功能，使打印出的文稿既美观又规范，基本能满足文字工作者编辑、打印各种文件的需求。同时，它还具有内存占用少、运行速度快、体积小巧、强大插件平台支持、免费提供海量在线存储空间及文档模板、支持阅读和输出 PDF 文件、全面兼容微软 Office 97 至 Office 2010 格式（doc/docx/xls/xlsx/ppt/pptx 等）的独特优势，覆盖 Windows、Linux、Android、iOS 等多个平台。WPS Office 支持桌面和移动办公，且 WPS 移动版通过 Google Play 平台，已覆盖了 50 多个国家和地区。WPS for Android 在应用排行榜上领先于微软及其他竞争对手，居同类应用之首。WPS 最早出现于 1989 年，在微软 Windows 系统出现以前，DOS 系统盛行的年代，它曾是中国最流行的文字处理软件。现在 WPS 最新版为 2022 版，发布日期为 2022 年 5 月 23 日。

1. WPS Office 的安装与卸载

在浏览器搜索框中输入"WPS 官网下载"字样进行搜索，找到官方网址单击进入，如图 9-1-1 所示。然后单击"立即下载"按钮选择对应的系统版本，下载可执行文件。接着，找到刚刚下载好的可执行文件并双击打开。单击"自定义设置"按钮可查看软件的默认设置并进行更改，还可在右侧带有文件夹小标识的"浏览"位置自由选择要将 WPS 软件安装到本计算机的位置，如图 9-1-2 所示。选择好后，勾选"已阅读并同意金山办公软件许可协议和隐私政策"，再单击"立即安装"按钮，等待安装完成。

图 9-1-1　找到 WPS Office 的官方网站

下面介绍两种 WPS Office 的卸载方法：

（1）借助 uninst. exe 应用程序卸载。用鼠标右击 WPS Office 的桌面图标，在弹出的选项

图 9-1-2 安装 WPS Office

中单击"打开文件所在的位置",找到 WPS Office 的安装文件夹。接着双击以软件版本号命名的文件夹,再双击"utility"文件夹,找到 uninst. exe 应用程序,如图 9-1-3 所示。最后双击运行该程序并根据提示完成卸载。

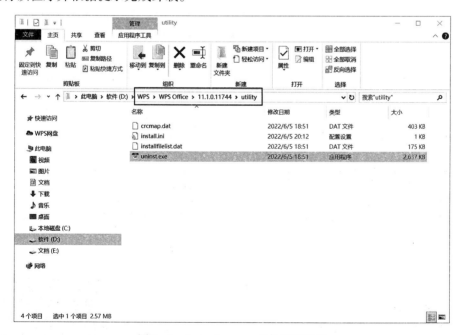

图 9-1-3 uninst. exe 文件所在位置

(2)借助控制面板卸载。首先打开计算机的"控制面板",并单击"卸载程序"按钮。接着在卸载程序界面找到 WPS Office,并用鼠标右击它,在弹出的选项中单击"卸载"即可完成,如图 9-1-4 所示。

图 9-1-4　卸载程序界面

2. WPS Office 的启动与退出

（1）双击桌面的 WPS Office 快捷方式图标即可快速启动
WPS Office，如图 9-1-5 所示。

（2）若未在桌面创建快捷方式，可在安装 WPS Office 的文
件夹中找到 ksolaunch. exe 应用程序并双击启动，如图 9-1-6
所示。另外，双击任一个 WPS 文件即可启动 WPS Office 并打开
相应的文件。

图 9-1-5　WPS Office 的桌面
快捷方式图标

图 9-1-6　ksolaunch. exe 文件所在位置

（3）还可单击计算机左下角的 Windows 图标，在"开始"
页面寻找到 WPS Office，双击启动，如图 9-1-7 所示。

退出 WPS Office 时，单击程序窗口右上角的"×"即可完成
退出；或者单击程序窗口左上角的"文件"按钮，在弹出的下拉
列表中选择"退出"选项；又或者将鼠标放在电脑屏幕底部任务
栏中的 WPS 图标上，单击右键，在弹出的快捷菜单中选择"关
闭窗口"完成 WPS 的退出。

图 9-1-7　"开始"页面

3. 正确初始化 WPS Office

当想要将 WPS Office 恢复到默认设置时，可按照如下初始化步骤操作：

（1）启动 WPS Office，单击窗口左上角的"首页"选项，如图 9-1-8 所示。

图 9-1-8　WPS Office 的启动页面

（2）单击设置图标，选中"设置"，如图 9-1-9 所示，进入设置中心。

图 9-1-9　设置图标

（3）在设置中心页面最底部找到"恢复初始默认设置"，单击它并在弹出的快捷菜单中选择"是"，如图 9-1-10 所示，即可完成 WPS Office 的初始化。

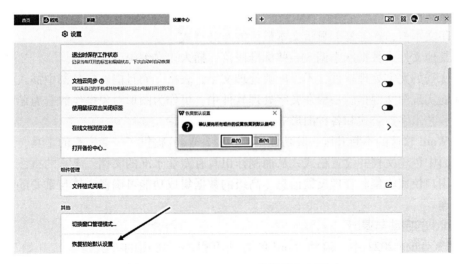

图 9-1-10　WPS Office 的设置中心页面

9.2　文字处理

计算机技术在文字处理方面的应用，使排版印刷相对早期来讲工作量有所减少、出版周期大大缩短并且印刷质量得到了提高。想要用计算机来编辑和排版文字、图形，就需要用办公自动化文字处理软件，如 WPS Office 中的 Word 文字处理软件、记事本等。本节主要讲述 WPS 中 Word 的使用方法。

总之，无论是纸张上的文字还是屏幕上的文字，文字格式和版面设计都是特别重要的。在现实生活中，一篇完美的文章不仅内容要精彩，格式还要协调一致，包括文章的结构、文章的布局，以及文章的外部展现形式等。排版正是文章的一种外部展现形式，无论从哪个角度来讲，这种形式都应被重视。

9.2.1　文字处理软件

文字处理软件是使用计算机实现文字编辑工作的应用软件。这类软件提供一套进行文字编辑处理的方法（命令），用户通过学习就可以在计算机上进行文字编辑。

想要利用计算机处理文字信息，需要在计算机中安装相应的文字处理软件。目前常用的文字处理软件有 Microsoft 公司在办公自动化套装软件 Office 中的 Word 和金山公司 WPS 中的 Word，它们是目前使用十分广泛的文字处理软件。使用 Word，用户可以进行文字、图形、图像等综合文档编辑工作，并可以和其他多种软件进行信息交换，从而编辑出图文并茂的文档。Word 的界面友好、直观，具有"所见即所得"的特点，深受用户青睐。

1. 文字处理软件的功能

一个文字处理软件一般应具有下列基本功能：

①根据所用纸张尺寸安排每页行数和每行字数，并能调整左、右页边距。

②自动编排页码。

③规定文本的行间距。

④编辑文件。

⑤打印文本前，在屏幕上显示文本最后的布局格式。

⑥从其他文件或数据库中调入一些标准段落，插入正在编辑的文本中。

一个优秀的文字处理软件，不仅能够处理文字、表格，而且能够在文档中插入各种图形对象，并能实现图文混排。一般在文字处理软件中，可作为图形对象操作的有剪贴画、各种图文符号、艺术字、公式和各种图形等。

随着 Word 软件的不断升级，其功能不断增强，Word 提供了一套完整的工具，用户可以在新的界面中创建文档并设置格式，从而制作出具有专业水准的文档。丰富的批注和比较功能有助于用户快速收集和管理反馈信息。高级的数据集成功能可确保文档与重要的业务信息源时刻相连。

2. Word 的启动与退出

在 WPS Office 2022 中，启动 Word 的方法有很多，常用的方法是从"开始"菜单的"所有程序"栏启动或通过桌面快捷方式启动。但通过这些方式启动的是 WPS Office 这一整个面板，还需要单击窗口上方的"新建"，选择"新建文字"来启动 Word。启动 WPS Office 后创建 Word 的窗口如图 9-2-1(c) 所示。

退出 Word 的方法也有很多种，常用的有以下三种：

①单击 Word 窗口右上角的"关闭"图标。

②右击该标题栏，在弹出的快捷菜单中选择"关闭"命令。

③单击窗口左上角的"文件"，在弹出的窗口控制菜单中选择"关闭"命令。

3. 常用的快捷键

WPS 拥有丰富的快捷键能够帮助用户提高办公效率，也可以帮助我们节约很多时间。在 WPS 的 Word 中，常用的一些快捷键如下：

①建立新文本文档：Ctrl + N 或 Alt + F + N。

②打开文档：Ctrl + O 或 Alt + F + O。

③关闭文本文档：Ctrl + W 或 Alt + W + C。

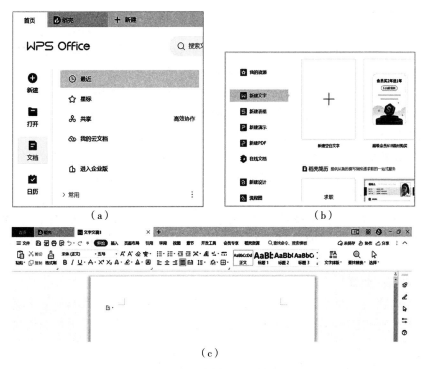

（a）　　　　　　　　　　　　（b）

（c）

图 9 - 2 - 1　创建 Word 的流程

④储存正在编辑的文本文档：Ctrl + S 或 Alt + F + S。

⑤选定整篇文本文档：Ctrl + A。

⑥拷贝文件格式：Ctrl + Shift + C。

⑦粘贴文件格式：Ctrl + Shift + V。

⑧注销上一步的实际操作：Ctrl + Z。

⑨修复上一步的实际操作：Ctrl + Y。

9.2.2　创建文档

Word 文档是文本、图片等对象的载体，要在文档中进行操作，必须先创建文档。在 Word 中可以创建空白文档，也可以根据现有的内容创建文档。创建新文档的方法有多种：

（1）每次在启动 Word 时，系统自动创建一个文件名为"文字文稿 1"的新文档（图 9 - 2 - 1），用户可在编辑区输入文本。

（2）选择"文件"选项卡，将弹出文件选项，Word 的文件选项中包含了一些常见的选项，如"新建""打开""保存""另存为""输出为 PDF""打印""分享文档"等。选择"新建"选项，弹出新建文档窗口，如图9-2-1（b）所示，在其中单击"新建空白文字"，即可新建一个空白文档，在标题栏上显示的文件名为"文档 n"（n 为一个正整数）。

9.2.3　输入、编辑与保存文档

当创建新文档后，用户就可以选择合适的输入法在文档中输入内容，并对其进行编辑操作了。针对这些内容进行结构与文字的修改，最后设置文档的外观并输出。

1. 文档内容的输入

输入文本是 Word 中的一项基本操作。当新建一个文档后，在编辑区的开始位置将出现一个闪烁的光标，此光标位置称为"插入点"，在 Word 中输入的任何文本，都会在插入点出现。当定位了插入点的位置后，选择一种输入法，即可开始输入文本。

（1）确定插入点的位置。在编辑区确定插入点的位置，因为插入点的位置决定了要输入的内容的位置。若是空文档，则插入点在编辑区的左上角。

（2）选择输入法。尤其是在输入汉字时，先要选择合适的输入法。

（3）段落结束符。在输入一段文本时，无论这段文本有多长（中间会自动换行），只有当这段文本全部输入完成之后才可以输入一个段落结束符。按回车键，表示一个段落的结束。

（4）特殊符号的输入。如果要在文档中插入特殊符号，则先要确定插入点的位置，再单击"插入"|"符号"|"其他符号"按钮，弹出"符号"对话框，在其中选择所需要的符号。

2. 文档内容的编辑

（1）文档内容的选择。Windows 平台的应用软件都遵守一条操作规则：先选定内容，后对其进行操作。被选定的内容呈反向显示（黑底白字）。在多数情况下是利用鼠标来选定文档内容的，常用方法如下：

①选定一行：将鼠标指针移至选定区（即行左侧的空白区），当指针呈箭头状，并指向右上方时，单击鼠标左键。

②选定一段：将鼠标指针移至选定区，当指针呈箭头状，并指向右上方时，双击鼠标左键。

③选定整个文档：将鼠标指针移至选定区，指针呈箭头状，并指向右上方时，三击鼠标左键或按"Ctrl"键并单击，还可以在"开始"选项卡中单击"选择"，选择弹出下拉列表中的"全选"选项。

④选定需要的文档内容：在需要选定的内容的起始位置单击，并拖动鼠标到需要选定的内容的末尾，即可选定需要的文档内容。

⑤取消选定：在空白处单击鼠标左键即可。

（2）文档内容的删除。常用的删除文档内容的方法如下：

①选定要删除的文档的内容，按"Delete"健，即可删除选定的内容。

②如果要删除的仅是一个字，则将插入点移到这个字的前边或后边，按"Delete"键可删除插入点后边的字，按"Backspace"键可删除插入点前边的字。

如果发生误删除，则可以单击窗口上方快速访问工具栏中的"撤销"图标（或按"Ctrl + Z"快捷键）撤销操作。

（3）文档内容的移动或复制。移动或复制文档中的内容的步骤如下（在"开始"选项卡左侧的"剪贴板"功能组中进行操作）：

①选定要移动或复制的文档的内容。

②单击"剪贴板"功能组中的"剪切"或"复制"按钮。

③将鼠标指针移到要插入内容的目标处，单击鼠标左键（即移动插入点到目标处）。

④单击"剪贴板"功能组中的"粘贴"按钮，便实现了移动或复制文档内容的操作。

　　如果文档内容移动距离不远，则可使用"拖动"的方法进行移动或复制。按住
"Ctrl"键的同时拖动选定的内容则可实现复制；如果直接拖动选定的内容，则可实现
移动。另外，剪切、复制、粘贴操作也可分别按"Ctrl + X""Ctrl + C""Ctrl + V"快
捷键实现。

　　（4）文档内容的查找与替换。通过使用查找功能，可以在文档中查找指定内容（查找
操作是通过"开始"选项卡右侧的"查找替换"按钮进行的）。查找步骤如下：

　　①单击"开始"选项卡右侧的"查找替换"按钮，在编辑区弹出"查找和替换"对话
框，如图9-2-2所示。

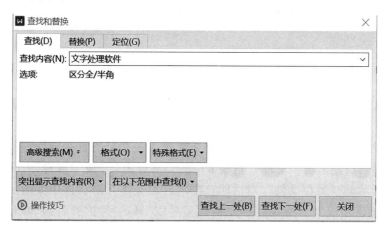

图9-2-2　"查找和替换"对话框

　　②在"查找和替换"对话框的"查找"选项卡的"查找内容"文本框中输入要查找的
内容，如"文字处理软件"。

　　③单击"查找下一处"按钮，计算机从插入点处开始向后查找，找到第一个"文字处
理软件"内容后暂停并在文档中呈反向显示。

　　④若要继续查找，则继续单击"查找下一处"按钮。

　　⑤在查找到需要查找的内容后，用户可进行修改、删除、替换等操作。

　　注意：若要关闭窗格，则可以单击"关闭"图标。

　　利用替换功能，可以将整个文档中给定的内容全部替换，也可以在选定的范围内进行替
换（替换操作也是通过"开始"选项卡右侧的"查找替换"按钮进行的）。替换步骤如下：

　　①单击"开始"选项卡右侧的"查找替换"按钮，在编辑区弹出"查找和替换"对
话框。

　　②在"查找和替换"对话框的"替换"选项卡的"查找内容"文本框中输入要查找
的内容，如"文字处理软件"。在"替换为"文本框中输入要替换的内容，如"Word"，如
图9-2-3所示。

　　③单击"全部替换"按钮，则所有符合条件的内容被全部替换；如果需要选择性替换，
则单击"查找下一处"按钮，找到后如果需要替换，则单击"替换"按钮，如果不需要替
换，则继续单击"查找下一处"按钮，反复执行，直至文档结束。

3. 文档内容的保存

　　对于新建的 Word 文档或正在编辑的某个文档，如果出现了计算机死机或停电等非正常

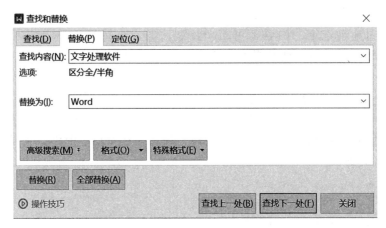

图 9-2-3　设置查找和替换的内容

关闭的情况，文档中的信息就会丢失，因此为了不造成更大的损失，及时保存文档是十分重要的。

（1）第一次保存文档。文档内容录入完毕或录入一部分时就需要保存文档。第一次保存文档需要选择窗口左上角"文件"选项卡中的"另存为"（或"保存"）选项，然后弹出如图 9-2-4 所示的"另存文件"对话框。在"另存文件"对话框中要指定文档保存的位置和名称。在默认情况下，所保存的文档类型是以 . docx 为扩展名的 Microsoft Word 文件类型。

（2）保存已有文档。如果是保存已有文档，则单击窗口上方"快速访问工具栏"中的"保存"图标，或者选择"文件"选项卡中的"保存"选项即可。它的功能是将编辑文档的内容以原有的文件名进行保存，即用正在编辑的内容覆盖原有文档的内容。如果不想覆盖原有文档的内容，则应该选择"文件"选项卡中的"另存为"选项。

图 9-2-4　"另存文件"对话框

9.2.4　文档排版

在文档中，文本是组成段落的最基本内容，任何一个文档都是从段落文本开始进行编辑的。当输入完文本后用户就可以对相应的段落文本进行格式化编辑，从而使文档层次分明，便于用户阅读。

1. 设置字符格式

字符格式的设置包括字体、字号（中文字号的范围为初号到八号、英文字号的范围为 5~72 磅）、加粗、倾斜、下画线、删除线、下标、上标、改变字母大小写、字体颜色、字符底纹、带圈字符、字符边框、空心、阴影等。Word 默认的字体、字号为宋体、五号。

字符格式的设置同样遵守"先选定，后操作"的原则。字符格式的设置方法如下：先选定要设置格式的字符，再单击"开始"选项卡"字体"功能组中的相应按钮或在"字体"对话框中进行设置。"字体"对话框是单击"字体"功能组右下角的"对话框启动器"按钮后（图 9-2-5）弹出的。

2. 设置段落格式

段落是构成整个文档的骨架，在 Word 的文档编辑中，用户每输入一个回车符，表示一个段落输入完成。段落的设置包括段落的文本对齐方式、段落的缩进，以及段落中的行距、间距的设置等。段落设置也称段落格式化。

在段落设置操作中，用户必须遵循其中的规律：如果对一个段落进行设置，则只需在设置前将插入点置于要进行设置的段落的中间即可；如果对几个段落进行设置，则必须先选定要设置的段落，再进行段落的设置操作。段落设置的方法有两种：一种是利用"段落"功能组中的相应按钮（图 9-2-6）进行设置；另一种是利用"段落"对话框（图 9-2-7）进行设置。

图 9-2-5　"字体"功能组

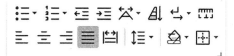

图 9-2-6　"段落"功能组中的相应按钮

段落对齐是指文档边缘的对齐方式，包括左对齐、居中对齐、右对齐、两端对齐、分散对齐。

段落缩进是指段落中的文本与页边距之间的距离。Word 中共有 4 种缩进方式：左缩进、右缩进、悬挂缩进和首行缩进。设置段落缩进的方法有两种：一种是利用"段落"功能组中的 4 个图标进行缩进；另一种是在"段落"对话框中进行设置。

段落间距的设置包括文档行间距与段间距的设置。所谓行间距，是指段落中行与行之间的距离；所谓段间距，是指前后相邻的段落之间的距离。段间距是在"段落"对话框中进行设置的。

3. 设置页眉和页脚

页眉和页脚通常用于显示文档的附加信息，如页码、日期、作者名称、单位名称、徽标或章节名称等。其中，页眉位于页面顶部，而页脚位于页面底部。Word 可以给文档的每页设置相同的页眉和页脚，也可以交替更换页眉和页脚，即在奇数页和偶数页上设置不同的页眉和页脚。

（1）设置页眉和页脚的位置。选择"页面布局"选项卡，然后在"页面设置"功能组中单击右下角的"对话框启动器"按钮，就可以打开"页面设置"对话框，选择"版式"选项卡可对页眉和页脚的位置进行设置，如图9-2-8所示。

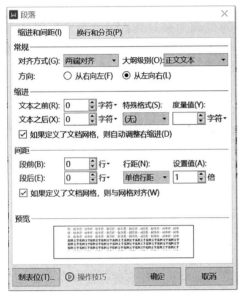

图9-2-7 "段落"对话框

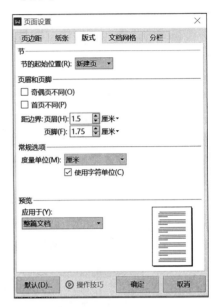

图9-2-8 设置页眉和页脚的位置

（2）设置页眉和页脚的内容。在文档窗口中选择"插入"选项卡，单击"页眉页脚"按钮对页眉和页脚的内容进行设置。

4. 设置艺术字

Word文档中的艺术字体美观大方，字体样式种类也比较多，很多人在美化文档的时候都会选择为文档标题或内容设置艺术字体。艺术字的设置同样遵守"先选定，后操作"的原则。在Word中设置艺术字的步骤如下：

①选取需要设置为艺术字体的内容，单击菜单栏中"插入"选项卡的"艺术字"按钮。

②选择需要设置的艺术字样式，如图9-2-9所示。

③设置样式后，可对字体做进一步的美化工作。单击插入的艺术字，此时菜单栏最后会出现"文本工具"选项卡，如图9-2-10所示。可单击"设置文本效果格式：文本框"功能组中的"文本效果"按钮的下拉列表，选择"阴影""倒影""发光""三维旋转""转换"等操作。

5. 设置对象三维效果

Word中可以设置图片的属性，例如填充与线条、效果以及图片的长宽等，其中"设置对象三维效果"就在"效果"中。三维效果的设置同样遵守"先选定，后操作"的原则。三维效果的设置方法如下：

①单击"插入"选项卡的"图片"按钮，插入一张本地图片，如图9-2-11所示。

②选中图片。此时菜单栏最后会出现"图片工具"选项卡。单击"图片工具"选项卡

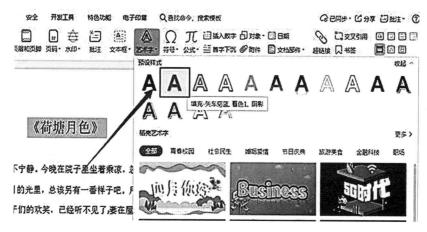

图9-2-9　选择需要设置的艺术字样式

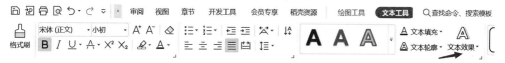

图9-2-10　"文本工具"选项卡

中的"效果"按钮，在弹出的下拉列表中选择"三维旋转"按钮，有"无旋转""平行""透视""倾斜"的三维效果，单击即可添加这些三维效果，如图9-2-12所示。

图9-2-11　插入一张本地图片

图9-2-12　选择"透视"的其中一种三维效果

6. 公式编辑

在"插入"选项卡的"符号"功能组中包括符号、公式、编号，以供用户编辑公式时使用。用户可以使用两种不同的方法插入公式。

（1）直接插入。单击"公式"旁边的下拉箭头，在弹出的下拉列表中列出了一些公式，包括二次公式、二项式定理、傅立叶级数、勾股定理、和的展开式、三角恒等式、泰勒展开式、圆的面积等内置的公式，选择后直接插入即可。

（2）手动编辑。若觉得内置的公式无法满足需要，则可以选择"插入新公式"选项，或者直接单击"公式"按钮，此时会在当前文档中出现"在此处键入公式"的提示信息，同时当前窗口的上方中会增加一个"公式工具"选项卡，如图 9-2-13 所示。

图 9-2-13　"公式工具"选项卡

7. 表格建立

表格是一种简单明了的文档表达方式，具有整齐直观、简洁明了、内涵丰富、快捷方便等特点。在工作中，用户经常会遇到像制作财务报表、工作进度表与活动日程表等问题。

在文档中插入的表格由"行"和"列"组成，行和列交叉组成的每格称为"单元格"。在生成表格时，一般先指定行数、列数，生成一个空表，再输入内容。

（1）生成表格。

①在"插入"选项卡中单击"表格"下拉按钮，在弹出的下拉列表中选择第一个"插入表格"选项，如图 9-2-14(a)所示。

②使用第二个"插入表格"选项生成表格的步骤如下：

- 将光标移动到要插入表格的位置。
- 选择第二个"插入表格"选项，弹出"插入表格"对话框，如图 9-2-14(b)所示。
- 在"表格尺寸"选区中输入表格的"列数"和"行数"，如 5 列 2 行。
- 在"列宽选择"选区中，选择"自动列宽"选项，系统会自动将文档的宽度等分给各个列，单击"确定"按钮，在光标处就生成了 5 列 2 行的表格。在水平标尺上有表格的列标记，可以拖动列标记改变表格的列宽。

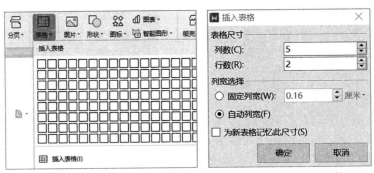

（a）第一个"插入表格"选项　　　　（b）"插入表格"对话框

图 9-2-14　建立表格的方法

（2）将文本转换为表格。如果希望将文档中的某些文本以表格的形式表示，则可利用 Word 提供的转换功能，能够非常方便地将这些文本的内容转换为表格，而不必重新输入内容。由于将文本转换为表格的原理是利用文本之间的分隔符（如空格、段落标记、逗号或制表位等）来划分表格的行与列，因此，在进行转换之前，需要在选定的文本位置加入某种分隔符。例如，将如下文本转换为表格（分隔符为空格）：

学号	姓名	语文	数学	英语
2012345	刘德华	55	32	33
2012335	王思远	99	23	0
2012341	李凤兰	33	72	33
2012336	王伟鹏	97	32	22
2012344	李金来	33	56	66

选定以上文本，选择"表格"下拉列表中的"文本转换成表格"选项，弹出"将文字转换成表格"对话框，如图9－2－15所示。在图9－2－15中设置参数后，生成如表9－2－1所示的表格。

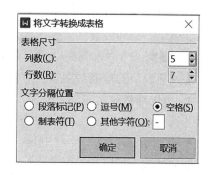

图9－2－15 "将文字转换成表格"对话框

表9－2－1 结果

学号	姓名	语文	数学	英语
2012345	刘德华	55	32	33
2012335	王思远	99	23	0
2012341	李凤兰	33	72	33
2012336	王伟鹏	97	32	22
2012344	李金来	33	56	66

（3）编辑表格。表格的编辑包括选定表格，插入或删除行、列和表格，调整表格的行高和列宽，合并和拆分单元格等操作。

①选定表格：像其他操作一样，对表格的操作也必须遵守"先选定，后操作"的原则。表格中有一个看不见的选择区。单击该选择区，可以选定单元格、选定行、选定列、选定整个表格。

● 选定单元格。当鼠标指针移近单元格内的回车符时，指针指向右上方且呈黑色，表明进入了单元格选择区，单击鼠标左键，反向显示，该单元格被选定。

● 选定一行。当鼠标指针移近该行左侧边线时，指针指向右上方呈白色，表明进入了行选择区，单击鼠标左键，该行呈反向显示，整行被选定。

● 选定一列。当鼠标指针由上而下移近表格上边线时，指针垂直指向下方且呈黑色，表明进入列选择区，单击鼠标左键，该列呈反向显示，整列被选定。

● 选定整个表格。当鼠标指针移至表格中的任一个单元格时，在表格的左上角出现"田"字形图案，单击图案，整个表格呈反向显示，表格被选定。

②插入行、列、单元格：将插入点移至要增加行、列的相邻的行、列上，单击鼠标右键，在弹出的快捷菜单中选择"插入"命令，选择级联菜单中的命令，可分别在行的上边或下边增加一行，在列的左边或右边增加一列。

在插入单元格时将插入点移至单元格上，单击鼠标右键，在弹出的快捷菜单中选择"插入"｜"单元格"命令，在弹出的"插入单元格"对话框中选择相应的选项后，再单击"确定"按钮。

如果是在表格的末尾增加一行，只要把插入点移到表格右下角的最后一个单元格，再按

"Tab"键即可。

③删除行、列或表格：选定要删除的行、列或表格，单击鼠标右键，在弹出的快捷菜单中选择"删除行""删除列"或"删除表格"命令，即可实现相应的删除操作。

④调整表格的行高和列宽：用鼠标拖动法调整表格的行高和列宽，步骤如下所示。

- 将鼠标指针指向该行左侧水平标尺上的行标记或指向该列上方垂直尺上的列标记，显示"调整表格行"或"移动表格列"。

- 按住鼠标左键，此时出现一条横向或纵向的虚线，上下拖动可改变相应行的行高，左右拖动可改变相应列的列宽。

注意：如果在拖动行标记或列标记的同时按住 Shift 键不放，则只改变相邻的行高或列宽，表格的总高度和总宽度不变。

⑤单元格的合并与拆分：在调整表格结构时，需要将一个单元格拆分为多个单元格，同时表格的行数和列数相应增加，这种操作称为拆分单元格。相反地，有时又需要将表格中的数据进行归并，即将多个单元格合并成一个单元格，这种操作称为合并单元格。

- 合并单元格。合并单元格是指将相邻的多个单元格合并成一个单元格，操作步骤如下：

> 选定所有要合并的单元格。

> 单击鼠标右键，在弹出的快捷菜单中选择"合并单元格"命令，使选定的单元格合并成一个单元格。

- 拆分单元格。拆分单元格是指将一个单元格拆分为多个单元格，操作步骤如下：

> 选定要拆分的单元格。

> 单击鼠标右键，在弹出的快捷菜单中选择"拆分单元格"命令，弹出"拆分单元格"对话框，输入要拆分的列数及行数，单击"确定"按钮即可。

8. 单元格中的计算

Word 中的单元格不仅可以手动输入数据，也可以进行自动计算。

为了便于计算，Word 为每个单元格设立了名称，单元格名称由列号和行号构成。列号按 A、B、C、…依次排列，行号按 1、2、3、…依次排列。所以，在如表 9-2-2 所示的成绩表中，表格左上角单元格的名称为 A1，右下角单元格的名称为 E5。

表 9-2-2　成绩表

姓名	语文	英语	数学	总分
张敏玉	78	90	87	
马云云	86	80	67	
周州	57	87	80	
王群	88	80	78	

在 Word 中，单元格的计算步骤如下：

①将光标移动到放置结果的单元格中，例如，放入 E2 单元格中。

②单击窗口上方菜单栏"表格工具"选项卡中右侧的"公式"按钮。

③系统弹出"公式"对话框，如图 9-2-16 所示。在"公式"文本框中输入"＝"，

在"粘贴函数"下拉列表中选择"SUM"函数。

④在"公式"中输入运算参数，并在"数字格式"下拉列表中选择数据格式，结果如图9-2-17所示。B2: D2 表示从 B2 到 D2，数字格式 0 表示结果取整。

⑤输入完毕后，单击"确定"按钮，运算结果如图9-2-18所示。

⑥重复步骤①~步骤⑤，可以计算其他的单元格。

图9-2-16 "公式"对话框

图9-2-17 输入运算参数及设置数字格式

姓名	语文	英语	数学	总分
张敏玉	78	90	87	225
马云云	86	80	67	
周州	57	87	80	
王群	88	80	78	

图9-2-18 运算结果

9. 设置脚注和尾注

我们在阅读很多书籍时，可以发现，书中有些页的正下方或在文章末尾会有注释，来提高文章的可读性。这些注释就通过设置脚注和尾注来实现。脚注和尾注的设置方法如下：

（1）将鼠标光标放在需要插入脚注和尾注的文字后面，单击"引用"选项卡的"脚注和尾注"功能组。

（2）在弹出的"脚注和尾注"对话框中进行相关的选项设置，如图9-2-19所示。图中展示的是默认设置：脚注在页面底端，编号从1开始，而尾注则在文档结尾。

设置好的脚注效果如图9-2-20所示。

10. 设置文档结构图

在使用 Word 文档编辑大量文字内容时，会涉及很多章节，有时候页数太多，很难操作。文档结构图可以让整个文案的脉络承上启下。在 Word 中设置文档结构图的步骤如下：

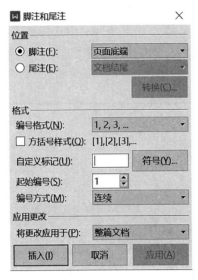

图 9 - 2 - 19　"脚注和尾注"对话框

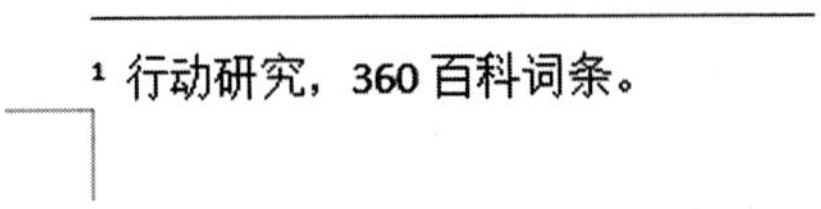

图 9 - 2 - 20　脚注设置效果

①选择需要设置为文档结构图显示的大标题的文字，单击鼠标右键，在弹出的列表中选择"段落"选项，在弹出对话框的"大纲级别"中选择"1 级"，如图 9 - 2 - 21 所示。

②选择需要设置为文档结构图显示的小标题的文字，单击鼠标右键，选择"段落"选项，大纲级别选择"2 级""3 级"等，以此类推。

③单击菜单栏"视图"下的"导航窗格"按钮，在下拉选项中选择"靠左"，设置效果如图 9 - 2 - 22 所示。

图 9 - 2 - 21　设置文字在目录中的级别

图 9 - 2 - 22　文档结构图

④这时在文档左侧可看到刚设置的多级标题，此时可以选择需要设置为文档结构图显示的 n 级标题的文字。单击鼠标右键，在"设置目录级别"中选择级别，然后该文字就会显

示在左侧的文档结构图中。

11. 设置大纲结构

Word 中可以通过大纲形式查看文档里的内容及排版，方便快速修改文档的结构。在 Word 中设置大纲结构的步骤如下：

①打开要切换到大纲版式的 WPS 文档，单击上方菜单栏"视图"下的"大纲"按钮。

②此时就切换到大纲版式了，如图 9-2-23 所示。可单击"上移""下移"图标，调整标题之间的位置；可单击"展开""折叠"图标，展示或隐藏小标题下面的内容；也可以在大纲中直接修改文档的内容。单击"关闭"，就恢复到页面版式了。

图 9-2-23　大纲版式

12. 设置页面

有时在写论文、演讲稿等对格式有严格要求的文档时，需要对页面进行一定的设置，如页面边距、纸张大小与方向等。在 Word 中，设置页面的步骤如下：

①单击菜单栏"页面布局"中的"页边距"按钮，在下拉列表中有"普通""窄""适中""宽"四种页边距，还可以选择"自定义页边距"按钮，弹出如图 9-2-24 所示的对话框。

②在弹出的"页面设置"对话框中选择"页边距"选项卡，在页边距输入栏内设置页边距大小、装订线位置及装订线宽。

③根据需求在"方向"栏选择纸张方向，如"纵向"，在"预览"栏选择应用于"整篇文档"。设置完成后单击"确定"即可。

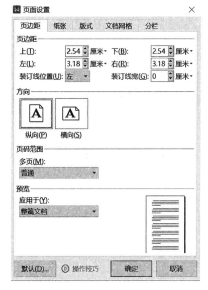

图 9-2-24　"页面设置"对话框

9.3　电子表格处理

9.3.1　电子表格处理软件

表格是组织数据的最有用的工具之一，以行和列的形式简明扼要地表达信息，便于读者阅读。WPS Office 的电子表格处理软件是 WPS 软件的一个重要组成部分，它可以进行各种数据的处理、统计分析和辅助决策操作，广泛应用于管理统计、财经金融等众多领域。WPS

表格支持 xls、xlt、xlsx、xltx、et、ett 等多种文档格式的查看和编辑，以及多种表格加解密算法。它提供专用的公式输入编辑器，可以快速分析信息并管理电子表格或网页中的数据信息列表与数据资料图表，能够实现很多便捷的功能。电子表格处理软件的主要功能有表格制作、数据运算、数据管理、统计分析、建立图表等。

1. 电子表格处理软件的启动与退出

（1）在 WPS Office 2022 中，启动电子表格处理软件的方法有以下两种：

①首先启动 WPS Office（参考 9.1 节 WPS Office 的启动方法），然后单击启动页面左侧或上方的"新建"，选择"新建表格"来启动电子表格处理软件。

②双击任一个表格文件（文件扩展名为 .xls、.xlsx），就会启动电子表格处理软件并打开相应的文件。

（2）退出电子表格处理软件的方法有以下三种：

①单击程序窗口右上角的"×"（即"关闭"图标）完成退出。

②将鼠标移至标题位置，单击鼠标右键，在弹出的快捷菜单中选择"关闭"命令完成退出。

③单击窗口左上角的"文件"，在弹出的下拉列表中选择"退出"选项。

2. 表格处理软件的窗口组成

表格处理软件的窗口组成有自定义快速访问工具栏、标题栏、选项卡、功能区、帮助按钮、名称框、编辑栏、编辑窗口、状态栏、滚动条、工作表标签、视图按钮以及显示比例等，参考图 9-3-1 所示。

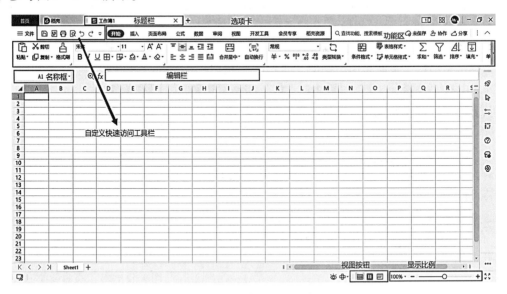

图 9-3-1　窗口组成示意图

9.3.2　工作簿的基本操作

1. 创建工作簿

启动 WPS Office 后，单击页面左侧的"新建"按钮或者页面上方的"＋新建"按钮进入新建页面，如图 9-3-2 所示。根据新建页面示意图（图 9-3-3）中左侧的选项提示，选择"新建表格"即可创建一个空白工作簿（图 9 - 3 - 4）。

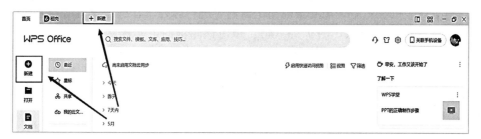

图 9 - 3 - 2　WPS Office 启动后页面示意图

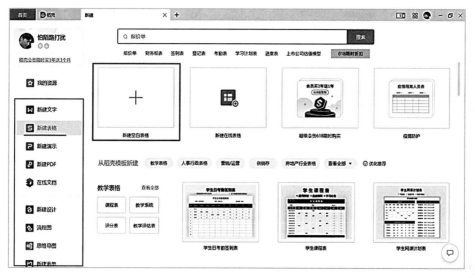

图 9 - 3 - 3　WPS Office 新建页面示意图

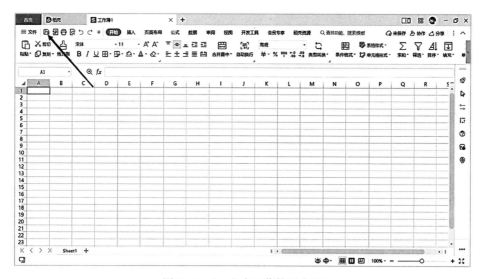

图 9 - 3 - 4　空白工作簿示意图

2. 保存工作簿

完成对工作表的编辑后，需要及时对编辑内容进行保存。在程序窗口的自定义快速访问工具栏中就有"保存"图标（图9-3-4），单击该图标即可实现文件的快速保存。若当前文件为新创建的文件，则单击"保存"图标会弹出如图9-3-5所示的"另存文件"对话框。在该对话框中可设置要保存文件的名称和类型，还可选择文件保存的位置。默认保存的文件类型是扩展名为 .xlsx 的 Microsoft Excel 文件。

图9-3-5 "另存文件"对话框

9.3.3 工作表的基本操作

1. 选定工作表

单击想要编辑的工作表即选定了单个工作表。若想要同时对多个工作表进行编辑，则按住"Shift"键可选定相邻的多个工作表；按住"Ctrl"键可选定不相邻的多个工作表。若需要同时对全部工作表进行编辑，则将鼠标放在表名位置处单击右键，在弹出的列表中选择"选定全部工作表"，如图9-3-6所示，即可对所有工作表进行编辑。

2. 工作表重命名

单击鼠标右键后可在弹出的列表中选择"重命名"来对工作表进行重命名。也可采用快捷方式，直接双击原来的表名进行更改，输入新的名称后按回车键，即完成工作表的重命名。

3. 移动、复制、插入、删除工作表

单击鼠标右键后可在弹出的列表中选择"移动或复制工作表"来对工作表进行移动或复制。移动时可以选择移动到本工作簿中，也可选择移动到其他工作簿中，还可以选择移动到工作簿中的哪个位置，即移动到某个工作表之后或之前，如图9-3-7所示。另外，若勾选了"建立副本"选项，则复制一份工作表并将其副本移动至指定位置；若未勾选，则直接将工作表移动至指定位置。

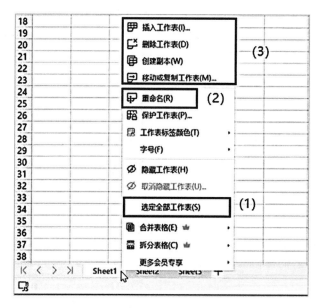

图9-3-6 工作表基本操作

工作表的插入和删除操作在单击鼠标右键后弹出的列表中选择对应的选项即可完成。

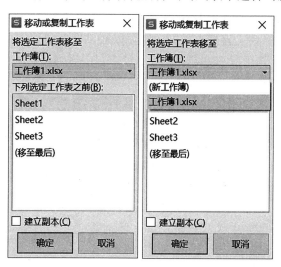

图9-3-7 移动或复制工作表

9.3.4 表格的基本操作

1. 输入数据

WPS表格中的数据类型主要分为文本型和数值型两大类。文本型数据包括汉字、英文字符和编号等，不能参与数值计算。数值型数据是代表数量的数字形式，可以是正数，也可以是负数，能够进行数值计算，如加减运算、求和运算、求平均值等。另外还有一些特殊的符号也被理解为数值，如百分号（%）、货币符号（＄）、科学计数符号（E）等。在单元格中输入文本数据时默认居左对齐，输入数值数据时默认居右对齐。

当向单元格中输入大于 11 位数的数字时，WPS 表格会默认将其识别为文本型数据。此时单元格左上角会有一个绿色的三角形标志，选中该单元格，单元格左侧将出现一个提示按钮，单击该按钮，在弹出的菜单中可以选择将其转换为数字类型或忽略该错误，如图 9 - 3 - 8 所示。

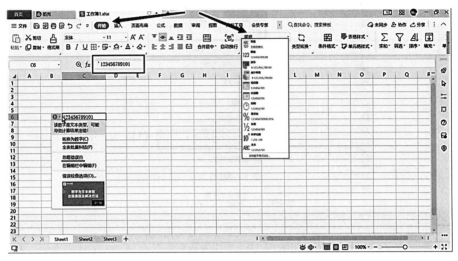

图 9 - 3 - 8　输入较大数值数据

当向单元格中输入小于或等于 11 位数的数字时，WPS 表格会默认将其识别为数值型数据，如果需要将这些数据转化为文本类型，则可以通过以下两种方法实现：

（1）在输入数字前先输入英文状态下的单引号"'"，参看图 9 - 3 - 8 中小矩形框中的内容。

（2）选中单元格，在"开始"选项卡的"常规"下拉列表中选择"文本"选项，快速完成单元格格式的转换。

注意：在输入以"0"开头且小于 6 位数的编号时，WPS 会将其识别为数值型数据，自动删除开头的"0"，此时可按照上面的方法将其转换为文本型数据，以使其正确显示。

通常情况下，向单元格中输入的数字均以"常规"方式显示，如果数字的长度超过单元格的宽度，WPS 表格将自动使用科学计数法来表示输入的数字，如图 9 - 3 - 9 所示。另外，如果需要为数字设置某种特定的显示方式，可以类比上面的转化方法来更改数据类型。

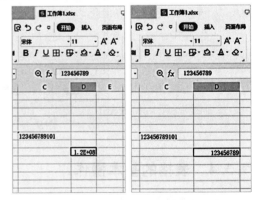

2. 行、列和单元格的操作

将鼠标放在页面左侧一列数字中的某个数字上单击左键可选中所在行；将鼠标放在页面靠上方一行字母中的某个字母上单击左键可选中所在列；用鼠标左键单击某个单元格可选中它，双击

图 9 - 3 - 9　数字显示

某个单元格可对其进行编辑；将鼠标放在左侧数字列和上方字母行交叉位置处的小三角上单击左键可选中所有单元格。如图 9 - 3 - 10 所示。

用鼠标选择单元格（行、列）时，按住"Shift"键可以选中连续的单元格（行、列），按住"Ctrl"键可以选中非连续的单元格（行、列），同时按住"Ctrl"键、"Shift"键和方

（a）选定行

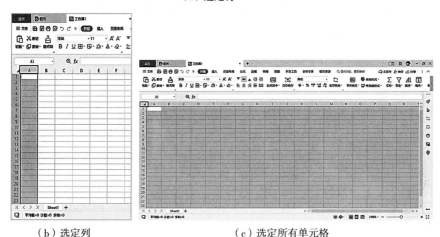

（b）选定列 　　　　　　　　　　（c）选定所有单元格

图 9-3-10　选定行、列和单元格

向键，则可以快速选中一片连续的单元格。

3. 使用样式美化工作表

WPS 表格工具的默认页面非常简洁，但其中内置了多种表格样式和单元格样式，应用这些样式可以快速美化表格，满足多种场景的需要。如图 9-3-11 所示，左侧的表格稍显单调，单击页面右侧的"表格样式"可以看到各种各样的表格设计，然后用鼠标左键单击喜欢的表格样式便可应用到选中的表格上，实现表格的美化。如果没有找到所需要的表格样式，还可单击"新建表格样式"进行自定义设置。

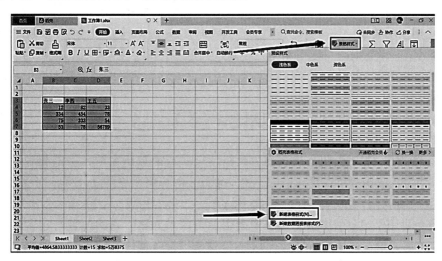

图 9-3-11　表格样式的美化

单元格样式的美化与表格样式的美化类似，WPS 表格工具中也包含了各种各样的单元格设计样式。单击页面右侧的"单元格样式"，然后用鼠标左键单击喜欢的单元格样式便可应用到选中的单元格上，实现单个单元格的美化。同样，如果没有找到所需要的单元格样式，还可以单击"新建单元格样式"进行自定义设置，如图 9 - 3 - 12 所示。

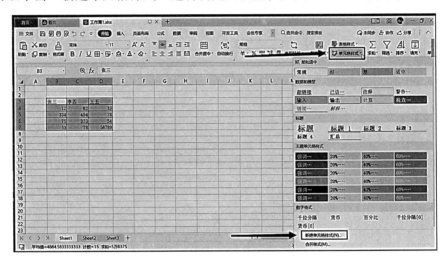

图 9 - 3 - 12　单元格样式的美化

9.3.5　公式和函数的应用

在工作表中输入数据后，运用公式可以对表格中的数据进行计算并得到需要的结果。公式是对工作表中的数据进行计算操作时最为有效的手段之一，而函数实际上是一些预先定义好的特殊公式，运用一些称为参数的特定的顺序或结构进行计算，然后返回一个值。使用函数进行计算可以大大简化公式的输入过程，只需设置函数的必要参数即可进行正确的计算。

在工作表中使用公式是以等号"="开始的，以各种运算符将数值和单元格引用、函数返回值等组合起来，形成表达式。WPS 表格会自动计算公式表达式的结果，并将其显示在"="所在单元格中。

1.单元格引用类型

在使用公式和函数时，可以引用本工作簿或其他工作簿中任何单元格区域的数据，此时在公式和函数中要输入的是单元格区域地址。引用后，计算结果的值会随着被引用单元格的值的变化而变化。

单元格地址根据被复制到其他单元格中时是否改变，可分为相对引用、绝对引用和混合引用 3 种类型。

（1）相对引用。相对引用是指当前单元格与公式或函数所在单元格的相对位置。运用相对引用，当公式或函数所在单元格的位置发生改变时，引用也随之改变。列号与行号的组合即该单元格的相对引用地址格式，如 B5 和 C5。

（2）绝对引用。绝对引用指工作表中固定位置的单元格，它的位置与包含公式或函数的单元格无关。如果在列号与行号前面均加上"$"符号就代表该单元格的绝对引用地址格式，如 $B$2 和 $C$2。

（3）混合引用。混合引用是指在一个单元格地址中使用绝对列和相对行，或者相对列和绝对行，如 $A1 或 A$1。当含有公式或函数的单元格因复制等原因引起行、列引用的变化时，相对引用部分会随着位置的变化而变化，而绝对引用部分不随位置的变化而变化。

2. 同一工作簿不同工作表的单元格引用

要在公式或函数中引用同一工作簿不同工作表的单元格内容，则需在被引用的单元格或区域前注明其所在的工作表名。具体引用格式为"被引用的工作表名称！被引用的单元格地址"。例如，要以相对引用形式引用工作表 Sheet5 中的 D2 单元格，表达式为"Sheet5!D2"。

在输入单元格引用地址时，除了可以使用键盘键入外，还可以使用鼠标直接进行操作。仍以上面单元格引用为例，首先打开目的工作表并选取目的单元格，键入"＝"，单击 Sheet5 工作表标签，再单击 D2 单元格，按"Enter"键完成键入，此时，目的单元格的编辑栏中将显示"＝Sheet5!D2"。一般来讲，使用鼠标选取引用方式时，默认为单元格的相对引用。

3. 不同工作簿的单元格引用

要在公式或函数中引用其他工作簿中的单元格内容，则需在被引用的单元格或区域前注明其所在的工作簿名和工作表名。具体引用格式为"［被引用的工作簿名称］被引用的工作表名称！被引用的单元格地址"。例如，要以相对引用形式引用工作簿 Book1 中工作表 Sheet1 中的 A5 单元格，表达式为"［Book1.xlsx］Sheet1!A5"。

4. 公式

（1）输入公式。单击要输入公式的单元格，在单元格中必须先输入一个等号"＝"，然后输入所要的公式，最后按"Enter"键。WPS 表格会自动计算公式表达式的结果，并将其显示在相应的单元格中。

（2）单元格的引用。单元格的引用分为相对引用、绝对引用和混合引用。

5. 函数

函数是一些预先定义好的特殊公式，运用一些称为参数的特定的顺序或结构进行计算，然后返回一个值。

（1）函数的分类。WPS 表格处理工具提供了财务函数、统计函数、日期与时间函数、查找与引用函数、数学与三角函数等多类函数。一个函数包含等号、函数名称、函数参数三部分。函数的一般使用格式为"＝函数名（参数）"。

（2）函数的输入。函数的输入有两种方法，一种是在单元格中直接输入函数，另一种是使用"插入函数"对话框插入函数。

（3）常用函数的使用。常用函数包括 SUM 函数、AVERAGE 函数、MAX 函数、MIN 函数、COUNT 函数、COUNTIF 函数、IF 函数、RANK 函数等。

在使用公式和函数对单元格进行引用时，除了要考虑到单元格的地址引用类型之外，还要考虑单元格所在的位置，即是对同一工作簿同一工作表的单元格引用，还是对同一工作簿不同工作表的单元格引用，或是对不同工作簿的单元格引用。

下面是运用常规函数和特殊函数解决生活问题的例子。

①使用求和函数计算员工工资：首先创建一个员工工资表，如图 9-3-13 所示，然后在"应发工资"列选中 E3 单元格，向单元格中输入"＝"，此时编辑栏左侧自动给出常用

的函数列表，这里选择"SUM"函数。单击"SUM"，会弹出"函数参数"对话框，提示用户选择要进行计算的单元格。应发工资为基本工资、绩效奖金和全勤奖三者之和，所以这里先选择 B3 到 D3 三个单元格来计算第一位员工的工资。选择好后，单击"确定"，即完成了第一位员工的工资计算。接着，计算剩余员工的工资。这里采用便捷方式，直接复制 E3 单元格的格式，将鼠标移至 E3 单元格处，当鼠标由箭头变成实心的黑色加号时，按住鼠标左键向下拉至 E8 单元格，即快速计算出了所有员工的工资。

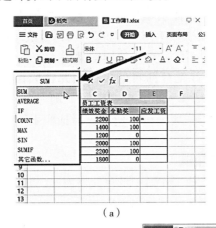

（a）

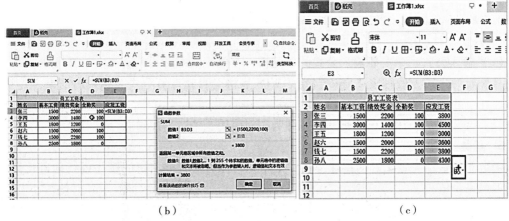

（b）　　　　　　　　　　　　　（c）

图 9 - 3 - 13　使用求和函数计算员工工资

②使用 VLOOKUP、COLUMN 函数批量制作工资条：大家都知道，一般工资表都只有一个表头，但是下发给员工的工资条是一个表头一行工资明细的，那如何将工资表快速变成工资条的形式呢？下面首先介绍一下 VLOOKUP 函数和 COLUMN 函数的语法规则：

● VLOOKUP(lookup_value, table_array, col_index_num, [range_lookup])

VLOOKUP 函数包含 4 个参数，lookup_value 为需要在数据表第 1 列中进行查找的值，可以为数值、引用或文本字符串。table_array 为需要在其中查找数据的数据表，使用对区域或区域名称的引用。col_index_num 为 table_array 中查找数据的数据列序号，当该参数的值为 1 时，返回 table_array 第 1 列的值；当该参数的值为 2 时，返回 table_array 第 2 列的值，以此类推。如果 col_index_num 小于 1，函数 VLOOKUP 返回错误值#VALUE！；如果 col_index_num 大于 table_array 的列数，函数 VLOOKUP 返回错误值#REF！。range_lookup 为逻辑值，指明函数 VLOOKUP 查找时是精确匹配，还是近似匹配。如果为 FALSE 或 0，则返回精确匹配值，如果找不到，则返回错误值#N/A；如果为 TRUE 或 1，则返回近似匹配值。也就是说，如果找不到精确匹配值，则返回小于 lookup_value 的最大数值。

- COLUMN(reference)

COLUMN 函数的功能是查看所选择的某一个单元格在第几列。如 COLUMN(D3) 表示查看第 3 行 D 列这个单元格在第几列，因此结果为 4。COLUMN( ) 函数括号里的内容只能是一个单元格的名称。

接下来讲解如何使用 VLOOKUP 函数和 COLUMN 函数快速制作工作条。借助图 9-3-13 所示的工作表，首先在员工工资表的左侧添加辅助列，按照从小到大的顺序依次给每位员工进行编号，如图 9-3-14 所示。进行编号的目的是便于使用 VLOOKUP 函数进行查找。

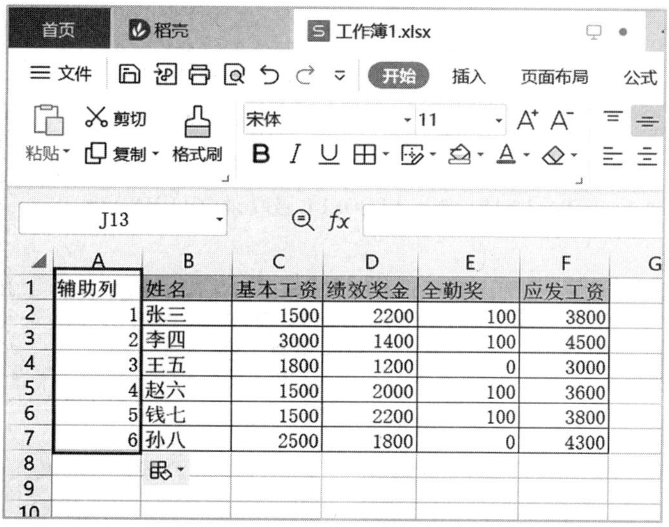

	A	B	C	D	E	F
1	辅助列	姓名	基本工资	绩效奖金	全勤奖	应发工资
2	1	张三	1500	2200	100	3800
3	2	李四	3000	1400	100	4500
4	3	王五	1800	1200	0	3000
5	4	赵六	1500	2000	100	3600
6	5	钱七	1500	2200	100	3800
7	6	孙八	2500	1800	0	4300

图 9-3-14　添加辅助列

然后，将姓名、基本工资等表头信息复制到旁边的空白单元格中，并在其左侧单元格的下方单元格中输入数字 1，这里是为了对应辅助列中的数字，便于查找。接着在内容为“姓名”的单元格的下方单元格中使用 VLOOKUP 函数和 COLUMN 函数，如图 9-3-15 所示。“$H2”为数字 1 所在单元格的位置，“1”是 VLOOKUP 函数要查找的值。“$A$2:$F$7”表示要进行查找的区域，包括了辅助列的内容和所有员工的工资信息。“COLUMN(B2)”的返回值为 2，说明要匹配的内容在第 2 列。最后“0”表示要精确匹配。填写完函数的参数，按回车键，“I2”单元格的内容即为“张三”。

此时，便可利用快捷方式快速补充员工张三的工资信息。将鼠标移至“I2”单元格的右下角，当鼠标由箭头变为实心的黑色加号时，按住鼠标左键向右拉，右侧的单元格则会自动复制“I2”单元格的公式，匹配到对应的信息。这样便完成了第一位员工的工资条制作。

接下来，开始批量制作剩余员工的工资条。选中 H1: M3 区域的单元格，也就是已经制作好的张三的工资条信息，如图 9-3-16 所示。将鼠标移至选中区域的右下角，当鼠标由箭头变为实心的黑色加号时，按住鼠标左键向下拉，这里共有 6 位员工，所以当出现数字 6 时松开鼠标，可以看到 6 位员工的工资条均已制作完成。

图 9 - 3 - 15　使用 VLOOKUP 函数和 COLUMN 函数

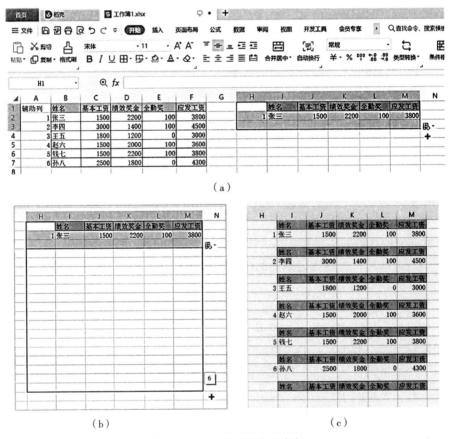

图 9 - 3 - 16　批量制作工资条

9.3.6 数据分析与图表创建

WPS 表格不仅具有强大的数据计算功能，还具有数据分析和管理功能，可以运用对数据的排序、筛选、分类汇总等操作功能，实现对复杂数据的分析与处理。也可以通过图表、图形等多种形式形象地显示处理结果，帮助用户轻松制作各类功能的电子表格。

1. 数据的排序

（1）快速排序。如果要以某列数据为依据对工作表进行快速排序，只需选中该列中的任一个单元格，然后单击"数据"选项卡"排序"中的升序按钮或降序按钮，此时工作表中的数据就会以所选字段为排序关键字进行相应的排序操作。如图 9 - 3 - 17 所示，为对"成绩"列进行升序排序。

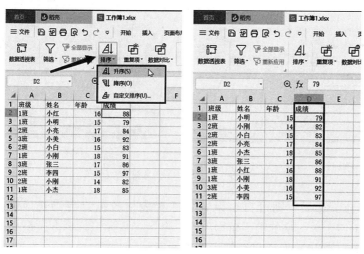

图 9 - 3 - 17　升序排序

（2）自定义排序。通过设置"排序"对话框中的多个排序条件对工作表中的数据进行排序。首先单击"自定义排序"，在弹出的"排序"对话框中按照主要关键字排序，对于主要关键字相同的记录，则按次要关键字排序，若记录的主要关键字和次要关键字都相同，才按第三关键字排序。

排序时，如果要排除第一行的标题行，则选中"数据包含标题"复选框，如果数据表没有标题行，则取消选中"数据包含标题"复选框。另外，单击"选项"按钮还可选择按行排序还是按列排序，以及按照拼音排序还是笔画排序，如图 9 - 3 - 18 所示。

2. 数据的自动筛选

数据自动筛选的主要功能是将符合要求的数据集中显示在工作表上，不符合要求的数据暂时隐藏，从而从工作表中检索出有用的数据信息。常用的筛选方式有如下几种：

（1）自动筛选。进行简单条件的筛选。

（2）自定义筛选。提供多条件定义的筛选，在筛选工作表时更加灵活。

（3）高级筛选。以用户设定的条件对工作表中的数据进行筛选，可以筛选出同时满足两个或两个以上条件的数据。

图 9 - 3 - 19 给出了根据所在班级进行筛选的示意图。首先选中标题行，单击"数据"

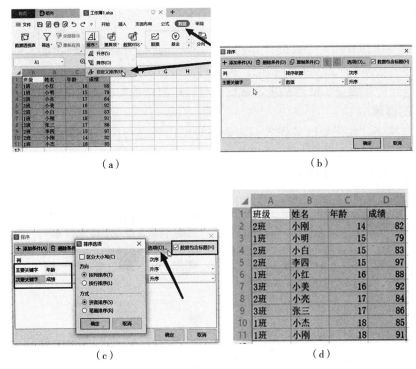

（a）

（b）

（c）

（d）

图 9-3-18　自定义排序

选项卡中的"筛选"选项，则可自由设置条件对表格数据进行筛选。单击"筛选"后，A1、B1、C1、D1 四个单元格的右下角均出现一个倒三角标识，单击这个小三角，可对当前列的数据进行筛选，如只选择"班级"为 1 班的行。

3. 数据的分类汇总

在对数据进行排序后，可根据需要进行简单分类汇总和多级分类汇总，以达到按类划分进行相关统计的目的。这里借助前面的学生信息表，说明 WPS 表格的分类汇总功能。首先选中整个表格，对表格信息中的"班级"进行排序，然后单击"数据"选项卡中的"分类汇总"功能，在弹出的"分类汇总"对话框中进行设置，如将分类字段设为"班级"，汇总方式设为"求和"，选定"成绩"作为汇总项，并将汇总结果显示在数据下方。设置完成后，单击"确定"即可看到分类汇总后的数据信息。如图 9-3-20 所示。

4. 数据的图表化

为使表格中的数据关系更加直观，可以将数据以图表的形式表示出来。通过创建图表可以更加清楚地了解各个数据之间的关系和数据之间的变化情况，方便地对数据进行对比和分析。根据数据特征和观察角度的不同，WPS 表格工具提供了包括柱形图、折线图、饼图、条形图、面积图、XY 散点图、股价图等多种图表类型供用户选用，每类图表又有若干个子类型。无论建立哪一种图表，都只需选择图表类型、图表布局和图表样式，便可以很轻松地创建具有专业外观的图表。

如图 9-3-21 所示，在"插入"选项卡中，单击"全部图表"可以看到各种图表形式，用户只需选中要进行图表化的单元格数据区域，然后选择对应的图表形式即可完成转换，图 9-3-21（b）给出了将数据转换成柱形图的示例。

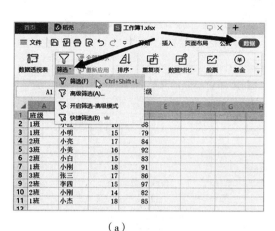

（a）

（b）

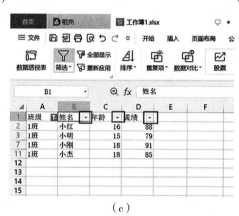

（c）

图9-3-19 自动筛选示意图

选中已经创建的图表，在WPS表格窗口原来选项卡的位置右侧增加了"绘图工具""文本工具""图表工具"选项卡，以方便对图表进行更多的设置和美化。图9-3-22给出了上面三个选项卡的示意图，通过选择选项卡中提供的功能，可实现对图表的快速编辑。

（1）"绘图工具"和"文本工具"选项卡提供的功能有：

①对图表进行插入形状设置。

②设置图表中各元素的形状格式和文本格式。

③更改图表的大小。

（2）"图表工具"选项卡提供的功能有：

①添加图表元素，如图表标题、坐标轴标题、图例等。

②快速更改图表布局。

③图表类型与样式的快速切换。

④数据行/列之间快速切换。

⑤图表的数据编辑。

⑥选择放置图表的位置。

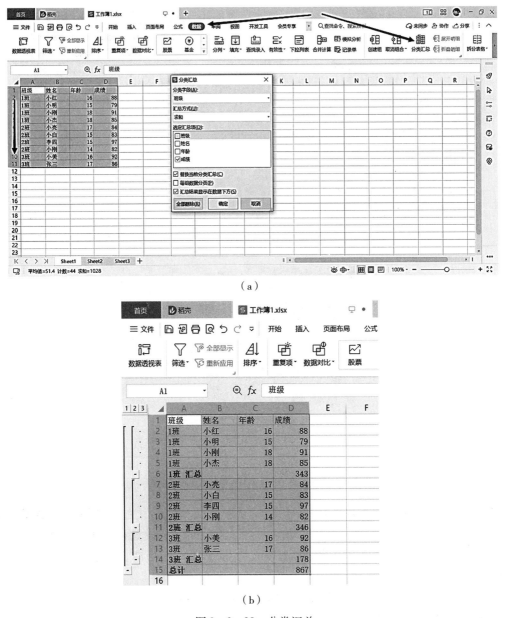

（a）

（b）

图 9-3-20　分类汇总

5. 打印工作表

完成对工作表的数据输入、编辑和格式化工作后，就可以打印工作表了。WPS 表格的打印设置与 Word 文档中的打印设置有很多相同的地方，但也有不同的地方，如打印区域的设置、页眉和页脚的设置、打印标题的设置及打印网格线、行号、列号的设置等。

如果只想打印工作表某部分数据，可以先选定要打印输出的单元格区域，再在打印设置时选择"打印选定区域"，选择打印选项后，就可以只打印被选定的内容了。

如果想在每一页重复打印出表头，可以通过单击"页面布局"选项卡中的"打印标题"选项，在弹出的"页面设置"对话框中的"顶端标题行"或"左端标题列"编辑栏中输入

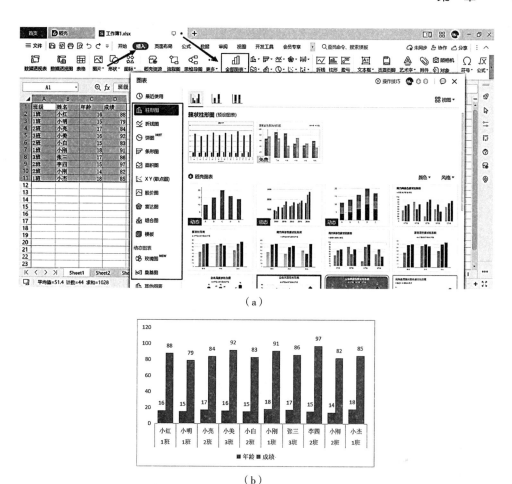

（a）

（b）

图 9 - 3 - 21 数据信息的图表化

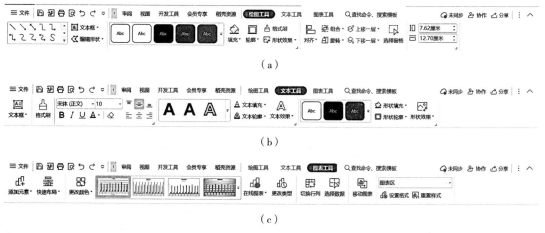

（a）

（b）

（c）

图 9 - 3 - 22 图表的编辑选项卡

或用鼠标选定要重复打印输出的行标题或列标题即可，如图 9 - 3 - 23 所示。

打印输出之前需要先在图 9 - 3 - 23 所示的"页面设置"对话框中进行页面设置，再进行打印预览，当对编辑的效果感到满意时，就可以正式打印工作表了。

图 9 - 3 - 23 "页面设置" 对话框

9.4 演示文稿处理

9.4.1 演示文稿处理软件

演示文稿处理软件（PPT）是一款专门用来制作演示文稿的应用软件，也是 WPS Office 系列软件中的重要组成部分。使用 PPT 可以制作出集文字、图形、图像、声音以及视频等多媒体元素为一体的演示文稿，让信息以更轻松、更高效的方式表达出来。最新版的 WPS Office 中的 PPT 办公软件除了拥有全新的界面外，还添加了许多新功能，使软件应用更加方便快捷。

演示文稿处理软件的基本功能如下：

- 演示文稿制作。
- 动画创建。
- 幻灯片切换和插入。
- 设计幻灯片模板。
- 设置幻灯片放映方式。

演示文稿处理软件以用文字、图形、色彩及动画的方式，将需要表达的内容直观、形象地展示给观众，让观众对制作者要表达的意思印象深刻。用户可以在投影仪或者计算机上进行演示，也可以将演示文稿打印出来，制作成胶片，以便应用到更广泛的领域中。

1. 演示文稿处理软件的启动与退出

（1）在 WPS Office 2022 中，启动演示文稿处理软件的方法有以下两种：

①首先启动 WPS Office（参考 9.1 节 WPS Office 的启动方法），然后单击启动页面左侧或上方的"新建"，再选择"新建演示"来启动演示文稿处理软件。

②双击任一个演示文稿文件（文件扩展名为 . ppt/. pptx），就会启动演示文稿处理软件并打开相应的文件。

（2）退出演示文稿处理软件的方法有以下三种：

①单击程序窗口右上角的"×"（即"关闭"图标）完成退出。

②将鼠标移至标题位置，单击鼠标右键，在弹出的快捷菜单中选择"关闭"命令完成退出。

③单击窗口左上角的"文件"，在弹出的下拉列表中选择"退出"选项。

2. 演示文稿处理软件的窗口组成

演示文稿处理软件的窗口组成有自定义快速访问工具栏、标题栏、选项卡、功能区、帮助按钮、幻灯片浏览窗格、幻灯片编辑窗格、状态栏、滚动条、视图按钮以及显示比例等，如图9-4-1所示。

图9-4-1　演示文稿的窗口组成

3. 注意事项

作为初学者，怎样制作出一个比较好用的 PowerPoint 演示文稿？有哪些需要注意的地方？根据实践经验，有以下建议：

（1）注意条理性。使用 PPT 的目的，是将要叙述的问题以提纲的方式表达出来，让观众一目了然。如果仅是将一篇文章分成若干片段，平铺直叙地表现出来，则显得乏味，难以提起观众的兴趣。一个好的演示文稿应紧紧围绕所要表达的中心思想，划分不同的层次段落，编制文档的目录结构。同时，为了加深观众印象和对文稿的理解，这个目录结构应在演示文稿中"不厌其烦"地出现，即在 PPT 的开始要全面阐述，以告知本文要讲解的几个要点；在每个不同的内容段之间也要出现，并对下文即将要叙述的段落标题处给予显著标识，以告知观众现在要转移话题了。

（2）自然胜过花哨。在设计演示文稿时，很多人为了使演示文稿精彩而在演示文稿上大做文章，如添加艺术字、变换颜色、穿插动画效果等。这样的演示看似精彩，但样式过多会分散观众的注意力，不好把握内容重点，难以达到预期的演示效果。归纳起来，设计演示文稿时应注意以下3个方面：

①避免使用过分鲜明的色彩。在背景中使用过分鲜明的色彩对于受众的视觉会产生较大的刺激，难以产生愉悦的感觉。例如，黑色、大红色或蓝色等往往容易给人以较强烈的视觉

影响。

②注意背景、文字、图表（内容）的色彩搭配。为使幻灯片的内容看起来清晰，背景与内容的颜色搭配不能采用深深搭配或浅浅搭配。例如，深红、黑色、深蓝等不宜构成背景与内容的搭配，同时，浅黄、浅蓝、白色由于色差不够大也不宜构成背景与内容的搭配。如深红和浅黄搭配、深绿和白搭配、浅黄与黑或蓝搭配等比较适宜。

不合理的搭配首先会导致文字不清晰，让人看不清楚。其次会使人看着不舒服。特别要注意的是，使用显示器显示可以看清楚的幻灯片在使用投影仪显示时由于存在一定的颜色失真而导致显示的效果并不好，有时甚至根本看不清楚。

③注意避免不当的动画与声音设置。在幻灯片中适当添加动画可以增加趣味性，也可以加深给观众的印象。但一般来说，如果不是自动播放，一般不要设置动画和声音。特别是在演讲者边演讲边放映时，设置动画和声音会影响演讲者的演讲效果。例如，标题一般不要设置成动画效果且应慎用单字飘入方式。标题一旦设置了动画效果，首先展现在观众面前的将是一个空白的幻灯片，然后通过动画将标题展现出来，给人一种浪费时间的感觉。同时，标题设置成动画形式不利于突出重点。如果是专为演讲制作的幻灯片最好不加入声音。如果需要加入声音，也要避免那些过于强烈和急促的声音。在自动播放时能够根据演讲内容自选音乐是最好的选择。

（3）使用技巧实现特殊效果。为了阐明一个问题经常采用一些图示以及特殊动画效果，但是在 PPT 的动画中有时难以满足需求。例如，采用闪烁效果说明一段文字时，在演示中一闪而过，观众根本无法看清，为了达到闪烁不停的效果，还需要借助一定的技巧，组合使用动画效果才能实现。还有一种情况，如果需要在 PPT 中引用其他的文档资料、图片、表格或从某点展开演讲，可以使用超级链接。但在使用时一定要注意"有去有回"，设置好返回链接，必要时可以使用自定义放映，否则在演示中可能会出现到了引用处却无法返回原引用点的尴尬。

总之，一个较好的 PPT 演示文稿并不在于它的制作技术有多高超，动画做得多美，最关键的是实用。实用的标准包含以下几点：①内容突出，言简意赅，条理分明；②字体内容清晰，一目了然；③制作效果自然，既有动画、音频、超链接等技巧使 PPT 变得生动有趣，又不会太花哨。正是由于这 3 个特点使得使用 PPT 制作演示文稿成为大多数人乐于采用的一种方式。

9.4.2 新建演示文稿

1. 创建空白演示文稿

创建演示文稿一般有根据模板创建和空白演示文稿创建两种。用模板建立演示文稿，可以采用系统提供的不同风格和不同主题的设计模板，也可以使用用户自定义的模板。用空白演示文稿的方式创建演示文稿，用户可以不用拘泥于模板的限制，发挥自己的创造力制作出独具风格的演示文稿。推荐初学者使用空白演示文稿进行创建的方式。

当启动演示文稿处理软件时，将自动创建带有一张幻灯片的新空白演示文稿，用户只需添加内容、按需添加更多幻灯片、设置格式，即可制作完成。

如果需要新建另一个空白演示文稿，可按照以下步骤操作：

①选择"文件"选项卡，然后选择"新建"选项，在"新建"窗格中单击"新建演

示"选项,如图9-4-2所示。

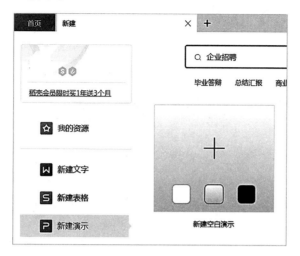

图9-4-2 在"新建"窗格中单击"新建演示"

②单击"新建演示"后,即可新建一个空白演示文稿,如图9-4-3所示。

图9-4-3 新建空白演示文稿

2. 创建幻灯片

从"空白演示文稿"开始,设计一个简单的"辣椒"演示文稿。

每个演示文稿的第一张幻灯片通常都是标题幻灯片,制作幻灯片的步骤如下:

①选择"文件"选项卡,然后选择"新建"选项,在"新建"窗格中单击"新建演示"选项。

②单击"空白演示"文本框,输入主标题的内容"辣椒"。

③在"单击输入您的封面副标题"文本框中输入子标题内容"PEPPER"。

④单击"插入"选项卡的"图片"按钮,弹出"插入图片"对话框,选择相应的图片,此时就完成了标题幻灯片的制作,如图9-4-4所示。

图 9-4-4　制作完成的标题幻灯片

⑤单击"开始"选项卡的"新建幻灯片"下拉按钮，在弹出的"新建幻灯片"窗格中选择合适的模板，如图 9-4-5 所示。

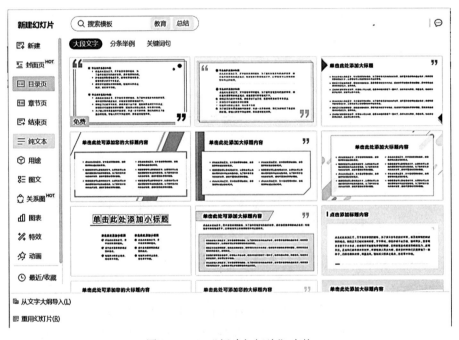

图 9-4-5　"新建幻灯片"窗格

⑥在"单击此处添加大标题内容"文本框中输入"辣椒概况"；在"单击此处输入你的正文"文本框中输入"辣椒是我国重要的蔬菜、调味品及中药。最近几年，随着人类饮食习惯的改变，越来越多的人喜欢食用带有辣味的食物，进而种植辣椒的区域和面积也在不断扩大"。

⑦单击"插入"选项卡的"图片"按钮，弹出"插入图片"对话框，选择相应的图

片，此时就完成了概况幻灯片的制作，如图9-4-6所示。

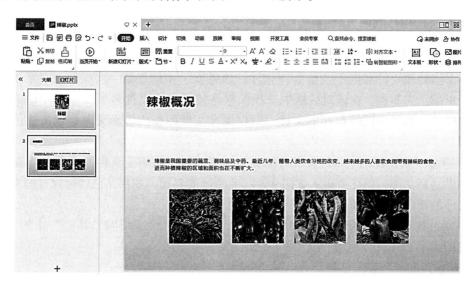

图9-4-6　制作完成的概况幻灯片

⑧单击窗口底部的"幻灯片放映"图标 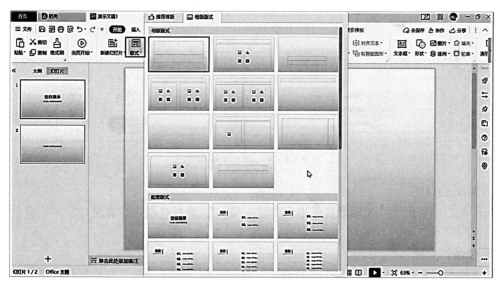，即可查看放映的效果。

⑨对于新建幻灯片，可以根据自己的需要选择版式，对于每个幻灯片可以定义不同的版式。首先选中需要更改版式的幻灯片，系统会自动以反色显示幻灯片。然后单击功能区中的"版式"按钮，根据需要来调整所需的版式，如图9-4-7所示。

图9-4-7　版式选择

3. 保存幻灯片

在演示文稿的编辑过程中，必须随时注意保存演示文稿，否则，可能会因为误操作或软硬件的故障等而导致工作前功尽弃。无论一个演示文稿有多少张幻灯片，都可以将其作为一个文件保存起来，文件的扩展名为 .pptx。例如，前面创建的演示文稿可保存为"辣椒

. pptx"文件。

当完成一个演示文稿文件的建立、编辑后，可将文件保存起来。通常采用以下 3 种方式：

（1）通过"文件"选项卡保存。单击窗口左上角"文件"选项卡中的"保存"按钮，类似文字文稿处理软件和电子表格处理软件，如果演示文稿是第一次保存，则系统进入如图 9 - 4 - 8 所示的界面。在该对话框中选择保存路径，在"文件名"文本框中输入演示文稿的名称即可。如果是已经存在的文件，则仅保存文件的新内容而无须指定文件的名称和位置。

（2）通过"快速访问工具栏"保存。直接单击"快速访问工具栏"中的"保存"按钮即可。如果是新文件，仍然会进入如图 9 - 4 - 8 所示的界面，如果是已经保存过的文件，则仅保存文件的新内容而无须指定文件的名称和位置。

（3）通过键盘保存。按"Ctrl + S"组合键，与单击"快速访问工具栏"中的"保存"按钮效果相同。

图 9 - 4 - 8　演示文稿保存

4. 关闭幻灯片

同 9.4.1 中演示文稿处理软件的退出方法一致。如果有些操作没有保存，系统将会弹出对话框询问用户是否进行保存。

5. 编辑幻灯片

幻灯片的编辑操作主要有幻灯片的删除、复制、移动和插入等，这些操作通常都是在幻灯片浏览视图下进行的。因此，在进行编辑操作之前，首先要切换到幻灯片浏览视图。

（1）插入点与幻灯片的选定。首先在 PPT 中打开"辣椒. pptx"文件，然后切换到幻灯片浏览视图。

①插入点：在幻灯片浏览视图下，单击任一张幻灯片左边或右边的空白区域，出现一条竖线，这条竖线就是插入点。

②幻灯片的选定：在幻灯片浏览视图下，单击任一张幻灯片，则该幻灯片的四周出现边框，表示该幻灯片已被选定；要选定多张连续的幻灯片，先单击第一张幻灯片，再按"Shift"键并单击最后一张幻灯片；要选定多张不连续的幻灯片，按"Ctrl"键并单击每张幻灯片；单击幻灯片以外的任何空白区域，可放弃幻灯片的选定。

（2）删除幻灯片。在幻灯片浏览视图下，选定要删除的幻灯片，然后按"Delete"键即可删除幻灯片。

（3）复制或移动幻灯片。在 PPT 中，可以将已设计好的幻灯片复制（或移动）到任意位置。其操作步骤如下：

①选定要复制或移动的幻灯片。

②单击"开始"选项卡"剪贴板"功能组中的"复制"或"剪切"按钮。

③确定插入点的位置，即复制或移动幻灯片的目标位置。

④单击"开始"选项卡"剪贴板"功能组中的"粘贴"按钮，即完成了幻灯片的复制或移动操作。

更快捷的复制或移动幻灯片的方法是选定要复制或移动的幻灯片，按"Ctrl"键（移动时不需要按"Ctrl"键），并用鼠标将其拖动到目标位置，放开鼠标左键，即可将幻灯片复制或移动到新的位置。在拖动时会出现一条长竖线即目标位置。

（4）插入幻灯片。插入幻灯片的操作步骤如下：

①选定插入点位置，即要插入新幻灯片的位置。

②单击"插入"选项卡的"新建幻灯片"下拉按钮，在弹出的下拉列表中选择幻灯片的版式。

③输入幻灯片中的相关内容。

（5）隐藏幻灯片。用户可以把暂时不需要放映的幻灯片隐藏起来，方法如下：

①切换到幻灯片浏览视图，在要隐藏的幻灯片上单击鼠标右键。

②在弹出的下拉列表中选择"隐藏幻灯片"，该幻灯片左上角的编号上会出现一条斜杠，该幻灯片即可被隐藏起来。

若想取消隐藏幻灯片，则选中该幻灯片，再次单击鼠标右键选择"隐藏幻灯片"即可取消隐藏。

（6）在幻灯片中插入对象。PPT 具有一个强大的功能，即支持多媒体幻灯片的制作。制作多媒体幻灯片的方法有两种：一种是在新建幻灯片时，为新幻灯片选择一个包含指定媒体对象的版式；另一种是在普通视图下，利用"插入"选项卡，向已存在的幻灯片中插入多媒体对象。下面主要介绍后者，如图 9-4-9 所示。

图 9-4-9 插入多媒体对象

①在幻灯片中插入图形对象：用户可以在幻灯片中插入艺术字、自选图形、文本框和简单的几何图形。最简单的方法是选择"插入"选项卡，在其中选择"图片""形状""图标"和"图表"等。

②为幻灯片中的对象加入超链接：PPT 可以轻松地为幻灯片中的对象加入各种动作。例如，可以在单击对象后跳转到其他幻灯片，或者打开一个其他的幻灯片文件等。下面将为前面示例中的第 2、第 3、第 4、第 5 张幻灯片插入自选的形状图形，并为其增加一个动作，使得在单击该自选图形后，跳回标题幻灯片继续放映。设置步骤如下：

- 在第 1 张幻灯片后插入 1 张"导读"幻灯片，并在第 3、第 4、第 5、第 6 张幻灯片中插入自选图形对象，作为返回按钮。
- 在第 2 张幻灯片中选择"A 辣椒概况"，并右击该对象，在弹出的快捷菜单中选择"超链接"命令，弹出"插入超链接"对话框，如图 9 - 4 - 10 所示。

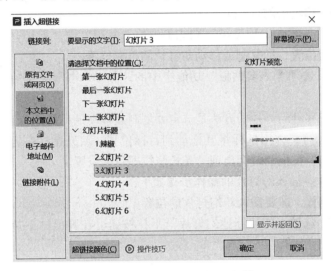

图 9 - 4 - 10 "插入超链接"对话框

- 在"插入超链接"对话框中，单击"链接到"中的"本文档中的位置"按钮，然后在右侧"请选择文档中的位置"中选择"3. 幻灯片 3"。
- 单击"确定"按钮，就完成了超链接的设置。通过放映幻灯片，可以看到，当放映到第 2 张幻灯片，单击"A 辣椒概况"时，幻灯片放映将跳转到第 3 张幻灯片。
- 用同样的方法对第 2 张幻灯片中的"B 辣椒市场调研现状""C 辣椒种类展示 1"和"D 辣椒种类展示 2"分别进行设定。再对第 3、第 4、第 5、第 6 张幻灯片中的返回按钮进行设定，让其都链接到第 2 张幻灯片中，如图 9 - 4 - 11 所示。

③向幻灯片中插入视频和音频。有了视频和音频文件资料，制作多媒体幻灯片是非常便捷的。下面以插入背景音乐为例说明向幻灯片中插入音频的操作步骤：

- 在幻灯片视图下，切换到第 2 张幻灯片。
- 单击"插入"选项卡的"音频"下拉按钮，在弹出的下拉列表中选择"嵌入音频"选项，弹出"插入音频"对话框。
- 在"插入音频"对话框中选择要插入的音频文件，单击"确定"按钮，即可将音频插入幻灯片中，如图 9 - 4 - 12 所示。对于音频文件，建议选择 MIDI 文件，即文件扩展名为 . mid 的文件，这种格式的文件较小，音质也很优美，很适合作为背景音乐。
- 当播放时，会显示音频图标。
- 放映幻灯片进行检查，可以看到已经完成了背景音乐的插入。

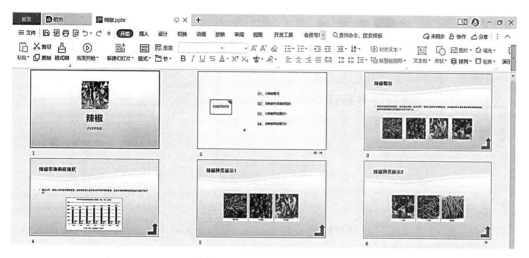

图9-4-11　设置超链接

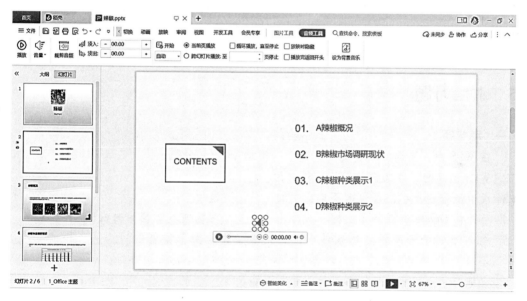

图9-4-12　将音频插入幻灯片中

注意：插入视频的方法与插入音频的方法基本相同，单击"插入"选项卡的"视频"下拉按钮，在弹出的下拉列表中选择相应选项即可。

6. 设置动画效果

PPT可以为幻灯片中的对象设置动画效果。"辣椒.pptx"文件中的第6张幻灯片标题为"辣椒种类展示2"，将其设置为以动画的方式进行显示。执行"自定义动画"命令设置动画效果的步骤如下：

①打开"辣椒.pptx"文件。

②编辑第6张幻灯片。

③选定需要设置动画的文字，然后单击"动画"选项卡的"渐变"选项，如图9-4-13所示。

图 9 - 4 - 13　动画设置效果

7. 放映幻灯片

当演示文稿制作完成后，就可以进行播放了。具体方法如下：

①选择起始播放的幻灯片。

②单击"开始"选项卡中的"当页开始"图标，系统将从所选幻灯片开始播放。

逐页播放是系统默认的播放方式（单击鼠标左键或按回车键进行控制）。若用户进行了计时控制，则整个播放过程自动按时完成，用户无须参与。在播放过程中，若要终止，只需单击鼠标右键，在弹出的快捷菜单中选择"结束放映"命令即可。

9.5　本章习题

一、填空题

1. 在 WPS 中，全选的快捷键是_____键加_____键。

2. WPS 创建的文字文稿的默认扩展名为_____。

3. 设置纸张的大小，可单击菜单栏中的_____选项卡。

4. 如果按 Delete 键误删了文档，应单击_____图标恢复所删除的内容。

5. 在 WPS 的电子表格处理软件中，单元格名称是由工作表的_____和_____命名的。

6. 当选定一个单元格后，单元格名称显示在_____中。

7. WPS 表格中的公式以_____开头。

8. 在 PowerPoint 的数据表中，数字默认_____对齐。

9. 演示文稿的作者必须非常注意的演示文稿的两个要素是_____和_____。

10. PowerPoint 的"超级链接"命令的作用是_____。

二、选择题

1. 在编辑区中录入文字时，当前录入的文字显示在（　　　）。

A. 鼠标指针位置　　　　B. 插入点　　　　　　C. 文件尾部　　　　　　D. 当前行尾部

2. 在 WPS 文字的编辑状态下，若要调整左右边界，比较快捷的方法是（　　　）。

A. 工具栏　　　　　　　B. 格式栏　　　　　　C. 菜单　　　　　　　　D. 标尺

3. 在 WPS 的文档格式化中，要改变当前选定文字块的文字颜色，可以选择（　　　）。

A. 菜单"工具""颜色"　　　　　　　　　　B. 菜单"视图""颜色"

C. 菜单"格式""字体"　　　　　　　　　　D. 菜单"格式""段落"

4. 关于格式刷的作用，描述正确的是（　　）。

A. 用来在表中插入图片　　　　　　　B. 用来改变单元格的颜色

C. 用来快速复制单元格的格式　　　　D. 用来清除表格线

5. 在 WPS 表格处理工具中，要产生［300，550］的随机整数，下面（　　）公式是正确的。

A. = RAND( ) * 250 + 300　　　　　B. = int(rand( ) * 251) + 300

C. = int(rand( ) * 250) + 301　　　D. = int(rand( ) * 250) + 300

6. 设有单元格 C1 = A1 + B1，将公式复制到 C2 时答案将为（　　）。

A. A1 + B1　　B. A2 + B2　　C. A1 + B2　　D. A2 + B1

7. 当对建立图表的引用数据进行修改时，下列叙述正确的是（　　）。

A. 先修改工作表的数据，再对图表进行相应的修改

B. 先修改图表的数据，再对工作表中的相关数据进行修改

C. 工作表的数据和相应的图表是关联的，用户只要对工作表的数据进行修改，图表就会自动做出相应的更改

D. 若在图表中删除了某个数据点，则工作表中相关的数据也被删除

8. PPT 演示文稿和模板的扩展名是（　　）。

A. doc 和 txt　　B. html 和 ptr　　C. pot 和 ppt　　D. ppt 和 pot

9. 下列不是 PPT 视图的是（　　）。

A. 普通视图　　B. 幻灯片视图　　C. 备注页视图　　D. 大纲视图

10. 在幻灯片浏览视图模式下，不允许进行的操作是（　　）。

A. 幻灯片的移动和复制　　　　　　　B. 设置动画效果

C. 幻灯片删除　　　　　　　　　　　D. 幻灯片切换

三、操作题

1. 插入自选图形，制作新年贺卡，在其中插入文字"新年好!"或"Happy New Year"。

2. 创建一个新的文字文稿，自行搜索一则时事新闻，并将搜索到的内容写入文字文稿中，然后完成如下操作：

（1）使文章标题居中显示，并将标题设置为黑体、小三号字、加粗、红色。

（2）将正文设置为幼圆、四号字、黑色、斜体。

（3）对正文第四行进行立体修饰、正文倒数第四行进行空心修饰。

（4）将正文行间距设置为 5mm、段间距设置为 3mm，首行缩进 2 个字符。

（5）将纸张类型设置为 A4，页边距上、下、左、右都设置为 2cm。

（6）保存并退出 WPS。

3. 请搜索一段关于"一路走来我们坚强同行"的文字并写入 WPS 文字文稿中，然后按要求完成下列操作：

（1）将标题"一路走来我们坚强同行"居中对齐，字体设为"楷体"，字号设为"小三"，加粗显示。

（2）将文档正文的字体设为"宋体"，字号为"小四"。

（3）将正文每自然段设置"悬挂缩进"2 个字符，段前间距 1 行，段后间距 2 行。

（4）设置页面大小 A4，上、下页边距 2cm，左、右页边距 1.5cm，页眉、页脚均

为 2.5cm。

　　（5）保存并退出 WPS。

4. 按要求制作如下表格（图 9-5-1）：

　　（1）标题为黑体、三号、居中、加粗。

　　（2）表格内容为宋体、小四号、居中。

　　（3）"相片"两字设为蓝色，并为该单元格设置"斜底纹"。

个 人 情 况 记 录 表

姓名		性别	男（ ）　女（ ）	相片
民族		出生年月		
籍贯		政治面貌		
邮政编码		联系电话		
家庭住址				
所在学校				

图 9-5-1　表格示例

5. 在 WPS 工作簿中输入如下内容：

　　（1）在 A1 单元格中输入"中华人民共和国"。

　　（2）以数字字符的形式在 B1 单元格中输入"88888888"，在 A2 单元格中输入"12345678912345"。

　　（3）在 A3 单元格中输入"2001 年 12 月 12 日"，在 A3 单元格中输入"32"。

　　（4）用智能填充数据的方法向 A4 至 G4 单元格中输入"星期日，星期一，星期二，星期三，星期四，星期五，星期六"。

　　（5）利用智能填充数据的方法向 A6 至 F6 单元格输入等比系列数据"6、24、96、384、1536、6144"。

6. 创建一个新的工作簿，在"Sheet1"表中编写如图 9-5-2 所示的销售统计表。

"山姆"超市第3季度洗衣机销售统计表							
品牌	单价	七月	八月	九月	销售小计	平均销量	销售额
小天鹅	1500	58	86	63			
爱妻	1400	64	45	47			
威力	1450	97	70	46			
乐声	1350	76	43	73			

图 9-5-2　销售统计表

　　（1）将该表的名称由"Sheet1"更为"洗衣机销售统计表"。

　　（2）在该工作簿中插入一个新的工作表，取名为"销售统计表"。

　　（3）将"洗衣机销售统计表"中的内容复制到"Sheet2""Sheet3""销售统计表"中，并在"洗衣机销售统计表"中，运用输入公式方法，求出各种品牌洗衣机的销售量小计、月平均销售量和销售额。

　　（4）在"Sheet2"工作表中，先利用输入公式的方法，求出"小天鹅"的销售量小计、月平均销售量和销售额，再利用复制公式的方法，求出其余各品牌的销售量小计、月平均销售量和销售额。

7. 创建一个新的工作簿，并在"Sheet1"工作表中建立如图9-5-3所示的成绩数据表。

班级编号	学号	姓名	性别	语文	数学	英语	物理	化学	总分
01	10001	蒋小武	男	88	85	46	61	69	
01	10002	程新	男	79	91	77	69	98	
01	20011	林文健	男	84	91	59	81	63	
01	20003	胡铭杰	女	92	46	62	58	84	
01	10005	韩文渊	男	83	94	87	76	62	
01	20025	陈新选	女	91	38	54	66	69	
01	30015	林文星	女	86	49	92	79	91	
01	20001	吴宏祥	男	97	96	85	65	76	
01	30009	郑为聪	男	82	99	68	96	81	
01	10018	张清清	女	85	75	96	68	80	

图9-5-3 成绩数据表

（1）将学号以"2"开头的所有学生的班级编号改为"02"，学号以"3"开头的所有学生的班级编号改为"03"。

（2）在学号"20025"之前插入一条新记录，内容如下：

班级编号	学号	姓名	性别	语文	数学	英语	物理	化学	总分
02	20002	张小杰	男	72	66	46	80	51	

（3）运用求和公式计算出每位同学的成绩总分，并填写在数据表中对应的位置。

（4）对该成绩表按语文成绩降序排序，若语文成绩相同，则按数学成绩降序排序。

（5）筛选出性别为"女"且总分成绩大于380分的记录。

8. 创建一个新的演示文稿，插入一张版式为"仅标题"的新幻灯片，标题为"领先同行业的技术"。在某位置（水平为3.6cm，自左上角；垂直为10.7cm，自左上角）插入样式为"填充-矢车菊蓝，着色1，阴影"的艺术字"Maxtor Storage for the world"，艺术字文本效果为"转换-跟随路径-上弯弧"，艺术字宽度为18cm。

9. 动手制作一个含有3张幻灯片的演示文稿，作品要满足如下要求：

（1）第1张幻灯片版式设为"仅标题"，名称为"期末考试检测"，字体设为"黑体"，字号设为60号，颜色设为"蓝色"；插入名称为"我的得意之作"艺术字，并适当调整大小，填充效果为"渐变双色"，颜色自选；最后为以上内容添加自定义动画"进入"|"百叶窗"。

（2）第2张幻灯片版式设为"标题和两栏内容"，左栏为自我介绍，内容包括"姓名、年龄、班级、爱好"，右栏插入一幅图片（图片自选），并添加自定义动画"动作路径"|"向右"；为幻灯片添加切换动画"垂直百叶窗"。

（3）第3张幻灯片版式设为"空白"，将幻灯片背景换成一幅风景图片（图片自选），应用于当前幻灯片；另外插入两幅图片（图片自选），设置透明色并适当调整大小，添加自定义动画"从右边飞入"；最后为幻灯片添加切换效果"加号"。

10. 在第9题中制作好的演示文稿上进行如下修改：

（1）为整个演示文稿应用"穿越"主题，全部幻灯片切换方案为"擦除"，效果选项为"自左侧"。

（2）将第2张幻灯片版式改为"两栏内容"，将第3张幻灯片的图片移到第2张幻灯片右侧内容区，图片动画效果设置为"进入/轮子"，效果选项为"3轮辐图案"。

（3）将第3张幻灯片版式改为"标题和内容"，标题为"公司联系方式"，字体设为

"黑体、加粗"，59 磅字；内容部分插入 3 行 4 列表格，在表格第 1 行的 1~4 列单元格中依次输入"部门""地址""电话"和"传真"，在第 1 列的 2~3 行单元格中分别输入"总部"和"中国分部"。

（4）删除第 1 张幻灯片，并将第 2 张幻灯片移为第 3 张幻灯片。

参考答案

附　　录

附录 1　常用字符与 ASCII 对照表

字符	十进制码 （ASCII 值）	八进制码	十六进制码	字符	十进制码 （ASCII 值）	八进制码	十六进制码
空格	32	40	20	?	63	77	3F
!	33	41	21	@	64	100	40
"	34	42	22	A	65	101	41
#	35	43	23	B	66	102	42
$	36	44	24	C	67	103	43
%	37	45	25	D	68	104	44
&	38	46	26	E	69	105	45
,	39	47	27	F	70	106	46
(	40	50	28	G	71	107	47
)	41	51	29	H	72	110	48
*	42	52	2A	I	73	111	49
+	43	53	2B	J	74	112	4A
.	46	54	2C	K	75	113	4B
/	47	55	2D	L	76	114	4C
−	45	56	2E	M	77	115	4D
,	44	57	2F	N	78	116	4E
0	48	60	30	O	79	117	4F
1	49	61	31	P	80	120	50
2	50	62	32	Q	81	121	51
3	51	63	33	R	82	122	52
4	52	64	34	S	83	123	53
5	53	65	35	T	84	124	54
6	54	66	36	U	85	125	55
7	55	67	37	V	86	126	56
8	56	70	38	W	87	127	57
9	57	71	39	X	88	130	58
:	58	72	3A	Y	89	131	59
;	59	73	3B	Z	90	132	5A
<	60	74	3C	[	91	133	5B
=	61	75	3D	\	92	134	5C
>	62	76	3E	]	93	135	5D

（续）

字符	十进制码 （ASCII 值）	八进制码	十六进制码	字符	十进制码 （ASCII 值）	八进制码	十六进制码
`	94	136	5E	r	114	162	72
—	95	137	5F	s	115	163	73
`	96	140	60	t	116	164	74
a	97	141	61	u	117	165	75
b	98	142	62	v	118	166	76
c	99	143	63	w	119	167	77
d	100	144	64	x	120	170	78
e	101	145	65	y	121	171	79
f	102	146	66	z	122	172	7A
g	103	147	67	¦	123	173	7B
h	104	150	68	∣	124	174	7C
i	105	151	69	¦	125	175	7D
p	112	160	70	~	126	176	7E
q	113	161	71	DEL	127	177	7F

附录 2 Windows 10 常用快捷键

附表 1 Windows 10 常用键盘快捷键

快捷键	功　　能	快捷键	功　　能
Ctrl + X	剪切选定项	Alt + F4	关闭活动项，或者退出活动应用
Ctrl + C	复制选定项	Alt + F8	在登录屏幕上显示密码
Ctrl + V	粘贴选定项	Alt + Esc	按项目打开顺序循环浏览
Ctrl + Z	撤销操作	Alt + Enter	显示所选项目的属性
Ctrl + F4	关闭活动文档	Alt + 向左键	返回
Ctrl + A	选择窗口中的所有项目	Alt + 向右键	前进
Ctrl + D （或 Delete）	删除所选项目，移至回收站	Shift + F10	显示所选项目的快捷方式菜单
Ctrl + R （或 F5）	刷新活动窗口	Shift + Delete	删除选定项
Ctrl + Y	恢复操作	Esc	停止或离开当前任务
Ctrl + 箭头键	选择桌面上的单独项目	F2	重命名选定项
Ctrl + Esc	打开"开始"屏幕	F3	在资源管理器中搜索文件或文件夹
Ctrl + Shift + Esc	打开任务管理器	F4	在资源管理器中显示地址栏列表
Ctrl + Alt + Tab	使用箭头键在所有打开的应用之间进行切换	F6	循环浏览窗口中或桌面上的屏幕元素
Alt + Tab	在打开的应用之间切换	F10	激活活动应用中的菜单栏
Windows 徽标键 + L	锁定计算机	Windows 徽标键 + D	显示和隐藏桌面

附表 2　Windows 10 触摸板快捷键

触摸板操作	功　能
点击触摸板	选择项目
将两根手指放在触摸板上，然后在水平或垂直方向上滑动	滚动
将两根手指放在触摸板上，然后收缩或拉伸	放大或缩小
使用两根手指点击触摸板，或按右下角	显示更多命令（类似于右键单击）
将三根手指放在触摸板上，然后向外轻扫	查看所有打开的窗口
将三根手指放在触摸板上，然后向里轻扫	显示桌面
将三根手指放在触摸板上，然后向右或向左轻扫	在打开的窗口之间切换
将四根手指放在触摸板上，然后向右或向左轻扫	切换虚拟桌面

附录3　WPS 常用快捷键

附表 3　文字处理常用快捷键

快捷键	功能	快捷键	功能
Ctrl + A	选中全文	Ctrl + U	加下画线
Ctrl + B	加粗文字	Ctrl + V	粘贴
Ctrl + C	复制	Ctrl + X	剪切
Ctrl + D	打开"字体"对话框	Ctrl + Z	撤销
Ctrl + E	文本居中	Ctrl + 1	设置单倍行距
Ctrl + F/G	打开"查找与替换"对话框	Ctrl + 2	设置两倍行距
Ctrl + I	倾斜文字	Ctrl + 5	设置 1．5 倍行距
Ctrl + K	打开"插入超链接"对话框	F4	重复
Ctrl + J	两端对齐	Ctrl +]	逐磅增大字号
Ctrl + [	逐磅减小字号	Ctrl + 向右键	将光标向右移动一个字体
Ctrl + 向左键	将光标向左移动一个单词	Ctrl + 向下键	将光标向下移动一个段落
Ctrl + 向上键	将光标向上移动一个段落	Ctrl + F9	插入总括号
Shift + 空格键	半角/全角转换	Ctrl + Tab	在打开的文档之间切换
Ctrl + F1	隐藏功能区	Ctrl + H	替换
Ctrl + F10	最大化及最小化转换	Ctrl + F2	打印预览
Ctrl + Shift + F5	打开"书签"对话框	Ctrl + F4	关闭文档
Ctrl + L	文本左对齐	Ctrl + Enter	添加分页符
Shift + Alt + 。	增加缩进	Ctrl + End	移到文末
Shift + Alt + ,	减少缩进	Ctrl + Home	移到文首
Ctrl + N	新建一个文档	Ctrl + =	下标
Ctrl + O/F12	打开"打开"对话框	Ctrl + Shift + =	上标
Ctrl + P/F2	打开"打印"对话框	Shift + F3	大小写转换
Ctrl + R	文本右对齐	Ctrl + Alt + P	页面视图
Ctrl + S	保存文档	Ctrl + Alt + O	大纲视图
Alt + N + L	添加批注		

附表4 电子表格常用快捷键

快捷键	功能	快捷键	功能
Ctrl + 1	打开"设置单元格格式"对话框。	Ctrl + O	显示"打开"对话框
Ctrl + 2	加粗	Ctrl + R	向右填充
Ctrl + 3	倾斜	Ctrl + S	保存活动文件
Ctrl + 4	下画线	Ctrl + U	应用或取消下画线
Ctrl + 5	应用或取消删除线	Ctrl + Shift + U	展开和折叠编辑栏
Ctrl + 6	在隐藏对象和显示对象之间切换	Ctrl + Alt + V	选择性粘贴
Ctrl + 8	显示或隐藏大纲符号	Ctrl + W	关闭选定的工作簿窗口
Ctrl + 9	隐藏选定的行	Ctrl + Y	恢复上一步操作
Ctrl + 0	隐藏选定的列	Ctrl + Z	撤销
Ctrl + A	选择整个工作表	Ctrl + Shift + (	取消隐藏的行
Ctrl + B	应用或取消加粗格式设置	Ctrl + Shift + ~	应用"常规"数字格式
Ctrl + C	复制选定的单元格	Ctrl + Shift + $	应用"货币"格式
Ctrl + D	向下填充	Ctrl + Shift + %	应用"百分比"格式
Ctrl + F/H	打开"查找和替换"对话框	Ctrl + Shift + ^	应用科学计数格式
Ctrl + Shift + P	打开"设置单元格格式"对话框中的字体格式	Ctrl + Shift + :	输入当前时间
Ctrl + G	打开"定位"对话框	Ctrl + Shift + +	打开"插入"对话框
Ctrl + I	倾斜	Ctrl + −	显示"删除"对话框
Ctrl + K	打开"插入超链接"对话框	Ctrl + ;	输入当前日期
Ctrl + L	打开"创建表"对话框	Ctrl + `	切换显示单元格的值和公式
Ctrl + N	创建一个新的工作簿	Ctrl +)	取消隐藏范围内所有隐藏的列
Ctrl + (	取消隐藏范围内所有隐藏的行	Ctrl + Alt + 空格键	选择工作表中的整列
Ctrl + &	将外框应用于选定单元格	Ctrl + Shift + +	显示"插入"对话框
Ctrl + Shift + !	应用"数值"格式	Alt + F1	创建当前范围中的数据图表
Ctrl + F1	关闭并重新打开当前任务窗格	Shift + F2	编辑单元格批注
Alt + Shift + F1	插入新的工作表	Ctrl + F4	关闭选定的工作簿窗口
Shift + F3	打开"插入函数"对话框	Ctrl + F6	切换到下一个工作簿窗口
Ctrl + F5	恢复选定工作簿的窗口大小	Shift + F9	计算活动工作表
Alt + F8	打开"宏"对话框	Shift + F11	插入一个新工作表
Ctrl + F10	最大化或者还原选定工作簿窗口	F3	将定义的名称粘贴到公式中
Alt + Enter	在同一个单元格中另起一行	Ctrl + Shift + 空格键	选择工作表中的整行
Ctrl + Enter	使用当前条目填充选定的区域		

附表 5　演示文稿常用快捷键

快捷键	功能	快捷键	功能
F5	从头开始放映	Ctrl + P	重新显示隐藏的指针或将指针改变成绘图笔
Shift + F5	从当前幻灯片开始放映	Ctrl + A	重新显示隐藏的指针或将指针改变成箭头
空格键	切换到下一张幻灯片	Ctrl + H	立即隐藏指针和按钮
S	暂停幻灯片放映	Ctrl + U	在 15s 内隐藏指针和按钮
Ctrl + T	在小写或大写之间更改字符格式	Shift + F10	显示右键快捷选单
B 或句号	黑屏或返回幻灯片放映	Tab	转到幻灯片上的第一个或下一个超级链接
W 或逗号	白屏或返回幻灯片放映	Ctrl + N	新建一个空白的演示文稿
E	擦除屏幕上的注释	Ctrl + M	插入一张新的幻灯片
T	排练时设置新的时间	Ctrl + D	打开"字体"对话框
O	排练时使用原设置时间	Ctrl + S	保存
Shift + F3	更改字母大小写	Ctrl + F9	最小化当前演示文件窗口
Ctrl + Shift + V	粘贴对象格式	Ctrl + F10	最大化当前演示文件窗口
Ctrl + Shift + G	组合对象/解除组合	Ctrl + Shift + C	复制对象格式
Ctrl + Shift + >	减小字号	Ctrl + Shift + F	更改字体
Ctrl + =	将文本更改为下标	Ctrl + Shift + P	更改字号
Ctrl + Shift + =	将文本更改为上标	Ctrl + Shift + <	增大字号
Alt + F9	显示隐藏参考线		

参考文献
REFERENCES

白中英，戴志强，等，2019. 计算机组成原理［M］. 6 版. 北京：科学出版社.

陈瞳，朱志慧，2017. 大数据技术的发展情况综述［J］. 福建电脑，33（3）：1－4.

邓桦，宋甫元，付玲，等，2022. 云计算环境下数据安全与隐私保护研究综述［J］. 湖南大学学报（自然科学版），49（04）：1－10.

董卫军，张靖，等，2016. 计算机导论：以计算思维为导向［M］. 北京：电子工业出版社.

甘勇，尚展磊，2016. 计算机科学导论［M］. 北京：电子工业出版社.

高燕程，白文江，郑国栋，等，2022. 基于人工智能的图像技术在皮肤病诊断中的应用［J］. 光源与照明（1）：149－151.

桂小林，2022. 大学计算机计算思维与新：代信息技术［M］. 北京：人民邮电出版社.

胡雄伟，张宝林，李抵飞，2013. 大数据研究与应用综述（上）［J］. 标准科学（9）：29－34.

胡雄伟，张宝林，李抵飞，2013. 大数据研究与应用综述（中）［J］. 标准科学（10）：18－21.

黄丽红，魏永越，沈思鹏，等，2020. 常见新型冠状病毒肺炎疫情预测方法及其评价［J］. 中国卫生统计，37（3）：322－326.

黄正洪，赵志华，2017. 信息技术导论［M］. 北京：人民邮电出版社.

荆方，瞿华峰，2021. 人工智能技术在城市智能交通系统中的应用分析［J］. 运输经理世界（17）：96－98.

孔鸣，何前锋，李兰娟，2018. 人工智能辅助诊疗发展现状与战略研究［J］. 中国工程科学，20（2）：86－91.

李道亮，2012. 农业物联网导论［M］. 北京：科学出版社.

李瑾，冯献，郭美荣，2018. 农业物联网理论、模式与政策研究［M］. 北京：中国农业科学技术出版社.

李永胜，卢凤兰，2020. 大学计算机基础［M］. 北京：电子工业出版社.

李玉兰，2022. 智慧物流在仓储教学中的运用研究［J］. 物流工程与管理，44（1）：171－172，158.

刘金岭，肖绍章，宗慧，等，2018. 计算机导论［M］. 2 版. 北京：人民邮电出版社.

聂鹏程，张慧，耿洪良，等，2021. 农业物联网技术现状与发展趋势［J］. 浙江大学学报（农业与生命科学版），47（2）：135－146.

宁爱军，王淑敬，等，2018. 计算思维与计算机导论［M］. 北京：人民邮电出版社.

牛淑佳，2021. 基于云计算的密码技术综述［J］. 电子技术与软件工程（09）：227－230.

齐志远，2022. 从数据到大数据技术：实践对传统主客二分的超越［J］. 北京理工大学学报（社会科学版），24（1）：181－186.

全永华，白羽，2020. 基于5G通信的车联网自动驾驶关键技术［J］. 计算机产品与流通（2）：161.

阮雪飞，2021. 人工智能技术在智慧交通领域中的应用［J］. 交通建设与管理（1）：72－73.

沙行勉，2016. 计算机科学导论：以 Python 为舟［M］. 4 版. 北京：清华大学出版社.

师胜利，赵冬梅，2021. 大学计算机：计算思维视角［M］. 北京：高等教育出版社.

宋广军，2019. 计算机基础［M］. 5 版. 北京：清华大学出版社.

谭志虎，秦硕华，等，2021. 计算机组成原理：微课版［M］. 北京：人民邮电出版社.

陶水龙，2017. 大数据特征的分析研究［J］. 中国档案（12）：58－59.

万珊珊，吕橙，等，2019 计算思维导论［M］. 北京：机械工业出版社.

王国成，2017. 从 3V 到 5V：大数据助推经济行为的深化研究［J］. 天津社会科学（2）：94－99.

王科俊，赵彦东，邢向磊，2018. 深度学习在无人驾驶汽车领域应用的研究进展［J］. 智能系统学报，13（1）：55－69.

王永全，单美静，等，2017. 计算思维与计算文化［M］. 北京：人民邮电出版社.

吴秋明，缴锡云，潘渝，等，2012. 基于物联网的干旱区智能化微灌系统［J］. 农业工程学报，28（1）：118－122.

夏于，孙忠富，杜克明，等，2013. 基于物联网的小麦苗情诊断管理系统设计与实现［J］. 农业工程学报，29（5）：117－124.

夏耘，黄小瑜，2012. 计算思维基础［M］. 电子工业出版社.

谢希仁，2021. 计算机网络［M］. 8 版. 北京：电子工业出版社.

闫坤如，2019. 哲学视域下的人工智能假设探析［J］. 云南社会科学（2）：35－39.

闫雪，王成，罗斌，2021. 农业 4.0 时代的农业物联网技术应用及创新发展趋势［J］. 农业工程技术，6（4）：11－16.

易建勋，刘珺，2021. 计算科学导论［M］. 北京：清华大学出版社.

余国雄，王卫星，谢家兴，等，2016. 基于物联网的荔枝园信息获取与智能灌溉专家决策系统［J］. 农业工程学报，32（20）：44－152.

余凯，贾磊，陈雨强，等，2013. 深度学习的昨天、今天和明天［J］. 计算机研究与发展，50（9）：1799－1804.

余欣荣，2013. 关于发展农业物联网的几点认识［J］. 中国科学院院刊，28（6）：679－685.

袁方，王兵，2020. 计算机导论［M］. 4 版. 北京：清华大学出版社.

袁秀湘，2001. 人工智能在交通流管理中的应用［J］. 中南公路工程，26（2）：67－69.

张福炎，孙志挥，2020. 大学计算机信息技术教程［M］. 南京：南京大学出版社.

张慧，乔红波，2020. 大学计算机基础［M］. 北京：中国农业出版社.

赵军，等，2019. 计算思维与算法入门［M］. 北京：机械工业出版社.

赵一需，2018. 浅谈云计算特点及其安全问题［J］. 科技传播，10（8）：117－118.

图书在版编目（CIP）数据

计算思维与信息技术 / 张慧，郑光主编. —北京：
中国农业出版社，2022.8（2024.7 重印）
河南省"十四五"普通高等教育规划教材
ISBN 978-7-109-29784-5

Ⅰ. ①计…　Ⅱ. ①张…②郑…　Ⅲ. ①电子计算机 –
高等学校 – 教材　Ⅳ. ①TP3

中国版本图书馆 CIP 数据核字（2022）第 140971 号

中国农业出版社出版

地址：北京市朝阳区麦子店街 18 号楼
邮编：100125
责任编辑：李　晓
版式设计：杜　然　责任校对：刘丽香
印刷：中农印务有限公司
版次：2022 年 8 月第 1 版
印次：2024 年 7 月北京第 3 次印刷
发行：新华书店北京发行所
开本：787mm×1092mm　1/16
印张：28
字数：675 千字
定价：56.50 元